FPGA 系統設計實務入門
使用 Verilog HDL:Intel/Altera Quartus 版

林銘波　編著

全華圖書股份有限公司

序言

隨著半導體製造技術的成熟與通信、汽車、控制、資訊工業的進步，使用 FPGA 元件設計與實現邏輯電路 (數位系統)，已經成為降低產品成本與縮短進入市場時程的必殺方法與技術。欲將一個邏輯電路使用 FPGA 元件實現，必須使用硬體描述語言 ((hardware description language，HDL) 輸入方式，將該邏輯電路輸入 CAD 系統，然後由 CAD 系統轉換為 FPGA 元件的組態資訊，以設定 FPGA 元件的電路組態，實現需要的邏輯電路之功能。因此，HDL (Verilog HDL、SystemVerilog 或 VHDL) 輸入方法已經成為現代數位工程師必要的素養之一。

然而，依據過去十多年教授 Verilog HDL 的經驗得知：學生尤其是初學者，在使用 Verilog HDL 輸入方式與 FPGA 元件，實現一個數位邏輯電路時，常常面臨兩個障礙，即不知如何下手撰寫一個 Verilog HDL 模組與無法解釋其撰寫完成的 Verilog HDL 模組對應的邏輯電路。究其原因乃是因為他/她心中沒有 "邏輯電路" 的硬體概念，因而誤用 HDL 輸入方式為一個設計方法，而使用軟體思考模式 (software mind)，將硬體設計當作一個軟體物件處理，完全跳脫邏輯設計步驟。他/她完全忘記「HDL 只不過是 "硬體描述語言"。」它僅是用來描述一個設計完成的硬體模組，以輸入該硬體模組於 FPGA 相關的 CAD 系統中，使用 FPGA 元件，實現該硬體模組。換言之，在撰寫一個 Verilog HDL 模組時，必須時時以硬體模式思考 (hardware mind)，因為它只是用來描述設計完成的硬體模組。讀者必須在其手上，至少在其心中，有著欲描述的硬體模組；否則，縱然在多方掙扎之後，撰寫出來的 Verilog HDL 模組，勉強可以工作，它通常需要耗費大量硬體、執行性能差，而且需要花費大量的編譯時間。

為了幫助學生克服上述兩個障礙，在本書中我們將著重於邏輯設計，然後以學生較熟悉而且較有感覺的電路圖輸入方式 (schematic entry)，輸入設計完成的邏輯電路於 CAD 系統中，進行模擬、驗證與實現。接著再使用 (Verilog) HDL 輸入方式 (HDL entry)，重新以 Verilog HDL 慣用的硬體描述方式，描述邏輯設計的功能 (行為或結構)，完成需要的模擬、驗證與實現。如此兩相對照之下，讀者可以輕易地建立具體的硬體思考模式，而不再迷惑於以軟體思考模式，撰寫 Verilog HDL 模組，真正體會到硬體描述語言 (HDL) 的意義。讀者完成本書的學習之後，將能以一個健全的硬體思考模式，使用 Verilog HDL，描述一個設計完成的硬體模組。

本書內容

為了增加學生學習數位邏輯設計的興趣，本書內容的設計主要基於**問題導向學習** (problem-based learning，PBL) 的理念。全書一共分成兩個主題：十進制輸出的陣列乘法器 (前三章) 與馬錶 (後兩章)。本書一共分成五章，每一章都有一個主題，而且都包含三個部分：設計要點，實驗專題，與補充教材。設計要點考慮該章主題的設計原理與在實驗專題中相關主題的技術。實驗專題輸入該章主題的設計於 CAD 系統中，而每一個實驗專題又包含許多實驗項目，以由下往上的實現方式，完成實驗專題。在每一個實驗項目中，首先使用電路圖輸入方法，然後 HDL 輸入方法。在每一個輸入方法中，均使用模擬方式，執行功能與時序驗證，以確保該實驗項目在實際 FPGA 元件中能正確地操作。此外，亦提供選作實驗專題，由讀者選做，以在 FPGA 元件中做實體測試，以及延伸實驗專題以擴展該章主題之視野。

依據這一個標準程序範例：**設計** → **輸入** (先電路圖然後 HDL) → **驗證**，我們發展出一個漸進式做中學 (incremental learn-by-doing) 的方法，意即我們以逐漸加入新觀念與硬體資源的方式，在實作的實驗專題中，僅使用到目前為止已經介紹的觀念與資源。結合這個方法與上述標準程序範例，讀者可以了解邏輯電路的設計原理與使用 HDL 輸入方式，在 FPGA 元件上實現該邏輯電路的方法。補充教材一節補充實驗專題中需要的基本知識與深入問題之探討。將補充教材置放於最後一節的理由是我們堅信「做中學」的理念，大多數學生必須先實做再學習，方能事半功倍。

為幫助學生學習本書，在本書中我們使用許多有實質意義的應用實例，說明基本與重要觀念以及它們的實際應用。經由結合作者過去 30 多年的教學與業界經驗，並平衡理論原理與實際應用，本書不但可以當作課程的教科書，亦可以當作工程師的實務參考書。下列為本書中各章的扼要概述：

第一章：2 補數加法器 在這一章中，我們學習使用由下往上的方式，設計一個 2 補數加法器。為此，首先使用真值表的方式，設計一個全加器，然後以此為基礎，串接 n 個全加器，建構一個 n 位元加法器。最後，組合一個 n 位元加法器與一個 n 個 XOR 閘的陣列，成為一個 n 位元 2 補數加法器。此外，亦簡單地介紹 Verilog HDL 的基本特性與其描述硬體模組的基本方法。

第二章：七段 LED 顯示器模組 本章介紹如何使用由下往上的方式，設計單一數字與多數字七段 LED 顯示器模組。為此，首先設計一個二進制對七段碼轉換器，然後應用它，完成單一數字與多數字七段 LED 顯示器模組。其中多數字七段 LED 顯示器模組的設計包含直接驅動方式與多工驅動方式。此外，也扼要地介紹如何使用 Verilog HDL 的行為描述方式，來描述硬體模組。

第三章：綜合性組合邏輯模組 這一章中探討兩個綜合性組合邏輯電路的設計與實現：二進制對 BCD 碼轉換器與 4 位元未帶號數陣列乘法器。在兩種電路中，均先設計其基本單元，然後使用這些單元建構需要的邏輯電路模組。本章中亦說明如何轉換一個演算法為一個組合邏輯電路。最後，扼要地介紹如何使用 Verilog HDL 的階層式結構描述方式，來描述硬體模組。

第四章：同步計數器 這一章的目的為學習如何設計與實現同步模 m 二進制計數器。為此，首先探討同步模 2^n $(= m)$ 二進制計數器的設計與實現，然後處理同步模 m 二進制計數器，其中 $m \neq 2^n$ 而 n 為一個正整數。此外，某些與計數器相關的主題亦詳細地討論，這些主題包括非同步對同步計數器、RTL 計數器設計、不同計數器設計方法的比較等。

第五章：馬錶 本章組合前一章中的計數器與一些其它邏輯電路，成為一個有用的電路，稱為馬錶。為幫助讀者建立一個健全的數位系統設計基礎，我們使用階層式設計方式，設計與實現馬錶。換句話說，馬錶首先使用由上而下的方式設計，然後再使用由下而上的方式實現。此外，與計數器相關的邏輯突波與其效應及阻隔式與非阻隔式指述的特性差異亦做詳細地討論。

附錄：Quartus CAD 簡介 在附錄中，我們首先簡介 Quartus CAD 系統，包含 CAD 流程的概觀及使用電路圖輸入與 HDL 輸入方法的設計流程。然後，介紹 Quartus CAD 系統的一些重要的深入議題。最後，簡介 DE2-115 教育板的開關與 LED 及其接腳指定，以方便讀者實體測試本書中的實驗專題。

本書的使用

本書可以當作「**數位邏輯設計實習**」、「**FPGA 實務概論**」、「**數位系統實務概論**」或是「**Verilog HDL 概論**」的教科書。課程時間的安排以講授佔 1/3 而實作 2/3 的時數比率方式，在可以執行 Quartus CAD 系統的電腦教室或是實習教室進行授課，以達到「做中學」的目標。本書中的所有實驗專題均有電路圖輸入與 Verilog HDL 輸入兩種版本。授課教師可以依據學生之程度與實際之需要，做一適當之取捨，即可以只做電路圖輸入方式，只做 Verilog HDL 輸入方式而以電路圖輸入方式當作參考，或是先做電路圖輸入方式再做 Verilog HDL 輸入方式，兩相對照，以增強學生之能力。

致謝

本書內容為作者過去數年在「台灣科技大學電子工程系」教授「數位邏輯設計實習」的英文版講義『A Tutorial on FPGA-Based System Design—Using Verilog HDL: Intel/Altera Quartus Version, Part I: An Entry-Level Tutorial』，重新以中文撰寫。此講義內容乃是結合作者多年來的業界經驗、課程講義、過去數十年來在數位邏輯與數位系統上的學習經驗與心得。衷心地感謝相關課程的修課學生，他們忍受著許多不成熟的課程資料，並不吝地回饋寶貴的意見，使本書內容更加完整。

本書在編寫期間，承蒙國立台灣科技大學電子工程研究所，提供一個良好的教學與研究環境，使本書的編寫能夠順利完成，本人在此致上最真誠的感謝。此外，衷心地感激那些曾經關心過我與幫助過我的人，由於他們有形與無形地資助或鼓勵，使本人無論在求學的過程或是人生的旅程中，時時都得到無比的溫馨及鼓舞。最後，將本書獻給家人及心中最愛的人。

林銘波 (M. B. Lin) 於

國立台灣科技大學

電子工程研究所研究室

作者簡介

學歷：

美國馬里蘭大學電機工程研究所博士

國立台灣大學電機工程學研究所碩士

國立台灣工業技術學院電子工程技術系學士

主修計算機科學與計算機工程

研究興趣與專長：

嵌入式系統設計與應用、VLSI (ASIC/SoC) 系統設計、數位系統設計、計算機演算法、平行計算機結構與演算法

現職：

國立台灣科技大學電子工程系暨研究所教授

專書著作：

英文教科書(國外出版，全球發行)：

1. **Ming-Bo Lin**, *Digital System Designs and Practices: Using Verilog HDL and FPGAs,* John Wiley & Sons, 2008. (ISBN: 978-0470823231)
2. **Ming-Bo Lin**, *Introduction to VLSI Systems: A Logic, Circuit, and System Perspective,* CRC Press, 2012. (ISBN: 978-1439868591)
3. **Ming-Bo Lin**, *Digital System Designs and Practices: Using Verilog HDL and FPGAs,* 2nd ed., CreateSpace Independent Publishing Platform, 2015. (ISBN: 978-1514313305)
4. **Ming-Bo Lin**, *An Introduction to Verilog HDL,* CreateSpace Independent Publishing Platform, 2016. (ISBN: 978-1523320974)

5. **Ming-Bo Lin**, *Principles and Applications of Microcomputers: 8051 Microcontroller Software, Hardware, and Interfacing*, CreateSpace Independent Publishing Platform, 2016. (ISBN: 978-1537158372)
6. **Ming-Bo Lin**, *Principles and Applications of Microcomputers: 8051 Microcontroller Software, Hardware, and Interfacing,* Vol. I: *8051 Assembly-Language Programming*, CreateSpace Independent Publishing Platform, 2016. (ISBN: 978-1537158402)
7. **Ming-Bo Lin**, *Principles and Applications of Microcomputers: 8051 Microcontroller Software, Hardware, and Interfacing,* Vol. II: *8051 Microcontroller Hardware and Interfacing*, CreateSpace Independent Publishing Platform, 2016. (ISBN: 978-1537158426)
8. **Ming-Bo Lin**, *Digital Logic Design: With An Introduction to Verilog HDL*, CreateSpace Independent Publishing Platform, 2016. (ISBN: 978-153715-8365)
9. **Ming-Bo Lin**, *FPGA-Based Systems Design and Practice—Part I: RTL Design and Prototyping in Verilog HDL,* CreateSpace Independent Publishing Platform, 2018. (ISBN: 978-1721530199)
10. **Ming-Bo Lin**, *FPGA-Based Systems Design and Practice—Part II: System Design, Synthesis, and Verification,* CreateSpace Independent Publishing Platform, 2018. (ISBN: 978-1721530106)
11. **Ming-Bo Lin**, *A Tutorial on FPGA-Based System Design Using Verilog HDL: Intel/Altera Quartus Version—Part I: An Entry-Level Tutorial,* CreateSpace Independent Publishing Platform, 2018. (ISBN: 978-1721530380)
12. **Ming-Bo Lin**, *A Tutorial on FPGA-Based System Design Using Verilog HDL: Intel/Altera Quartus Version—Part II: ASM Charts and RTL Design,* CreateSpace Independent Publishing Platform, 2018. (ISBN: 978-1721530571)
13. **Ming-Bo Lin**, *A Tutorial on FPGA-Based System Design Using Verilog HDL: Intel/Altera Quartus Version—Part III: A Clock/Timer and a Simple Computer,* CreateSpace Independent Publishing Platform, 2018. (ISBN: 978-1721530496)
14. **Ming-Bo Lin**, *A Tutorial on FPGA-Based System Design Using Verilog HDL: Xilinx ISE Version—Part I: An Entry-Level Tutorial,* CreateSpace Independent Publishing Platform, 2018. (ISBN: 978-1721530441)
15. **Ming-Bo Lin**, *A Tutorial on FPGA-Based System Design Using Verilog HDL: Xilinx ISE Version—Part II: ASM Charts and RTL Design,* CreateSpace Independent Publishing Platform, 2018. (ISBN: 978-1721530809)

16. **Ming-Bo Lin**, *A Tutorial on FPGA-Based System Design Using Verilog HDL: Xilinx ISE Version—Part III: A Clock/Timer and a Simple Computer,* CreateSpace Independent Publishing Platform, 2018. (ISBN: 978-1721530830)
17. **Ming-Bo Lin**, *An Introduction to Cortex-M0-Based Embedded Systems — Cortex-M0 Assembly Language Programming,* CreateSpace Independent Publishing Platform, 2019. (ISBN: 978-1721530885)
18. **Ming-Bo Lin**, *An Introduction to Cortex-M3-Based Embedded Systems — Cortex-M3 Assembly Language Programming,* CreateSpace Independent Publishing Platform, 2019. (ISBN: 978-1721530946)
19. **Ming-Bo Lin**, *An Introduction to Cortex-M4-Based Embedded Systems — TM4C123 Microcontroller Principles and Applications,* CreateSpace Independent Publishing Platform, 2019. (ISBN: 978-1721530984)

中文教科書：

1. **微算機原理與應用：x86/x64 微處理器軟體、硬體、界面與系統**，第六版，全華圖書股份有限公司，2018。(ISBN: 978-986-4637713)
2. **微算機基本原理與應用：MCS-51 嵌入式微算機系統軟體與硬體**，第三版，全華圖書股份有限公司，2013。(ISBN: 978-957-2191750)
3. **數位系統設計：原理、實務與應用**，第五版，全華圖書股份有限公司，2017。(ISBN: 978-986-4635955)
4. **數位邏輯設計—使用 Verilog HDL**，第六版，全華圖書股份有限公司，2017。(ISBN: 978-986-4635948)
5. **8051 微算機原理與應用**，全華圖書股份有限公司，2012。(ISBN: 978-957-2183755)
6. **數位邏輯原理**，全華圖書股份有限公司，2018。(ISBN: 978-986-4638895)
7. **FPGA 系統設計實務入門—使用 Verilog HDL: Intel/Altera Quartus 版**，全華圖書股份有限公司，2018。(ISBN: 978-986-4638901)

編輯部序

「系統編輯」是我們的編輯方針，我們所提供給您的，絕不只是一本書，而是關於這門學問的所有知識，它們由淺入深，循序漸進。

為了增加學生學習數位邏輯設計的興趣，本書內容設計主要基於問題導向學習(problem-based learning，PBL)的理念。全書一共分成兩個主題：十進制輸出的陣列乘法器與馬錶。本書一共分成五章，每一章都有一個主題，且包含三個部分：設計要點、實驗專題與補充教材。

本書使用許多有實質意義的應用實例，說明基本與重要觀念以及它們的實際應用。結合作者過去30多年的教學與業界經驗，並平衡理論原理與實際應用，本書不但可當作課程的教科書，亦可當作工程師的實務參考書。

同時，為了使您能有系統且循序漸進研習相關方面的叢書，我們以流程圖方式，列出各有關圖書的閱讀順序，以減少您研習此門學問的摸索時間，並能對這門學問有完整的知識。若您在這方面有任何問題，歡迎來函聯繫，我們將竭誠為您服務。

相關叢書介紹

書號：04C18000
書名：可程式邏輯設計實習(附範例、動態影音教學光碟及 PCB 板)
編著：鄭旺泉.張元庭.林佳沂
菊 8K/360 頁/450 元

書號：05567047
書名：FPGA/CPLD 數位電路設計入門與實務應用－使用 Quartus II (第五版)(附系統.範例光碟)
編著：莊慧仁
16K/420 頁/450 元

書號：06231017
書名：FPGA/CPLD 可程式化邏輯設計實習：使用 VHDL 與 Terasic DE2 (第二版)(附範例光碟)
編著：宋啓嘉
16K/336 頁/380 元

書號：0544802
書名：數位邏輯電路實習(第三版)
編著：周靜娟.鄭光欽.黃孝祖.吳明瑞
16K/376 頁/380 元

書號：03575027
書名：組合語言(第三版)(附範例光碟)
編著：陳俊榮
16K/320 頁/350 元

書號：06108007
書名：FPGA 數位邏輯設計－使用 Xilinx ISE 發展系統 (附程式範例光碟)
編著：鄭群星
16K/704 頁/580 元

書號：0615201
書名：組合語言(第七版)(國際版)
英譯：白能勝.王國華.張子庭.張辰亨
16K/696 頁/720 元

◎上列書價若有變動，請以最新定價為準。

流程圖

書號：03504017
書名：Verilog 硬體描述語言 (附範例光碟片)(第二版)
英譯：黃英叡.黃稚存

書號：06170027
書名：Verilog 硬體描述語言實務 (第三版)(附範例光碟)
編著：鄭光欽.周靜娟.黃孝祖 顏培仁.吳明瑞

書號：06241017
書名：數位邏輯設計與晶片實務(Verilog)(第二版) (附範例程式光碟)
編著：劉紹漢

書號：05567047
書名：FPGA/CPLD 數位電路設計入門與實務應用－使用 Quartus II (第五版)(附系統.範例光碟)
編著：莊慧仁

書號：06395
書名：FPGA 系統設計實務入門－使用 Verilog HDL: Intel/Altera Quartus 版
編著：林銘波

書號：06108007
書名：FPGA 數位邏輯設計－使用 Xilinx ISE 發展系統(附程式範例光碟)
編著：鄭群星

書號：0618471
書名：8051 微算機原理與應用 (精裝本)
編著：林銘波.林姝廷

書號：0545873
書名：微算機原理與應用－x86/x64 微處理器軟體、硬體、界面與系統 (第六版)(精裝本)
編著：林銘波

書號：0546872
書名：微算機基本原理與應用－MCS-51 嵌入式微算機系統軟體與硬體 (第三版)(精裝本)
編著：林銘波.林姝廷

目錄

第三章 綜合性組合邏輯模組 99

第四章 同步計數器 137

附錄B Quartus CAD系統深入主題 271

附錄C DE2-115教育板部分接腳指定 303

索引—中英名詞對照 309

1 2補數加法器

本章目標： 本章的目的為使用由下往上 (bottom-up) 的方式，學習 2 補數加法器。進行的方式為：首先，依據全加器 (full adder) 的真值表，設計一個全加器，然後串接 n 個全加器為一個 n 位元加法器，最後結合此 n 位元加法器與 n 個 XOR 閘，成為一個 n 位元 2 補數加法器。為了讓讀者熟悉數位邏輯電路之設計，並且能夠撰寫一個良好的 Verilog HDL 程式模組，在其次的實驗專題中，我們將使用「做中學」(learn by doing) 方式，首先探討使用電路圖輸入 (schematic entry) 的實驗專題，然後再研究使用 HDL 輸入 (HDL entry) 的實驗專題。如此兩相對照之下，讀者可以輕易地建立具體的硬體思考模式，而不再迷惑於以軟體思考模式，撰寫 Verilog HDL 模組，真正體會到硬體描述語言 (hardware description language，HDL) 的意義。

1.1 設計要點

問題說明： 在這一章中，我們考慮三個加法器的設計與實現：

- 全加器 (full adder)
- 4 位元加法器與
- 4 位元 2 補數加法器

1.1.1 全加器

全加器可以由兩個半加器 (half adder) 與一個 OR 閘組合而成，或是直接由其真值表 (truth table) 導出交換表示式，然後以基本邏輯閘實現。

1.1.1.1 半加器 半加器為最基本的加法電路。它之所以如此命名是因為欲完成一個完整的單位元加法運算時，需要兩個這種邏輯電路及一個 OR 閘。如圖 1.1-1(a) 所示，一個半加器電路具有

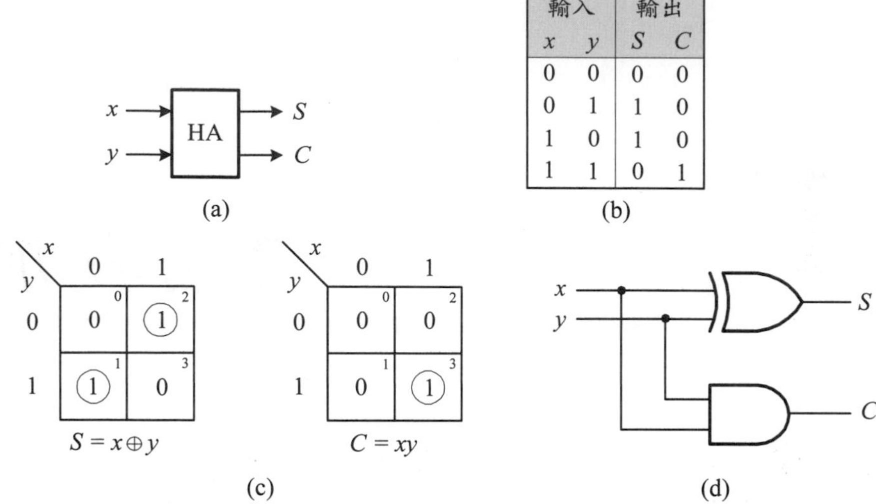

圖 1.1-1: 半加器：(a) 方塊圖；(b) 真值表；(c) 卡諾圖；(d) 邏輯電路

- 兩個輸入端：加數 (addend) (x) 與被加數 (augend) (y)
- 兩個輸出端：和 (sum) (S) 與進位輸出 (carry-out) (C).

當兩個輸入端皆為 0 時，和 (S) 與進位輸出 (C) 亦皆為 0。當只有一個輸入端為 1 時，和為 1 而進位輸出為 0。當兩個輸入端都為 1 時，和為 0 而進位輸出為 1。上述關係可以表列成如圖 1.1-1(b) 所示的真值表。經由圖 1.1-1(c) 所示的卡諾圖化簡後，得到和 (S) 與進位輸出 (C) 的交換函數如下：

$$S = xy' + x'y = x \oplus y$$

與

$$C = xy$$

結果的電路如圖 1.1-1(d) 所示。

1.1.1.2 全加器 全加器的方塊圖如圖 1.1-2(a) 所示。一個全加器具有

- 三個輸入端：加數 (addend) (a)、被加數 (augend) (b) 與進位輸入 (C_{in})
- 兩個輸出端：和 (Sum) 與進位輸出 (C_{out}),

其中 C_{in} 為其前一級的進位輸出，而 C_{out} 為這一級的進位輸出。全加器的真值表如圖 1.1-2(b) 所示。經由圖 1.1-2(c) 所示卡諾圖化簡後，得到和 (Sum) 與進位輸出 (C_{out}) 的交換函數如下：

$$Sum = a \oplus b \oplus C_{in} = (a \oplus b) \oplus C_{in}$$

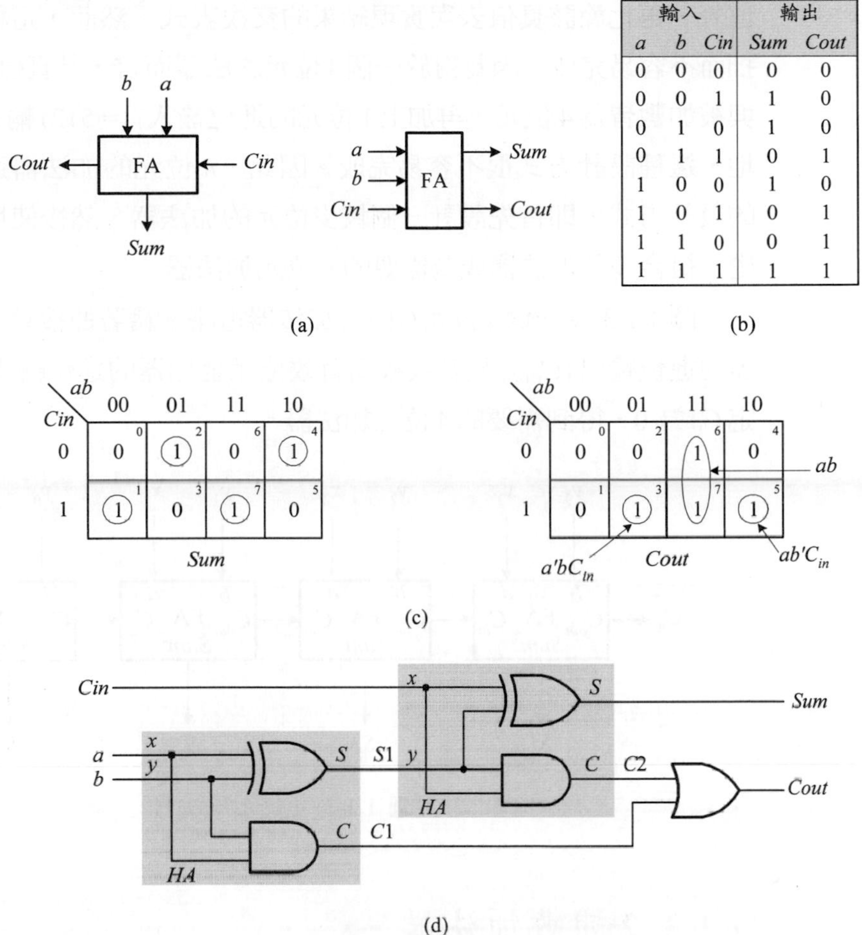

輸入			輸出	
a	b	Cin	Sum	Cout
0	0	0	0	0
0	0	1	1	0
0	1	0	1	0
0	1	1	0	1
1	0	0	1	0
1	0	1	0	1
1	1	0	0	1
1	1	1	1	1

圖 1.1-2: 全加器：(a) 方塊圖；(b) 真值表；(c) 卡諾圖；(d) 邏輯電路

與

$$C_{out} = ab + a'bC_{in} + ab'C_{in} = ab + C_{in}(a \oplus b)$$

結果的電路如圖 1.1-2(d) 所示。

比較圖 1.1-1(d) 與圖 1.1-2(d)，可以得知：一個全加器可以由兩個半加器與一個 OR 閘組成。

> ☞ 值得注意的是圖 1.1-2(d) 所示電路只是全加器的一種實現方式。更多不同的電路實現方式，請參考 [2, 5, 6]。

1.1.2 4位元加法器

在實際應用中，通常需要一次執行 n (通常為 4、8、16、32 或 64) 位元的加法運算。當然，設計此種加法器時，可以先列出該 n 位元加法器的真值表，再化簡該真值表與實現結果的交換表式。然而，這種方式通常很笨拙而不容易完成。因為對於一個 4 位元加法器而言，其真值表具有 2^9 (加數與被加數皆為 4 位元，再加上 1 位元的進位輸入) (= 512) 輸入組合。很明顯地，這種設計方式很不容易完成。因此，n 位元的加法器通常使用模組化的設計方式，即首先設計一個較少位元的加法器，然後使用此加法器為基礎，組合多個加法器成為需要的 n 位元加法器。

圖 1.1-3 為一個 4 位元 (並列) 加法器電路。藉著連接較低有效位元全加器的進位輸出 (C_{out}) 到其次較高有效位元全加器的進位輸入 (C_{in})，並且設定 C_0 為 0，得到需要的 4 位元加法器。

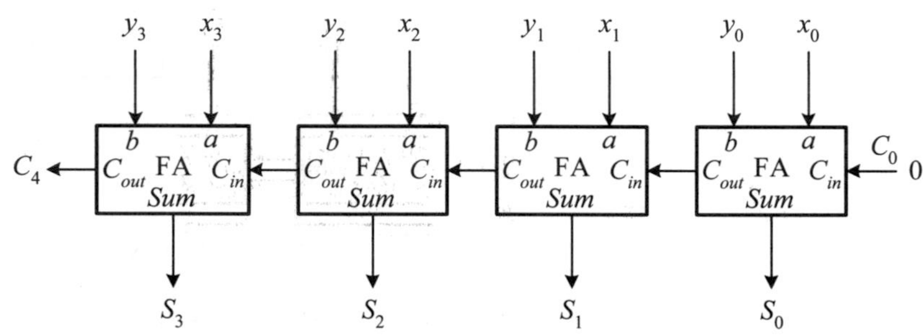

圖 1.1-3: 4 位元加法器

1.1.3 2 補數加法器

在許多數位系統應用中，通常需要執行加法或是減法的運算。然而，減法運算可以使用 2 補數算術完成，意即減法運算可以先將減數 (subtrahend) 取 2 補數後，加到被減數 (minuend) 而完成。因此，僅需設計一個 2 補數加法器，而以 *mode* 輸入端選擇執行加法或是減法運算，即已足夠。當 *mode* 輸入端為 0 時，2 補數加法器執行加法運算，當 *mode* 輸入端為 1 時，2 補數加法器執行減法運算。

欲取一數的 2 補數時，一個較有效的方法為先將該數的每一個位元取補數 (即取 1 補數) 後，再加 1 到該補數的最小有效位元 (least significant bit，LSB) 上。由於希望組合加法與減法運算成為一個電路，必須使用一個真值/補數產生器 (true/complement generator)，以將被加數直接送往加法器，執行加數與被加數的加法運算，或是將減數取 1 補數後，再與被減數及進位輸入 (c_{in}) 的 1 相加後，執行減法運算。以 2 補數算數執行的減法運算可以使用下述例題說明。

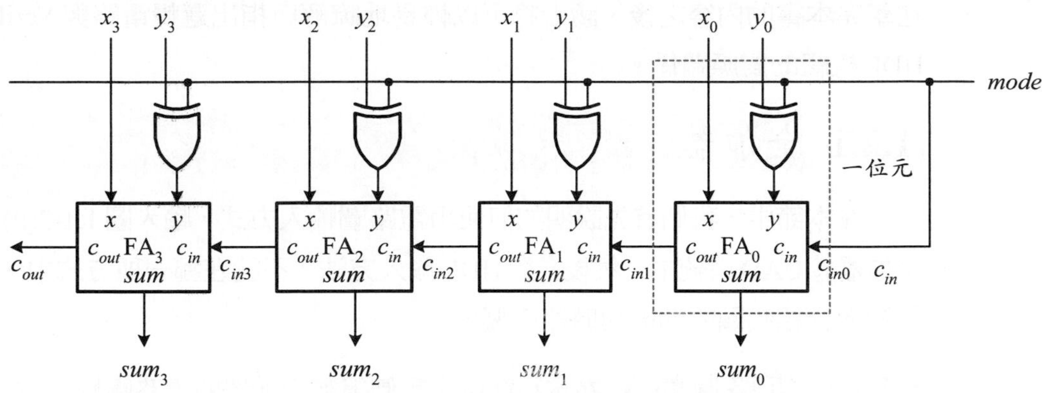

圖 1.1-4: 一個 4 位元 2 補數加法器

■ 例題 1.1-1: 2 補數算數

在 (a) 中，直接使用減法，計算 1010 − 0111。在 (b) 中，首先取 0111 的 1 補數，獲得 1001，然後與 1010 相加。兩者均得到相同的結果：0011。注意在 (b) 中的進位輸出必須捨棄 [5, 6]。

(a)

```
    1 0 1 0
 −  0 1 1 1
 -----------
    0 0 1 1
```

(b)（0111的2補數 → 1001）

```
      1 0 1 0
 +    1 0 0 1
 -------------
    1 0 0 1 1
    ↑
   捨棄
```

一個 n 位元 2 補數加法器是由一個 n 位元的真值/補數產生器與一個 n 位元加法器組成。圖 1.1-4 所示為一個 4 位元 2 補數加法器。當 $mode$ 輸入端為 0 時，電路執行加法運算；當 $mode$ 輸入端為 1 時，電路執行減法運算。

1.2 實驗專題

讀者必須時時銘記於心：必須以硬體思考 (hardware mind) 模式，撰寫 HDL 模組，因為 HDL 為描述硬體模組的語言。對於使用 Verilog HDL 來描述數位系統設計的初學者而言，或許這是一個最大、最困難的障礙。為了幫助讀者突破這一層障礙，在下列實驗專題中，我們首先引導讀者學習如何使用邏輯電路圖方式，輸入一個邏輯設計於 CAD 系統中，然後進行功能 (functionality) 與時序 (timing) 驗證，並在有需要時，進行實體測試 (real-world test)。之後，教導讀者使用 HDL 輸入方式，撰寫、驗證與測試相當於這些邏輯電路圖模組的 Verilog HDL 模組。依據這一個程序，讀者可以逐漸建立其硬體思考模式，並撰寫一個能有效率描述硬體模組的 Verilog HDL 模組。

在學完本書的內容之後，讀者將可以輕易地瞭解與指出邏輯電路與 Verilog HDL 模組的對應關係。

1.2.1 全加器

在本節中，我們首先說明如何使用電路圖輸入方式，輸入圖 1.1-2(d) 的全加器於 CAD 系統中，然後介紹 HDL 輸入方法。不論在哪一種方式中，都詳細地介紹相關的功能與時序模擬。

1.2.1.1 電路圖輸入 在本小節中，我們學習全加器的電路圖輸入方式，並說明如何驗證其功能與時序。全加器由下列元件組成：

- 兩個 XOR 閘
- 兩個 AND 閘
- 一個 OR 閘

■ 實驗項目 1: 全加器

參考圖 1.1-2(d) 的全加器，執行下列步驟：

1. 建立一個新專案，*full_adder.qpf*。
2. 產生一個新檔案，*full_adder.bdf*。
3. 使用電路圖輸入方式，輸入圖 1.1-2(d) 所示的全加器電路。在全加器電路加上輸入埠與輸出埠，並儲存結果。在完成上述動作後，可以得到與圖 1.2-1 所示類似的邏輯電路圖。

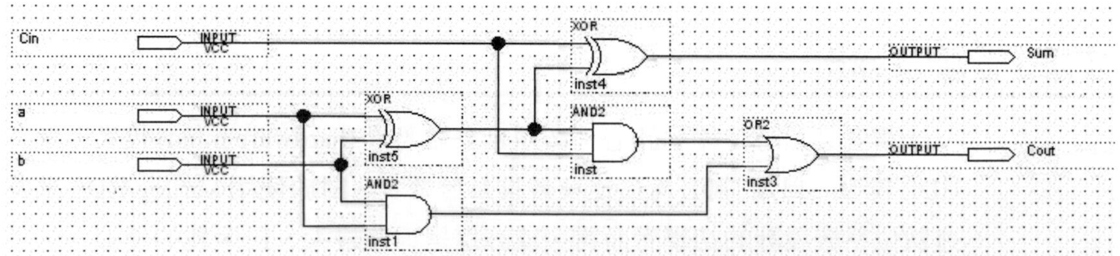

圖 1.2-1: 全加器電路

☞ 注意在做連線時，可以啟用“橡皮筋”(rubberbanding) 功能 (即在頂端選單欄 (menu bar) 中的圖像)。此項功能為在移動元件時，依然維持元件之間的連線。

4. 設定 *full_adder.bdf* 為 Top-Level Entity，並做編譯。

5. 執行全加器的功能模擬。欲完成此動作，必須呼叫出模擬波形編輯器 (Simulation Waveform Editor)，然後指定輸入端 *a*、*b* 與 *Cin* 的所有八種組合，意即採用窮舉測試 (exhaustive test)。指定好輸入端的值後，執行功能模擬。觀察得到的結果，並檢查是否與圖 1.1-2(b) 所示的真值表一致。全加器功能模擬結果的一段樣本，如圖 1.2-2 所示。

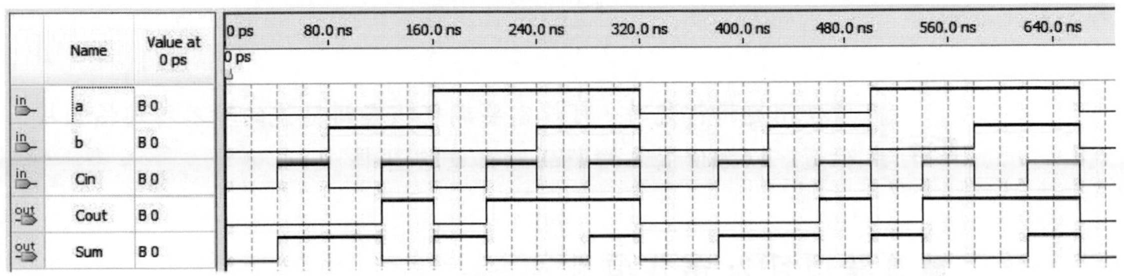

圖 1.2-2: 全加器功能模擬結果的一段樣本

> 在功能 (或稱行為) 模擬中，所有邏輯閘延遲時間均假定為 0 ns (除非使用時序控制指定值)。這一點可以由功能模擬的輸出結果中證實。若希望觀察邏輯閘的延遲時間，則必須執行時序模擬。

6. 執行全加器的時序模擬。觀察得到的結果，並檢查是否與圖 1.1-2(b) 所示的真值表一致。指出全加器的延遲時間。全加器時序模擬結果的一段樣本，如圖 1.2-3 所示。

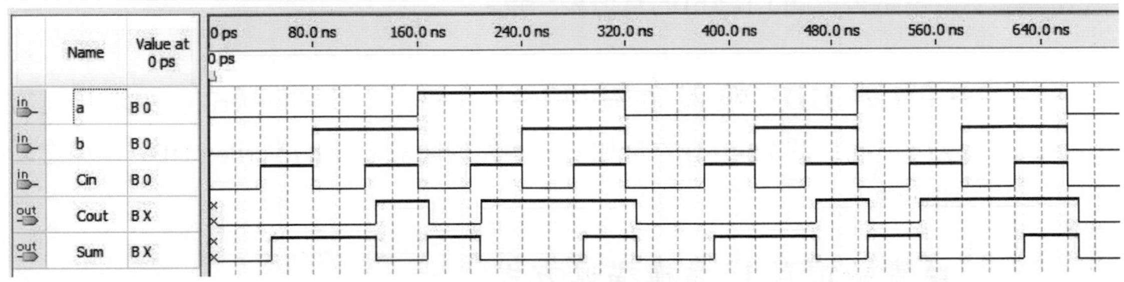

圖 1.2-3: 全加器時序模擬結果的一段樣本

> 在時序 (邏輯閘層次，gate-level) 模擬中，必須約略估計全加器的延遲時間，以便可以在該延遲時間加上一段邊界值的時間間隔中，改變輸入值，而可以得到正確的結果。

7. 產生全加器的符號檔 (symbol file) (即邏輯符號，logic symbol) (即 *full_adder.bsf*)。這一個邏輯符號將使用於其次的實驗專題中。產生的邏輯符號如下：

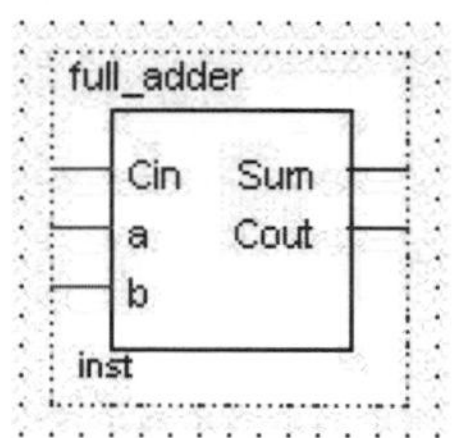

☞ 當使用邏輯符號時，可能需要調整該邏輯符號的輸入埠與輸出埠位置，以方便置入繪製的邏輯電路圖中。

■ 實驗項目 2: 選作項目

下列實驗步驟為選作項目。若希望將實驗項目的結果，下載至模擬板做實體測試 (real-world test)，則進行下列步驟：

1. 經由標的模擬板中的標的 FPGA 元件提供的輸入埠與輸出埠，分別連接全加器的輸入埠與輸出埠到開關與 LED。此步驟可以使用 Quartus CAD 系統的 **Pin Planner** 軟體工具幫忙。
2. 產生與下載規劃檔 (programming file) 到標的模擬板。
3. 適當地設定開關值，並觀察 LED 狀態。檢視開關值與 LED 狀態的組合是否與圖 1.1-2(b) 的真值表一致。

1.2.1.2　HDL 輸入 在本小節中，介紹許多不同的 Verilog HDL 描述方法，以描述圖 1.1-2(d) 的全加器，與如何驗證結果的 Verilog HDL 模組之功能與時序。

■ 實驗項目 1: 結構描述方式

參考圖 1.1-2 的全加器，執行下列步驟：

1. 建立一個新專案，*full_adder_HDL.qpf*。
2. 產生一個新檔案，*full_adder_structural.v*。
3. 使用結構描述方式，撰寫與輸入一個 Verilog HDL 模組，描述圖 1.1-2(d) 的全加器，並儲存它。下列 Verilog HDL 模組為一個可能的範例。

```
//a full_adder
module full_adder_structural(
       input a, b, Cin,
       output Cout, Sum);

wire S1, C1, C2;
// the body of the full adder
and (C1, a, b);  // HA 1
xor (S1, a, b);

and (C2, Cin, S1); // HA 2
xor (Sum, Cin, S1);

or (Cout, C1, C2);
endmodule
```

> 應該注意的是在 Quartus CAD 系統中，檔案名稱必須與最上層模組 (top-level module) 名稱相同。因此，上述模組的檔案名稱必須為 *full_adder_structural.v*。

4. 產生一個新檔案，*full_adder_structural_tb.v*，撰寫與輸入 *full_adder_-structural.v* 模組的測試平台 (test bench)。若希望測試一個 Verilog HDL 模組，必須使用測試平台。下列模組為全加器的一個可能的測試平台。

```
// a test bench for the full adder in structural style
'timescale 1 ns/100 ps
module full_adder_structural_tb;
//internal signals declarations
reg a, b, Cin;
wire Sum, Cout;
// Unit Under Test instance and port map
   full_adder_structural UUT (.a(a), .b(b), .Cin(Cin),
                        .Sum(Sum), .Cout(Cout));

initial begin // stimulus generation block
   a =1'b0; b =1'b0; Cin =1'b0;
   #10;
   a =1'b0; b =1'b0; Cin =1'b1;
   #10;
   a =1'b0; b =1'b1; Cin =1'b0;
   #10;
   a =1'b0; b =1'b1; Cin =1'b1;
   #10;
   a =1'b1; b =1'b0; Cin =1'b0;
   #10;
   a =1'b1; b =1'b0; Cin =1'b1;
   #10;
   a =1'b1; b =1'b1; Cin =1'b0;
   #10;
   a =1'b1; b =1'b1; Cin =1'b1;
```

```
   #10;
end
initial #100 $finish;
initial        // response monitoring block
   $monitor($realtime,"ns %h %h %h %h", a, b, Cin, {Cout, Sum});
endmodule
```

☞ 雖然測試平台 (test bench) 的檔案名稱與模組名稱不需要相同，一個好的習慣是使用相同的檔案名稱與模組名稱，即 *full_adder_-structural_tb.v*。

☞ 延遲時間#10是必要的，它表示每10個時間單位，改變一次輸入端 a、b 與 Cin 的值。若無此時間，則模擬程序將持續停留在模擬時間為0的地方，無法前進。

☞ 在 **$finish** 系統函數之前的時間單位必須足夠長，才能允許測試平台完成所有需要的測試動作。

5. 設定 *full_adder_structural.v* 為 Top-Level Entity，並做編譯。
6. 執行全加器的 RTL (行為) 模擬。觀察得到的結果，並檢查是否與圖 1.1-2(b) 所示的真值表一致。全加器 RTL 模擬結果的一段樣本，如圖 1.2-4 所示。

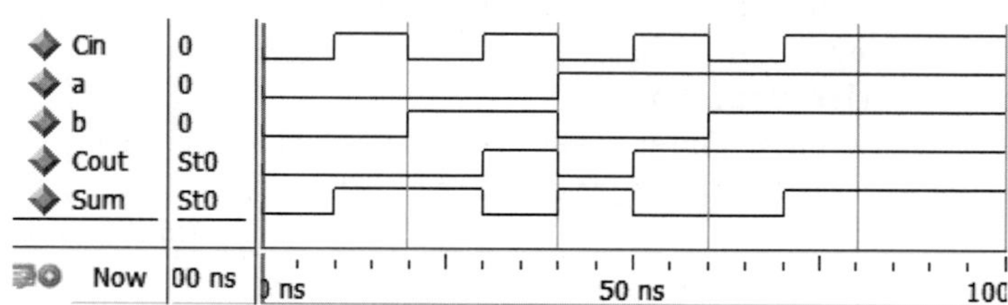

圖 1.2-4: 全加器 RTL 模擬結果的一段樣本

☞ 在 RTL(功能或稱行為) 模擬中，所有邏輯閘延遲時間均假定為 0 ns (除非使用時序控制指定值)。這一點可以由功能模擬的輸出結果中證實。若希望觀察邏輯閘的延遲時間，則必須執行時序模擬。

7. 執行全加器的邏輯閘層次 (gate-level) (timing，時序) 模擬。觀察得到的結果，並檢查是否與圖 1.1-2(b) 所示的真值表一致。指出全加器的延遲時間。全加器邏輯閘層次模擬結果的一段樣本，如圖 1.2-5 所示。

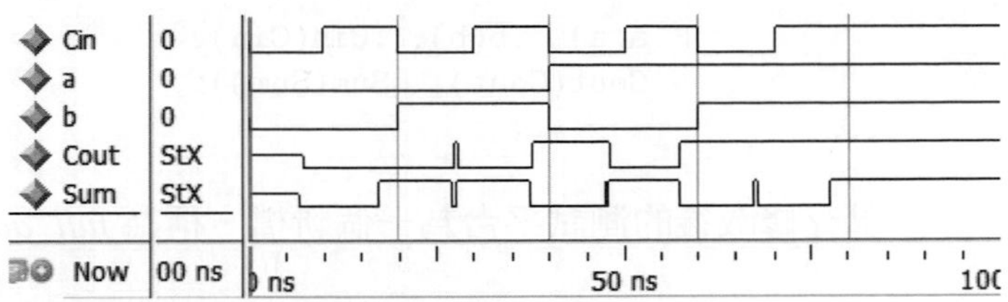

圖 1.2-5: 全加器邏輯閘層次模擬結果的一段樣本

> 在邏輯閘層次 (時序) 模擬中，必須約略估計全加器的延遲時間，以便可以在該延遲時間加上一段邊界值的時間間隔中，改變輸入值，而可以得到正確的結果。

■ 實驗項目 2: 階層描述方式

參考圖 1.1-2 的全加器，執行下列步驟：

1. 產生一個新檔案，*full_adder_hierarchical.v*。
2. 使用階層式方式，撰寫與輸入一個 Verilog HDL 模組，描述圖 1.1-2(d) 的全加器電路，並儲存它。下列 Verilog HDL 模組為一個可能的範例，它首先建構一個半加器，然後使用兩個半加器與一個 OR 閘，完成需要的全加器。

```
// a full adder at the gate level
module full_adder_hierarchical(input a, b, Cin, output Cout, Sum);
wire   S1, C1, C2;  // outputs of both half adders
// -- the full adder body-- //
// instantiate the half adder
   half_adder ha_1 (  a,  b, C1,  S1);
   half_adder ha_2 (Cin, S1, C2, Sum);
   or (Cout, C1, C2);
endmodule

// a half adder at the gate level
module half_adder(input x, y, output c, s);
// instantiate gate primitives
   xor (s,x,y);
   and (c,x,y);
endmodule
```

3. 修改測試平台模組 *full_adder_structural_tb* 如下：

```
module full_adder_hierarchical_tb;
...
// Unit Under Test instance and port map
full_adder_hierarchical UUT (
```

```
              .a(a), .b(b), .Cin(Cin),
              .Cout(Cout), .Sum(Sum));
...
```

儲存修改後的測試平台為一個新檔，稱為*full_adder_hierarchical_tb.v*。

> 上述的測試平台與*full_adder_structural_tb*相同，為一的差別是全加器的引用名稱改為*full_adder_hierarchical.v*。

4. 設定*full_adder_hierarchical.v*為Top-Level Entity，並做編譯。
5. 執行全加器的RTL (行為) 與邏輯閘層次 (時序) 模擬。觀察得到的結果，並檢查是否與圖1.1-2(b)所示的真值表一致。此外，指出全加器的延遲時間。

■ 實驗項目 3: 資料流程描述方式

參考圖1.1-2的全加器，執行下列步驟：

1. 產生一個新檔案，*full_adder_dataflow.v*。
2. 使用資料流程方式，撰寫與輸入一個Verilog HDL模組，描述圖1.1-2(d)的全加器電路，並儲存它。下列Verilog HDL模組為一個可能的範例，它使用**assign**連續性指述，表示全加器的算數表式。

```
//a full_adder
module full_adder_dataflow(
        input a, b, Cin,
        output Cout, Sum);

// the body of the full adder
assign {Cout, Sum} = a + b + Cin;
endmodule
```

> 在實際應用中，這一個方式為上述三種描述全加器的方法中最好的一個。一般而言，當描述一個設計時，通常必須盡量使用資料流程或是行為描述方式，而將底層的詳細化簡工作留予編譯器(compiler或稱合成器，synthesizer)完成。

3. 修改測試平台模組*full_adder_structural_tb*如下：

```
module full_adder_dataflow_tb;
...
// Unit Under Test instance and port map
full_adder_dataflow UUT (
```

```
                    .a(a), .b(b), .Cin(Cin),
                    .Cout(Cout), .Sum(Sum));
...
```

儲存修改後的測試平台為一個新檔，稱為 *full_adder_dataflow_tb.v*。

4. 設定 *full_adder_dataflow.v* 為 Top-Level Entity，並做編譯。
5. 執行全加器的 RTL (行為) 與邏輯閘層次 (時序) 模擬。觀察得到的結果，並檢查是否與圖 1.1-2(b) 所示的真值表一致。此外，指出全加器的延遲時間。

■ 實驗項目 4: 選作項目

下列實驗步驟為選作項目。若希望將實驗項目的結果，下載至模擬板做實體測試 (real-world test)，則進行下列步驟：

1. 經由標的模擬板中的標的 FPGA 元件提供的輸入埠與輸出埠，分別連接全加器的輸入埠與輸出埠到開關與 LED。此步驟可以使用 Quartus CAD 系統的 **Pin Planner** 軟體工具幫忙。
2. 產生與下載規劃檔 (programming file) 到標的模擬板。
3. 適當地設定開關值，並觀察 LED 狀態。檢視開關值與 LED 狀態的組合是否與圖 1.1-2(b) 的真值表一致。

1.2.2 4 位元加法器

在本節中，我們首先說明如何使用電路圖輸入方式，輸入圖 1.1-3 的 4 位元加法器於 CAD 系統中，然後介紹 HDL 輸入方法。不論在哪一種方式中，都詳細地介紹相關的功能與時序模擬。

1.2.2.1 電路圖輸入 在本小節中，我們學習 4 位元加法器的電路圖輸入方式，並說明如何驗證其功能與時序。4 位元加法器由下列元件組成：

- 四個全加器

■ 實驗項目 1: 4 位元加法器

參考圖 1.1-3 的 4 位元加法器，執行下列步驟：

1. 建立一個新專案，*adder_4bits.qpf*。

2. 產生一個新檔案，*adder_4bits.bdf*。
3. 使用電路圖輸入方式，引用四個全加器，並適當地將其連接。在完成連接的 4 位元加法器電路加上輸入埠與輸出埠，並儲存結果。在完成上述動作後，可以得到與圖 1.2-6 所示類似的邏輯電路圖。

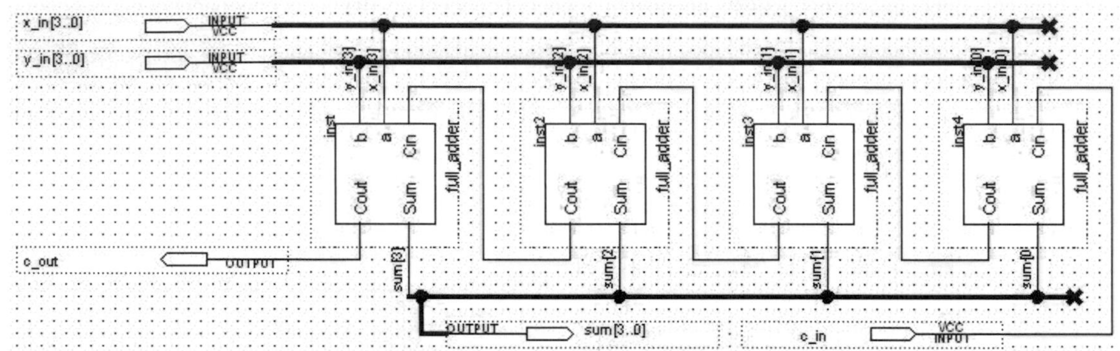

圖 1.2-6: 4 位元加法器電路

☞ 在使用一個自己 (使用者) 定義的電路符號 (.bsf) 時，必須連同其定義檔 (.bdf 或.v) 加入專案中，否則，該電路符號的引用物件 (instance) 將沒有定義。

☞ 注意輸入埠 *x_in*、*y_in* 及 sum 輸出埠，使用匯流排連接 (bus connection) 以簡化電路圖表示。希望使用匯流排連接時，必須先繪製一個匯流排 (以 *bus_name*[msb..lsb] 標示)，然後連接每一個 (以 *bus_name*[whichbit] 標示) 到該匯流排上。

4. 設定 *adder_4bits.bdf* 為 Top-Level Entity，並做編譯。
5. 執行 4 位元加法器的功能模擬。欲完成此動作，必須指定輸入端 *x_in*、*y_in* 與 *c_in* 的各種不同值組合，盡可能越多愈好。指定好輸入端的值後，執行功能模擬。觀察得到的結果，並檢查是否正確。4 位元加法器功能模擬結果的一段樣本，如圖 1.2-7 所示。

☞ 為了方便，*x_in* 與 *y_in* 使用固定時間間隔產生的亂數 (random numbers)。

☞ 在功能 (或稱行為) 模擬中，所有邏輯閘延遲時間均假定為 0 ns (除非使用時序控制指定值)。這一點可以由功能模擬的輸出結果中證實。若希望觀察邏輯閘的延遲時間，則必須執行時序模擬。

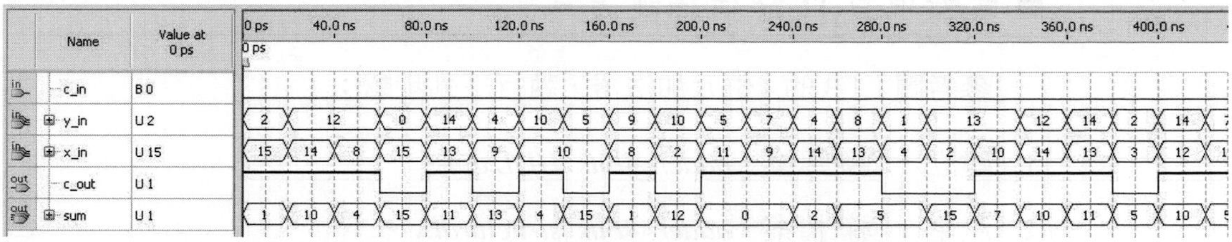

圖 1.2-7: 4 位元加法器 RTL 模擬結果的一段樣本

6. 執行 4 位元加法器的時序模擬。觀察得到的結果，並檢查是否正確。指出 4 位元加法器的延遲時間。4 位元加法器時序模擬結果的一段樣本，如圖 1.2-8 所示。

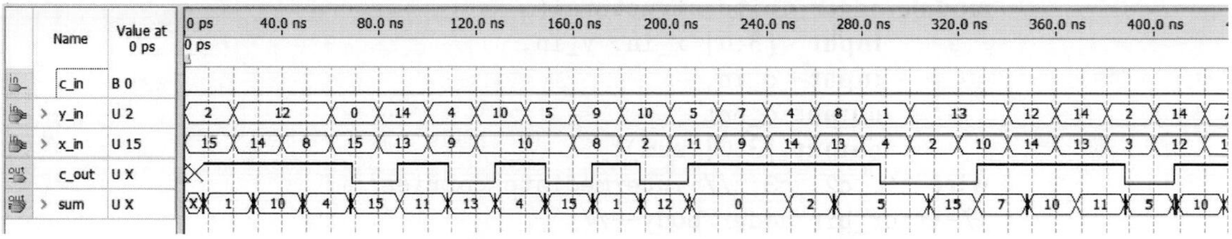

圖 1.2-8: 4 位元加法器時序模擬結果的一段樣本

> 在時序 (邏輯閘層次，gate-level) 模擬中，必須約略估計 4 位元加法器的延遲時間，以便可以在該延遲時間加上一段邊界值的時間間隔中，改變輸入值，而可以得到正確的結果。

■ 實驗項目 2: 選作項目

下列實驗步驟為選作項目。若希望將實驗項目的結果，下載至模擬板做實體測試 (real-world test)，則進行下列步驟：

1. 經由標的模擬板中的標的 FPGA 元件提供的輸入埠與輸出埠，分別連接 4 位元加法器的輸入埠與輸出埠到開關與 LED。此步驟可以使用 Quartus CAD 系統的 **Pin Planner** 軟體工具幫忙。
2. 產生與下載規劃檔 (programming file) 到標的模擬板。
3. 適當地設定開關值，並觀察 LED 狀態。檢視開關值與 LED 狀態的組合是否正確。

1.2.2.2 HDL 輸入 在本小節中，介紹兩種不同的 Verilog HDL 描述方法，以描述圖 1.1-3 的 4 位元加法器，與如何驗證結果的 Verilog HDL 模組之功能與時序。

■實驗項目 1: 結構描述方式

參考圖 1.1-3 的 4 位元加法器，執行下列步驟：

1. 建立一個新專案，*adder_4bits_HDL.qpf*。
2. 產生一個新檔案，*adder_4bits_structural.v*。
3. 使用結構描述方式，撰寫與輸入一個 Verilog HDL 模組，引用四個全加器並做適當地連接，以完成圖 1.1-3 的 4 位元加法器，並儲存它。下列 Verilog HDL 模組為一個可能的範例。

```
// a 4-bit adder described hierarchically at the gate level
// a 4-bit adder at the gate level
module adder_4bits_structural(
       input  [3:0] x_in, y_in,
       input  c_in,
       output c_out,
       output [3:0] sum);
wire c1, c2, c3; // intermediate carries
//--four_bit adder body--//
// instantiate four full adders
   full_adder fa_1 (x_in[0], y_in[0], c_in,    c1, sum[0]);
   full_adder fa_2 (x_in[1], y_in[1],   c1,    c2, sum[1]);
   full_adder fa_3 (x_in[2], y_in[2],   c2,    c3, sum[2]);
   full_adder fa_4 (x_in[3], y_in[3],   c3, c_out, sum[3]);
endmodule

// a full adder at the gate level
module full_adder(input a, b, Cin, output Cout, Sum);
wire   S1, C1, C2;  // outputs of both half adders
// -- the full adder body-- //
// instantiate the half adder
   half_adder ha_1 (  a,  b, C1,  S1);
   half_adder ha_2 (Cin, S1, C2, Sum);
   or (Cout, C1, C2);
endmodule

// a half adder at the gate level
module half_adder(input x, y, output c, s);
// instantiate gate primitives
   xor (s,x,y);
   and (c,x,y);
endmodule
```

☞ 應該注意的是在 Quartus CAD 系統中，檔案名稱必須與最上層模組 (top-level module) 名稱相同。因此，上述模組的檔案名稱必須為 *adder_4bits_structural.v*。

4. 產生一個新檔案 *adder_4bits_structural_tb.v*，撰寫與輸入 *adder_4bits_-structural.v* 模組的測試平台。下列模組為 4 位元加法器的一個可能的測試平台。它使用一個 **for** 迴圈，產生 x_in 與 y_in 的所有可能值的組合。

```
// a test bench for the adder_4bits_structural
'timescale 1 ns/100 ps
module adder_4bits_structural_tb;
// internal signals declarations
reg [3:0] x_in, y_in;
reg c_in;
wire [3:0] sum;
wire c_out;
// Unit Under Test instance and port map
adder_4bits_structural UUT (.x_in(x_in), .y_in(y_in),
              .c_in(c_in), .c_out(c_out), .sum(sum));

integer i;
initial begin // stimulus generation block
   for (i = 0; i <= 255; i = i + 1) begin
       x_in = i[3:0]; y_in = i[7:4]; c_in = 1'b0;
       #10;
   end
end

initial #5000 $finish;
initial       // response monitoring block
   $monitor($realtime,"ns %h %h %h %h", x_in, y_in, c_in,
            {c_out, sum});
endmodule
```

> ☞ 雖然測試平台 (test bench) 的檔案名稱與模組名稱不需要相同，一個好的習慣是使用相同的檔案名稱與模組名稱，即 *adder_4bits_-structural_tb.v*。

5. 設定 *adder_4bits_structural.v* 為 Top-Level Entity，並做編譯。

6. 執行 4 位元加法器的 RTL (behavioral) 模擬。觀察得到的結果，並檢查是否正確。4 位元加法器 RTL 模擬結果的一段樣本如圖 1.2-9 所示。

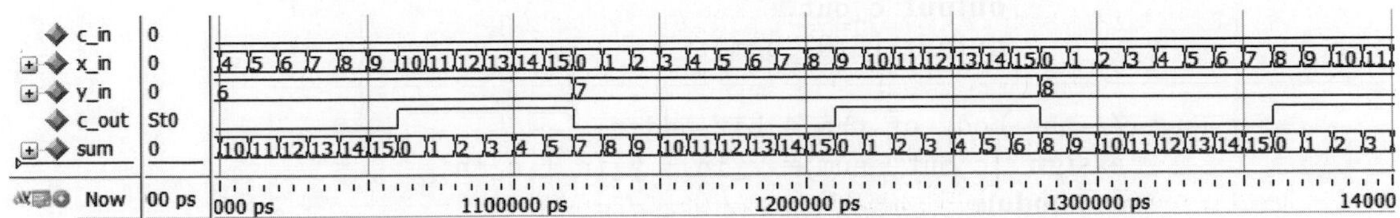

圖 1.2-9: 4 位元加法器 RTL 模擬結果的一段樣本

> 在 RTL(功能或稱行為) 模擬中，所有邏輯閘延遲時間均假定為 0 ns (除非使用時序控制指定值)。這一點可以由功能模擬的輸出結果中證實。若希望觀察邏輯閘的延遲時間，則必須執行時序模擬。

7. 執行 4 位元加法器的邏輯閘層次 (時序) 模擬。觀察得到的結果，並檢查是否正確。指出 4 位元加法器的延遲時間。4 位元加法器邏輯閘層次模擬結果的一段樣本，如圖 1.2-10 所示。

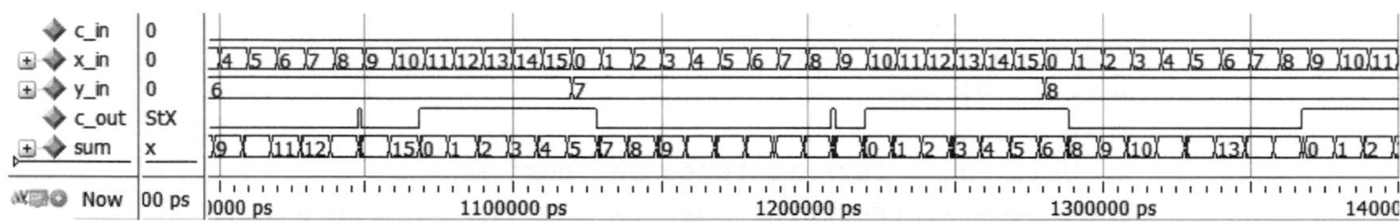

圖 1.2-10: 4 位元加法器邏輯閘層次模擬結果的一段樣本

> 在邏輯閘層次 (時序) 模擬中，必須約略估計 4 位元加法器的延遲時間，以便可以在該延遲時間加上一段邊界值的時間間隔中，改變輸入值，而可以得到正確的結果。

■ 實驗項目 2: 資料流程描述方式

參考圖 1.1-3 的 4 位元加法器，執行下列步驟：

1. 產生一個新檔案，*adder_4bits_dataflow.v*。
2. 使用資料流程描述方式，撰寫與輸入一個 Verilog HDL 模組，描述圖 1.1-3 所示的 4 位元加法器，並儲存它。下列 Verilog HDL 模組為一個可能的範例，它使用 **assign** 連續性指述，並且宣告輸入 x_in、y_in 與輸出 sum 為 4 位元向量。

```
// a 4-bit adder at the gate level in dataflow style
module adder_4bits_dataflow(
       input  [3:0] x_in, y_in,
       input  c_in,
       output c_out,
       output [3:0] sum);

// the body of the 4-bit adder
assign {c_out, sum}= x_in + y_in + c_in;
endmodule
```

> ☞ 由上述模組可以得知：欲描述一個 n 位元加法器時，僅需將輸入端 x_in、y_in 與輸出 sum 宣告為 n 位元的向量即可。

3. 修改測試平台模組 *adder_4bits_structural_tb* 如下：

```
module adder_4bits_dataflow_tb;
...
// Unit Under Test instance and port map
adder_4bits_dataflow UUT (
        .x_in(x_in), .y_in(y_in),
        .c_in(c_in), .c_out(c_out), .sum(sum));
...
```

儲存修改後的測試平台為一個新檔，稱為 *adder_4bits_dataflow_tb.v*。

4. 設定 *adder_4bits_dataflow.v* 為 Top-Level Entity，並做編譯。
5. 執行 4 位元加法器的 RTL (行為) 與邏輯閘層次 (時序) 模擬。觀察得到的結果，並檢查是否正確。此外，指出 4 位元加法器的延遲時間。

■ 實驗項目 3: 選作項目

下列實驗步驟為選作項目。若希望將實驗項目的結果，下載至模擬板做實體測試 (real-world test)，則進行下列步驟：

1. 經由標的模擬板中的標的 FPGA 元件提供的輸入埠與輸出埠，分別連接 4 位元加法器的輸入埠與輸出埠到開關與 LED。此步驟可以使用 Quartus CAD 系統的 **Pin Planner** 軟體工具幫忙。
2. 產生與下載規劃檔 (programming file) 到標的模擬板。
3. 適當地設定開關值，並觀察 LED 狀態。檢視開關值與 LED 狀態的組合是否正確。

1.2.3 4 位元 2 補數加法器

在本節中，我們首先說明如何使用電路圖輸入方式，輸入圖 1.1-4 的 4 位元 2 補數加法器於 CAD 系統中，然後介紹 HDL 輸入方法。不論在哪一種方式中，都詳細地介紹相關的功能與時序模擬。

1.2.3.1 電路圖輸入 在本小節中，我們學習 4 位元 2 補數加法器的電路圖輸入方式，並說明如何驗證其功能與時序。4 位元 2 補數加法器由下列元件組成：

- 四個全加器
- 四個 XOR 閘當做一個 4 位元真值/補數產生器

■ 實驗項目 1: 4 位元 2 補數加法器

參考圖 1.1-4 的 4 位元加法器，執行下列步驟：

1. 建立一個新專案，*twos_adder_4bits.qpf*。
2. 產生一個新檔案，*twos_adder_4bits.bdf*。
3. 使用電路圖輸入方式，引用四個全加器與四個 XOR 閘，將其連接成圖如 1.1-4 所示 4 位元 2 補數加法器。在完成連接的 4 位元 2 補數加法器電路加上輸入埠與輸出埠，並儲存結果。在完成上述動作後，可以得到與圖 1.2-11 所示類似的邏輯電路圖。

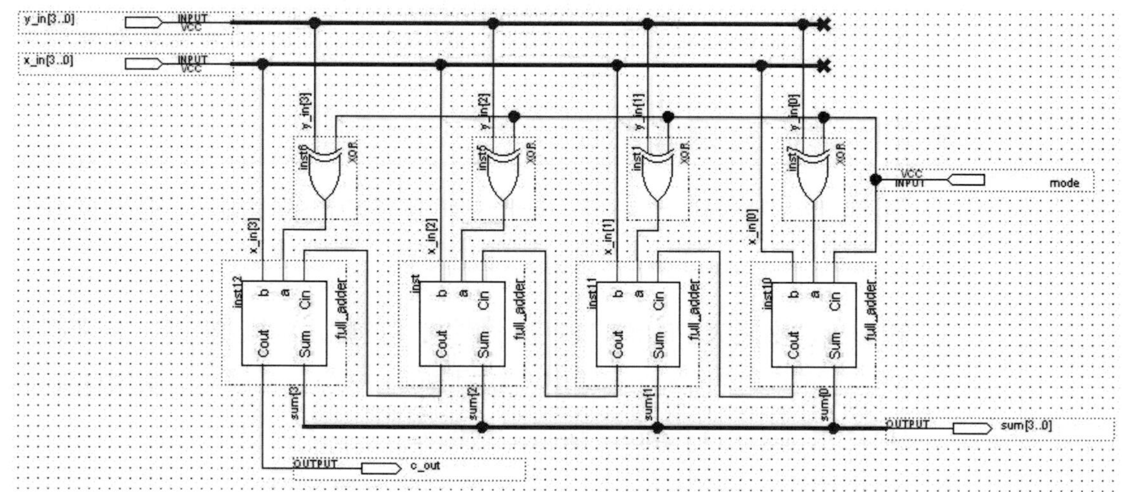

圖 1.2-11: 4 位元 2 補數加法器電路

> ☞ 注意輸入埠 *x_in*、*y_in* 及 sum 輸出埠，使用匯流排連接 (bus connection) 以簡化電路圖表示。希望使用匯流排連接時，必須先繪製一個匯流排 (以 *bus_name*[msb..lsb] 標示)，然後連接每一個 (以 *bus_name*[whichbit] 標示) 到該匯流排上。

4. 設定 *twos_adder_4bits.bdf* 為 Top-Level Entity，並做編譯。
5. 執行 4 位元 2 補數加法器的功能模擬。欲完成此動作，必須指定輸入端 *x_in*、*y_in* 與 *mode* 的各種不同值組合，盡可能越多愈好。指定好輸入端的值後，執行功能模擬。觀察得到的結果，並檢查是否正確。4 位元 2 補數加法器功能模擬結果的一段樣本，如圖 1.2-12 所示。

> ☞ 為了方便，*x_in*與*y_in*使用固定時間間隔產生的亂數(random numbers)。

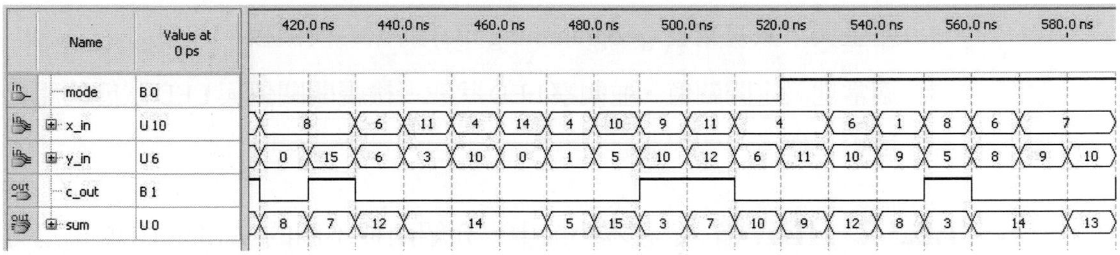

圖 1.2-12: 4 位元 2 補數加法器功能模擬結果的一段樣本

> ☞ 在功能(或稱行為)模擬中，所有邏輯閘延遲時間均假定為 0 ns (除非使用時序控制指定值)。這一點可以由功能模擬的輸出結果中證實。若希望觀察邏輯閘的延遲時間，則必須執行時序模擬。

6. 執行 4 位元 2 補數加法器的時序模擬。觀察得到的結果，並檢查是否正確。指出 4 位元 2 補數加法器的延遲時間。4 位元 2 補數加法器時序模擬結果的一段樣本，如圖 1.2-13 所示。

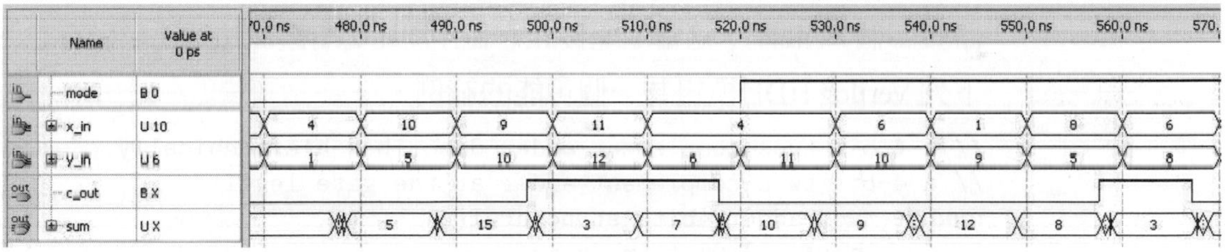

圖 1.2-13: 4 位元 2 補數加法器時序模擬結果的一段樣本

> ☞ 在時序 (邏輯閘層次，gate-level) 模擬中，必須約略估計 4 位元 2 補數加法器的延遲時間，以便可以在該延遲時間加上一段邊界值的時間間隔中，改變輸入值，而可以得到正確的結果。

■ 實驗項目 2: 選作項目

下列實驗步驟為選作項目。若希望將實驗項目的結果，下載至模擬板做實體測試 (real-world test)，則進行下列步驟：

1. 經由標的模擬板中的標的 FPGA 元件提供的輸入埠與輸出埠，分別連接 4 位元 2 補數加法器的輸入埠與輸出埠到開關與 LED。此步驟可以使用 Quartus CAD 系統的 **Pin Planner** 軟體工具幫忙。
2. 產生與下載規劃檔 (programming file) 到標的模擬板。
3. 適當地設定開關值，並觀察 LED 狀態。檢視開關值與 LED 狀態的組合是否正確。

1.2.3.2 HDL 輸入 在本小節中，介紹兩種不同的 Verilog HDL 描述方法，以描述圖 1.1-4 的 4 位元 2 補數加法器，與如何驗證結果的 Verilog HDL 模組之功能與時序。

■ 實驗項目 1: 結構描述方式

參考圖 1.1-4 的 4 位元 2 補數加法器，執行下列步驟：

1. 建立一個新專案，*twos_adder_4bits_HDL.qpf*。
2. 產生一個新檔案，*twos_adder_4bits_structural.v*。
3. 使用結構描述方式，撰寫與輸入一個 Verilog HDL 模組，引用四個全加器與四個 XOR 閘，適當地連接成一個 4 位元 2 補數加法器，並儲存它。下列 Verilog HDL 模組為一個可能的範例。

```
// a 4-bit twos-complement adder described hierarchically
// a 4-bit twos-complement adder at the gate level
module twos_adder_4bits_structural(
       input  [3:0] x_in, y_in,
       input  mode,
       output c_out,
       output [3:0] sum);
wire t[3:0]; // intermediate carries
wire c1, c2, c3; // intermediate carries
//--four_bit twos-complement adder body--//
// instantiate four xor gates
   xor bit0 (t[0], y_in[0], mode);
   xor bit1 (t[1], y_in[1], mode);
   xor bit2 (t[2], y_in[2], mode);
   xor bit3 (t[3], y_in[3], mode);
// instantiate four full adders
   full_adder fa_1 (x_in[0], t[0], mode,    c1, sum[0]);
   full_adder fa_2 (x_in[1], t[1],   c1,    c2, sum[1]);
   full_adder fa_3 (x_in[2], t[2],   c2,    c3, sum[2]);
   full_adder fa_4 (x_in[3], t[3],   c3, c_out, sum[3]);
endmodule

// a full adder at the gate level
```

```
module full_adder(input a, b, Cin, output Cout, Sum);
wire   S1, C1, C2;  // outputs of both half adders
// -- the full adder body-- //
// instantiate the half adder
   half_adder ha_1 (  a,  b, C1,  S1);
   half_adder ha_2 (Cin, S1, C2, Sum);
   or (Cout, C1, C2);
endmodule

// a half adder at the gate level
module half_adder(input x, y, output c, s);
// instantiate gate primitives
   xor (s,x,y);
   and (c,x,y);
endmodule
```

> 應該注意的是在 Quartus CAD 系統中，檔案名稱必須與最上層模組 (top-level module) 名稱相同。因此，上述模組的檔案名稱必須為 *twos_adder_4bits_structural.v*。

4. 產生一個新檔案 *twos_adder_4bits_structural_tb.v*，撰寫與輸入 *twos_adder_4bits_structural.v* 模組的測試平台。下列模組為 4 位元 2 補數加法器的一個可能的測試平台。它使用兩個 **for** 迴圈，以產生輸入端 x_in、y_in 與 $mode$ 的所有可能值的組合。

```
// a test bench for the twos_adder_4bits_structural
`timescale 1 ns/100 ps
module twos_adder_4bits_structural_tb;
// internal signals declarations
reg [3:0] x_in, y_in;
reg mode;
wire [3:0] sum;
wire c_out;
// Unit Under Test instance and port map
twos_adder_4bits_structural UUT (.x_in(x_in), .y_in(y_in),
             .mode(mode), .c_out(c_out), .sum(sum));

integer i;
initial begin // stimulus generation block
   for (i = 0; i <= 255; i = i + 1) begin
      x_in = i[3:0]; y_in = i[7:4]; mode = 1'b0;
      #10 ;
   end
   // test the subtraction function
   for (i = 0; i <= 255; i = i + 1) begin
      x_in = i[3:0]; y_in = i[7:4]; mode = 1'b1;
      #10;
   end
end
```

```
initial #6000 $finish;
initial      // response monitoring block
   $monitor($realtime,"ns %h %h %h %h", x_in, y_in, mode,
            {c_out, sum});
endmodule
```

☞ 雖然測試平台 (test bench) 的檔案名稱與模組名稱不需要相同，一個好的習慣是使用相同的檔案名稱與模組名稱，即 *twos_adder_4bits_structural_tb.v*。

5. 設定 *twos_adder_4bits_structural.v* 為 Top-Level Entity，並做編譯。
6. 執行 4 位元 2 補數加法器的 RTL (behavioral) 模擬。觀察得到的結果，並檢查是否正確。4 位元 2 補數加法器 RTL 模擬結果的一段樣本，如圖 1.2-14 所示。

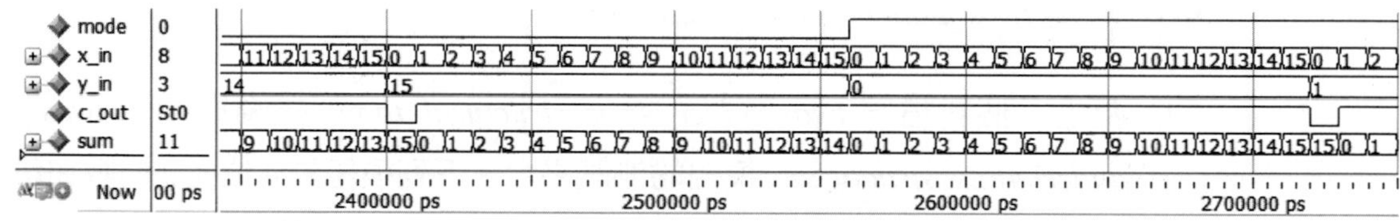

圖 1.2-14: 4 位元 2 補數加法器 RTL 模擬結果的一段樣本

☞ 在 RTL(功能或稱行為) 模擬中，所有邏輯閘延遲時間均假定為 0 ns (除非使用時序控制指定值)。這一點可以由功能模擬的輸出結果中證實。若希望觀察邏輯閘的延遲時間，則必須執行時序模擬。

7. 執行 4 位元 2 補數加法器的邏輯閘層次 (時序) 模擬。觀察得到的結果，並檢查是否正確。指出 4 位元 2 補數加法器的延遲時間。4 位元 2 補數加法器邏輯閘層次模擬結果的一段樣本，如圖 1.2-15 所示。

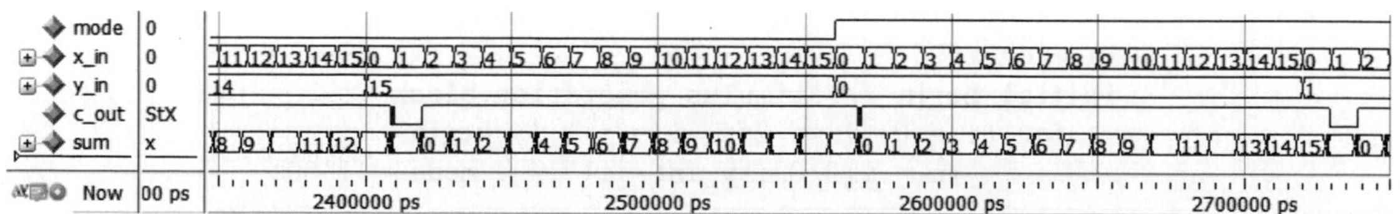

圖 1.2-15: 4 位元 2 補數加法器邏輯閘層次模擬結果的一段樣本

> ☞ 在邏輯閘層次 (時序) 模擬中，必須約略估計 4 位元 2 補數加法器的延遲時間，以便可以在該延遲時間加上一段邊界值的時間間隔中，改變輸入值，而可以得到正確的結果。

■ 實驗項目 2: 資料流程描述方式

參考圖 1.1-4 的 4 位元 2 補數加法器，執行下列步驟：

1. 產生一個新檔案，*twos_adder_4bits_dataflow.v*。
2. 使用資料流程方式，撰寫與輸入一個 Verilog HDL 模組，描述一個 4 位元 2 補數加法器，並儲存它。下列 Verilog HDL 模組為一個可能的範例。

```
// a 4-bit adder at the gate level in dataflow style
module twos_adder_4bits_dataflow(
        input  [3:0] x_in, y_in,
        input  mode,
        output c_out,
        output [3:0] sum);
wire [3:0] t;

// the body of the 4-bit twos-complement adder
assign t = y_in ^ {4{mode}};
assign {c_out, sum}= x_in + t + mode;
endmodule
```

> ☞ 建議讀者將兩個 **assign** 持續性指述組合成一個，然後觀察其結果有何變化。觀察到的結果為何？

> ☞ 應該注意的是在 Quartus CAD 系統中，檔案名稱必須與最上層模組 (top-level module) 名稱相同。因此，上述模組的檔案名稱必須為 *twos_adder_4bits_dataflow.v*。

3. 修改測試平台模組 *twos_adder_4bits_structural_tb* 如下：

```
module twos_adder_4bits_dataflow_tb;
...
// Unit Under Test instance and port map
twos_adder_4bits_dataflow UUT (
      .x_in(x_in), .y_in(y_in),
      .c_in(c_in), .c_out(c_out), .sum(sum));
...
```

儲存修改後的測試平台為一個新檔，稱為 *twos_adder_4bits_dataflow_-tb.v*。

4. 設定 *twos_adder_4bits_dataflow.v* 為 Top-Level Entity，並做編譯。
5. 執行 4 位元 2 補數加法器的 RTL (行為) 與邏輯閘層次 (時序) 模擬。觀察得到的結果，並檢查是否正確。此外，指出 4 位元 2 補數加法器的延遲時間。

■ 實驗項目 3: 選作項目

下列實驗步驟為選作項目。若希望將實驗項目的結果，下載至模擬板做實體測試 (real-world test)，則進行下列步驟：

1. 經由標的模擬板中的標的 FPGA 元件提供的輸入埠與輸出埠，分別連接 4 位元 2 補數加法器的輸入埠與輸出埠到開關與 LED。此步驟可以使用 Quartus CAD 系統的 **Pin Planner** 軟體工具幫忙。
2. 產生與下載規劃檔 (programming file) 到標的模擬板。
3. 適當地設定開關值，並觀察 LED 狀態。檢視開關值與 LED 狀態的組合是否正確。

1.2.4 延伸實驗專題

在這一小節中，介紹兩個與之前學過的實驗專題密切相關的實驗專題，它們為基於 2 位元加法器的 n 位元加法器及 BCD (binary-coded-decimal) 加法器。

1.2.4.1 基於 2 位元加法器的加法器 回顧半加器為一個僅將其兩個輸入端的值相加，而不考慮由其前一級來的進位輸入的電路。在其次討論中，我們首先設計一個 2 位元半加器，然後使用此電路建構一個 2 位元全加器，最後再使用此 2 位元全加器，建構一個 4 位元加法器。

1. 假設輸入端為 x_1x_0 與 y_1y_0 而輸出端為 c 與 s_1s_0，導出 2 位元半加器的真值表，並導出輸出端 c、s_1 與 s_0 的交換表式。
2. 假設輸入端為 x_1x_0、y_1y_0 與 c_{in} 而輸出端為 c_{out} 與 s_1s_0，使用兩個 2 位元半加器與一個 OR 閘，建構一個 2 位元全加器。
3. 串接兩個 2 位元全加器為一個 4 位元加法器。

分別使用電路圖與 HDL 輸入方式，輸入每一個步驟的設計結果於 CAD 系統中，執行功能與時序的驗證。

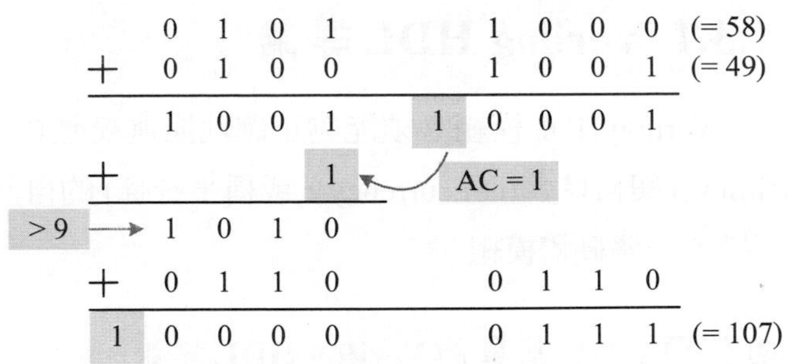

圖 1.2-16: 兩個數字 BCD 加法運算說明例

1.2.4.2 BCD 加法器 十進制加法器 (decimal adder)又稱為BCD加法器，它廣泛地使用在大多數微處理器中。一般而言，一個十進制加法器的語句寬度為8位元，包含兩個BCD數字。因此，需要考慮的問題為設計與實現一個兩個數字的BCD加法器。

一個兩個數字的BCD加法器，實際上由兩個單一數字BCD加法器組成。每一個單一數字BCD加法器使用一個4位元二進制加法器，將兩個BCD數字與進位輸入 (carry-in) 相加後，進行下列校正步驟，以產生單一數字BCD輸出及可能的進位輸出 (carry-out)：

- 若進位為1，該進位為進位輸出 (carry-out)，產生的和 (sum) 必須加6。
- 若進位為0而且產生的和大於9，該和必須加6，而產生的進位為進位輸出 (carry-out)。

■ 例題 1.2-1: BCD 加法運算數值例

欲說明 BCD 加法運算，假設希望計算兩個數 58 與 49 的總和。依據上述描述，每一個 BCD 數字都使用一個 4 位元加法器，先求出其兩個輸入值的總和，如圖 1.2-16 所示。最小有效數字 (least significant digit，LSD) 有進位輸出，而最大有效數字 (most significant digit，MSD) 的值大於 9，因此使用校正步驟於兩個 BCD 數字之後，得到正確的總和 107。

分別使用電路圖與HDL輸入方式，輸入BCD加法器的每一個步驟的設計結果於CAD系統中，執行功能與時序的驗證。

1.3 補充教材—Verilog HDL 概論

在這一小節中，使用導論的方式，介紹Verilog HDL程式模組的撰寫與驗證的一個概觀。關於Verilog HDL的完整特性之介紹，可以參考[1, 4, 5, 6, 7]。

1.3.1 Verilog HDL 導論

Verilog HDL 模組必須能夠正確地描述硬體 (hardware) 電路固有的時序 (timing) 與同時性 (concurrency，或稱平行性) 的自然特性。下列例題說明如何描述一個硬體模組。

■ 例題 1.3-1: 簡單的 Verilog HDL 模組

本例題為一個 3 個輸入端的多數閘 (majority gate) 模組。硬體的傳播延遲使用 #5 的時間單位表示。結果的 **assign** 持續性指述在 5 個時間單位後，計算三個輸入端的多數閘函數，並產生結果。

```
module majority_gate(
       input  x, y, z,  // I/O ports declaration
       output f);
// specify a three-input majority gate
assign #5 f = x & y | y & z | x & z;
endmodule
```

Verilog HDL 模組通常由保留字 (keyword) **module**開始，接著為模組名稱及一串 I/O 埠 (input/output port)，每一個 I/O 埠的宣告，一個或是多個 **assign** 連續性指述或是其它指述，最後以保留字 **endmodule**結束。在 // 之後的文字為說明用文字 (comment)，Verilog HDL 編譯器 (compiler) 與模擬器 (simulator) 均忽略它。另外一種表示說明用文字的方法為使用區段說明 (block comment)，即使用 /* 開頭而以 */ 結束。

在一個 Verilog HDL 模組撰寫完成後，其次的兩個步驟為合成 (synthesis)與模擬 (simulation)。上述模組合成後的結果如圖 1.3-1(a) 所示，其模擬結果以波形形式呈現於圖 1.3-1(b)。

1.3.1.1 識別語 一個識別語 (identifier)由一串文字與數字字元 (alphanumeric characters)、_、與 $ 等組成，但是第一個字元必須是字母、_或 $。識別語的長度由編譯器決定，但是至少應該為 1,024 個字元。若一個識別語長度超出編譯器允許的範圍時，編譯器會產生一個錯誤訊息。使用 $ 開始的識別語保留予系統工作與函數 (system task and function) 以及時序檢查 (timing check) 使用。下列為一些成立的識別語：

```
counter
four_bit_adder
a12
_4b_adder
FourBitAdder
```

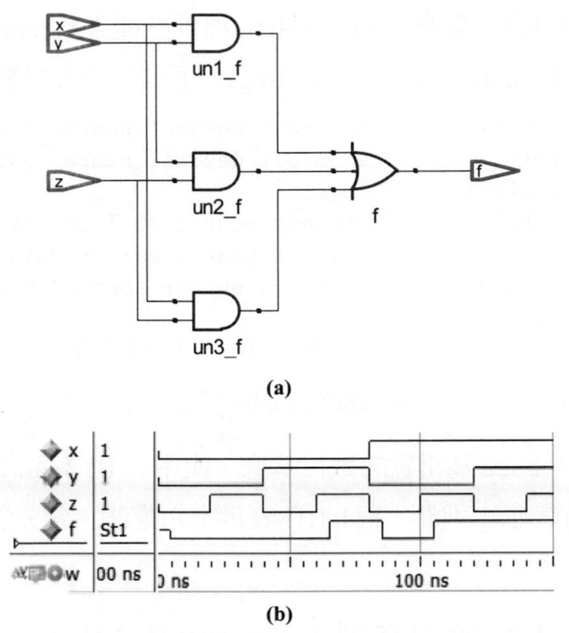

(a)

(b)

圖 1.3-1: 三個輸入端的多數閘：(a) 合成結果；(b) 模擬結果

若一個識別語需要多個單字組合而成時，三種常用的方法為：底線方法 (underline method)、Pascal 方法 (Pascal-case method) 與駝峰式方法 (camel-case method)。

- 底線方法：在這一種方法中，使用底線字元 (underline character) 連接單字，例如 `four_bit_adder`。
- Pascal 方法：在這一種方法中，使用大寫字母 (uppercase letter) 連接單字，而且在一個識別語中的每一個單字的第一個字母為大寫，例如 `FourBitAdder`。
- 駝峰式方法：在這一種方法中，使用大寫字母連接單字，而且在一個識別語中，除了第一個單字外的每一個單字的第一個字母都為大寫，例如 `fourBitAdder`。

在本書中，我們使用底線方法。

1.3.1.2 邏輯值集合 通常邏輯值只有 0 (邏輯 0) 與 1 (邏輯 1) 兩個。但是，為了描述實際的硬體電路，另外加入三態 (tristate 或 three state) 值，以字元 z 表示，以指示一個節點 (net 或 node) 是在高阻抗 (high impedance) 狀態。另外，使用另外一個字元 x 表示一個節點的邏輯值是未知的 (unknown)。因此，結果的邏輯系統為 $\{0,1,x,z\}$ 的四個值邏輯系統 (four-value logic system)。

1.3.1.3 常數 Verilog HDL 提供三種常數 (constant)：整數 (integer)、實數 (real number) 與字元串 (string)。下列為一些常數例：

```
-1234       // a 32-bit decimal number -1234
2011        // a 32-bit decimal number 2011
3.14159     // legal
2.34E6      // the exponent symbol can be e or E
4'b0010     // a 4-bit binary number 0010
16'habcd    // a 16-bit number abcd in hexadecimal
```

一般而言，欲表示一個 n 位元的常數時，可以使用下列語法：

```
[n]'[base]constant_value
```

其中 base 為常數的數目基底，使用 b (B) 表示二進制，o (O) 表示八進制，d (D) 表示十進制，與 h (H) 表示十六進制。當 n 省略時，該常數預設為 32 位元。

1.3.1.4 資料類型 Verilog HDL 的資料類型 (data type) 有兩種：net 與變數 (variable)。 net 並不是保留字，而是代表一類型的資料類型 [4]，包含 **wire**、**wand**、**wor**、**tri**、**triand**、**trior**、**tri0**、**tri1**、**trireg**、**supply0** 與 **supply1**。其中以 **wire** net 資料類型最常用，它表示兩個實體結構的一個實體連接點，例如邏輯閘與模組，它並不儲存值。一些 **wire** net 資料類型的宣告例如下：

```
wire a, b, c_in;        // 1-bit wires
wire data_a[7:0];       // an array of 1-bit wires
wire signed c, d;       // 1-bit signed wires
```

wire net 資料類型只能由單一驅動器 (例如一個邏輯閘或是一個 **assign** 持續性指述) 驅動。當一個 net 必須由多個驅動器驅動時，該 net 必須宣告為 **tri** 的 net 資料類型。

變數意為任何資料儲存元件。變數資料類型包括 **reg**、**integer**、**real**、**time** 與 **realtime**。其中以 **reg**、**integer** 與 **realtime** (在測試平台中) 最為常用。一個 **reg** 變數持住一個值，直到它被另一個指定指述改變為止。它可以表示硬體連接點或是硬體暫存器，例如緣觸發 (edge-sensitive) (即，正反器，flip-flops) 與位準觸發 (level-sensitive) (即，閂閂電路，latches) 儲存元件 (storage element)。一些 **reg** 宣告例如下：

```
reg a, b, c_in;        // 1-bit reg variables
reg data_a[7:0];       // an array of 1-bit reg variables
reg signed c, d;       // 1-bit signed reg variables
```

當一個 net 或是 **reg** 資料類型並未指示其位元寬度 (bit width) 時，都預設為 1 位元。欲使用多位元寬度時，可以宣告為向量 (vector)。向量的宣告可以

使用 [high:low] 或 [low:high]，但是最左邊的位元都為最大有效位元 (most significant bit，MSB) 而最右邊的位元都為最小有效位元 (least significant bit，LSB)。一些向量宣告例如下：

```
wire [7:0] a, b, c_in;     // 8-bit wires
reg signed [3:0] c, d;     // 4-bit signed reg variables
reg [3:0] data_a[7:0] ;    // an array of 4-bit reg variables
```

指定一個向量變數中的單一位元時，使用 [x]，例如 *a*[3] 表示 net *a* 的位元 3，而 *data_a*[3][1] 表示 *data_a* 陣列的第四個元素的位元 1。

一個 **integer** 變數可以視為帶號的 **reg** 變數，其最小有效位元 (LSB) 為位元 0，而至少包含 32 位元。對 **integer** 變數執行算術運算後，產生 2 補數結果。兩個 **integer** 變數宣告例如下：

```
integer i,j;          // declare two integer variables
integer data[7:0];    // an array of integer
```

1.3.2 模組觀念

數位系統的基本單元為模組 (module)，它由本體 (body) 又稱內部 (internal) 或核心電路 (core circuit) 與界面 (interface，介面) 又稱為埠 (port) 組成。本體實現模組需要的功能，而界面則執行本體與外界之通信。此外，電源 (power) 與接地 ground) 也必須由界面提供。然而，在 Verilog HDL 模組中，電源與接地通常使用外含方式，即不在模組的界面中定義。與硬體模組相同，一個 Verilog HDL 模組可以是單一模組或是由許多低層次設計區塊 (或模組) 組成。

在 Verilog HDL 中，一個完整的建構單元亦稱為一個模組 (module)。 圖 1.3-2 所示為兩個不同的模組結構。它們之間的差異只在輸入/輸出埠 (input/output port，簡稱 I/O port) 的宣告。每一個模組均為獨立的單元，而不能在其它模組內宣告。然而，一個模組可以包含其它模組，而形成階層式架構 (hierarchical structure)。將另一個模組包含在一個模組中的程序，稱為引用程序 (instantiation)，其動作稱為引用 (instantiate)。每一個被引用的模組稱為一個引用物件 (instance)。

> ☞ 應該注意的是：圖 1.3-2 中的兩個模組結構都是 Verilog HDL 的語言參考手冊 (language reference manual，LRM) 中定義的合法結構。因此，兩者都可以使用。但是，在本書中我們將使用圖 1.3-2(b) 的結構，因其與 ANSI-C 的樣式符合。

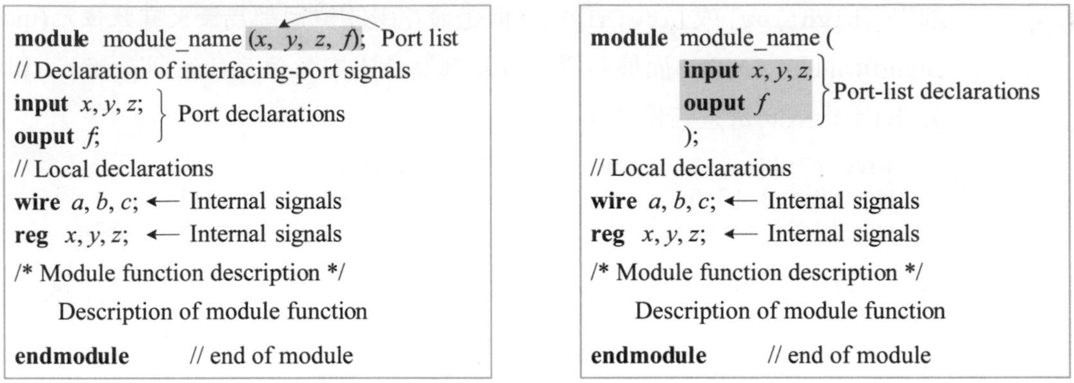

```
module module_name (x, y, z, f);  Port list
// Declaration of interfacing-port signals
input x, y, z;  } Port declarations
ouput f;
// Local declarations
wire a, b, c; ← Internal signals
reg x, y, z;  ← Internal signals
/* Module function description */
    Description of module function
endmodule     // end of module
```

(a)

```
module module_name (
        input x, y, z,  } Port-list declarations
        ouput f
        );
// Local declarations
wire a, b, c; ← Internal signals
reg x, y, z;  ← Internal signals
/* Module function description */
    Description of module function
endmodule     // end of module
```

(b)

圖 1.3-2: 基本 Verilog HDL 模組結構

1.3.2.1 I/O 埠宣告 任何 Verilog HDL 模組中的界面信號(不包括電源與接地)可以歸納成下列三種形式：

- 輸入埠 (input port) 為一組使用保留字 **input** 宣告的輸入信號。
- 輸出埠 (output ports) 為一組使用保留字 **output** 宣告的輸出信號。
- 雙向埠 (bidirectional ports) 為一組使用保留字 **inout** 宣告的雙向信號。

完整的模組界面可以使用一種與 C 函數類似的方式宣告如下：

```
// port-list declaration style
module adder(
        input [3:0] x, y,
        input c_in,
        output reg [3:0] sum,
        output reg c_out
); // sometimes called ANSI-C style
```

這一種宣告方式稱為 ANSI-C 樣式。在保留字 **input** 與 **output** 後面的 net 資料類型中的 **wire** 通常省略。然而，**reg** 變數則不能省略。在 SystemVerilog 中，可以使用保留字 **logic**取代保留字 **wire** 與 **reg**。

1.3.3 模組引用

在 Verilog HDL 中，模組的宣告不能包含另一模組。但是，類似於硬體模組，一個模組內可以經由引用程序，包含其它模組的引用物件。欲引用一個模組時，可以使用下列格式：

```
module_name instance_name [range]([ports])
            {, instance_name [range]([ports])};
```

其中 range 產生一個陣列的引用物件。此外，單一引用指述可以產生一個或是多個引用物件。

1.3.3.1 I/O 埠連接規則 連接模組的信號埠到外面的信號時，可以使用下列兩種方式之一為之：名稱對應 (named association) 與順序對應 (positional or ordered association)：

- 名稱對應：在這方法中，I/O 埠以名稱連接，即必須指定 I/O 埠識別語與其相關的 I/O 埠表式的連接關係，其語法如下：

  ```
  .port_id1(port_expr1),..., .port_idn(port_exprn)
  ```

  未連接的 I/O 埠則跳過或是不填入信號，例如“.port_id()”。

- 順序對應: 在這方法中，I/O 埠以位置 (即順序) 方式連接，即以與 I/O 埠識別語相同的順序，逐一列出相關的 I/O 埠表式，其語法如下：

  ```
  port_expr1, ..., port_exprn
  ```

  未連接的埠則跳過，例如“x, ,y”，其中位於 x 與 y 之間的 I/O 埠跳過不接。

但是，在模組的一個引用程序中，這兩種方法並不能混合使用。此外，在基本邏輯閘中，只能使用順序對應方式。

1.3.4 模組描述方法

對於 Verilog HDL 的模組而言，其本體的描述方式有下列數種：

1. 結構描述方式 (包含階層式結構描述方式)
2. 資料流程描述方式
3. 行為或演算法描述方式
4. 混合模式描述方式

在工業界中，RTL (register-transfer level) 碼一詞通常用來表示一個使用行為、資料流程、結構或是混合模式描述方式，而可以為合成器 (synthesis tool) 接受的的 RTL 模組 (即使用 RTL 元件建構成的)。

1.3.4.1 結構描述方式 在結構描述方式中，描述一個設計的方式為使用 net 連接基本邏輯閘或是其它使用者定義的模組。

Verilog HDL 提供兩種基本邏輯閘：and/or 邏輯閘與 buf/not 邏輯閘。and/or 邏輯閘包含 **and**、**or**、**nand**、**nor**、**xor** 與 **xnor**。引用這一些邏輯閘的語法如下：

```
gate_type [instance_name] (out, in{, in});
```

其中 instance_name 為可以選用的部分。第一個埠一定是輸出埠，其它則為輸入埠。在中 (方) 括號 (square bracket)([ ]) 內的物件為可以選用的，在大括號 (curly bracket)({ }) 內的物件則可以重複零次、一次或多次。

另外一種基本邏輯閘為 buf/not 邏輯閘，包括 **buf** (稱為緩衝器，buffer，或非反相閘) 與 **not**閘，以及四個三態 (tristate) buf/not 閘。**buf** 與 **not** 兩個邏輯閘都具有一個輸入埠與一個或是多個輸出埠。欲引用 **buf** 或 **not** 閘時，可以使用下列語法：

```
buf_not [instance_name] (out{, out}, in);
```

其中 instance_name 為可以選用的。最後一個埠一定是輸入埠，其它則是輸出埠。

三態緩衝器與反相器包括：

- **bufif0**：低電位啟動緩衝器(active-low buffer)
- **bufif1**：高電位啟動緩衝器 (active-high buffer)
- **notif0**：低電位啟動反相器 (active-low inverter)
- **notif1**：高電位啟動反相器 (active-high inverter)

bufif0 與 **bufif1** 分別為 **buf** if 0 與 **buf** if 1 的意思，即在控制端分別為 0 與 1 之下，它們的功能為緩衝器。同樣地，**notif0** 與 **notif1** 分別為 **not** if 0 與 **not** if 1 的意思，即在控制端分別為 0 與 1 之下，它們的功能為反相器。這一些基本邏輯閘可以使用下列語法引用：

```
tri_buf_not [instance_name] (out, in, control);
```

其中 tri_buf_not 可以是 {**bufif0, bufif1, notif0, notif1**} 中的任何一個，而 instance_name 為可以選用的。

> ☞ 應該注意的是：在 FPGA 元件中，因為三態緩衝閘與反相器只出現在輸入/輸出方塊 (input/output block，IOB) 中，這一些元件通常不能使用來描述一個希望使用 FPGA 元件實現的設計。

■ 例題 1.3-2: 一個 2 對 1 多工器

組合兩個具有相反致能控制端極性的三態緩衝器 **bufif0** 與 **bufif1**，可以形成一個 2 對 1 多工器。當 s 為 0 時，致能三態緩衝器 **bufif0**；當 s 為 1 時，致能三態緩衝器 **bufif1**。注意由於輸出端 f 由兩個三態緩衝器推動，它必須宣告為 **tri** net 資料類型。

```
// a 2-to-1 multiplexer
module mux21 (
        input  x, y, s,
        output tri f);
// the body of the 2-to-1 multiplexer
bufif0 b1 (f, x, s);  // enabled if s = 0
bufif1 b2 (f, y, s);  // enabled if s = 1
endmodule
```

■ 例題 1.3-3: 一個 4 對 1 多工器

組合三個 2 對 1 多工器，可以得到一個 4 對 1 多工器。完整的 Verilog HDL 模組如下：

```
// a 4-to-1 multiplexer
module mux41 (
        input  i0, i1, i2, i3, s1, s0,
        output out);

wire y0, y1;
// the body of the 4-to-1 multiplexer
mux21 mux_a (i0, i1, s0, y0);
mux21 mux_b (i2, i3, s0, y1);
mux21 mux_c (y0, y1, s1, out);
endmodule
```

1.3.4.2 資料流程描述方式 在資料流程描述方式中的核心結構為 **assign** 持續性指述。此指定指述 (assignment statement) 以保留字 **assign** 開始，而持續性地指定一個 net (一條線或是節點) 的值。其語法如下：

```
assign net_lvalue = expression{, net_lvalue = expression};
```

其中 net_lvalue 必須是 net 資料類型的變數，而 expression 由運算子 (operator) 與運算元 (operand) 組成。運算元可以是函數或是 net、變數資料類型的資料項目。在一模組中的 **assign** 持續性指述都同時地執行，而與其在模組中出現的順序無關。

☞ 由於 **assign** 持續性指述用以表示組合邏輯電路的行為，其表示式的左邊必須 net 資料類型。

■ 例題 1.3-4: 全加器 — 資料流程描述方式

在這例題中，假設加法器需要 5 個時間單位，才能完成其加法運算。但是合成器在合成此模組時，會忽略此時間，因為加法器的實際傳播延遲將由實現該加法器的邏輯閘延遲時間取代。

表 1.3-1: Verilog HDL 運算子

<table>
<tr><th>算術運算子</th><th>位元運算子</th><th>簡縮運算子</th><th>關係運算子</th></tr>
<tr><td>+: 加 (add)
-: 減 (subtract)
*: 乘 (multiply)
/: 除 (divide)
%: 餘數 (modulus)
**: 冪次或指數 (power)</td><td>~: not
&: and
|: or
^: xor
^~, ~^: xnor</td><td>&: and
|: or
~&: nand
~|: nor
^: xor
^~, ~^: xnor</td><td>>: 大於
<: 小於
>=: 大於或等於
<=: 小於或等於</td></tr>
<tr><th>移位運算子</th><th>邏輯相等</th><th>邏輯運算子</th><th>雜類運算子</th></tr>
<tr><td><<: 邏輯左移
>>: 邏輯右移</td><td>==: 相等
!=: 不相等</td><td>&&: AND
||: OR</td><td>{ , }: 串接
{c{expr}}: 複製 c 次</td></tr>
<tr><td><<<: 算術左移</td><td>Case 相等</td><td>!: NOT</td><td>? : : 條件運算子</td></tr>
<tr><td>>>>: 算術右移</td><td>===: 相等
!==: 不相等</td><td></td><td></td></tr>
</table>

```
module full_adder_dataflow(
       input  x, y, c_in,
       output sum, c_out);

// the body of the full adder
assign #5 {c_out, sum} = x + y + c_in;
endmodule
```

與 C 語言類似，Verilog HDL 有一堆豐富的運算子，包含算數 (arithmetic)、位元運算 (bitwise)、簡縮 (reduction)、關係 (relational)、邏輯相等 (logical equality)、case 相等 (case equality)、邏輯 (logical)、移位 (shift) 與雜類 (miscellaneous) 運算子，如表 1.3-1 所示。Verilog HDL 運算子的優先順序 (precedence) 列述如表 1.3-2 所示。這些運算子的功能說明如下：

1. 算術運算子 (arithmetic operator)：為一組雙運算元的運算子，提供常用的算術運算，包括加 (+)、減 (-)、乘 (*)、除 (/)、餘數 (%)、指數 (**) 等六個。
2. 位元運算子 (bitwise operator)：為一組邏輯運算的運算子，使用位元對位元的方式，計算其結果，包括 and (&)、or (|)、not (negation) (~)、xor (^)、xnor (^~ or ~^) 等五個。
3. 簡縮運算子 (reduction operator)：為一組單運算元的運算子，以位元運算的方式，將一個向量資料濃縮為單一位元的結果。簡縮運算子包括 and (&)、or (|)、nand (~&)、nor (~|)、xor (^)、與 xnor (^~ 或 ~^) 等六個。
4. 關係運算子 (relational operator)：當關係運算子使用於一個表式中時，若該表式運算後的結果為真 (true)，則傳回邏輯值 1，否則為假 (false)，

表 1.3-2: Verilog HDL 運算子優先順序

<table>
<tr><th>運算子</th><th>符號</th><th>動作</th></tr>
<tr><td>一元 (正、負)</td><td>+ -</td><td>最高</td></tr>
<tr><td>一元 (邏輯否定, 位元 NOT)</td><td>! ~</td><td></td></tr>
<tr><td>簡縮 (and、nand、or、nor、xor、xnor)</td><td>& ~& | ~| ^ ^~(~^)</td><td></td></tr>
<tr><td>冪次 (指數)</td><td>**</td><td></td></tr>
<tr><td>乘、除、餘數</td><td>* / %</td><td></td></tr>
<tr><td>加 (二元相加)、減 (二元相減)</td><td>+ -</td><td></td></tr>
<tr><td>邏輯移位 (left、right)</td><td><< >></td><td></td></tr>
<tr><td>算術移位 (left、right)</td><td><<< >>></td><td></td></tr>
<tr><td>關係 (小於、小於或等於)</td><td>< <=</td><td></td></tr>
<tr><td>關係 (大於、大於或等於)</td><td>> >=</td><td></td></tr>
<tr><td>邏輯相等 (相等、不相等)</td><td>== !=</td><td></td></tr>
<tr><td>Case 相等 (相等、不相等)</td><td>=== !==</td><td></td></tr>
<tr><td>位元 (and、xor、xnor、or)</td><td>& ^ ^~(~^) |</td><td></td></tr>
<tr><td>邏輯 (and、or)</td><td>&& ||</td><td></td></tr>
<tr><td>條件</td><td>?:</td><td></td></tr>
<tr><td>串接與複製</td><td>{ } {{}}</td><td>最低</td></tr>
</table>

傳回邏輯值 0。關係運算子包括大於 (>)、小於 (<)、等於 (==)、不等於 (!=)、大於或是等於 (>=)、小於或是等於 (<=) 等。

5. 移位運算子 (shift operator)：將一個向量資料向左移位或是向右移位一個指定的位元數目，包括邏輯左移 (<<)、邏輯右移 (>>)、算數左移 (<<<)、算數右移 (>>>) 等四個。

6. 相等運算子 (equality operator)：包括邏輯等於 (==)、邏輯不等於 (!=)、case 相等 (===)、case 不相等 (!==) 等四個運算子。

7. 邏輯運算子 (logical operator)：包括 AND (&&)、OR (||)、NOT (!)。

8. 串接 (concatenation)、複製 (replication)、與條件 (conditional) 運算子：串接運算子“{,}”提供一個方式，將多個運算元當作一個運算元做運算；複製運算子“$\{c\{x\}\}$”提供一個方式，複製一個運算元 x 需要的常數次數 (c)；條件運算子 (? :) 為一個具有三個運算元的運算子，其格式如下：

```
condition_expr ? true_expr : false_expr
```

即當 condition_expr 為 1 時，執行 true_expr；否則，執行 false_expr。事實上，條件運算子為 **if-else** 指述的一種縮寫表示方式。

☞ 應該注意的是：餘數 (%) 與冪次 (指數) (**) 運算子通常是不能合成的，意即有些合成器可以合成，另外一些則不能。

■ 例題 1.3-5: 大頭順序與小頭順序轉換

下列模組轉換大頭順序 (big-endian) 的表示方式為其對應的小頭順序 (little-endian)，反之亦然。在大頭順序的表示中，低序位元組位於高位址，而高序位元組位於低位址；在小頭順序的表示中，低序位元組位於低位址，而高序位元組位於高位址。

```
module swap_bytes (
       input  [31:0] in,
       output [31:0] out);
// use the part-select
assign out [31:24] = in [7:0],
       out [23:16] = in [15:8],
       out [15:8]  = in [23:16],
       out [7:0]   = in [31:24];
endmodule
```

由於偶同位 (even parity) 的定義為資料位元與同位位元中值為 1 的位元數目必須為偶數，因此當資料位元中值為 1 的位元數目為奇數時，同位位元必須為 1，否則為 0。將所有資料位元取其 XOR 運算之後，其結果即為偶同位位元的值。此種運算可以輕易地使用簡縮運算子 ^ (xor) 完成，例如下列例題。

■ 例題 1.3-6: 9 位元同位產生器電路—資料流程描述

簡縮運算子的功能為將一個向量運算元簡縮為一個位元的結果。在下列模組中，簡縮運算子 ^ (xor) 將輸入向量 x 簡縮為單一位元的結果。因此，該模組描述一個 9 位元的同位產生器電路。

```
module parity_gen_9b(
       input  [8:0] x,
       output ep, op);
// the body of the 9-bit parity generator
assign ep = ^x;    // even parity generator
assign op = ~ep;   // odd parity generator
endmodule
```

簡縮運算子的另外一個簡單而有用的應用為偵測一個位元組中的位元是否都為 0 或是都為 1。在下列模組中，假設兩種結果都需要。

■ 例題 1.3-7: 所有位元都為 0/1 偵測器

此模組描述一個能偵測所有位元都為 0 與 1 的偵測器。當輸入向量 x 的所有位元為 0 時，輸出端 zero 設定為 1；當輸入向量 x 的所有位元為 1，則輸出端 one 設定為 1。這兩個偵測器可以很容易地使用簡縮運算子 | (or) 與 & (and) 描述。結果的模組如下所示：

```
module all_bit_01_detector (
       input   [7:0] x,
       output  zero, one);

// the body of the zero and one detectors
assign zero = ~|x;  // all-bit zero detector
assign  one = &x;   // all-bit one detector
endmodule
```

■ **例題 1.3-8: 一個 4 對 1 多工器**

下列模組使用一個巢路條件運算子，描述一個 4 對 1 多工器，巢路條件運算子中的真值與假值表式都有其各自的條件運算子。雖然此種結構相當簡潔，對於初學者而言，並不容易理解。

```
module mux41_conditional (
       input  i0, i1, i2, i3,
       input  s1, s0,
       output out);

// use a nested conditional operator (?:)
assign out = s1 ? ( s0 ? i3 : i2) : (s0 ? i1 : i0);
endmodule
```

1.3.4.3 行為描述方式

Verilog HDL 的行為描述方式，由下列兩個程序結構 (procedural construct) 組成：**initial** 與 **always** 區塊 (或結構)。**initial** 區塊只能執行一次。因此，它通常使用在測試平台中，設定變數資料類型 (例如 **reg** 與 **integer**) 的初始值。**always** 區塊，如同其名所暗示，持續不斷地執行。**always** 區塊用來描述組合邏輯或是循序邏輯電路。每一個 **always** 區塊相當於一段邏輯電路。在行為描述方式中的其它所有指述，都必須置於 **initial** 或是 **always** 區塊內。所有 **initial** 與 **always** 區塊都由模擬時間 0 開始並行地執行，而且與其在模組中的次序無關。

■ **例題 1.3-9: 全加器—行為描述方式**

基本上，在行為描述方式中用來表示全加器的表式，與資料流程描述方式相同，唯一的差別為現在它必須置於 **always** 區塊內。此外，必須使用一個感測清單 (sensitivity list) `@(x, y, c_in)` 來感知輸入信號 `x`、`y` 與 `c_in` 是否有變化。結果的模組如下：

```
module full_adder_behavioral(
       input       x, y, c_in,
       output reg  sum, c_out);
// the body of the full adder
```

```
always @(x, y, c_in) // always @(x or y or c_in) or always @(*)
  #5 {c_out, sum} = x + y + c_in;
endmodule
```

在 SystemVerilog 中，前述的 **always @(...)** 可以使用 **always_comb** 取代，以強調該 **always** 區塊係描述一段組合邏輯電路。

1.3.4.4 混合模式描述方式 混合模式描述方式通常用來描述一個大系統中的結構化設計 (hierarchical design)。然而，它依然可以描述一個簡單的設計。例如下列例題說明如何使用混合模式描述方式，描述圖 1.1-2 所示的全加器，該全加器由兩個半加器與一個 OR 閘組成。

■ 例題 1.3-10: 全加器—混合模式描述方式

本例題使用混合模式描述方式，描述圖 1.1-2 所示的全加器。第一個半加器使用結構描述方式，第二個半加器使用資料流程描述方式，而 OR 閘使用行為描述方式。

```
module full_adder_mixed_style(
       input       x, y, c_in,
       output      s,
       output reg  c_out);

// internal nets
wire   s1, c1, c2;
// model HA 1 in structural style
   xor xor_ha1 (s1, x, y);
   and and_ha1(c1, x, y);
// model HA 2 in dataflow style
assign s = c_in ^ s1;
assign c2 = c_in & s1;
// model the output OR gate in behavioral style
always @(c1, c2) // or use always @(*)
   c_out = c1 | c2;
endmodule
```

☞ 上述例題說明在描述一個模組時，各種描述方式都可以使用，而且可以共存。一般而言，盡量使用行為描述方式，必要時再使用資料流程描述方式。引用其它模組時，則必須使用階層式結構描述方式。

1.3.5 模擬與驗證

一但完成一個數位系統的設計，與使用 Verilog HDL 輸入方式，輸入 CAD 系統之後，其次的步驟為驗證該設計的功能與時序，觀察其是否符

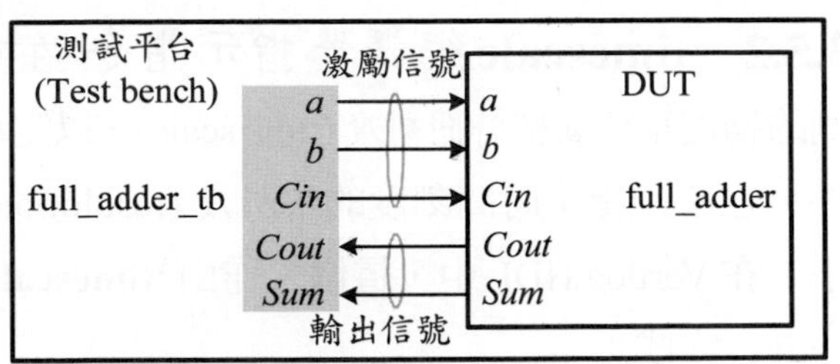

圖 1.3-3: 一個測試平台架構說明例

合需要的規格 (specification)。在驗證一個 Verilog HDL 模組時，需要另外一個模組，以產生需要的測試激勵信號 (test stimuli)，與監測待測模組的輸出反應。產生測試激勵信號與觀察待測模組 (design under test，DUT) (或 unit under test，UUT) 輸出反應的模組，稱為測試平台 (test bench)，如圖 1.3-3 所示。

1.3.5.1 測試平台 測試平台為一個混合描述方式的 Verilog HDL 程式，它用來產生測試一個待測模組的輸入激勵信號，與監視及分析該待測模組的輸出信號。測試平台通常沒有輸入與輸出信號，其一般形式如下：

'timescale time_unit/time_precision
module test_module_name;
宣告 **reg** 與 **wire** 資料類型的識別語；
宣告 **integer** 資料類型的識別語；
　引用待測模組；
　使用 **initial** 與 **always** 指述產生待測模組的激發信號；
　顯示與輸出待測模組的輸出信號；
endmodule

在測試平台中，通常需要使用一個編譯器指示指令 (compiler directive) 與一些系統工作 (system task) 及系統函數 (system function) [3, 4]。這一些包括：

- 編譯器指示指令：**'timescale**
- 顯示系統工作：**$display** 與 **$monitor**
- 模擬時間系統函數：**$time** 與 **$realtime**
- 模擬控制系統工作：**$finish** 與 **$stop**

其次，依序討論這一些指示指令、函數與工作。

1.3.5.2 'timescale 編譯器指示指令 在執行模擬時，必須指定時間量測的物理單位或稱時間刻度 (time scale)，以定義時間單位 (time unit) 的值。此外，也必須指定時間刻度的解析度 (resolution)，即最小的時間刻度步進大小。在 Verilog HDL 中，這個工作由 **'timescale** 編譯器指示指令 (compiler directive) 完成：

```
'timescale time_unit / time_precision
```

其中 " ' " 為反向引述 (back quote) 字元。time_unit 指定時間與延遲的量測單位，time_precision 指定時間與延遲的值，如何四捨五入。只有 1、10、與 100 等整數值，可以指定 time_unit 與 time_precision；可以使用的時間單位為 s、ms、us、ns、ps 與 fs。

1.3.5.3 顯示系統工作 在模擬期間，通常需要待測模組的一些資訊，以提供除錯 (debugging) 之用或是其它用途。為此，Verilog HDL 提供兩個廣泛使用的系統工作，**$display** 與 **$monitor**，以顯示資訊於標準輸出裝置 (終端機，console) 上。**$display** 系統工作只在它被呼叫時顯示資訊，而 **$monitor** 系統工作則持續不斷地監測與顯示任何變數或是表式的值。

1.3.5.4 模擬時間系統函數 兩個最長用來存取目前模擬時間的系統函數為：**$time** 與 **$realtime**。**$time** 系統函數取回一個 64 位元整數值的時間，而 **$realtime** 系統函數則取回一個實數值的時間。

1.3.5.5 模擬控制系統工作 兩個常用的模擬控制系統工作為 **$finish** 與 **$stop**。**$finish** 系統工作終止模擬工作 ，而 **$stop** 系統工作則暫停模擬工作。

☞ 一般而言，測試平台係使用行為描述方式撰寫，並且適當地使用編譯器指示指令、系統工作與系統函數 [3, 4]。

■ 例題 1.3-11: 一個簡單的測試平台

下列模組為第 1.2.1 節中全加器的 HDL 輸入的一個可能的測試平台。在此模組中，每隔 10 個時間單位 (即 10 ns) (以 "#10;" 表示)，產生一組全加器的輸入信號：a、b、Cin。在產生所有輸入信號的組合後，即不再產生測試信號，所以使用 **initial** 區塊。在 **initial** 區塊內，使用 **fork-join** 區段，設定每一個複合指述 (即 **begin-end** 區段) 執行的時間。值得注意的是在 **fork-join** 區段內的指述為並行地執行，因此每一個複合指述前的延遲時間，均相對於

進入該 **fork-join** 區段的時間 (在此為模擬時間 0)。第二個 **initial** 區塊包含一個 **$finish** 系統工作，以在時間單位為 100 時，結束模擬工作。第三個 **initial** 區塊包括一個 **$monitor** 系統工作，持續監督輸入信號與輸出信號的變化，若有變化，則儲存其信號值與模擬時間。

```
//a full_adder test bench
'timescale 1 ns/100 ps
module full_adder_dataflow_tb;
//internal signals declarations
reg a, b, Cin;
wire Sum, Cout;
// Unit Under Test instance and port map
full_adder_dataflow UUT (
            .a(a), .b(b), .Cin(Cin),
            .Sum(Sum), .Cout(Cout));
// generate stimuli
initial fork // stimulus generation block
       begin a =1'b0; b =1'b0; Cin =1'b0; end
   #10 begin a =1'b0; b =1'b0; Cin =1'b1; end
   #20 begin a =1'b0; b =1'b1; Cin =1'b0; end
   #30 begin a =1'b0; b =1'b1; Cin =1'b1; end
   #40 begin a =1'b1; b =1'b0; Cin =1'b0; end
   #50 begin a =1'b1; b =1'b0; Cin =1'b1; end
   #60 begin a =1'b1; b =1'b1; Cin =1'b0; end
   #70 begin a =1'b1; b =1'b1; Cin =1'b1; end
   #80;
join
initial #100 $finish;
initial       // response monitoring block
   $monitor($realtime,"ns %h %h %h %h", a, b, Cin, {Cout, Sum});
endmodule
```

■ 例題 1.3-12: 另一個簡單的測試平台

下列模組為第 1.2.2 節中 4 位元加法器的 HDL 輸入的一個可能的測試平台。在此模組中，使用一個 **for** 迴圈，每隔 10 個時間單位 (即 10 ns) (以 “#10;” 表示)，產生一組 4 位元加法器的輸入信號：x_in、y_in、c_in。在產生所有輸入信號的組合後，即不再產生測試信號，所以使用 **initial** 區塊。第二個 **initial** 區塊包含一個 **$finish** 系統工作，以在時間單位為 5000 時，結束模擬工作。這裡的 5000 個時間單位，僅是一個約略值，並不需要一個精確值。不過需要注意的是：此時間單位值不能少於 2560，否則，有些輸入信號的組合，將不被產生與執行。第三個 **initial** 區塊包括一個 **$monitor** 系統工作，持續監督輸入信號與輸出信號的變化，若有變化，則儲存其信號值與模擬時間。

```
//a test bench for the adder_4bits_dataflow
'timescale 1 ns/100 ps
```

```
module adder_4bits_dataflow_tb;
//internal signals declarations
reg [3:0] x_in, y_in;
reg c_in;
wire [3:0] sum;
wire c_out;
// Unit Under Test instance and port map
adder_4bits_dataflow UUT (.x_in(x_in), .y_in(y_in),
             .c_in(c_in), .c_out(c_out), .sum(sum));
// generate stimuli
integer i;
initial begin // stimulus generation block
   for (i = 0; i <= 255; i = i + 1) begin
       x_in = i[3:0]; y_in = i[7:4]; c_in = 1'b0;
       #10;
   end
end
initial #5000 $finish;
initial        // response monitoring block
   $monitor($realtime,"ns %h %h %h %h", x_in, y_in, c_in,
           {c_out, sum});
endmodule
```

參考資料

1. Ming-Bo Lin, *Digital System Designs and Practices: Using Verilog HDL and FPGAs,* Singapore: John Wiley & Sons, 2008. (ISBN: 9780470823231)
2. Ming-Bo Lin, *Introduction to VLSI Systems: A Logic, Circuit, and System Perspective*, CRC Press, 2012. (ISBN: 9781439868591)
3. Ming-Bo Lin, *Digital System Designs and Practices: Using Verilog HDL and FPGAs,* 2nd ed., CreateSpace Independent Publishing Platform, 2015. (ISBN: 978-1514313305)
4. Ming-Bo Lin, *An Introduction to Verilog HDL,* CreateSpace Independent Publishing Platform, 2016. (ISBN: 978-1523320974)
5. Ming-Bo Lin, *Digital Logic Design: With An Introduction to Verilog HDL*, CreateSpace Independent Publishing Platform, 2016. (ISBN: 978-1537158365)
6. Ming-Bo Lin, *Digital System Design: Principles, Practices, and Applications,* 5th ed., Taipei, Taiwan: Chuan Hwa Book Ltd., 2017. (ISBN: 9789864635955)
7. Ming-Bo Lin, *FPGA-Based Systems Design and Practice—Part I: RTL Design and Prototyping in Verilog HDL,* CreateSpace Independent Publishing Platform, 2018. (ISBN: 978-1721530199)

2 七段LED顯示器模組

本章目標：本章的目的為使用由下往上的方式，學習如何設計單一數字與多數字七段LED顯示器模組(even-segment LED display module)。為此，首先依據七段LED顯示器的顯示標型(display pattern)，稱為顯示碼(display code)，設計一個二進制對七段碼轉換器(binary-to-seven-segment code converter)，然後與一個七段LED顯示器組合成一個單一數字的七段LED顯示器模組。之後，藉著組合多個單一數字七段LED顯示器模組或是使用一個單一數字七段LED顯示器模組與其它邏輯電路及適當數目的七段LED顯示器，擴充此單一數字七段LED顯示器模組為多數字七段LED顯示器模組。為了讓讀者熟悉數位邏輯電路之設計，並且能夠撰寫一個良好的Verilog HDL程式模組，在其次的實驗專題中，我們將使用「做中學」(learn by doing)方式，首先探討使用電路圖輸入(schematic entry)的實驗專題，然後再研究使用HDL輸入(HDL entry)的實驗專題。如此兩相對照之下，讀者可以輕易地建立具體的硬體思考模式，而不再迷惑於以軟體思考模式，撰寫Verilog HDL模組，真正體會到硬體描述語言(hardware description language，HDL)的意義。

2.1 設計要點

問題說明： 欲在七段LED顯示器上，顯示二進碼(binary code)，必須先轉換二進碼為對應的七段LED顯示器之顯示圖樣，才能以視覺方式，呈現二進制資訊。此外，我們考慮組合多個七段LED顯示器為一個多數字LED顯示器模組的情形。因此，在本章中，我們探討如何設計與實現：

- 二進制對七段碼轉換器(binary-to-seven-segment code converter)
- 直接驅動七段LED顯示器模組(direct-driven seven-segment LED display module)

表 2.1-1: 各種商用發光二極體 (LED)

顏色	材料	順向電壓 (V)
琥珀色 (amber)	AlInGaP	2.0
藍色 (blue)	GaN	5.0
綠色 (green)	GaP	2.2
橘色 (orange)	GaAsP	2.0
紅色 (red)	GaAsP	1.8
白色 (white)	GaN	4.0
黃色 (yellow)	AlInGaP	2.0

- 多工七段LED顯示器模組 (multiplexed seven-segment LED display module)

由以上問題說明，可以得知一個七段LED顯示器模組至少包含一個七段LED顯示器與一個二進制對七段碼轉換器。對於多數字七段LED顯示器模組而言，至少有兩種方法可以建構此種模組：直接驅動方法 (direct-driven approach)與多工驅動方法 (multiplexed-driven approach)。

2.1.1 七段LED顯示器

LED (light-emitting diode，發光二極體)為一個當在其兩端加上適當電壓後，能發射可見光或是不可見光的元件。目前市場上，有許多不同的可見光或是不可見光的LED元件。在本書中，我們只考慮可見光的LED元件。雖然可用的可見光LED元件的顏色種類繁多，在數位系統中，最普遍的顏色為藍色、綠色、橘色與紅色。無論是什麼顏色，所有LED導通時，在其兩端均呈現一個順向電壓 (forward voltage)。此順向電壓的值，由製造該LED的材料決定。如表2.1-1所歸納，綠色、橘色、紅色LED的順向電壓約為2.0 V，藍色與白色LED則遠大於2 V，它們分別為5 V與4 V。然而，不管什麼顏色的LED，LED的發光強度，隨著其順向電流而增加，直到一個值為止，而後再進一步增加電流值，其發光強度並不會有顯著的增加。此值稱為飽和點 (saturation point)，而其對應的電流稱為飽和電流 (saturation current)。依據這一點，LED的順向電流必須限制在0與飽和電流之間。欲控制此電流，通常在LED與電源之間，串接一個適當電阻值的電阻器。

LED可以獨自使用為指示器 (indicator) 或是多個組合在一起成為一個圖樣 (pattern) 使用，例如圖2.1-1(a)所示為數字圖樣 (digital pattern)，稱為七段顯示器 (seven-segment display)，因為它包含七個LED。在實務上，有兩種類型的七段顯示器，可以使用，分別如圖2.1-1(b)與(c)所示。當七個LED的陽

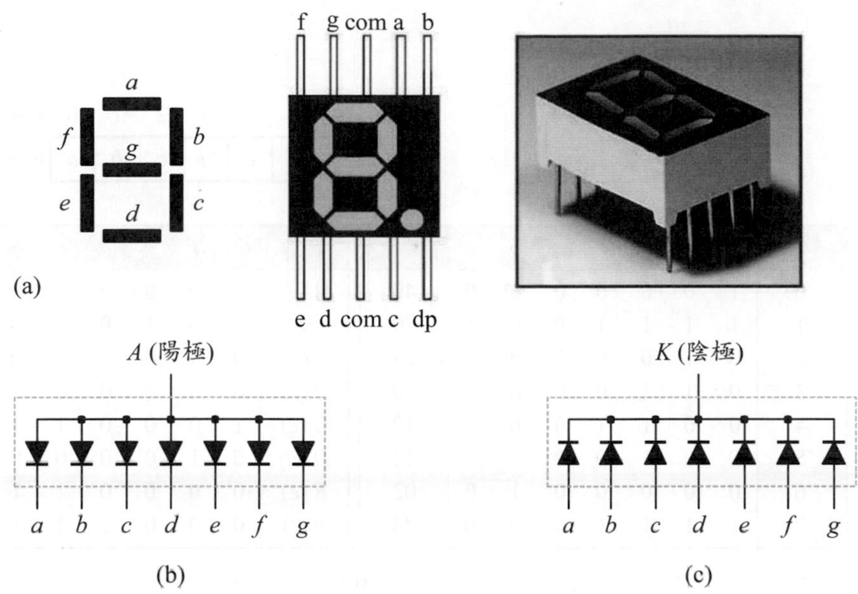

圖 2.1-1: 七段 LED 顯示器：(a) 圖樣；(b) 共陽極結構；(c) 共陰極結構

極 (anode) 都連接在一起時，該七段顯示器稱為共陽極結構 (common-anode structure)；當七個 LED 的陰極 (cathode) 都連接在一起時，該七段顯示器稱為共陰極結構 (common-cathode structure)。

2.1.2 二進制對七段碼轉換器

顯示一個特定數字圖樣的所有 LED 的導通 (turn-on) 與截止 (cut-off) 狀態，稱為一個顯示碼語 (display codeword)。顯示碼語的集合稱為顯示碼 (display code)。為了指定一個數字圖樣的顯示碼語，必須定義一個顯示碼語格式 (display codeword format)，如圖 2.1-2(b) 所示。依據此格式，可以導出每一個數字圖樣的顯示碼語。例如，由圖 2.1-2(a) 可以得知：欲顯示數字 “0” 時，除了標示為 g 的 LED 之外，其它所有 LED 均必須導通。意即若使用共陽極七段 LED 顯示器時，a 到 f 必須為 0 而 g 為 1。因此，數字 “0” 的顯示碼語為 40H。其它數字的顯示碼語，可以依相同方式導出。完整的顯示碼歸納於圖 2.1-2(c) 中。值得注意的是此顯示碼只適用於共陽極七段 LED 顯示器。若使用共陰極七段 LED 顯示器，則每一個顯示碼語必須取補數。此外，當只需要顯示數字 “0” 到 “9” 時，只需使用前面 10 個顯示碼語即可，其餘的 6 個顯示碼語可以忽略。

2.1.2.1 二進制對七段碼轉換器 由圖 2.1-2(c) 所示的顯示碼，可以獲得圖 2.1-3 的卡諾圖。簡化後的 a、b、c、d、e、f 與 g 的交換表式如下：

a
f g b
e d c
(a)

6 5 4 3 2 1 0 ← 位元位址

g	f	e	d	c	b	a

← 碼語

(b)

數字	g	f	e	d	c	b	a	碼語	數字	g	f	e	d	c	b	a	碼語
0	1	0	0	0	0	0	0	40	8	0	0	0	0	0	0	0	00
1	1	1	1	1	0	0	1	79	9	0	0	1	0	0	0	0	10
2	0	1	0	0	1	0	0	24	*A* (*a*)	0	0	0	1	0	0	0	08
3	0	1	1	0	0	0	0	30	*B* (*b*)	0	0	0	0	0	1	1	03
4	0	0	1	1	0	0	1	19	*C* (*c*)	1	0	0	0	1	1	0	46
5	0	0	1	0	0	1	0	12	*D* (*d*)	0	1	0	0	0	0	1	21
6	0	0	0	0	0	1	0	02	*E* (*e*)	0	0	0	0	1	1	0	06
7	1	1	1	1	0	0	0	78	*F* (*f*)	0	0	0	1	1	1	0	0E

(c)

圖 2.1-2: 共陽極七段 LED 顯示器：(a) 七段 LED 顯示器；(b) 顯示碼語格式；(c) 顯示碼

$$
\begin{aligned}
a &= (\bar{b_3}\bar{b_1}(b_2 \oplus b_0) + b_3 b_0 (b_2 \oplus b_1) \\
b &= b_2\bar{b_1}(b_3 \oplus b_0) + b_3 b_1 b_0 + b_2 b_1 \bar{b_0} \\
c &= \bar{b_3}\bar{b_2} b_1 \bar{b_0} + b_3 b_2 (b_1 + \bar{b_0}) \\
d &= \bar{b_3}\bar{b_1}(b_2 \oplus b_0) + b_2 b_1 b_0 + b_3 \bar{b_2} b_1 \bar{b_0} \\
e &= \bar{b_3} b_2 \bar{b_1} + \bar{b_2}\bar{b_1} b_0 + \bar{b_3} b_0 \\
f &= \bar{b_3}\bar{b_2}(b_1 + b_0) + b_2 b_0 (b_3 \oplus b_1) \\
g &= \bar{b_3}\bar{b_2}\bar{b_1} + b_3 b_2 \bar{b_1}\bar{b_0} + \bar{b_3} b_2 b_1 b_0
\end{aligned}
$$

結果的反相輸出的二進制對七段碼轉換器的邏輯電路如圖 2.1-4 所示。

2.1.2.2 單一數字七段LED顯示器模組 單一數字共陽極七段LED顯示器，如圖2.1-5 所示。欲在七段LED顯示器上，顯示一個數字時，需要依據希望顯示的數字，適當地導通一組LED元件，詳細的數字圖樣，請回顧圖 2.1-2(a)。請記得若希望導通一個 LED 時，必須對該 LED 加上一個順向偏壓。為了避免LED燒毀，流經LED的電流必須限制在10到20 mA之間。這個限制可以在LED與電源之間，串接一個220 Ω 電阻器達成。

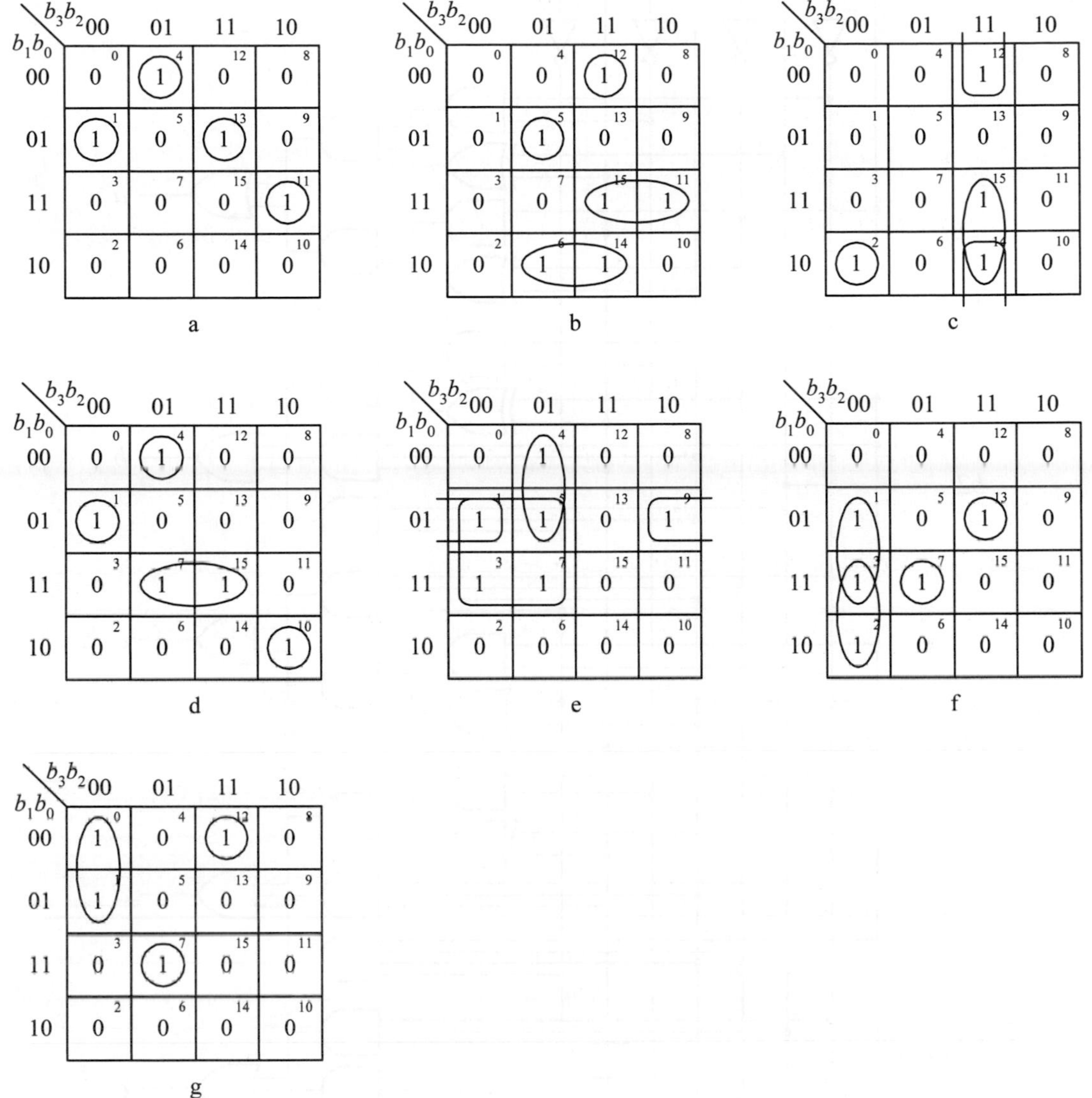

圖 2.1-3: 化簡反相輸出的二進制對七段碼轉換器的輸出函數的卡諾圖

2.1.3 多數字七段LED顯示器模組

上述討論僅是在一個七段LED顯示器上顯示一個數字。在許多應用中，通常需要同時在多個七段LED顯示器上，顯示多個數字。為此，有兩個普遍使用的方法，可以建構需要的模組：直接驅動方法與多工驅動方法。

2.1.3.1 直接驅動方法 在七段LED顯示器上，同時顯示多個數字中，最直覺的方式，為使用直接驅動方法。在這種方法中，只需要複製圖 2.1-5 的電路需要的次數即可。例如，若希望同時顯示 4 個數字時，可以複製圖 2.1-5 的電路四次，每一個電路顯示一個數字，如圖 2.1-6 所示。依據這概

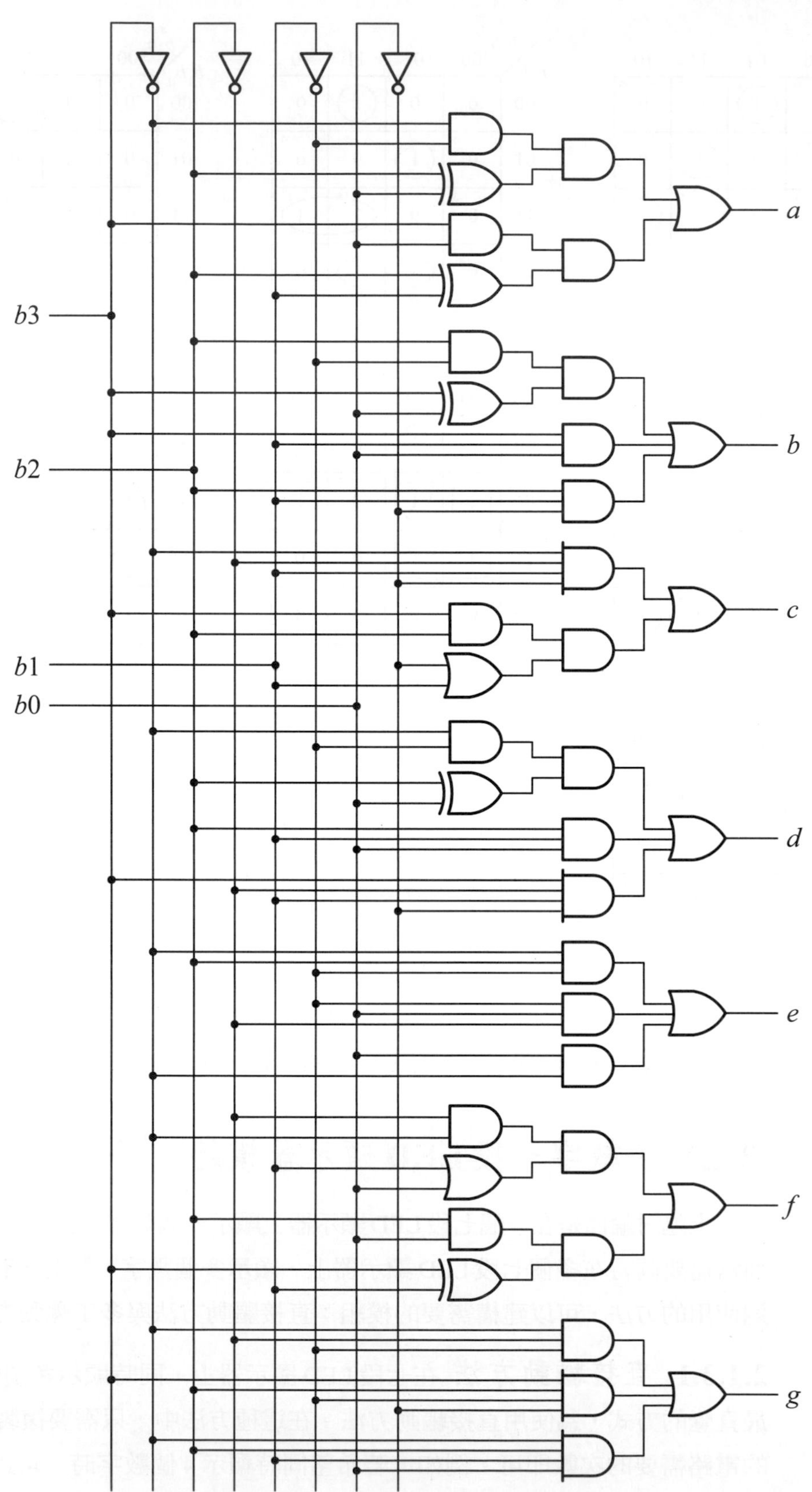

圖 2.1-4: 反相輸出的二進制對七段碼轉換器的邏輯電路

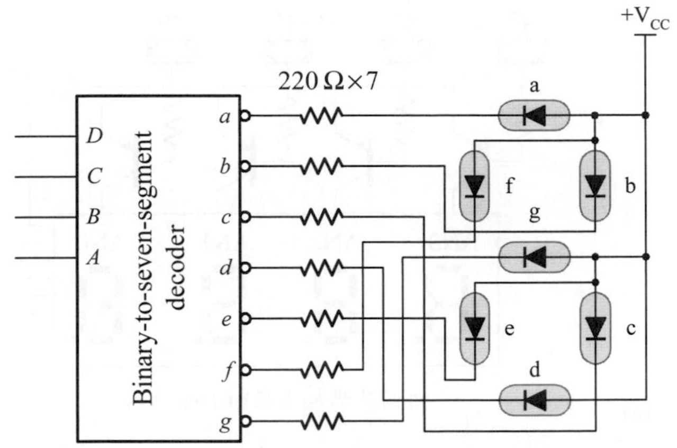

圖 2.1-5: 一個單一數字七段 LED 顯示器模組

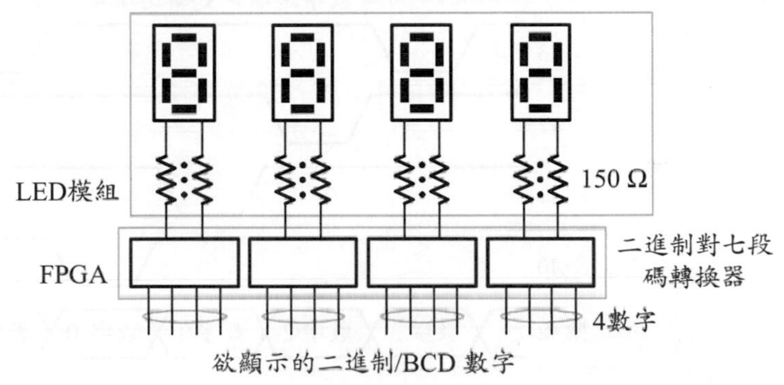

圖 2.1-6: 一個 4 數字直接驅動七段 LED 顯示器模組

念，即可以輕易地建構一個可以顯示任何數字數目的七段LED顯示器模組。

直接驅動方法的明顯特性為它消耗太多電流。如前所述，每一個導通的LED需要消耗10到20 mA電流。若假設一個導通的LED需要消耗20 mA，則一個4數字七段LED顯示器的平均消耗電流高達392 mA。它為一個相當大的電流，在大多數的應用系統中，通常是無法忍受的。因此，另外一種方法，稱為多工驅動方法 (multiplexed-driven approach) 常用來克服此缺點。在其次的一小節中，我們介紹此方法。

☞ 在使用 Quartus CAD 系統的模擬板中，大多使用直接驅動的方式；在使用 ISE/Vivado CAD 系統的模擬板中，大多使用多工驅動的方式。

2.1.3.2 多工七段LED顯示器模組 一般而言，當一個LED使用10 mA的電流激勵1 ms的期間，而至少每4到16 ms重復一次時，其亮度即可以為吾人所接受。據此，我們可以將多數字七段LED顯示器排列成所有在

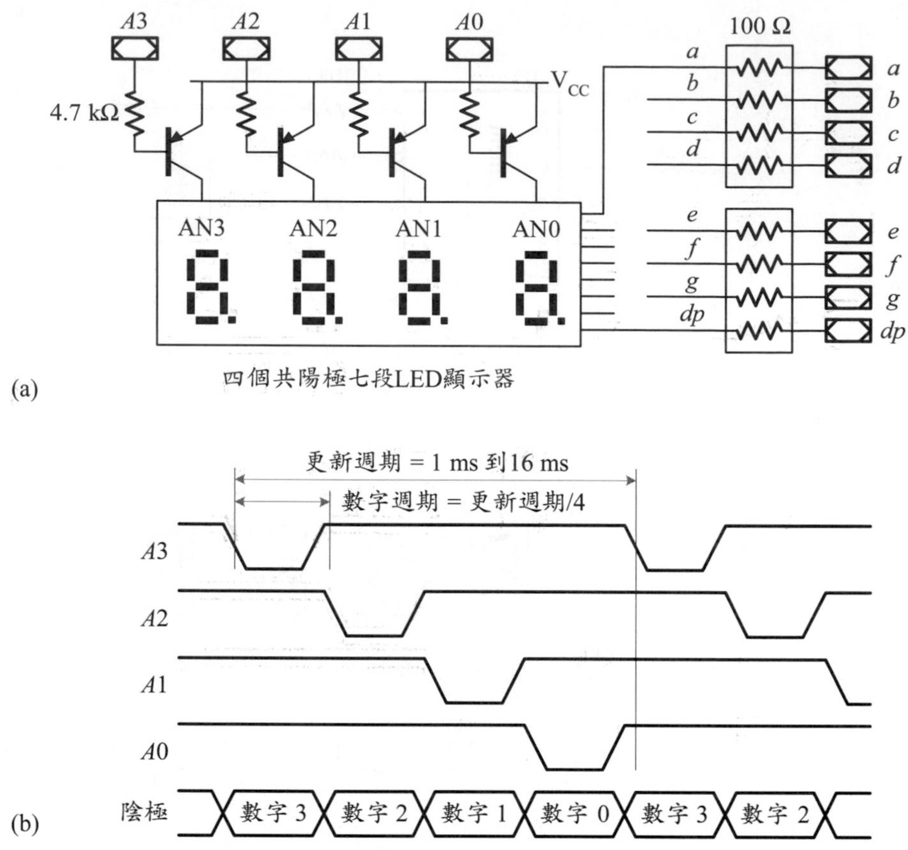

圖 2.1-7: 一個 4 數字多工七段 LED 顯示器：(a) 邏輯電路；(b) 時序圖

顯示器上的數字圖樣以多工 (time-division-multiplexed，TDM) 的方式，輪流導通，每一個數字導通 1 ms，而在 4 到 16 ms 內重復一次。這種方式稱為多工驅動。使用這種方法的七段 LED 顯示器與其相關的邏輯電路合稱為多工七段 LED 顯示器模組 (multiplexed seven-segment LED display module)。

一個普遍使用的多工共陽極七段 LED 顯示器如圖 2.1-7(a) 所示，其中所有七段 LED 顯示器依照下列方式連接：標記相同的 LED 段連接在一起，而每一個陽極則由各自的電晶體驅動。電晶體的基極則當作控制輸入端。欲在一個選定的七段 LED 顯示器上，顯示數字圖樣時，對應的控制輸入端則接往低電位，以導通其附屬的電晶體，因而導通 LED，同時將顯示碼語送至該七段 LED 顯示器，因而顯示數字圖樣。

圖 2.1-7(b) 顯示控制四個電晶體與四個七段 LED 顯示器導通期間的時序圖。每一個七段 LED 顯示器，僅週期性地致能一段期間，顯示它自己的數字。換言之，四個七段 LED 顯示器，公用一個二進制對七段碼轉換器，而以多工的方式，輪流導通。

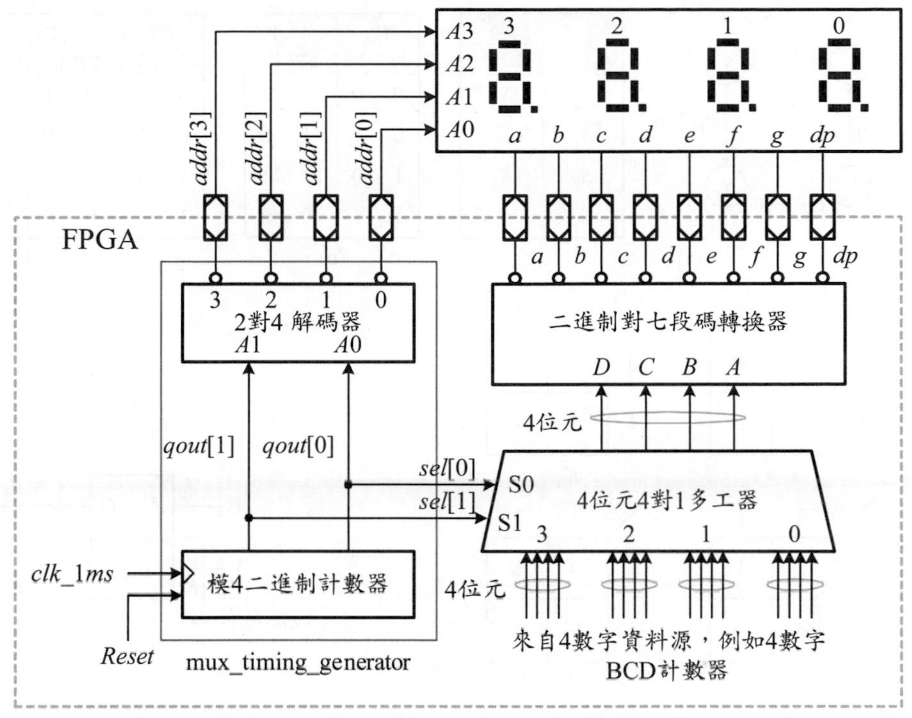

圖 2.1-8: 一個完整的4數字多工七段LED顯示器模組

多工七段LED顯示器模組的重要特性為其電流的消耗，僅約略與在直接驅動方式中，一個單一的七段LED顯示器相當。因此，與直接驅動方式比較下，電流消耗相當低，特別是數字很多時。

完整的4數字多工七段LED顯示器模組，如圖2.1-8所示。它由五個部分組成：一個模4二進制計數器，一個2對4解碼器，一個4位元4對1多工器，一個二進制對七段碼轉換器，與一個4數字七段LED顯示器，如圖2.1-7(a)所示。模4二進制計數器與2對4解碼器產生需要的選擇信號 $S1$ 與 $S0$ 予4位元4對1多工器，與4數字七段LED顯示器的控制信號 $A3$、$A2$、$A1$ 與 $A0$，如圖2.1-7(b)所示。選擇信號 $S1$ 與 $S0$，必須與控制信號 $A3$、$A2$、$A1$ 與 $A0$，互相同步。這可以直接將選擇信號解碼成為控制信號，即可以輕易完成。4位元4對1多工器將4個數字的資料源，以多工的方式，送至二進制對七段碼轉換器的輸入端，以轉換輸入的二進碼為七段顯示碼語。

2.1.3.3　模4二進制計數器　如圖2.1-8所呈現，模4二進制計數器在4數字多工七段LED顯示模組中，扮演着重要的角色。沒有它，多工七段LED顯示模組，將不能正常工作，因為它控制與協調需要的七段LED顯示器，顯示資訊與送到該七段LED顯示器的來源資訊。

模4二進制計數器的設計方式，與同步循序電路的設計方法相同[6, 5]。

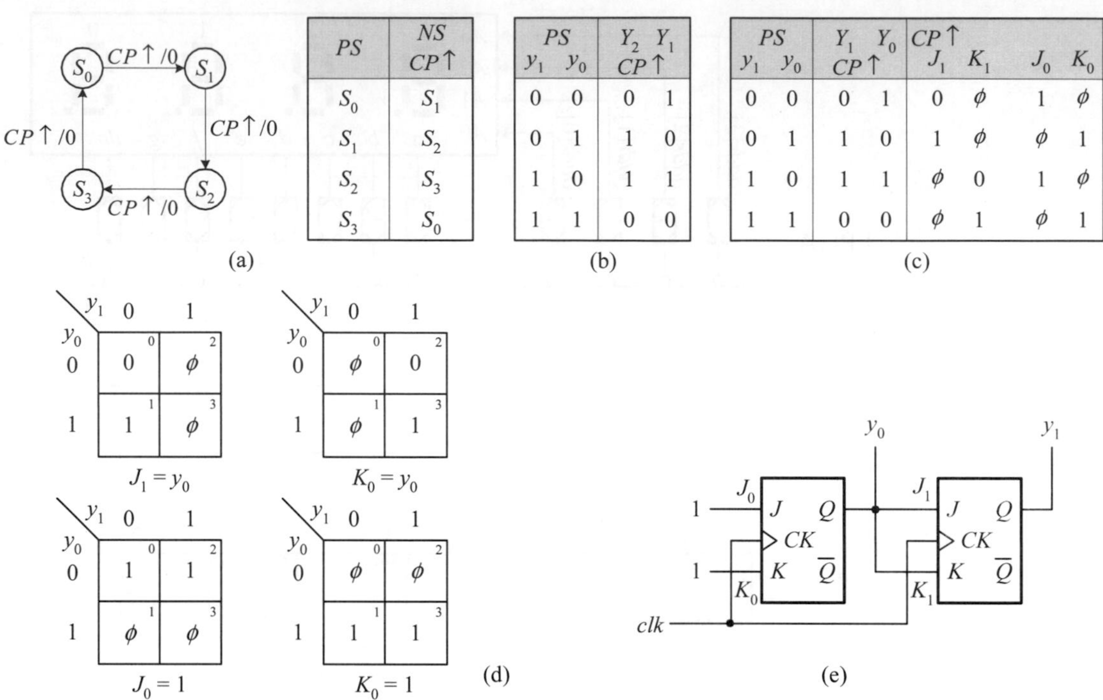

圖 2.1-9: 模4二進制計數器：(a)狀態圖與狀態表；(b)轉態表；(c)激勵表；(d)卡諾圖；(e)邏輯電路

如圖 2.1-9 所示，其狀態圖與狀態表列於圖 2.1-9(a) 中。在使用二進碼做狀態指定之後，得到圖 2.1-9(b) 的轉態表。假設使用 JK 正反器，則計數器的激勵表如圖 2.1-9(c) 所示。使用圖 2.1-9(d) 的卡諾圖化簡後，JK 正反器的激勵方程式如下：

$$J_0 = K_0 = 1$$

$$J_1 = K_1 = y_0$$

結果的邏輯電路如圖 2.1-9(e) 所示。

> ☞ 因為大多數的 FPGA 元件均配備 D (或 D/T) 型正反器，當作唯一的正反器類型，而每一個 D 型正反器都附屬一個 k 輸入端的查表 (lookup table，LUT)，其中 $3 \leq k \leq 8$，在使用 FPGA 元件，設計一個同步計數器時，與使用其它類型的正反器比較下，使用 D 型正反器實現時，其硬體成本並不會明顯的增加。

2.1.3.4 2對4解碼器 2對4解碼器為一個組合邏輯電路。因此，欲設計此一電路，僅需列出輸出與輸入的關係，然後化簡輸出交換表式即可。

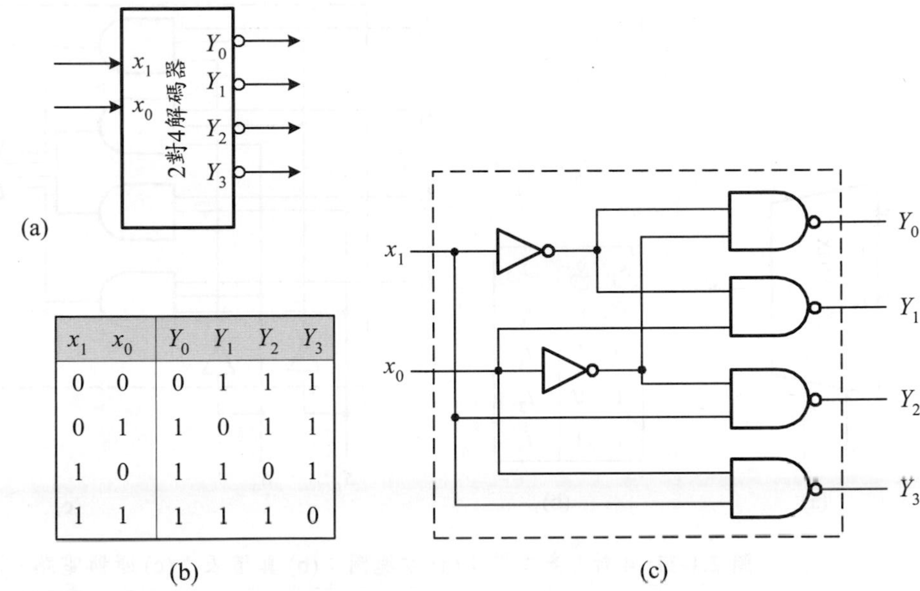

x_1	x_0	Y_0	Y_1	Y_2	Y_3
0	0	0	1	1	1
0	1	1	0	1	1
1	0	1	1	0	1
1	1	1	1	1	0

圖 2.1-10: 反相輸出 2 對 4 解碼器：(a) 方塊圖；(b) 真值表；(c) 邏輯電路

據此，簡化後的輸出交換表式如下：

$$Y_0' = x_1'x_0'$$

$$Y_1' = x_1'x_0$$

$$Y_2' = x_1x_0'$$

$$Y_3' = x_1x_0$$

結果的邏輯電路如圖 2.1-10(c) 所示。

2.1.3.5 4 位元 4 對 1 多工器 欲設計一個 4 位元 4 對 1 多工器時，必須先設計一個 4 對 1 多工器，然後再組合四個 4 對 1 多工器，成為一個需要的 4 位元 4 對 1 多工器。

4 對 1 多工器亦是一個組合邏輯電路。因此，欲設計此一邏輯電路時，僅需列出輸出與輸入的關係，然後化簡輸出交換表式即可。據此，簡化後的輸出交換表式如下：

$$Y = S_1'S_0'I_0 + S_1S_0'I_1 + S_1S_0'I_2 + S_1S_0I_3$$

結果的邏輯電路呈現於圖 2.1-11(c)。

組合四個 4 對 1 多工器，可以得到一個 4 位元 4 對 1 多工器，如圖 2.1-12 所示。當 $S_1S_0 = 00$ 時，$y\_out = a\_in$；當 $S_1S_0 = 01$ 時，$y\_out = b\_in$；當 $S_1S_0 = 10$ 時，$y\_out = c\_in$；當 $S_1S_0 = 11$ 時，$y\_out = d\_in$。每一個輸入與輸出均為 4 位元。

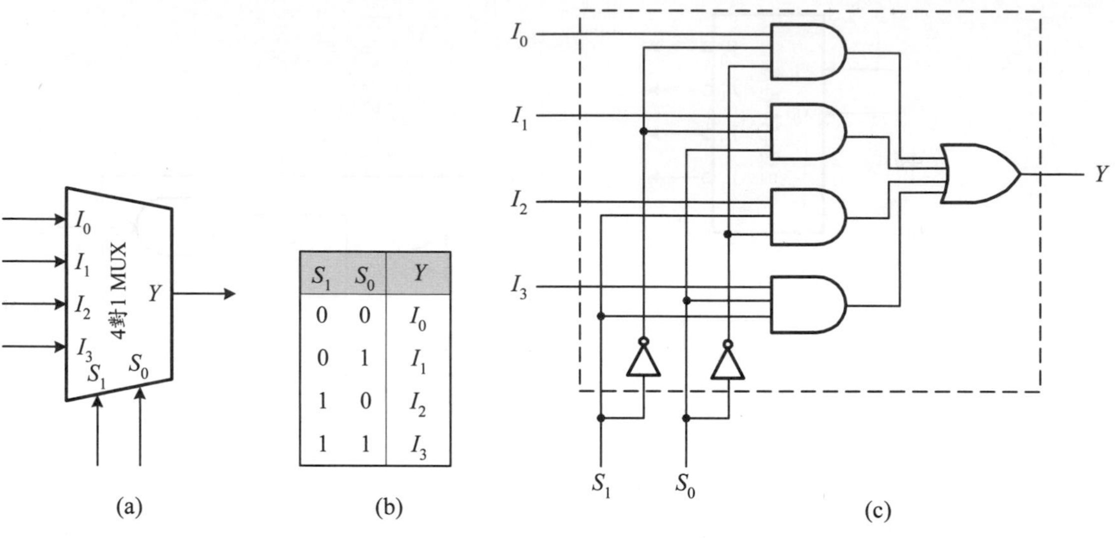

S_1	S_0	Y
0	0	I_0
0	1	I_1
1	0	I_2
1	1	I_3

圖 2.1-11: 4 對 1 多工器：(a) 方塊圖；(b) 真值表；(c) 邏輯電路

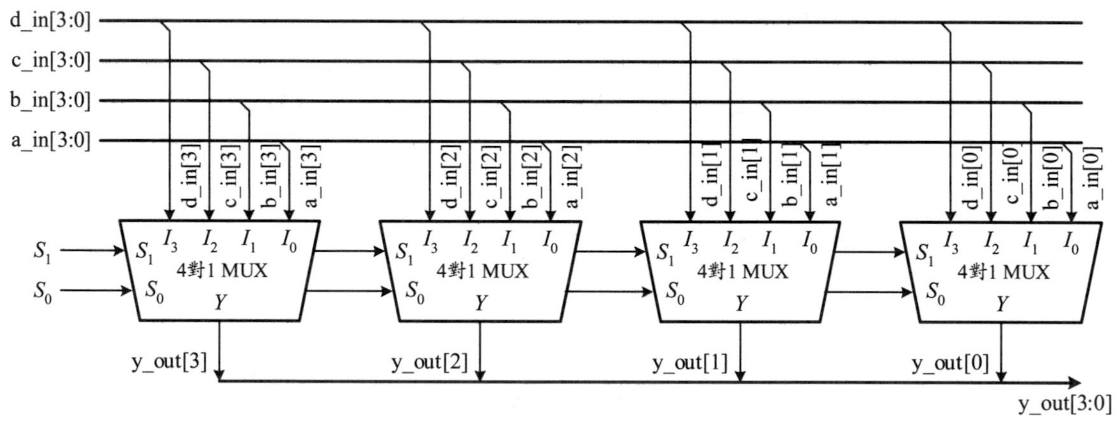

圖 2.1-12: 4 位元 4 對 1 多工器

2.2 實驗專題

讀者必須時時銘記於心：必須以硬體思考 (hardware mind) 模式，撰寫 HDL 模組，因為 HDL 為描述硬體模組的語言。對於使用 Verilog HDL 來描述數位系統設計的初學者而言，或許這是一個最大、最困難的障礙。為了幫助讀者突破這一層障礙，在下列實驗專題中，我們首先引導讀者學習如何使用邏輯電路圖方式，輸入一個邏輯設計於 CAD 系統中，然後進行功能 (functionality) 與時序 (timing) 驗證，並在有需要時，進行實體測試 (real-world test)。之後，教導讀者使用 HDL 輸入方式，撰寫、驗證與測試相當於這些邏輯電路圖模組的 Verilog HDL 模組。

2.2.1 二進制對七段碼轉換器

在本節中，我們首先說明如何使用電路圖輸入方式，輸入圖 2.1-4 的二進制對七段碼轉換器於 CAD 系統中，然後介紹 HDL 輸入方法。不論在哪一種方式中，都詳細地介紹相關的功能與時序模擬。

2.2.1.1 電路圖輸入 在本小節中，我們學習二進制對七段碼轉換器的電路圖輸入方式，並說明如何驗證其功能與時序。

■ 實驗項目 1: 二進制對七段碼轉換器

參考圖 2.1-4 的二進制對七段碼轉換器，執行下列步驟：

1. 建立一個新專案，*bin_7seg_decoder_inv.qpf*。
2. 產生一個新檔案，*bin_7seg_decoder_inv.bdf*。
3. 使用電路圖輸入方式，輸入圖 2.1-4 所示的二進制對七段碼轉換器。在轉換器電路加上輸入埠與輸出埠，並儲存結果。在完成上述動作後，可以得到與圖 2.2-1 所示類似的邏輯電路圖。
4. 設定 *bin_7seg_decoder_inv.bdf* 為 Top-Level Entity，並做編譯。
5. 執行二進制對七段碼轉換器的功能模擬。欲完成此動作，必須指定輸入端 *b*3、*b*2、*b*1 與 *b*0 的所有 16 種組合，意即採用窮舉測試。指定好輸入端的值後，執行功能模擬。觀察得到的結果，並檢查是否與圖 2.1-2(c) 所示的顯示碼一致。二進制對七段碼轉換器功能模擬結果的一段樣本，如圖 2.2-2 所示。

> ☞ 在功能 (或稱行為) 模擬中，所有邏輯閘延遲時間均假定為 0 ns (除非使用時序控制指定值)。這一點可以由功能模擬的輸出結果中證實。若希望觀察邏輯閘的延遲時間，則必須執行時序模擬。

6. 執行二進制對七段碼轉換器的時序模擬。觀察得到的結果，並檢查是否與圖 2.1-2(c) 所示的顯示碼一致。指出二進制對七段碼轉換器的延遲時間。二進制對七段碼轉換器時序模擬結果的一段樣本，如圖 2.2-3 所示。

> ☞ 在時序 (邏輯閘層次，gate-level) 模擬中，必須約略估計二進制對七段碼轉換器的延遲時間，以便可以在該延遲時間加上一段邊界值的時間間隔中，改變輸入值，而可以得到正確的結果。

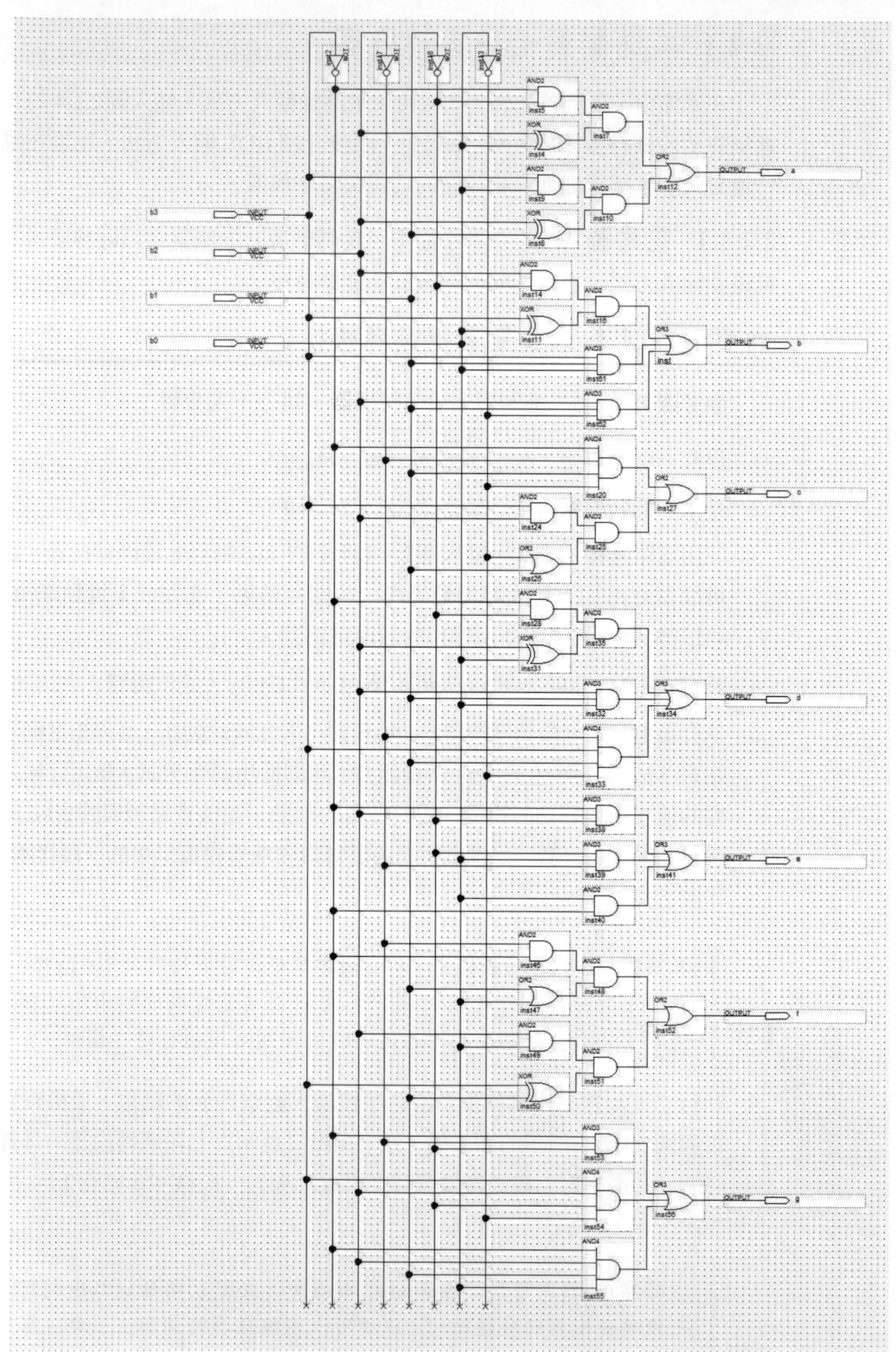

圖 2.2-1: 二進制對七段碼轉換器電路

Name	Value at 0 ps	0 ps		20.0 ns		40.0 ns		60.0 ns		80.0 ns		100.0 ns		120.0 ns		140.0 ns		160.0 ns	
input_binary	H 0	0	1	2	3	4	5	6	7	8	9	A	B	C	D	E	F	0	
seven_segment	H 40	40	79	24	30	19	12	02	78	00	10	08	03	46	21	06	0E	40	

圖 2.2-2: 二進制對七段碼轉換器功能模擬結果的一段樣本

Name	Value at 0 ps	0 ps			20.0 ns		40.0 ns		60.0 ns		80.0 ns		100.0 ns		120.0 ns		140.0 ns		160.0 ns	180.0
input_binary	H 0	0	1	2	3	4	5	6	7	8	9	A	B	C	D	E	F	0	1	
seven_segment	H XX	XX	40	79	24	30	19	12	02	78	00	10	08	03	46	21	06	0E	40	

圖 2.2-3: 二進制對七段碼轉換器時序模擬結果的一段樣本

7. 產生二進制對七段碼轉換器的符號檔 (symbol file) (即邏輯符號，logic symbol) (即 *bin_7seg_decoder_inv.bsf*)。這一個邏輯符號將使用於其次的實驗專題中。產生的邏輯符號如下：

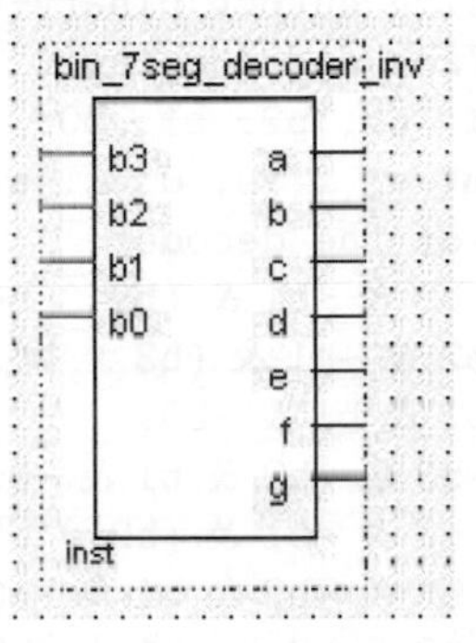

☞ 當使用邏輯符號時，可能需要調整該邏輯符號的輸入埠與輸出埠位置，以方便置入繪製的邏輯電路圖中。

■ 實驗項目 2: 選作項目

下列實驗步驟為選作項目。若希望將實驗項目的結果，下載至模擬板做實體測試 (real-world test)，則進行下列步驟：

1. 經由標的模擬板中的標的 FPGA 元件提供的輸入埠與輸出埠，分別連接二進制對七段碼轉換器的輸入埠與輸出埠到開關與 LED。此步驟可以使用 Quartus CAD 系統的 **Pin Planner** 軟體工具幫忙。
2. 產生與下載規劃檔 (programming file) 到標的模擬板。
3. 適當地設定開關值，並觀察 LED 狀態。檢視開關值與 LED 狀態的組合是否與圖 2.1-2(c) 的顯示碼一致。

2.2.1.2 HDL 輸入 在本小節中，介紹許多不同的 Verilog HDL 描述方法，以描述圖 2.1-2 的二進制對七段碼轉換器，與如何驗證結果的 Verilog HDL 模組之功能與時序。

■ 實驗項目 1: 資料流程描述方式

參考圖 2.1-4 的二進制對七段碼轉換器，執行下列步驟：

1. 建立一個新專案，*bin_7seg_decoder_inv_HDL.qpf*。
2. 產生一個新檔案，*bin_7seg_decoder_inv.v*。
3. 使用資料流程描述方式，撰寫與輸入一個 Verilog HDL 模組，描述二進制對七段碼轉換器，並儲存它。下列 Verilog HDL 模組為一個可能的範例。

```
// an inverting-output binary-to-seven-segment decoder
module bin_7seg_decoder_inv (
       input  b3, b2, b1, b0,
       output g, f, e, d, c, b, a);
// the body of the decoder
assign a = ~b3 & ~b1 & (b2 ^ b0) | b3 & b0 &(b2^b1),
       b = b2 & ~b1 & (b3 ^ b0) | b3 & b1 & b0 |
           b2 & b1 & ~b0,
       c = ~b3 & ~b2 & b1 & ~b0 | b3 & b2 & (b1 | ~b0),
       d = ~b3 & ~b1 & (b2 ^ b0) | b2 & b1 & b0 |
            b3 & ~b2 & b1 & ~b0,
       e = ~b3 & b2 & ~b1 | ~b2 & ~b1 & b0 | ~b3 & b0,
       f = ~b3 & ~b2& (b1 | b0) | b2 & b0 & (b3^b1),
       g = ~b3 & ~b2 & ~b1 | b3 & b2 & ~b1 & ~b0 |
           ~b3 & b2 & b1 & b0;
endmodule
```

> ☞ 應該注意的是在 Quartus CAD 系統中，檔案名稱必須與最上層模組 (top-level module) 名稱相同。因此，上述模組的檔案名稱必須為 *bin_7seg_decoder_inv.v*。

4. 產生一個新檔案 *bin_7seg_decoder_inv_tb.v*，撰寫與輸入 *bin_7seg_decoder_inv.v* 模組的測試平台。若希望測試一個 Verilog HDL 模組，必須使用測試平台。下列模組為一個可能的測試平台。

```
// a test bench for the inverting-output
// binary-to-seven-segment decoder
`timescale 1 ns / 100 ps
module bin_7seg_decoder_inv_tb;
// internal signals declarations:
reg  b3, b2, b1, b0;
```

```
wire g, f, e, d, c, b, a;
// Unit Under Test instantiation and port map
bin_7seg_decoder_inv UUT (
        .b3(b3), .b2(b2), .b1(b1), .b0(b0),
        .g(g), .f(f), .e(e), .d(d), .c(c),
        .b(b), .a(a));
reg [3:0] i;
initial        // stimulus generation block
    for (i = 0; i <= 15; i = i + 1) begin
        {b3, b2, b1, b0} = i;
        #20;
    end
initial
   #700 $finish;
initial        // response monitoring block
    $monitor($realtime,"ns %h %h",
             {b3, b2, b1, b0}, {g, f, e, d, c, b, a});
endmodule
```

> 雖然測試平台 (test bench) 的檔案名稱與模組名稱不需要相同，一個好的習慣是使用相同的檔案名稱與模組名稱，即 *bin_7seg_decoder_inv_tb.v*。

5. 設定 *bin_7seg_decoder_inv.v* 為 Top-Level Entity，並做編譯。
6. 執行二進制對七段碼轉換器的 RTL (行為) 模擬。觀察得到的結果，並檢查是否與圖 2.1-2(c) 所示的顯示碼一致。二進制對七段碼轉換器 RTL 模擬結果的一段樣本如圖 2.2-4 所示。

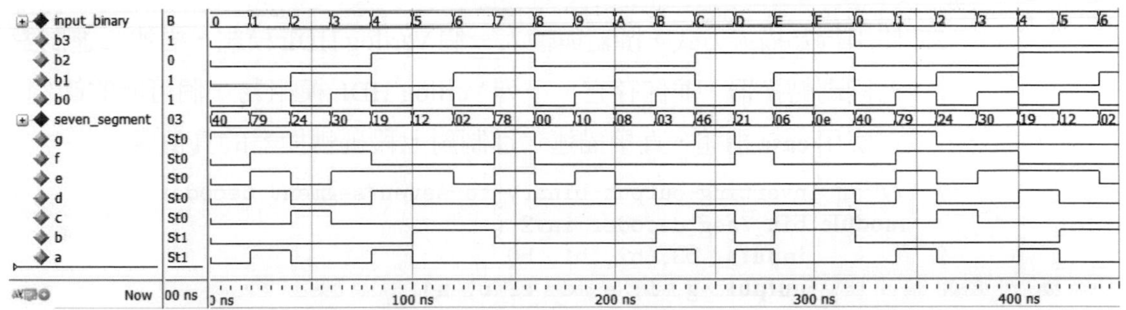

圖 2.2-4: 二進制對七段碼轉換器 RTL 模擬結果的一段樣本

> 在 RTL(功能或稱行為) 模擬中，所有邏輯閘延遲時間均假定為 0 ns (除非使用時序控制指定值)。這一點可以由功能模擬的輸出結果中證實。若希望觀察邏輯閘的延遲時間，則必須執行時序模擬。

7. 執行二進制對七段碼轉換器的邏輯閘層次 (時序) 模擬。觀察得到的結果，並檢查是否與圖 2.1-2(c) 所示的顯示碼一致。指出二進制對七段碼轉換器的延遲時間。二進制對七段碼轉換器邏輯閘層次模擬結果的一段樣本，如圖 2.2-5 所示。

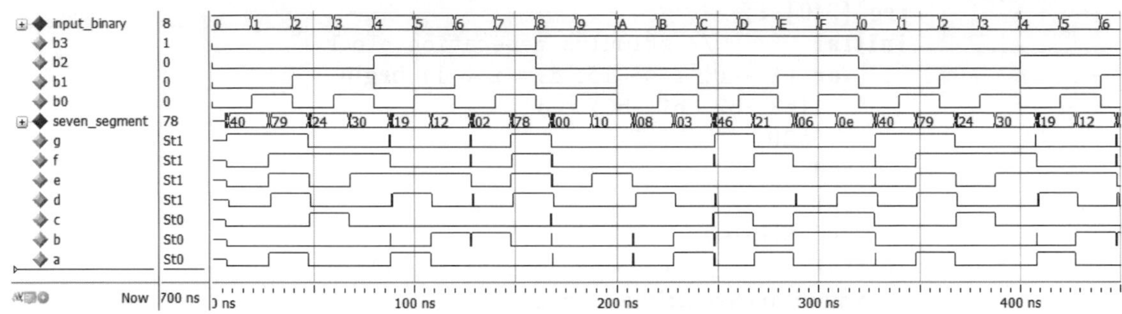

圖 2.2-5: 二進制對七段碼轉換器邏輯閘層次模擬結果的一段樣本

> ☞ 在邏輯閘層次 (時序) 模擬中，必須約略估計二進制對七段碼轉換器的延遲時間，以便可以在該延遲時間加上一段邊界值的時間間隔中，改變輸入值，而可以得到正確的結果。

■ 實驗項目 2: 行為描述方式

參考圖 2.1-2(c) 的顯示碼，執行下列步驟：

1. 產生一個新檔案，*bin_7seg_decoder_inv2.v*。
2. 使用行為描述方式，撰寫與輸入一個 Verilog HDL 模組，描述二進制對七段碼轉換器，並儲存它。下列 Verilog HDL 模組為一個可能的範例，它使用 **case** 指述，直接描述二進制對七段碼轉換器的真值表。

```
// an inverting-output binary-to-seven-segment decoder
module bin_7seg_decoder_inv2 (
       input   b3, b2, b1, b0,
       output  g, f, e, d, c, b, a);
// the body of the decoder
reg [6:0] data_out;
assign {g, f, e, d, c, b, a} = data_out;
always @(*)
   case ({b3, b2, b1, b0})
      4'b0000: data_out = 7'b100_0000;    // h40
      4'b0001: data_out = 7'b111_1001;    // h79
      4'b0010: data_out = 7'b010_0100;    // h24
      4'b0011: data_out = 7'b011_0000;    // h30
      4'b0100: data_out = 7'b001_1001;    // h19
      4'b0101: data_out = 7'b001_0010;    // h12
```

```
        4'b0110: data_out = 7'b000_0010;  // h02
        4'b0111: data_out = 7'b111_1000;  // h78
        4'b1000: data_out = 7'b000_0000;  // h00
        4'b1001: data_out = 7'b001_0000;  // h10
        4'b1010: data_out = 7'b000_1000;  // h08
        4'b1011: data_out = 7'b000_0011;  // h03
        4'b1100: data_out = 7'b100_0110;  // h46
        4'b1101: data_out = 7'b010_0001;  // h21
        4'b1110: data_out = 7'b000_0110;  // h06
        4'b1111: data_out = 7'b000_1110;  // h0E
   endcase
endmodule
```

> 在實務中，一個好習慣為盡可能使用行為描述方式，在 RTL 層次描述一個硬體模組。

3. 修改測試平台模組 *bin_7seg_decoder_inv_tb.v* 如下：

```
// a test bench for the bin_7seg_decoder_inv2 module
module bin_7seg_decoder_inv2_tb;
//internal signals declarations:
reg  b3, b2, b1, b0;
wire g, f, e, d, c, b, a;
// Unit Under Test instantiation and port map
bin_7seg_decoder_inv2 UUT (
       .b3(b3), .b2(b2), .b1(b1), .b0(b0),
       .g(g), .f(f), .e(e), .d(d), .c(c), .b(b), .a(a));
...
```

儲存修改後的測試平台為一個新檔，稱為 *bin_7seg_decoder_inv2_tb.v*。

> 在實際應用上，使用一個向量信號，取代一組純量信號，通常較為方便。據此，上述模組的輸入信號 {b3, b2, b1, b0} 可以宣告為 "**wire** [3:0] b;"，而輸出信號 {g, f, e, d, c, b, a} 宣告為 "**wire** [6:0] data_out;"。

4. 設定 *bin_7seg_decoder_inv2.v* 為 Top-Level Entity，並做編譯。
5. 執行二進制對七段碼轉換器的 RTL (行為) 與邏輯閘層次 (時序) 模擬。觀察得到的結果，並檢查是否與圖 2.1-2(c) 所示的顯示碼一致。此外，指出二進制對七段碼轉換器的延遲時間。

■ 實驗項目 3: 選作項目

下列實驗步驟為選作項目。若希望將實驗項目的結果，下載至模擬板做實體測試 (real-world test)，則進行下列步驟：

1. 經由標的模擬板中的標的 FPGA 元件提供的輸入埠與輸出埠，分別連接二進制對七段碼轉換器的輸入埠與輸出埠到開關與 LED。此步驟可以使用 Quartus CAD 系統的 **Pin Planner** 軟體工具幫忙。
2. 產生與下載規劃檔 (programming file) 到標的模擬板。
3. 適當地設定開關值，並觀察 LED 狀態。檢視開關值與 LED 狀態的組合是否與圖 2.1-2(c) 的顯示碼一致。

2.2.2 多工七段LED顯示器模組

在本節中，我們首先說明如何使用電路圖輸入方式，輸入圖 2.1-8 的多工七段 LED 顯示器模組於 CAD 系統中，然後介紹 HDL 輸入方法。不論在哪一種方式中，都詳細地介紹相關的功能與時序模擬。

2.2.2.1 電路圖輸入 在本小節中，我們學習多工七段 LED 顯示器模組的電路圖輸入方式，並說明如何驗證其功能與時序。多工七段 LED 顯示器模組由下列元件組成：

- 一個模 4 計數器
- 一個 2 對 4 解碼器
- 一個 4 位元 4 對 1 多工器
- 一個二進制對七段碼轉換器

■ 實驗項目 1: 模 4 計數器

參考圖 2.1-9 的模 4 計數器，執行下列步驟：

1. 建立一個新專案，*seven_segment_LED_multiplexed.qpf*。
2. 產生一個新檔案，*mod4_up_clr.bdf*。
3. 使用電路圖輸入方式，輸入圖 2.1-9(e) 所示的模 4 計數器電路。在模 4 計數器電路加上輸入埠與輸出埠，並儲存結果。在完成上述動作後，可以得到與圖 2.2-6 所示類似的邏輯電路圖。
4. 設定 *mod4_up_clr.bdf* 為 Top-Level Entity，並做編譯。
5. 執行模 4 計數器的功能模擬。欲完成此動作，必須設定時脈 *clk* 與 *reset_n* 信號，然後執行功能模擬。觀察得到的結果，並檢查是否正確。模 4 計數器功能模擬結果的一段樣本，如圖 2.2-7 所示。

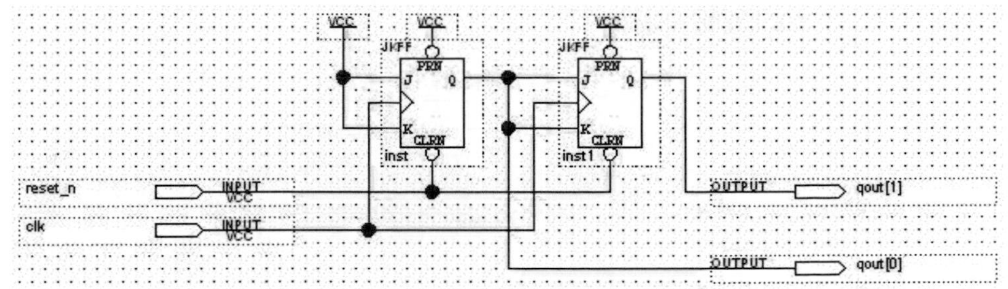

圖 2.2-6: 模 4 計數器電路

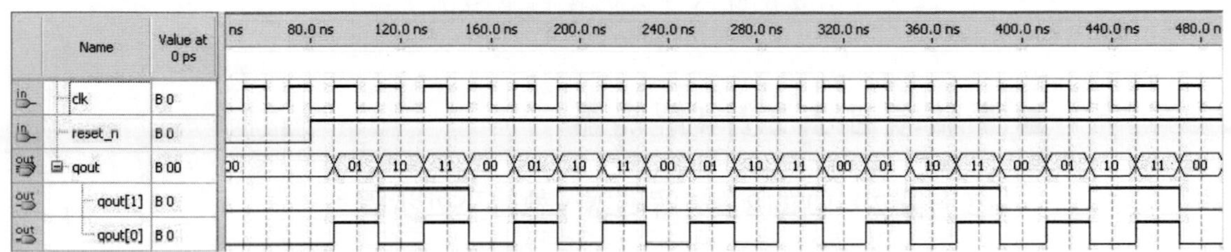

圖 2.2-7: 模 4 計數器功能模擬結果的一段樣本

☞ 在功能(或稱行為)模擬中，所有邏輯閘延遲時間均假定為 0 ns (除非使用時序控制指定值)。這一點可以由功能模擬的輸出結果中證實。若希望觀察邏輯閘的延遲時間，則必須執行時序模擬。

6. 執行模 4 計數器的時序模擬。觀察得到的結果，並檢查是否正確。指出模 4 計數器的延遲時間。模 4 計數器時序模擬結果的一段樣本，如圖 2.2-8 所示。

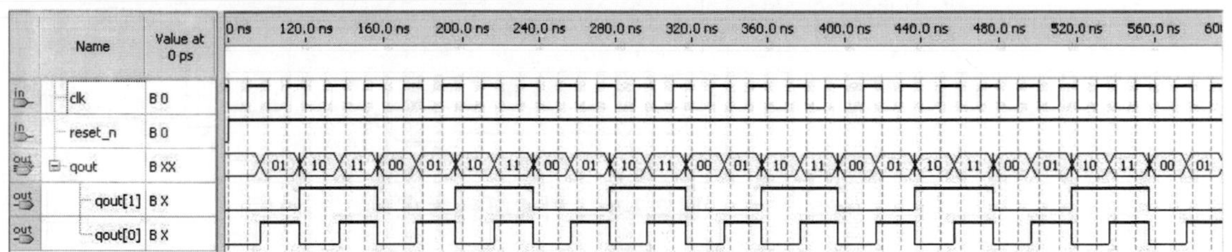

圖 2.2-8: 模 4 計數器時序模擬結果的一段樣本

☞ 在時序 (邏輯閘層次) 模擬中，必須約略估計模 4 計數器的延遲時間，以便可以設定時脈週期為在該延遲時間加上一段邊界值的時間，而可以得到正確的結果。

7. 產生模 4 計數器的符號檔 (symbol file) (即邏輯符號，logic symbol) (即 *mod4_up_clr.bsf*)。這一個邏輯符號將使用於其次的實驗專題中。產生的邏輯符號如下：

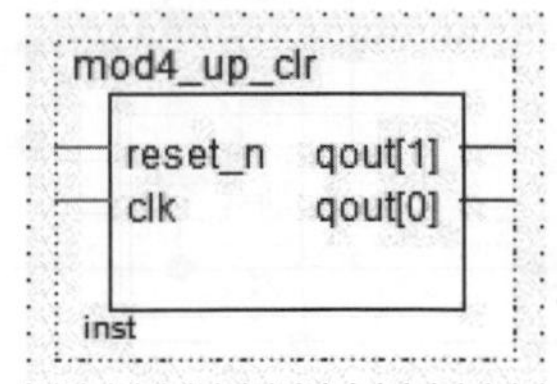

☞ 當使用邏輯符號時，可能需要調整該邏輯符號的輸入埠與輸出埠位置，以方便置入繪製的邏輯電路圖中。

■ 實驗項目 2: 2 對 4 解碼器

參考圖 2.1-10 的 2 對 4 解碼器，執行下列步驟：

1. 產生一個新檔案，*decoder_2to4.bdf*。
2. 使用電路圖輸入方式，輸入圖 2.1-10(c) 的 2 對 4 解碼器。在 2 對 4 解碼器電路加上輸入埠與輸出埠，並儲存結果。在完成上述動作後，可以得到與圖 2.2-9 所示類似的邏輯電路圖。

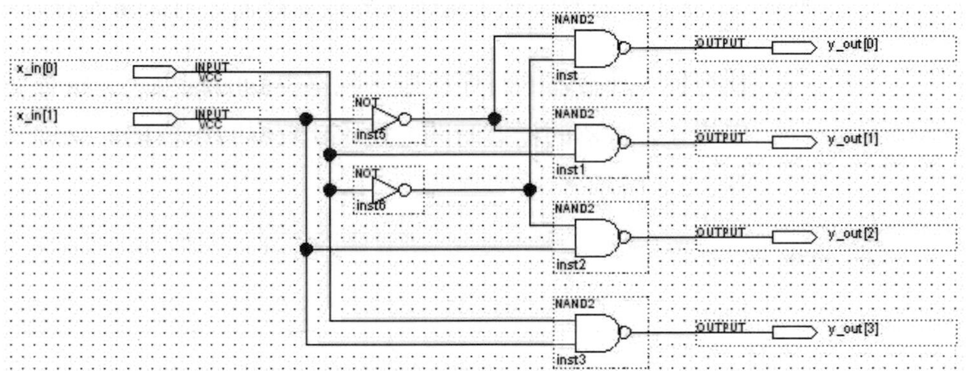

圖 2.2-9: 2 對 4 解碼器電路

3. 設定 *decoder_2to4.bdf* 為 Top-Level Entity，並做編譯。
4. 執行 2 對 4 解碼器的功能模擬。欲完成此動作，必須指定輸入 *x_in*[1] 與 *x_in*[0] 的四種組合，意即採用窮舉測試，然後執行功能模擬。觀察得到的結果，並檢查是否與圖 2.1-10(b) 所示的真值表一致。2 對 4 解碼器功能模擬結果的一段樣本，如圖 2.2-10 所示。

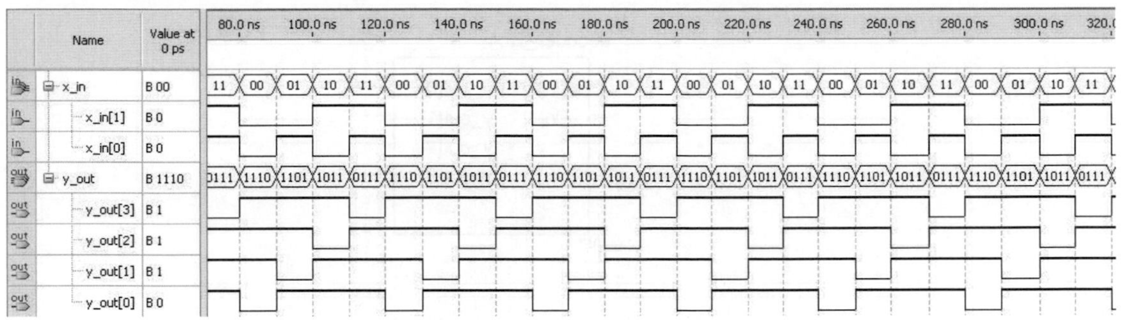

圖 2.2-10: 2 對 4 解碼器功能模擬結果的一段樣本

☞ 在功能(或稱行為)模擬中，所有邏輯閘延遲時間均假定為 0 ns (除非使用時序控制指定值)。這一點可以由功能模擬的輸出結果中證實。若希望觀察邏輯閘的延遲時間，則必須執行時序模擬。

5. 執行 2 對 4 解碼器的時序模擬。觀察得到的結果，並檢查是否與圖 2.1-10(b) 所示的真值表一致。指出 2 對 4 解碼器的延遲時間。2 對 4 解碼器時序模擬結果的一段樣本，如圖 2.2-11 所示。

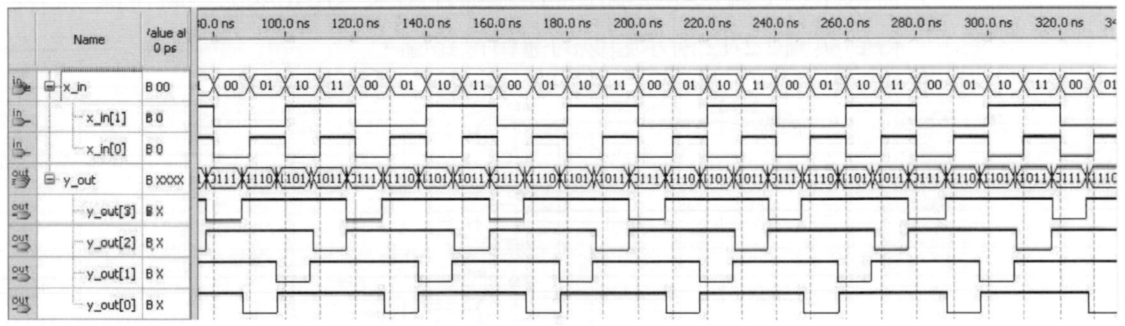

圖 2.2-11: 2 對 4 解碼器時序模擬結果的一段樣本

☞ 在時序 (邏輯閘層次) 模擬中，必須約略估計 2 對 4 解碼器的延遲時間，以便可以在該延遲時間加上一段邊界值的時間間隔中，改變輸入值，而可以得到正確的結果。

6. 產生 2 對 4 解碼器的符號檔 (symbol file) (即邏輯符號，logic symbol) (即 *decoder_2to4.bsf*)。這一個邏輯符號將使用於其次的實驗專題中。產生的邏輯符號如下：

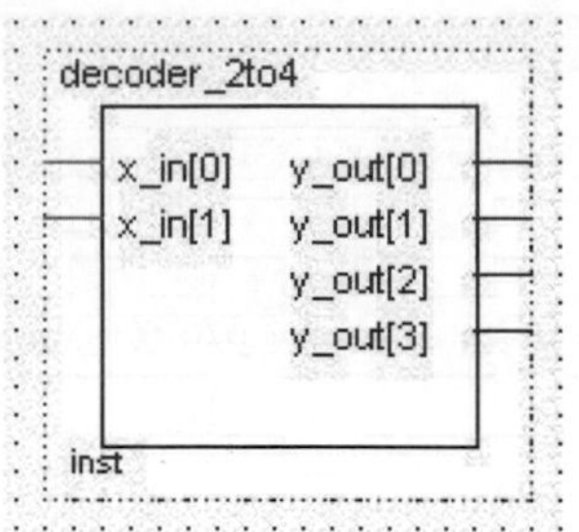

☞ 當使用邏輯符號時，可能需要調整該邏輯符號的輸入埠與輸出埠位置，以方便置入繪製的邏輯電路圖中。

■ 實驗項目 3: 4 對 1 多工器

參考圖 2.1-11 的 4 對 1 多工器，執行下列步驟：

1. 產生一個新檔案，*mux_4to1.bdf*。
2. 使用電路圖輸入方式，輸入圖 2.1-11(c) 的 4 對 1 多工器。在 4 對 1 多工器電路加上輸入埠與輸出埠，並儲存結果。在完成上述動作後，可以得到與圖 2.2-12 所示類似的邏輯電路圖。

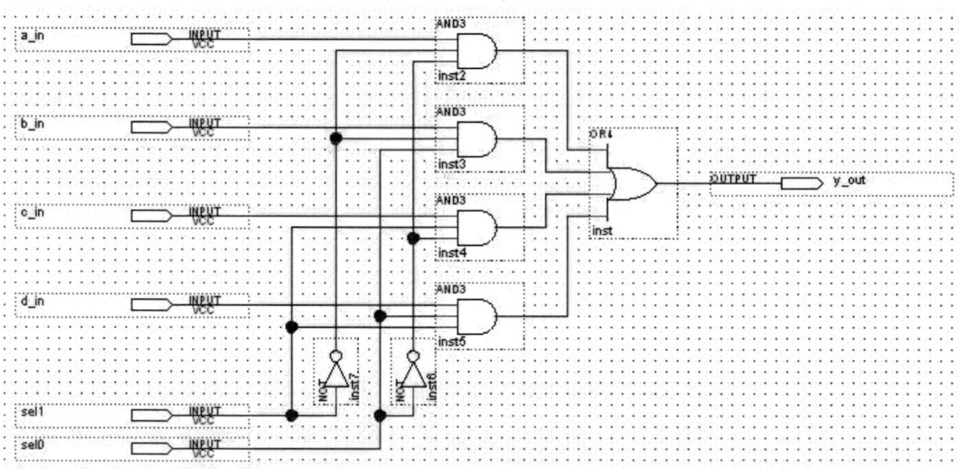

圖 2.2-12: 4 對 1 多工器電路

3. 設定 *mux_4to1.bdf* 為 Top-Level Entity，並做編譯。
4. 執行 4 對 1 多工器的功能模擬。欲完成此動作，必須指定輸入 *sel*1 與 *sel*0 的四種組合。使用亂數產生器產生 *a_in*、*b_in*、*c_in* 與 *d_in* 等輸入信號。指定好輸入端的值後，執行功能模擬。觀察得到的結果，並檢查是否與圖 2.1-11(b) 所示的真值表一致。4 對 1 多工器功能模擬結果的一段樣本，如圖 2.2-13 所示。

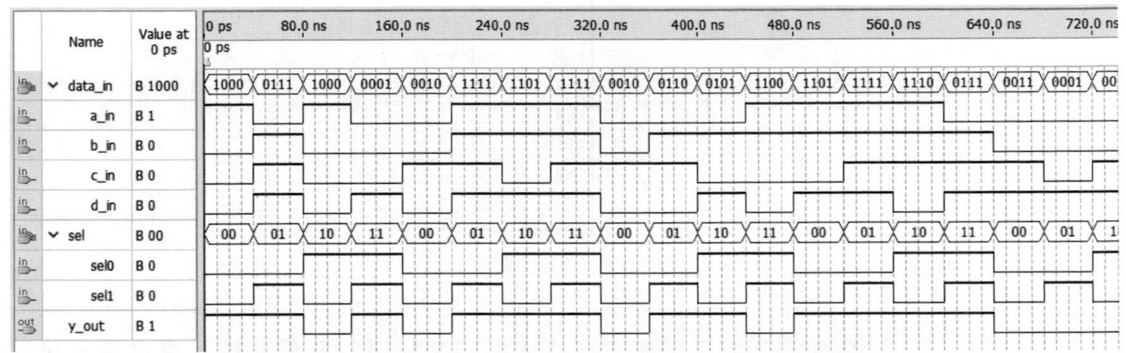

圖 2.2-13: 4 對 1 多工器功能模擬結果的一段樣本

> 在功能(或稱行為)模擬中，所有邏輯閘延遲時間均假定為 0 ns (除非使用時序控制指定值)。這一點可以由功能模擬的輸出結果中證實。若希望觀察邏輯閘的延遲時間，則必須執行時序模擬。

5. 執行 4 對 1 多工器的時序模擬。觀察得到的結果，並檢查是否與圖 2.1-11(b) 所示的真值表一致。指出 4 對 1 多工器的延遲時間。4 對 1 多工器時序模擬結果的一段樣本，如圖 2.2-14 所示。

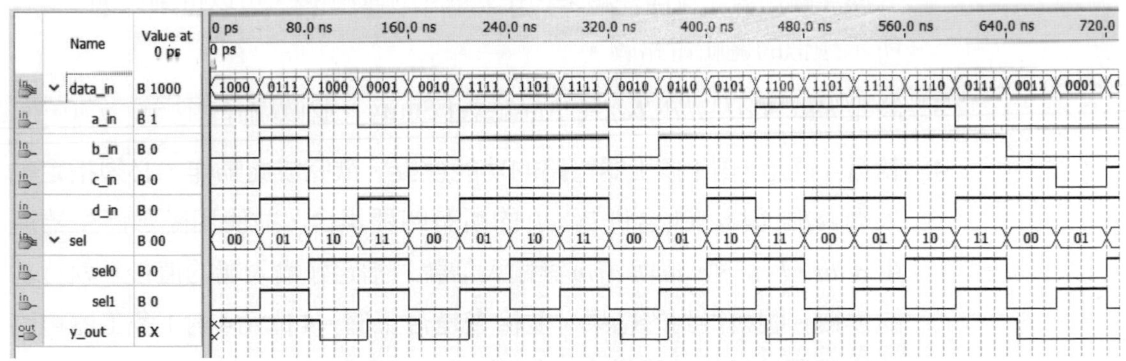

圖 2.2-14: 4 對 1 多工器時序模擬結果的一段樣本

> 在時序 (邏輯閘層次) 模擬中，必須約略估計 4 對 1 多工器的延遲時間，以便可以在該延遲時間加上一段邊界值的時間間隔中，改變輸入值，而可以得到正確的結果。

6. 產生 4 對 1 多工器的符號檔 (symbol file) (即邏輯符號，logic symbol) (即 *mux_4to1.bsf*)。這一個邏輯符號將使用於其次的實驗專題中。產生的邏輯符號如下：

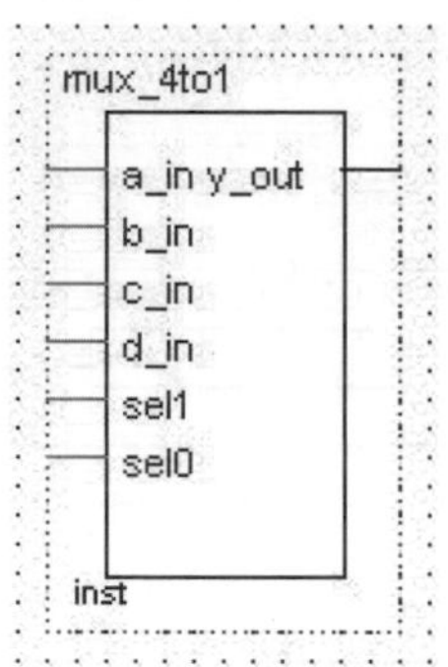

☞ 當使用邏輯符號時，可能需要調整該邏輯符號的輸入埠與輸出埠位置，以方便置入繪製的邏輯電路圖中。

■ 實驗項目 4: 4 位元 4 對 1 多工器

參考圖 2.1-12 的 4 位元 4 對 1 多工器，執行下列步驟：

1. 產生一個新檔案，*mux_4to1_4bits.bdf*。
2. 使用電路圖輸入方式，適當地引用與連接四個 4 對 1 多工器，完成圖 2.1-12 所示 4 位元 4 對 1 多工器電路。在 4 位元 4 對 1 多工器電路加上輸入埠與輸出埠，並儲存結果。在完成上述動作後，可以得到與圖 2.2-15 所示類似的邏輯電路圖。
3. 設定 *mux_4to1_4bits.bdf* 為 Top-Level Entity，並做編譯。
4. 執行 4 位元 4 對 1 多工器電路的功能模擬。欲完成此動作，必須指定輸入端 *sel*[1] 與 *sel*[0](合併為 *sel*) 的所有四種組合，並使用亂數產生器產生 *a_in*、*b_in*、*c_in* 與 *d_in* 等輸入信號。指定好輸入端的值後，執行功能模擬。觀察得到的結果，並檢查是否正確。4 位元 4 對 1 多工器電路功能模擬結果的一段樣本，如圖 2.2-16 所示。

☞ 在功能(或稱行為)模擬中，所有邏輯閘延遲時間均假定為 0 ns (除非使用時序控制指定值)。這一點可以由功能模擬的輸出結果中證實。若希望觀察邏輯閘的延遲時間，則必須執行時序模擬。

5. 執行 4 位元 4 對 1 多工器的時序模擬。觀察得到的結果，並檢查是否正確。指出 4 位元 4 對 1 多工器的延遲時間。4 位元 4 對 1 多工器時序模擬結果的一段樣本，如圖 2.2-17 所示。

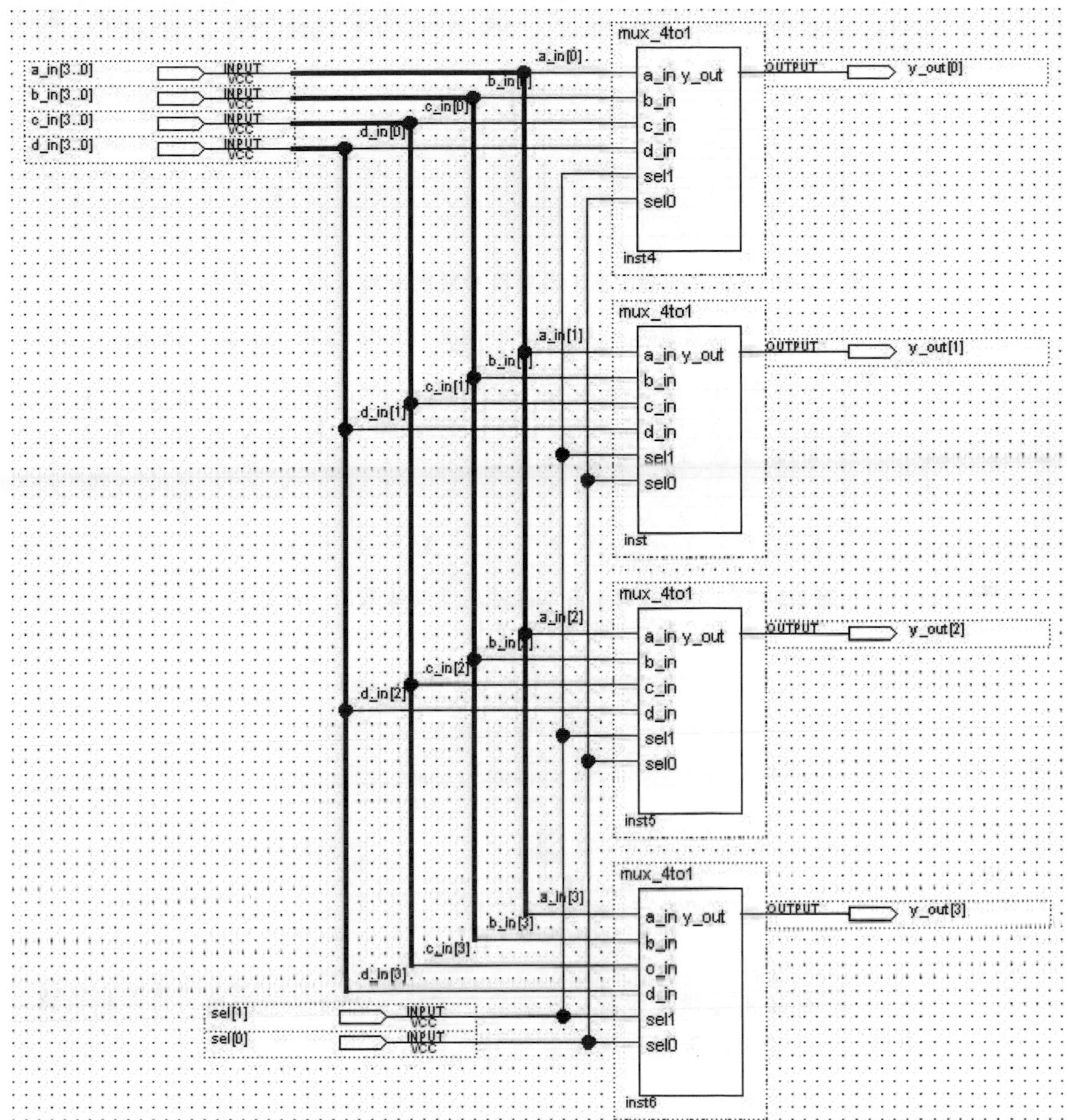

圖 2.2-15: 4 位元 4 對 1 多工器電路

☞ 在時序 (邏輯閘層次) 模擬中，必須約略估計 4 位元 4 對 1 多工器的延遲時間，以便可以在該延遲時間加上一段邊界值的時間間隔中，改變輸入值，而可以得到正確的結果。

6. 產生 4 位元 4 對 1 多工器的符號檔 (symbol file) (即邏輯符號，logic symbol) (即 *mux_4to1_4bits.bsf*)。這一個邏輯符號將使用於其次的實驗專題中。產生的邏輯符號如下：

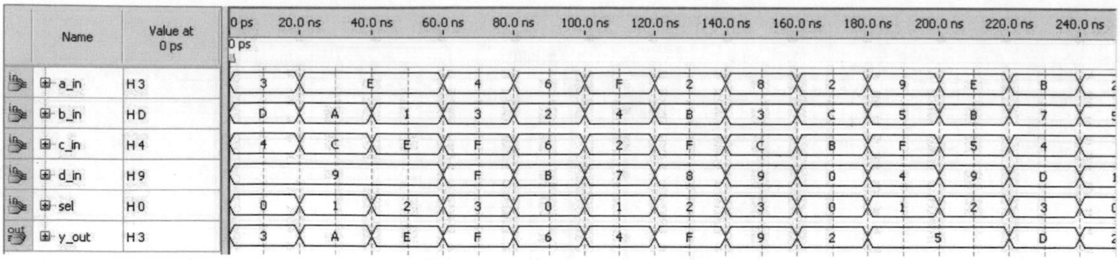

Name | Value at 0 ps | 0 ps 20.0 ns 40.0 ns 60.0 ns 80.0 ns 100.0 ns 120.0 ns 140.0 ns 160.0 ns 180.0 ns 200.0 ns 220.0 ns 240.0 ns
a_in H3: 3 E 4 6 F 2 8 2 9 E B
b_in HD: D A 1 3 2 4 B 3 C 5 B 7
c_in H4: 4 C E F 6 2 F C B F 5 4
d_in H9: 9 F B 7 8 9 0 4 9 D
sel H0: 0 1 2 3 0 1 2 3 0 1 2 3
y_out H3: 3 A E F 6 4 F 9 2 5 D

圖 2.2-16: 4 位元 4 對 1 多工器電路功能模擬結果的一段樣本

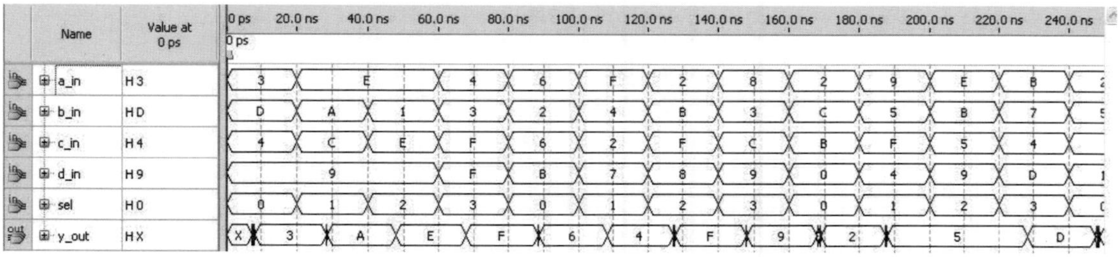

Name | Value at 0 ps | 0 ps 20.0 ns 40.0 ns 60.0 ns 80.0 ns 100.0 ns 120.0 ns 140.0 ns 160.0 ns 180.0 ns 200.0 ns 220.0 ns 240.0 ns
a_in H3: 3 E 4 6 F 2 8 2 9 E B
b_in HD: D A 1 3 2 4 B 3 C 5 B 7
c_in H4: 4 C E F 6 2 F C B F 5 4
d_in H9: 9 F B 7 8 9 0 4 9 D
sel H0: 0 1 2 3 0 1 2 3 0 1 2 3
y_out HX: X 3 A E F 6 4 F 9 2 5 D

圖 2.2-17: 4 位元 4 對 1 多工器時序模擬結果的一段樣本

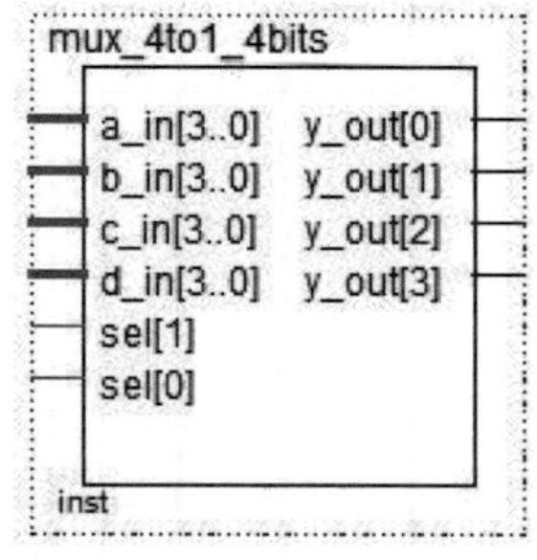

☞ 當使用邏輯符號時，可能需要調整該邏輯符號的輸入埠與輸出埠位置，以方便置入繪製的邏輯電路圖中。

■ 實驗項目 5: 多工七段 LED 顯示器模組

參考圖 2.1-8 的多工七段 LED 顯示器模組，執行下列步驟：

1. 產生一個新檔案，*seven_segment_LED_multiplexed.bdf*。
2. 使用電路圖輸入方式，適當地引用與連接需要的模組，完成圖 2.1-8 所示多工七段 LED 顯示器模組。在完成連接的多工七段 LED 顯示器模組加上輸入埠與輸出埠，並儲存結果。在完成上述動作後，可以得到與圖 2.2-18 所示類似的邏輯電路圖。
3. 設定 *seven_segment_LED_multiplexed.bdf* 為 Top-Level Entity，並做編譯。

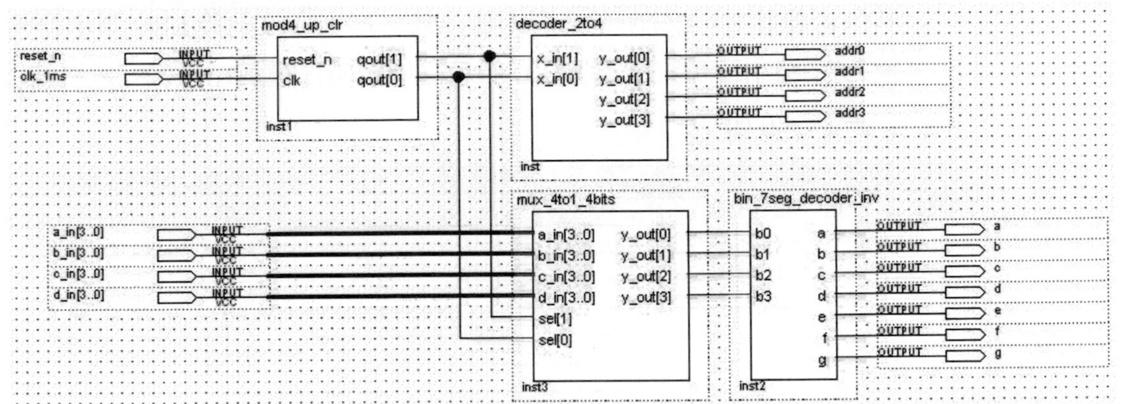

圖 2.2-18: 多工七段 LED 顯示器模組電路

4. 執行多工七段 LED 顯示器模組的功能模擬。欲完成此動作，必須指定輸入端 *reset_n* 與 *clk_1ms* 的信號，與使用亂數產生器，產生 *a_in*、*b_in*、*c_in* 與 *d_in* 輸入信號。指定好輸入端的值後，執行功能模擬。觀察得到的結果，並檢查是否與圖 2.1-2(c) 所示的顯示碼一致。多工七段 LED 顯示器模組功能模擬結果的一段樣本，如圖 2.2-19 所示。

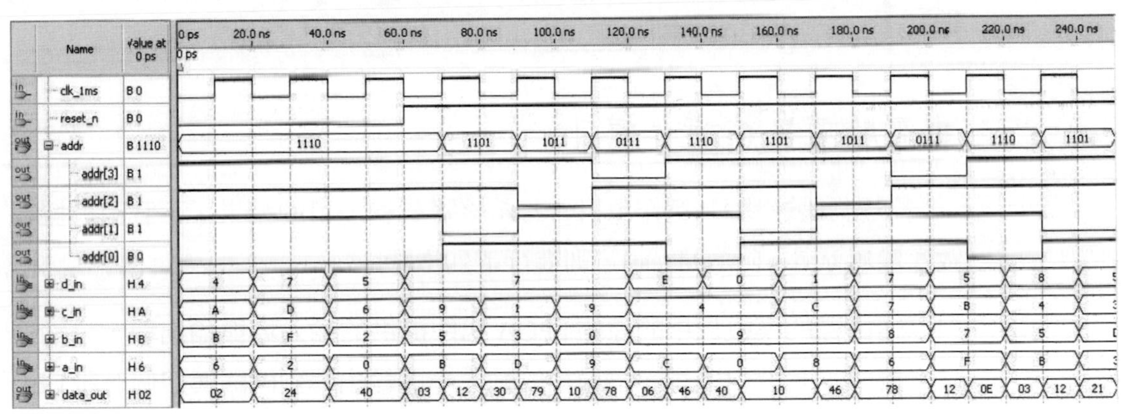

圖 2.2-19: 多工七段 LED 顯示器模組功能模擬結果的一段樣本

> 在圖 2.2-19 與 2.2-20 中，輸出信號 $\{g,f,e,d,c,b,a\}$ 合併為 *data_out*，以方便觀察及與圖 2.1-2(c) 所示的顯示碼比較。

> 在功能(或稱行為)模擬中，所有邏輯閘延遲時間均假定為 0 ns (除非使用時序控制指定值)。這一點可以由功能模擬的輸出結果中證實。若希望觀察邏輯閘的延遲時間，則必須執行時序模擬。

5. 執行多工七段 LED 顯示器模組的時序模擬。觀察得到的結果，並檢查其是否與圖 2.1-2(c) 所示的顯示碼一致。指出多工七段 LED 顯示器模組的延遲時間。多工七段 LED 顯示器模組時序模擬結果的一段樣本，如圖 2.2-20 所示。

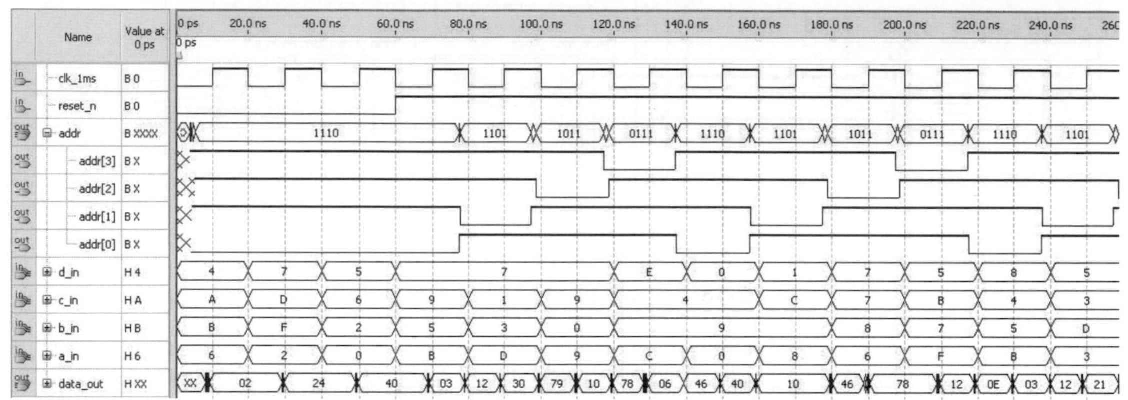

圖 2.2-20: 多工七段 LED 顯示器模組時序模擬結果的一段樣本

☞ 在時序 (邏輯閘層次) 模擬中，必須約略估計多工七段 LED 顯示器模組的延遲時間，以便可以在該延遲時間加上一段邊界值的時間間隔中，改變輸入值，而可以得到正確的結果。

■ 實驗項目 6: 選作項目

下列實驗步驟為選作項目。若希望將實驗項目的結果，下載至模擬板做實體測試 (real-world test)，則進行下列步驟：

1. 經由標的模擬板中的標的 FPGA 元件提供的輸入埠與輸出埠，分別連接多工七段 LED 顯示器模組的輸入埠與輸出埠到開關與四個七段 LED 顯示器。此步驟可以使用 Quartus CAD 系統的 **Pin Planner** 軟體工具幫忙。
2. 產生與下載規劃檔 (programming file) 到標的模擬板。
3. 適當地設定開關值，並觀察四個七段 LED 顯示器狀態。檢視開關值與 LED 狀態的組合是否與圖 2.1-2(c) 的顯示碼一致。

2.2.2.2 HDL 輸入 在本小節中，我們使用 Verilog HDL，描述圖 2.1-8 的多工七段 LED 顯示器模組，並說明如何驗證其功能與時序。多工七段 LED 顯示器模組，由下列元件組成：

- 一個模 4 計數器

- 一個 2 對 4 解碼器
- 一個 4 位元 4 對 1 多工器
- 一個二進制對七段碼轉換器

■ 實驗項目 1: 模 4 計數器

參考圖 2.1-9 的模 4 計數器，執行下列步驟：

1. 建立一個新專案，*seven_segment_LED_multiplexed_HDL.qpf*。
2. 產生一個新檔案，*mod4_up_clr.v*。
3. 使用行為描述方式，撰寫與輸入一個 Verilog HDL 模組，在 RTL 層次描述一個模 4 計數器，並儲存它。下列 Verilog HDL 模組為一個可能的範例。

```
// a mod-4 counter
module mod4_up_clr(
       input  clk, reset_n,
       output reg [1:0] qout);

// the body of the binary counter
always @(posedge clk or negedge reset_n)
   if (!reset_n) qout <= 0;
   else          qout <= qout + 2'b01;
endmodule
```

> 應該注意的是在 Quartus CAD 系統中，檔案名稱必須與最上層模組 (top-level module) 名稱相同。因此，上述模組的檔案名稱必須為 *mod4_up_clr.v*。

> 在實務中，一個好習慣為盡可能使用行為描述方式，在 RTL 層次描述一個硬體模組。

4. 產生一個新檔案 *mod4_up_clr_tb.v*，撰寫與輸入 *mod4_up_clr.v* 模組的測試平台。下列模組為一個可能的測試平台。

```
// a test bench for the mod4_up_clr module
`timescale 1 ns / 100 ps
module mod4_up_clr_tb;
// internal signals declarations:
reg  clk, reset_n;
wire [1:0] qout;
// Unit Under Test instantiation and port map
mod4_up_clr UUT (
```

```
        .clk(clk), .reset_n(reset_n),
        .qout(qout));

always begin // generate the clk_1ms signal
   #10 clk <= 1'b0;
   #10 clk <= 1'b1;
end
initial begin
   reset_n <= 1'b0;  // generate the reset_n signal
   repeat (5) @(negedge clk) reset_n <= 1'b1;
end

initial
   #700 $finish;
initial       // response monitoring block
   $monitor($realtime,"ns %h %h %h \n",
            clk, reset_n, qout);
endmodule
```

> 雖然測試平台 (test bench) 的檔案名稱與模組名稱不需要相同，一個好的習慣是使用相同的檔案名稱與模組名稱，即 *mod4_up_clr_tb.v*。

5. 設定 *mod4_up_clr.v* 為 Top-Level Entity，並做編譯。
6. 執行模 4 計數器的 RTL (behavioral) 模擬。觀察得到的結果，並檢查是否正確。模 4 計數器 RTL 模擬結果的一段樣本，如圖 2.2-21 所示。

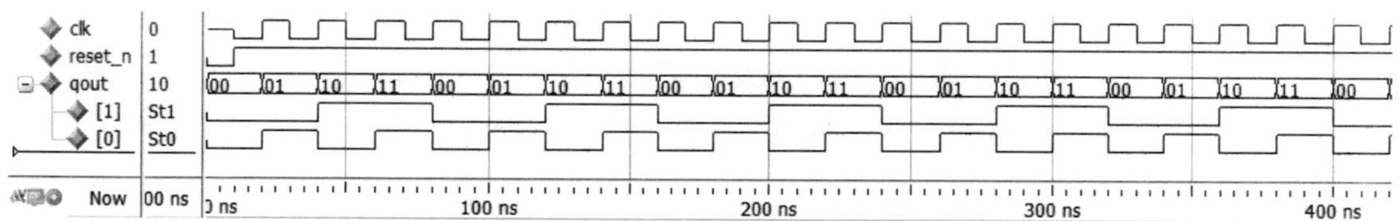

圖 2.2-21: 模 4 計數器 RTL 模擬結果的一段樣本

> 在 RTL(功能或稱行為) 模擬中，所有邏輯閘延遲時間均假定為 0 ns (除非使用時序控制指定值)。這一點可以由功能模擬的輸出結果中證實。若希望觀察邏輯閘的延遲時間，則必須執行時序模擬。

7. 執行模 4 計數器的邏輯閘層次 (時序) 模擬。觀察得到的結果，並檢查是否正確。指出模 4 計數器的延遲時間。模 4 計數器邏輯閘層次模擬結果的一段樣本，如圖 2.2-22 所示。

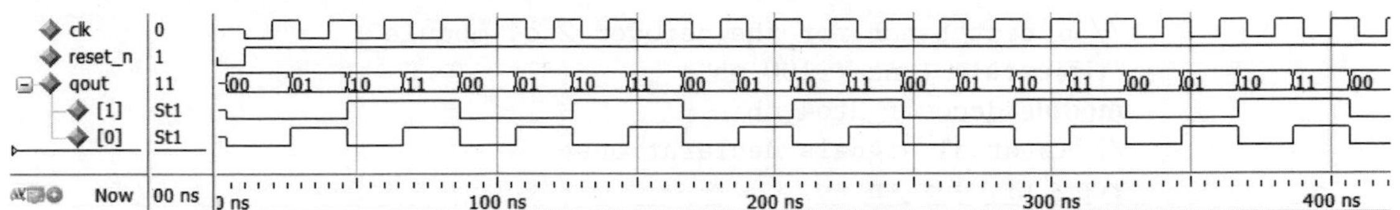

圖 2.2-22: 模 4 計數器邏輯閘層次模擬結果的一段樣本

> 在邏輯閘層次 (時序) 模擬中，必須約略估計模 4 計數器的延遲時間，以便可以設定時脈週期為在該延遲時間加上一段邊界值的時間，而可以得到正確的結果。

■ 實驗項目 2: 2 對 4 解碼器

參考圖 2.1-10 的 2 對 4 解碼器，執行下列步驟：

1. 產生一個新檔案，*decoder_2to4.v*。
2. 使用行為描述方式，撰寫與輸入一個 Verilog HDL 模組，描述圖 2.1-10 的 2 對 4 解碼器，並儲存它。下列 Verilog HDL 模組為一個可能的範例，它在 **always** 區塊中，使用一個 **case** 指述，直接表示圖 2.1-10(b) 的 2 對 4 解碼器真值表。

```
// a 2-to-4 decoder with inverting outputs
module decoder_2to4 (
       input  [1:0] x_in,
       output reg  [3:0] y_out);

// the bodyof the 2-to-4 decoder
always @(x_in)
   case(x_in)
      2'b00: y_out = 4'b1110;
      2'b01: y_out = 4'b1101;
      2'b10: y_out = 4'b1011;
      2'b11: y_out = 4'b0111;
   endcase
endmodule
```

> 應該注意的是在 Quartus CAD 系統中，檔案名稱必須與最上層模組 (top-level module) 名稱相同。因此，上述模組的檔案名稱必須為 *decoder_2to4.v*。

3. 產生一個新檔案 *decoder_2to4_tb.v*，撰寫與輸入 *decoder_2to4.v* 模組的測試平台。下列模組為 2 對 4 解碼器的一個可能的測試平台，它使用一個 **for** 迴圈，產生 x_in 的輸入值。

```
// a test bench for the decoder_2to4 module
'timescale 1 ns / 100 ps
module decoder_2to4_tb;
// internal signals declarations:
reg  [1:0] x_in;
wire [3:0] y_out;
// Unit Under Test instantiation and port map
decoder_2to4 UUT (
         .x_in(x_in), .y_out(y_out));

integer i;
initial
   // generate input data
   for (i = 0; i <= 31; i = i + 1) begin
       #20; x_in = i[1:0];
   end
initial
   #1200 $finish;
initial       // response monitoring block
   $monitor($realtime,"ns %h %h \n", x_in, y_out);
endmodule
```

☞ 雖然測試平台 (test bench) 的檔案名稱與模組名稱不需要相同，一個好的習慣是使用相同的檔案名稱與模組名稱，即 *decoder_2to4_-tb.v*.

4. 設定 *decoder_2to4.v* 為 Top-Level Entity，並做編譯。
5. 執行 2 對 4 解碼器的 RTL (behavioral) 模擬。觀察得到的結果，並檢查是否正確。2 對 4 解碼器 RTL 模擬結果的一段樣本，如圖 2.2-23 所示。

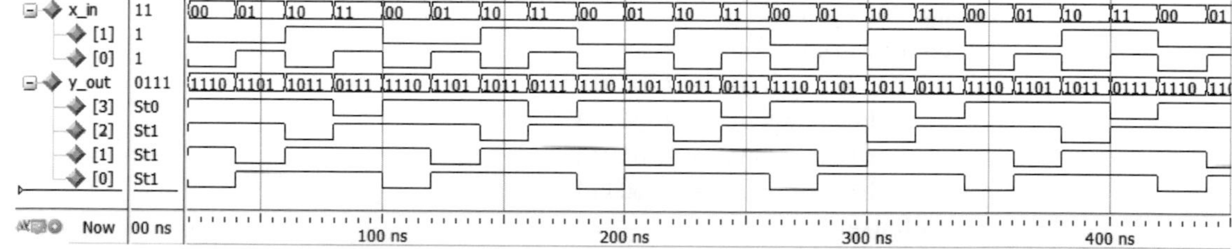

圖 2.2-23: 2 對 4 解碼器 RTL 模擬結果的一段樣本

☞ 在 RTL(功能或稱行為) 模擬中，所有邏輯閘延遲時間均假定為 0 ns (除非使用時序控制指定值)。這一點可以由功能模擬的輸出結果中證實。若希望觀察邏輯閘的延遲時間，則必須執行時序模擬。

6. 執行 2 對 4 解碼器的邏輯閘層次 (時序) 模擬。觀察得到的結果，並檢查是否正確。指出 2 對 4 解碼器的延遲時間。2 對 4 解碼器邏輯閘層次模擬結果的一段樣本，如圖 2.2-24 所示。

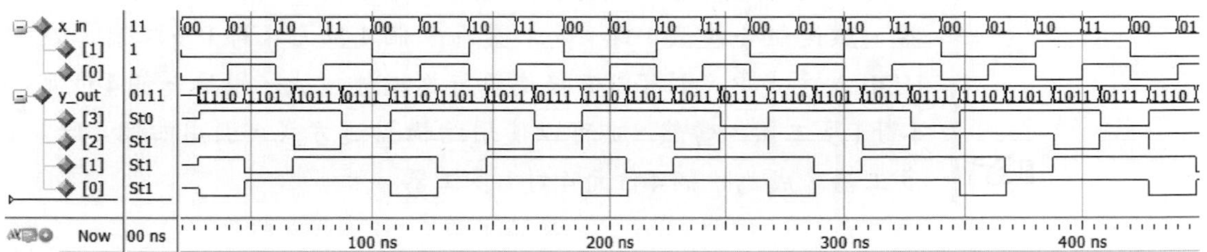

圖 2.2-24: 2 對 4 解碼器邏輯閘層次模擬結果的一段樣本

☞ 在邏輯閘層次 (時序) 模擬中，必須約略估計 2 對 4 解碼器的延遲時間，以便可以在該延遲時間加上一段邊界值的時間間隔中，改變輸入值，而可以得到正確的結果。

■ 實驗項目 3: 4 位元 4 對 1 多工器

參考圖 2.1-12 的 4 位元 4 對 1 多工器，執行下列步驟：

1. 產生一個新檔案，*mux_4to1_4bits.v*。
2. 使用行為描述方式，撰寫與輸入一個 Verilog HDL 模組，描述圖 2.1-12 的 4 位元 4 對 1 多工器，並儲存它。下列 Verilog HDL 模組為一個可能的範例，它在 **always** 區塊中，使用一個 **case** 指述，直接表示 4 位元 4 對 1 多工器的真值表。

```
// a 4-bit 4-to-1 multiplexer
module mux_4to1_4bits (
       input  [1:0] sel,
       input  [3:0] a_in, b_in, c_in, d_in,
       output reg [3:0] y_out);

// the body of the multiplexer
always @(*)
   case (sel)
      2'b00: y_out = a_in;
      2'b01: y_out = b_in;
      2'b10: y_out = c_in;
      2'b11: y_out = d_in;
   endcase
endmodule
```

☞ 應該注意的是在 Quartus CAD 系統中，檔案名稱必須與最上層模組 (top-level module) 名稱相同。因此，上述模組的檔案名稱必須為 *mux_4to1_4bits.v*.

☞ 值得注意的是在電路圖輸入方式中，必須先設計一個4對1多工器，然後組合四個4對1多工器為一個4位元4對1多工器。在HDL入方式中，則可以直接使用行為描述方式，描述一個4位元4對1多工器。當然，亦可以使用結構描述方式，引用四個4對1多工器，成為一個4位元4對1多工器。

3. 產生一個新檔案，*mux_4to1_4bits_tb.v*，撰寫與輸入 *mux_4to1_4bits.v* 模組的測試平台。下列模組為 4 位元 4 對 1 多工器的一個可能的測試平台。

```
// a test bench for the mux_4to1_4bits module
`timescale 1 ns / 100 ps
module mux_4to1_4bits_tb;
// internal signals declarations:
reg  [1:0] sel;
reg  [3:0] a_in, b_in, c_in, d_in;
wire [3:0] y_out;
// Unit Under Test instantiation and port map
mux_4to1_4bits UUT (
        .sel(sel),   .a_in(a_in),  .b_in(b_in),
        .c_in(c_in), .d_in(d_in), .y_out(y_out));

integer i;
initial begin
   // generate input data
   for (i = 0; i <= 31; i = i + 1) begin
       sel = i[1:0];
       a_in = {$random} % 2**4;
       b_in = {$random} % 2**4;
       c_in = {$random} % 2**4;
       d_in = {$random} % 2**4;
       #20;
   end
end
initial
   #700 $finish;
initial       // response monitoring block
   $monitor($realtime,"ns %h %h %h %h %h %h\n",
            sel, a_in, b_in, c_in, d_in, y_out);
endmodule
```

☞ 雖然測試平台 (test bench) 的檔案名稱與模組名稱不需要相同，一個好的習慣是使用相同的檔案名稱與模組名稱，即 *mux_4to1_4bits_tb.v*.

4. 設定 *mux_4to1_4bits.v* 為 Top-Level Entity，並做編譯。

5. 執行 4 位元 4 對 1 多工器的 RTL (behavioral) 模擬。觀察得到的結果，並檢查是否正確。4 位元 4 對 1 多工器 RTL 模擬結果的一段樣本，如圖 2.2-25 所示。

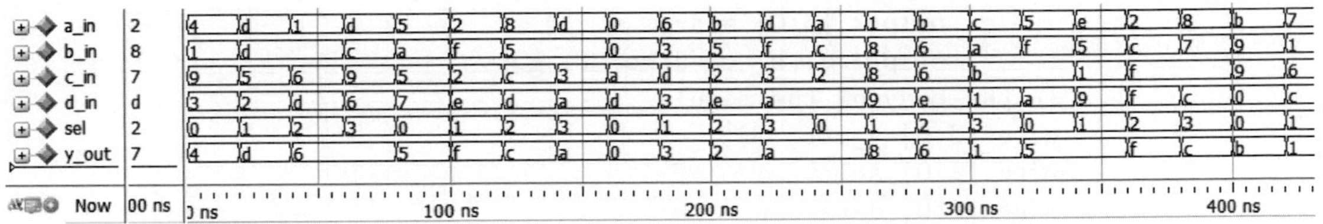

圖 2.2-25: 4 位元 4 對 1 多工器 RTL 模擬結果的一段樣本

> 在 RTL(功能或稱行為) 模擬中，所有邏輯閘延遲時間均假定為 0 ns (除非使用時序控制指定值)。這一點可以由功能模擬的輸出結果中證實。若希望觀察邏輯閘的延遲時間，則必須執行時序模擬。

6. 執行 4 位元 4 對 1 多工器的邏輯閘層次 (時序) 模擬。觀察得到的結果，並檢查是否正確。指出 4 位元 4 對 1 多工器的延遲時間。4 位元 4 對 1 多工器邏輯閘層次模擬結果的一段樣本，如圖 2.2-26 所示。

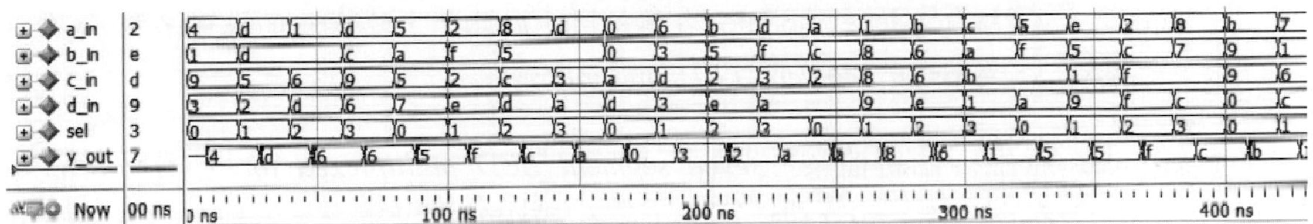

圖 2.2-26: 4 位元 4 對 1 多工器邏輯閘層次模擬結果的一段樣本

> 在邏輯閘層次 (時序) 模擬中，必須約略估計 4 位元 4 對 1 多工器的延遲時間，以便可以在該延遲時間加上一段邊界值的時間間隔中，改變輸入值，而可以得到正確的結果。

■ 實驗項目 4: 多工七段 LED 顯示器模組

參考圖 2.1-8 的多工七段 LED 顯示器模組，執行下列步驟：

1. 產生一個新檔案，*seven_segment_LED_multiplexed.v*。
2. 使用結構描述方式，撰寫與輸入一個 Verilog HDL 模組，適當地引用與連接需要的模組，完成圖 2.1-8 所示多工七段 LED 顯示器模組，然後儲存其結果。下列 Verilog HDL 模組為一個可能的範例

```
// the top-level module of the four-digit multiplexed
// seven-segment LED display system
module seven_segment_LED_multiplexed (
       input  clk_1ms, reset_n,
       input  [3:0] a_in, b_in, c_in, d_in,
       output [3:0] addr,
       output a, b, c, d, e, f, g);
// the body of the module
wire [3:0] y_out;
wire [1:0] sel;
wire [6:0] data_out;
wire b3, b2, b1, b0;
// instantiate needed modules
assign {b3, b2, b1, b0} = y_out;
mod4_up_clr  mux_selector
                    (clk_1ms, reset_n, sel);
decoder_2to4  LED_sel (sel, addr);
mux_4to1_4bits mux_binary (sel, a_in, b_in,
                      c_in, d_in, y_out);
bin_7seg_decoder_inv2 segment_seg_LED
                     (b3, b2, b1, b0, g, f, e, d, c, b, a);
endmodule
```

☞ 應該注意的是在Quartus CAD系統中，檔案名稱必須與最上層模組(top-level module)名稱相同。因此，上述模組的檔案名稱必須為*seven_segment_LED_multiplexed.v*.

3. 產生一個新檔案，*seven_segment_LED_multiplexed_tb.v*，撰寫與輸入*seven_segment_LED_multiplexed.v*模組的測試平台。下列模組為一個可能的測試平台。

```
// a test bench for the multiplexed seven-segment
// LED display module
`timescale 1 ns / 100 ps
module seven_segment_LED_multiplexed_tb;
// internal signals declarations:
reg  clk_1ms, reset_n;
reg  [3:0] a_in, b_in, c_in, d_in;
wire [3:0] addr;
wire a, b, c, d, e, f, g;
// Unit Under Test instantiation and port map
seven_segment_LED_multiplexed UUT (
      .clk_1ms(clk_1ms), .reset_n(reset_n),
      .a_in(a_in), .b_in(b_in),
      .c_in(c_in), .d_in(d_in), .addr(addr), .a(a),
      .b(b), .c(c), .d(d), .e(e), .f(f), .g(g));

integer i;
always begin // generate the clk_1ms signal
   #10 clk_1ms <= 1'b0;
```

```
        #10 clk_1ms <= 1’b1;
    end
    initial begin
        reset_n <= 1’b0;  // generate the reset_n signal
        repeat (5) @(negedge clk_1ms) reset_n <= 1’b1;
        // generate input data
        for (i = 0; i <= 255; i = i + 1)
            @(posedge clk_1ms) begin
                a_in = {$random} % 2**4;
                b_in = {$random} % 2**4;
                c_in = {$random} % 2**4;
                d_in = {$random} % 2**4;
                #20;
            end
    end
    initial
        #7000 $finish;
    initial      // response monitoring block
        $monitor($realtime,"ns %h %h %h %h %h %h %h %h %h \
                 %h %h %h %h %h \n",
                 clk_1ms, reset_n, a_in, b_in, c_in, d_in, addr,
                 a, b, c, d, e, f, g);
    endmodule
```

☞ 雖然測試平台 (test bench) 的檔案名稱與模組名稱不需要相同，一個好的習慣是使用相同的檔案名稱與模組名稱，即 *seven_segment_LED_multiplexed_tb.v*.

4. 設定 *seven_segment_LED_multiplexed.v* 為 Top-Level Entity，並做編譯。
5. 執行多工七段 LED 顯示器模組的 RTL (behavioral) 模擬。觀察得到的結果，並檢查是否正確。多工七段 LED 顯示器模組 RTL 模擬結果的一段樣本，如圖 2.2-27 所示。

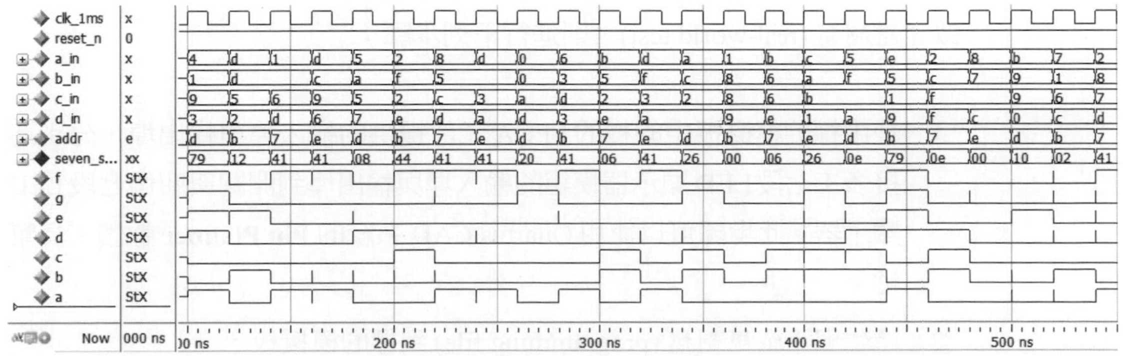

圖 2.2-27: 多工七段 LED 顯示器模組 RTL 模擬結果的一段樣本

☞ 在RTL(功能或稱行為)模擬中，所有邏輯閘延遲時間均假定為0 ns (除非使用時序控制指定值)。這一點可以由功能模擬的輸出結果中證實。若希望觀察邏輯閘的延遲時間，則必須執行時序模擬。

6. 執行多工七段LED顯示器模組的邏輯閘層次(時序)模擬。觀察得到的結果，並檢查是否正確。指出多工七段LED顯示器模組的延遲時間。多工七段LED顯示器模組RTL邏輯閘層次的一段樣本，如圖2.2-28所示。

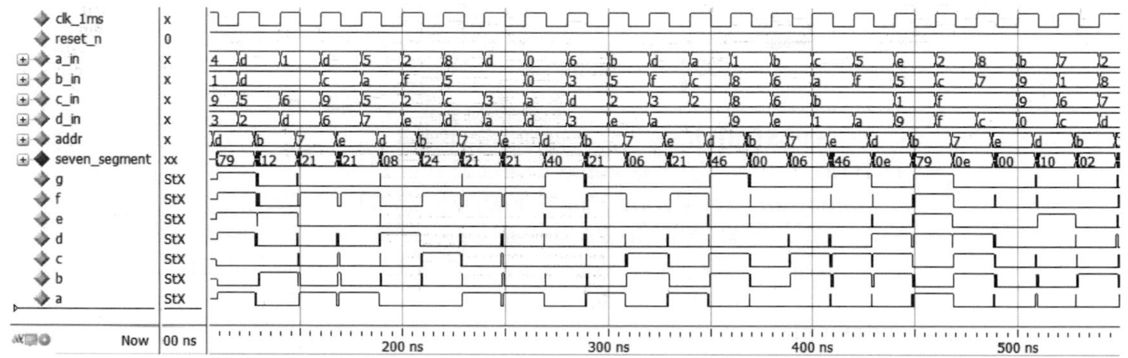

圖 2.2-28: 多工七段LED顯示器模組RTL邏輯閘層次的一段樣本

☞ 在邏輯閘層次(時序)模擬中，必須約略估計多工七段LED顯示器模組的延遲時間，以便可以在該延遲時間加上一段邊界值的時間間隔中，改變輸入值，而可以得到正確的結果。

■ 實驗項目 5: 選作項目

下列實驗步驟為選作項目。若希望將實驗項目的結果，下載至模擬板做實體測試(real-world test)，則進行下列步驟：

1. 經由標的模擬板中的標的FPGA元件提供的輸入埠與輸出埠，分別連接多工七段LED顯示器模組的輸入埠與輸出埠到開關與四個七段LED顯示器。此步驟可以使用Quartus CAD系統的**Pin Planner**軟體工具幫忙。
2. 產生與下載規劃檔(programming file)到標的模擬板。
3. 適當地設定開關值，並觀察四個七段LED顯示器狀態。檢視開關值與LED狀態的組合是否與圖2.1-2(c)的顯示碼一致。

2.2.3 延伸實驗專題

在本小節中，呈現兩個與前述實驗專題相關的延伸實驗專題：

- 領前 0 抑制七段 LED 顯示器模組
- 8 數字多工七段 LED 顯示器模組

2.2.3.1 領前 0 抑制七段 LED 顯示器模組 在多數字 LED 顯示器模組中，通常需要抑制領前的數字 0，以使顯示的數目較貼切、自然。依據這一個概念，設計與實現一個二進制對七段碼轉換器，當它為領前的數字 0 時，即關閉所有 LED，即抑制領前 0 的數字顯示。測試此轉換器時，可以實現圖 2.1-6 所示的 4 數字直接推動七段 LED 顯示器模組。分別使用電路圖與 HDL 輸入方式，輸入設計的結果，然後驗證它的功能與時序。

2.2.3.2 8 數字多工七段 LED 顯示器模組 這一個延伸實驗專題擴充 4 數字多工七段 LED 顯示器模組為 8 數字。分別使用電路圖與 HDL 輸入方式，輸入設計的結果，然後驗證它的功能與時序。

2.3 補充教材—行為描述方式

與其它程式語言 (例如 C) 相似，Verilog HDL [3, 4] 也提供三種基本程式結構：

- 指定指述 (assignment statement)
- 選擇性指述 (selection statement)
- 遞迴 (迴路) 指述 (iterative or loop statement)

此外，它提供函數 (function) 與工作 (task)，以幫助在模組中重複使用一段程式碼。

2.3.1 程序區塊

Verilog HDL 的兩種程序區段 (procedural block) 為使用 **initial** 與 **always** 保留字組成的區段，兩者均由模擬時間 0 開始執行。前者在模擬期間只執行一次，所以通常使用在測試平台中，設定初值以及監測信號的變化，以提供步進式的模擬；後者在模擬期間則重複不斷地執行。**initial** 與 **always** 區段的語法如下：

```
initial statement
```

```
always statement
```

在**initial**與**always**區段中的指述(statement)，稱為程序指述(procedural statement)，可以是單一指述或是複合指述。若是複合指述，則可以使用保留字**begin**與**end**群集一組單一指述，稱為循序區段(sequential block或稱**begin-end**方塊)，或是使用保留字**fork**與**join**群集一組單一指述，稱為並行區段(parallel block)或稱(**fork-join**區段)。在**begin-end**區段內的指述，依據指述所列述的次序執行。在**fork-join**區段內的指述則同時執行。

在程序指述的前端可以加上延遲指示語(delay specifier) `#delay`，稱為延遲時序控制(delay timing control)或是事件偵測語(event recognizer) `@()`，稱為事件時序控制(event timing control)，以延遲該序指述`#delay`時間單位後再執行，或是等到指定的事件發生後，才執行。這裡的"事件"(event)意為net或是變數的值發生變化，或是一個信號的正緣(positive edge)或負緣(negative edge)。`@`為事件偵測器，在`@()`後的清單，稱為事件感測清單(event sensitivity list)。程序指述的語法如下：

```
[#delay|event_control] statement
```

例如：

```
#10 x = 5;                         // defer x = 5 for 10 time units
@(a or b or c) a = b + c;          // signal value change
@(posedge clock) out_a <= reg_x;   // positive-edge triggered
@(negedge clock) out_a <= reg_x;   // negative-edge triggered
```

其中第一個指述使用延遲時序控制，而其它指述則使用事件時序控制。

2.3.2 指定指述

指定指述包括**assign**持續性指定指述與程序指定指述(procedural assign-ment)。程序指定指述又分成阻隔式指定(blocking assignment)(=)與非阻隔式指定(nonblocking assign-ment)(<=)。兩種指述都必須置於**initial**或**always**區塊內。程序指定指述的格式為：

```
variable_lvalue  = [#delay|event_control] expression
variable_lvalue <= [#delay|event_control] expression
```

如前所述，**assign**持續性指述使用類似於邏輯閘推動節點(net)的方式，持續性地更新使用net宣告的變數值，例如**wire**。相反地，程序指定指述則更新使用變數宣告的變數值，例如**reg**與**integer**。之後，該變數值將維持不變，直到被另一個程序指定指述改變為止。

☞ 在實務上，描述一個組合邏輯電路時，必須使用阻隔式指定指述；而描述一個循序邏輯電路時，必須使用非阻隔式指定指述 [1]。

其次，將列舉一些應用實例，說明這兩種程序指定指述的應用，並指出其差異 (詳情請參考第 5.3.2 節)。

■ **例題 2.3-1: 一個 4 對 1 多工器**

在本例題中，在 **always** 區塊中，使用一個程序指定指述，描述 4 對 1 多工器的行為。此程序指定指述與 **assign** 持續性指述相同，均直接列述 4 對 1 多工器的交換表式，唯一的差別為去掉保留字 **assign** 與 out 必須宣告為 **reg** 變數資料類型。

```
module mux41_behavioral(
       input  i0, i1, i2, i3, // data input
       input  s1, s0,         // source selection
       output reg out);       // data output

// use the bitwise operators
always @(*) // or always @(i0, i1, i2, i3, s1, s0)
   out = (~s1 & ~s0 & i0)|
         (~s1 &  s0 & i1)|
         ( s1 & ~s0 & i2)|
         ( s1 &  s0 & i3);
endmodule
```

2.3.2.1 阻隔式與非阻隔式指定指述的差異 在循序區段中，阻隔式指定指述執行時，將阻擋其餘指述的執行，即它們完全依據在程式中的先後次序執行；非阻隔式指定指述執行時，並不阻擋其它指述的執行。在並行區段中，則所有阻隔式與非阻隔式指定均同時執行。

為了說明阻隔式與非阻隔式指定指述的差異，假設希望描述一個 4 位元移位暫存器。為了簡單起見，忽略移位暫存器的重置 (reset) 功能。在描述此模組時，初學者可能以相當直覺的方式，撰寫出下列不正確的模組。

■ **例題 2.3-2: 一個不正確的移位暫存器模組**

本例題為描述一個 4 位元移位暫存器。依據邏輯電路圖，相當直覺地可以使用四個阻隔式指定指述，每一個指述描述一個正反器。然而，得到的模組功能並不正確。其理由為阻隔式指定指述依其順序依序執行，一個接著一個，經過合成器化簡後，最後的結果如圖 2.3-1(a) 所示，為一個不正確的結果。

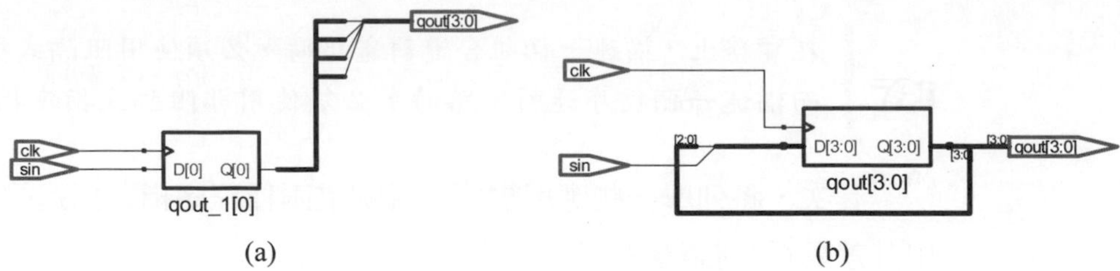

圖 2.3-1: 使用 (a) 阻隔式與 (b) 非阻隔式指定指述產生的 4 位元移位暫存器

```
// a shift register module --- an incorrect version
module shift_reg_blocking(
       input  clk,  // clock input
       input  sin,  // serial data input
       output reg [3:0] qout);

// the body of the 4-bit shift register
always @(posedge clk) begin // using blocking assignments
   qout[0] = sin;
   qout[1] = qout[0];
   qout[2] = qout[1];
   qout[3] = qout[2];
end
endmodule
```

移位暫存器的基本動作為在每一個時脈正緣 (使用保留字 **posedge** 認知)時，其每一個正反器均被寫入一個其前一級的輸出值。因此，在時脈正緣時，寫入正反器的值，相當於由一個臨時變數取出的值，此臨時變數儲存著其前一級在前一個時脈時的輸出值。這正是非阻隔式指定指述的動作，請參閱第 5.3.2 節。

■ 例題 2.3-3: 4 位元移位暫存器

若希望能正確地描述一個移位暫存器，可以使用非阻隔式指定指述，取代上述例題中的阻隔式指定指述。如此取代後的合成結果，如圖 2.3-1(b) 所示。當然，一個更好的方法為使用單一的非阻隔式指定指述 `qout <= {qout[2:0], sin}`。

```
// a shift register module --- a correct version
module shift_reg_nonblocking(
       input  clk,  // clock input
       input  sin,  // serial data input
       output reg [3:0] qout);

// the body of the 4-bit shift register
always @(posedge clk) begin
   qout[0] <= sin;
```

```
    qout[1] <= qout[0];
    qout[2] <= qout[1];
    qout[3] <= qout[2];
end
endmodule
```

在 SystemVerilog 中，上述 **always @(posedge...)** 指述可以使用 **always_ff @(posedge...)** 指述取代，以強調該 **always** 區塊描述的邏輯電路為正反器與其附屬的邏輯電路。

> ☞ 再次強調：在描述循序邏輯電路時，必須使用非阻隔式指定指述；相反地，在描述組合邏輯電路時，必須使用阻隔式指定指述。此外，在同一個 **always** 區塊中，不能同時有非阻隔式指定指述與阻隔式指定指述 [4]；否則，有些合成器不能接受。

2.3.3 選擇性指述

選擇性指述 (selection statement) 依據某一個條件，做一個選擇。它包含兩個指述：**if-else** 與 **case**。其中 **case** 又分成 **case**、**casex** 與 **casez**。

2.3.3.1 if-else 指述 基本上，**if-else** 指述依據一個給定條件，執行兩路選擇 (two-way selection)。然而，巢路 **if-else** (nested **if-else**) 指述也允許使用，以執行多路選擇 (multiway selection)。**if-else** 指述的格式如下：

```
if (condition) true_statement_or_null

if (condition) true_statement_or_null
else false_statement_or_null

if (condition1) true_statement1_or_null
{else if (condition2) true_statement2_or_null}
[else false_statement_or_null]
```

其中 `condition` 為一個常數或是一個表式，它必須置於括號內。`true_statement_or_null` 與 `false_statement_or_null` 可以是任何程序指述或是一個空指述 (null statement，即;)。若 `condition` 為真 (即一個不為 0 的值)，則執行 `true_statement_or_null`。若 `condition` 為假 (即其值為 0、x 或 z)，則 `true_statement_or_null` 不被執行。若有 **else** 指述而且 `condition` 為假，則執行附屬於該 **else** 的 `false_statement_or_null` 指述。注意除非使用 **begin-end** 區塊，強制正確的附屬關係，否則，**else** 永遠附屬於其前面最接近而且缺乏 **else** 指述的 **if** 指述。

■ 例題 2.3-4: 4位元同步二進制計數器

本例題說明如何描述一個模16計數器。任何時候，當一個正緣的clear信號啟動時，計數器即被清除為0；否則，計數器在每一個clock信號的負緣時，即加1。清除動作為非同步方式，因為clear信號置於感測清單內，當作一個觸發來源。4'd0與4'd1分別表示4位元的常數0與1。注意未指明位元寬度時為32位元。

```
module counter_4b (
       input  clock, clear,
       output reg [3:0] qout);
// the body of the 4-bit binary counter
always @(negedge clock or posedge clear) begin
   if (clear) qout <= 4'd0;
   else       qout <= qout + 4'd1;
end
endmodule
```

☞ 值得注意的是在需要同步清除 (synchronous clear) 動作時，clear信號不能置於感測清單內。因此，它只能在啟動的時脈緣發生時，才被偵測。

2.3.3.2 case 指述

case 指述依據給定的輸入條件，執行多路選擇，它等效於一個巢路 **if-else** 指述。它常用在行為描述方式中，描述邏輯電路的真值表或是功能表 (function table)。**case** 指述的格式如下：

```
case (case_expr)
   case_item1_expr{,case_item1_expr}: statement1_or_null
   case_item2_expr{,case_item2_expr}: statement2_or_null
      ...
   case_itemn_expr{,case_itemn_expr}: statementn_or_null
                                   [default: statement_or_null]
endcase
```

其中statement_or_null可以是任何程序指述或是空指述 (即;)，**default** 指述為選用的項目。一個 **case** 指述中最多只能有一個 **default** 指述。此外，若沒有 **default** 指述，而且所有比較都不匹配，則沒有任何一個附屬於case_-item_expr的指述被執行。再者，多個case_item_expr表式，可以置放於同一個分支中。

case 指述的執行方式如下：首先，計算case_expr的值，然後，case_-expr的值依據其先後順序，逐一與case_item_expr表式比較。附屬於第一個與case_expr值匹配的case_item_expr的statement_or_null將被執行。當沒有case_item_expr與case_expr匹配時，若有**default**指述，則執行該指述。

case指述的行為有如多工器。因此，它常以直接描述真值(功能)表的方式，描述多工器。例如，下列4對1多工器。

■ 例題 2.3-5: 一個 4 對 1 多工器

在這一個例題中，使用一個**case**指述，以直接描述真值表的方式，描述一個4對1多工器。依據此方式，可以直覺地擴充為n對1多工器。

```
// a 4-to-1 multiplexer using a case statement
module mux41_case (
       input i0, i1, i2, i3,
       input [1:0] s,    // two-bit selection signal
       output reg  y);

// the body of the 4-to-1 multiplexer
always @(*) // or always @(i0, i1, i2, i3, s)
   case (s)
      2'b00: y = i0;
      2'b01: y = i1;
      2'b10: y = i2;
      2'b11: y = i3;
   endcase
endmodule
```

2.3.3.3 casex 與 casez 指述

與**case**指述相同，**casex**與**casez**兩個指述也用來描述多路選擇，唯一的差異為**casez**指述將所有z值視為“不在意”(don’t cares)值處理，而**casex**指數則將所有x與z值視為不在意值。這兩個指述只比較在case_expr與case_item_expr表式中，不是x或z的位置之值。

■ 例題 2.3-6: 計算一個半位元組中的尾端的 0 位元數目

在本例題中，我們希望計算一個半位元組(nibble)(= 4位元)中的尾端的0位元數目。由於**casex**指述只比較在case_expr與case_item_expr表式中，不是x或z的位置之值，因此適當地排列每一個case_item與其附屬的表式，如下列模組所示，即可以完成需要的工作。

```
// count the trailing zeros in a nibble
module trailing_zero_4b(
       input  [3:0] data,
       output reg [2:0] out);

// the body of the trailing-zero counting module
always @(data)
```

```
    casex (data) // treat both x and z as don't care
        4'bxxx1: out = 0;
        4'bxx10: out = 1;
        4'bx100: out = 2;
        4'b1000: out = 3;
        4'b0000: out = 4;
        default: out = 3'b111;
    endcase
endmodule
```

2.3.4 遞迴(迴路)指述

遞迴(迴路)指述用來重複地執行一組程序指述。四種遞迴(迴路)指述為：**while**、**for**、**repeat**與**forever**。

2.3.4.1 while指述

while迴路執行一個程序指述，直到一個給定條件不成立為止。**while**迴路指述使用保留字**while**與下列語法：

```
while (condition_expr) statement
```

若condition_expr一開始即為假(不成立)，則statement將不被執行。注意若condition_expr包含x或z，則該條件將被視為0 (即，假條件、不成立條件)。

■例題2.3-7: 計算一個位元組中的0位元數目

本例題描述一個計算一個位元組中的0位元數目的模組。模組中使用一個**while**迴路，控制遞迴的次數，及一個**if**指述檢查與加總值為0的位元數目。當抵達遞迴的最大次數時，**while**迴路即終止。在**while**迴路中，使用一個**integer**變數*i*，控制位元值的檢查順序，依序由位元0到位元7。注意**if**指述可以使用out = out + ~data[i]取代。為何？請給予理由。

```
// count the zeros in a byte
module zero_count_while (
       input       [7:0] data,
       output reg  [3:0] out);

// the body of the zero-counting module
integer i;                    // loop counter
always @(data) begin
   out = 0; i = 0;
   while (i <= 7) begin   // simple condition
      if (data[i] == 0) out = out + 1;
      i = i + 1; end
end
endmodule
```

2.3.4.2 for 指述 **for** 迴路重複執行一個程序指述，一個固定次數或是直到一個給定條件不成立為止。**for** 迴路的行為很像 C 語言中的 **for** 指述。**for** 迴路指述使用保留字 **for** 與下列格式：

```
for (init_expr; condition_expr; update_expr) statement
```

其中 init_expr 設定初值條件，condition_expr 檢查終止條件，而 update_-expr 更新控制變數。只要 condition_expr 為真值，statement 將被執行。

> ☞ 值得注意的是：雖然在 **while** 與 **for** 指述中，condition_expr 可以是單一條件 (simple condition) 或是複合條件 (complex condition)，有些合成器只接受單一條件。

■ 例題 2.3-8: 計算一個位元組中的尾端的 0 位元數目

本例題計算一個位元組中的尾端的 0 位元數目。模組中使用一個 **for** 迴路，依序由位元 0 到位元 7，檢查與加總 0 位元的數目。當一個不是 0 的位元偵測到時，或是已經抵達最大的遞迴次數時，**for** 迴路即告終止。

```
// count the trailing zeros in a byte
module trailing_zero_for(
       input        [7:0] data,
       output reg   [3:0] out);

// the body of the trailing-zero counting module
integer i;              // loop counter
always @(data) begin
   out = 0;
   // using a complex condition
   for (i = 0; data[i] == 0 && i <= 7; i = i + 1)
       out = out + 1;
end
endmodule
```

2.3.4.3 repeat 指述 **repeat** 迴路重複執行一個程序指述一個固定的次數。**repeat** 迴路指述使用保留字 **repeat** 與下列語法：

```
repeat (counter_expr) statement
```

其中 counter_expr 可以是常數、變數或是單一的值。counter_expr 在開始執行 statement 之前，只計算一次。此外，若 counter_expr 表式為 x 或 z，則它將視為 0 (即假條件)。

下列程式片段重復執行 **begin-end** 區段 12 次。

```
i = 0;
repeat (12) begin
  state[i] = 0;         // initialize to zeros
  i = i + 1;            // next item
end
```

2.3.4.4 forever 指述 **forever** 迴路持續地執行一個程序指述，直到遇到 **$finish** 系統工作，或是由該程序指述中的 **disable** 指述跳出為止。**forever** 迴路指述使用保留字 **forever** 與下列語法：

```
forever statement
```

它等效於一個 condition_expr 永遠為真的 **while** 迴路，例如 **while** (1)。在 statement 中，必須使用時序控制 (例如：#10 與 @(...))，以防止 **forever** 迴路永遠在時間為 0 之下遞迴。

在下列 **initial** 區塊中，使用一個簡單的 **forever** 迴路，產生一個週期為 10 個時間單位，而工作週期 (duty cycle) 為 50% 的時脈信號：

```
initial begin
  clock <= 0;
  forever #5 clock <= ~clock;
end
```

2.3.5 函數與工作

在行為描述方式中，通常需要在一個模組中的許多地方，重復一段程式碼。為了方便，這種程式碼通常包裝成一個例行程序 (routine) 或稱 程序 (procedure)，然後在需要的地方呼叫它，執行需要的工作。在 Verilog HDL 中，提供兩種類型的例行程序：函數 (function) 與 工作 (task)。藉著使用函數或工作，一段程式碼即可以由使用者定義與包裝，然後重複地使用在同一個模組或是其它模組中。

2.3.5.1 函數 函數為一個例行程序，它至少需要一個輸入引數 (input argument)，但是沒有輸出引數 (output argument)，而傳回一個單一值。函數可以呼叫其它函數，但是不能呼叫工作。函數可以使用在任何表示式中，包括 **assign** 持續性指定與程序指定指述 (= 或是 <=)。函數必須在模組中定義，它使用一對保留字 **function** 與 **endfunction** 宣告，而其格式可以為下列兩種方式之一：

```
// port-list style
function [automatic] [range_or_type] function_id;
  function_input_declaration{; function_input_declaration};
```

```
    {block_item_declaration}  // local variables or constants
    function_statement
  endfunction

  // port-list declaration style
  function [automatic] [range_or_type]
          function_id (function_port_list);
    {block_item_declaration}  // local variables or constants
    function_statement
  endfunction
```

其中保留字 **automatic** 宣告一個自動 (automatic) (遞迴，recursive) 函數，其宣告的所有資料項目，只在進入每一個工作時，才使用動態的方式配置。range_or_type 為可以選擇的項目，其格式為：

```
  [signed] [range]
  return_data_type
```

其中 range 為 [msb:lsb] 而 return_data_type 可以是集合 {**integer**, **real**, **realtime**, **time**} 中的任何一個。

若未指定範圍或是指定類型時，函數預設性地傳回一個單一位元的 **reg** 值。當函數的傳回值之資料類型為 **reg** 時，可以使用保留字 **signed** 宣告為帶號數。函數至少必須有一個 **input** 引數，但是不能有 **output** 或 **inout** 引數。傳遞輸入值到函數時，使用輸入引數，函數的輸出值，則由函數名稱傳回。

■ 例題 2.3-9: 一個函數例

下列模組使用函數的方式，描述一個 4 位元加法器。在模組中，首先定義一個全加器函數，然後使用四個 **assign** 持續性指定指述，呼叫該全加器函數，完成需要的 4 位元加法器。

```
// a data-flow description of a 4-bit adder
module parallel_adder_4b (
       input C0,         // carry input
       input [3:0] x, y, // inputs
       output [3:0] S,   // sum
       output Cout);     // carry out

wire C1, C2, C3;  // intermediate carries
// the 4-bit adder body //
// invoke four full-adder functions
assign {C1,   S[0]} = full_adder(x[0], y[0], C0);
assign {C2,   S[1]} = full_adder(x[1], y[1], C1);
assign {C3,   S[2]} = full_adder(x[2], y[2], C2);
assign {Cout, S[3]} = full_adder(x[3], y[3], C3);

// define a full-adder function
function [1:0] full_adder(input a, b, c0);
```

```
// the body of the function
full_adder = a + b + c0;
endfunction
endmodule
```

2.3.5.2 工作 工作為一個例行程序，它具有輸入引數與輸出引數，但是不能傳回值。它可以呼叫其它工作或是函數。工作必須在模組中定義，它使用一對保留字**task**與**endtask**宣告，而其格式可以為下列兩種方式之一：

```
// port-list style
task [automatic] task_id;
   {task_port_declaration};   // port declarations
   {block_item_declaration}  // local variables or constants
   statement_or_null
endtask

// port-list declaration style
task [automatic] task_id ([task_port_list]);
   {block_item_declaration}  // local variables or constants
   statement_or_null
endtask
```

其中保留字**automatic**宣告一個自動 (automatic) (遞迴，recursive) 工作，其宣告的所有資料項目，只在進入每一個工作時，才使用動態的方式配置。引數宣告可以為下列各種方式：**input**、**output**或是**inout**埠。

■ 例題 2.3-10: 一個工作例

下列模組使用工作的方式，描述一個4位元加法器。在模組中，首先定義一個全加器工作，然後在 **always** 區段內，連續四次呼叫該全加器工作，完成需要的4位元加法器。

```
// a data-flow description of a 4-bit adder
module parallel_adder_4bt (
       input C0,             // carry input
       input [3:0] x, y,     // inputs
       output reg [3:0] S, // sum
       output reg Cout);     // carry out

// local declarations
reg C1, C2, C3;   // intermediate carries
// the 4-bit adder body //
// invoke four full-adder tasks
always @(x or y or C0) begin
   full_adder (C1,  S[0], x[0], y[0], C0);
   full_adder (C2,  S[1], x[1], y[1], C1);
   full_adder (C3,  S[2], x[2], y[2], C2);
   full_adder (Cout,S[3], x[3], y[3], C3);
end
```

```
// define a full-adder task
task full_adder(output Co,S, input a, b, c0);
// the body of the task
{Co, S} = a + b + c0;
endtask
endmodule
```

總結上述討論，函數只能用來描述組合邏輯電路。它不能包含時序控制指述，即延遲與事件時序控制 (例如：#10 與 @(...))。工作則允許使用時序控制指述。函數與工作僅能包含程序指述，而不能包含 **always** 或是 **initial** 區段，因為它們必須在 **always** 或 **initial** 區段內使用，而 **always** 與 **initial** 區段是不能互相包含的。

參考資料

1. Ming-Bo Lin, *Digital System Designs and Practices: Using Verilog HDL and FPGAs,* Singapore: John Wiley & Sons, 2008. (ISBN: 9780470823231)
2. Ming-Bo Lin, *Introduction to VLSI Systems: A Logic, Circuit, and System Perspective*, CRC Press, 2012. (ISBN: 9781439868591)
3. Ming-Bo Lin, *Digital System Designs and Practices: Using Verilog HDL and FPGAs,* 2nd ed., CreateSpace Independent Publishing Platform, 2015. (ISBN: 978-1514313305)
4. Ming-Bo Lin, *An Introduction to Verilog HDL,* CreateSpace Independent Publishing Platform, 2016. (ISBN: 978-1523320974)
5. Ming-Bo Lin, *Digital Logic Design: With An Introduction to Verilog HDL*, CreateSpace Independent Publishing Platform, 2016. (ISBN: 978-1537158365)
6. Ming-Bo Lin, *Digital System Design: Principles, Practices, and Applications,* 5th ed., Taipei, Taiwan: Chuan Hwa Book Ltd., 2017. (ISBN: 9789864635955)
7. Ming-Bo Lin, *FPGA-Based Systems Design and Practice—Part I: RTL Design and Prototyping in Verilog HDL,* CreateSpace Independent Publishing Platform, 2018. (ISBN: 978-1721530199)
8. Ming-Bo Lin, *FPGA-Based Systems Design and Practice—Part II: System Design, Synthesis, and Verification,* CreateSpace Independent Publishing Platform, 2018. (ISBN: 978-1721530106)

3 綜合性組合邏輯模組

本章目標： 本章的目標為學習二進制對BCD轉換器 (binary-to-BCD converter) 與4位元未帶號數陣列乘法器 (unsigned array multiplier)。在兩個電路中，都首先設計一個基本單元 (basic cell)，驗證它的功能與時序，並執行它。然後，使用適當數目的基本單元，建構需要的電路。為了讓讀者熟悉數位邏輯電路之設計，並且能夠撰寫一個良好的 Verilog HDL 程式模組，在其次的實驗專題中，我們將使用「做中學」(learn by doing) 方式，首先探討使用電路圖輸入 (schematic entry) 的實驗專題，然後再研究使用 HDL 輸入 (HDL entry) 的實驗專題。如此兩相對照之下，讀者可以輕易地建立具體的硬體思考模式，而不再迷惑於以軟體思考模式，撰寫 Verilog HDL 模組，真正體會到硬體描述語言 (hardware description language，HDL) 的意義。

3.1 設計要點

問題說明： 本章考慮下列兩個組合邏輯電路的設計與實現：

- 二進制對 BCD 轉換器
- 4 × 4 陣列乘法器

3.1.1 二進制對 BCD 轉換器

大多數數位系統均使用二進制數目系統或二進碼 (binary number system 或 binary code)，執行計算。為了與普遍使用 BCD 數目系統為主的外界介接 (或界接) 使用，必須使用一個二進制對 BCD 轉換器，轉換二進制數目為等效的 BCD 數目。這一個轉換器可以使用全加器與一些基本邏輯閘設計與實現。

```
        BcdNumber                 BinaryNo     動作
        0000  0000  0000          11110110
        0000  0000  0001          11101100     左移
        0000  0000  0011          11011000     左移
        0000  0000  0111 }        10110000     左移
                  + 0011 } >= 5，加3
        ----------------
        0000  0000  1010
        0000  0001  0101 }        01100000     左移
                  + 0011 } >= 5，加3
        ----------------
        0000  0001  1000
        0000  0011  0000          11000000     左移
        0000  0110 }0001          10000000     左移
            + 0011 } >= 5，加3
        ----------------
              1001
        0001  0010  0011          00000000     左移
246 =   0010  0100  0110          00000000     左移
```

圖 3.1-1: 一個二進制對 BCD 轉換程序的說明例

轉換一個二進制數目為其等效的 BCD 數目，可以使用下列方法。首先，清除 BCD 數目。然後，左移二進制數目一個位元位置，令其 MSB 進入 BCD 數目的 LSB。其次，將每一個大於或等於 5 的 BCD 數字加 3。重複上述三個步驟 $n-1$ (n 為二進制的位元數目) 次後，再左移二進制數目與 BCD 數目一個位元，轉換程序即告終止。

一個二進制對 BCD 轉換程序的說明例，如圖 3.1-1 所示。BCD 數目 (*BcdNumber*) 有三個數字，而二進制數目 (*BinaryNo*) 為 8 位元。首先，清除 *BcdNumber* 為 0。串接 *BcdNumber* 與 *BinaryNo* 的內容在一起，左移一個位元位置。然後，將每一個大於或等於 5 (0101) 的 BCD 數字加 3 (0011)。觀察數值例，在三次移位之後，*BcdNumber* 的個位數 (0111) 大於 5 (0101)，所以將它加上 3 (0011)，得到 1010。再一次左移之後，*BcdNumber* 的個位數 (0101) 等於 5，所以將它加上 3 (0011)，得到 1000。再左移兩次之後，*BcdNumber* 的十位數 (0110) 大於 5 (0101)，所以將它加上 3 (0011)，得到 1001。其次的左移，並未造成任何 BCD 數字大於或等於 5 (0101)，所以不需做任何調整。最後，再左移一次之後，得到 BCD 數目為 0010 0100 0110 (246)，為一個正確的數目。

二進制對 BCD 轉換器的轉換程序，可以歸納為下列演算法：

■ 演算法 3.1-1: 二進制對 BCD 轉換程序

輸入： n 位元二進制數目 (*BinaryNo*)

輸出： 結果的 BCD 數目 (*BcdNumber*)

Begin

1. 清除 *BcdNumber* 與設定 *CNT* 為 $n-1$；

2. repeat

　　2.1 左移 $\{BcdNumber, BinaryNo\}$ 一個位元，

　　　讓 *BinaryNo* 的 MSB 進入 *BcdNumber* 的 LSB；

　　2.2 將每一個大於或等於 5 的 BCD 數字加 3；

　　2.3 *CNT* = *CNT* - 1;

　untll (*CNT* == 0);

3. 左移 $\{BcdNumber, BinaryNo\}$ 一個位元位置；

End

二進制對BCD轉換器的主要元件為一個組合邏輯電路，稱為Geq5Plus3單元，它檢查它的4位元輸入端的值是否大於或等於5。若是，則將其加上3後，輸出結果；否則，直接輸出其輸入值。Geq5Plus3單元的詳細設計說明，如圖3.1-2所示。在此，使用圖3.1-2的卡諾圖，設計一個組合邏輯電路，控制一個4位元加法器，將其輸入加0或是加3。

經由適當地排列Geq5Plus3單元，讓每一個Geq5Plus3單元接收一組適當的二進制位元與0、或是一組前級Geq5Plus3單元的輸出與0，即可以得到需要的二進制對BCD轉換器，如圖3.1-3所示。讀者可以使用數值例，驗證圖3.1-1所示的電路的正確性。

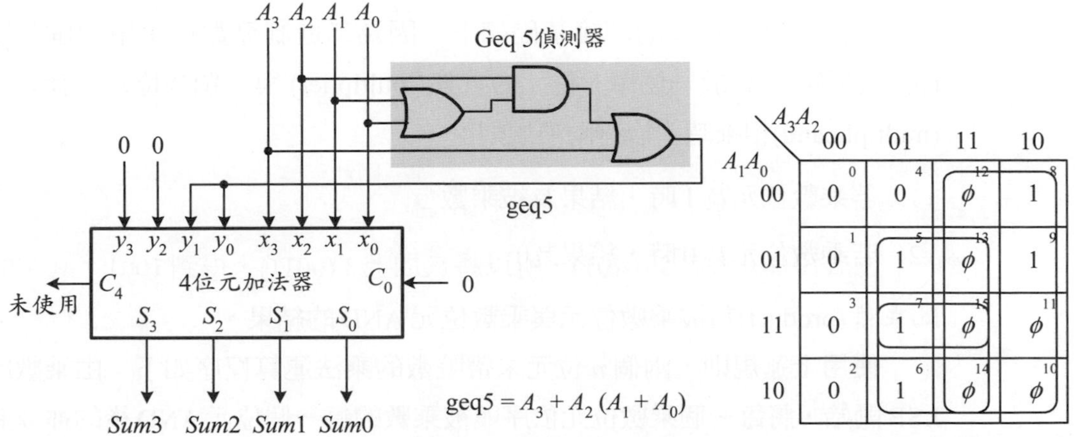

圖 3.1-2: Geq5Plus3 邏輯電路

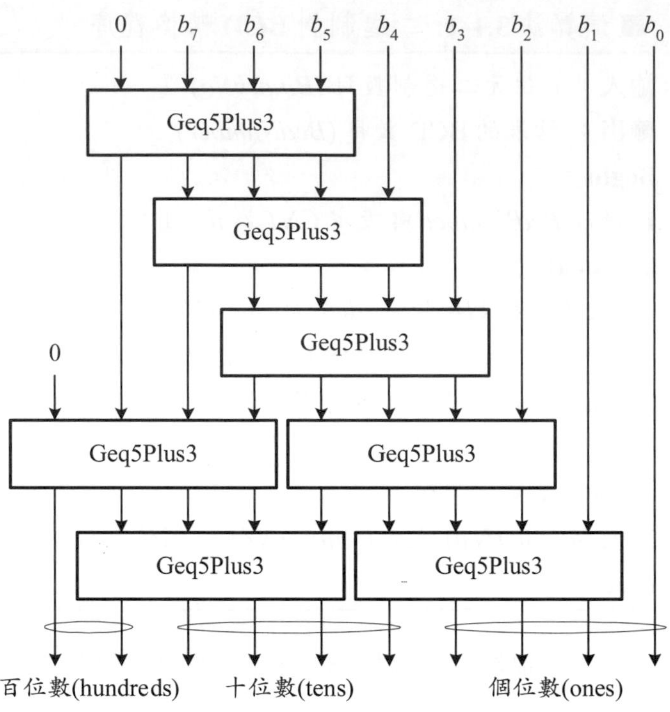

圖 3.1-3: 二進制對 BCD 轉換器電路

3.1.2 未帶號陣列乘法器

未帶號陣列乘法器 (unsigned array multiplier)普遍以各種形式，應用在當代微處理器中，成為基本指令。其基本原理為我們日常使用的乘法運算演算法。在未帶號陣列乘法器中的主要元件為一個全加器與一個附屬的 2 輸入 AND 閘。經由適當地組合 $n \times n$ 個這種基本電路，即可以得到一個 $n \times n$ 陣列乘法器。

二進制乘法運算的理論基礎如下。因為二進制算數只使用兩個數字 (位元) 0 與 1，對於一個單一位元的乘數 (multiplier) 與一個多位元的被乘數 (multiplicand)相乘時，恰有兩項規則：

1. 若乘數位元為 1 時，結果為被乘數
2. 若乘數位元為 0 時，結果為0

即乘積 (product)為被乘數位元與乘數位元 AND 的結果。

使用上述規則，兩個 n 位元未帶號數的乘法運算程序如下：由乘數的 LSB 開始，將每一個乘數位元依序與被乘數的每一個位元 AND 後的部分積 (partial product)，使用右端對齊方式，置於該乘數位元的下方。然後，加總所有的部分積，即為乘積 (product)。例如，若設兩個 4 位元的未帶號數 X

與 Y 分別為 $X = x_3x_2x_1x_0$ 與 $Y = y_3y_2y_1y_0$，則 X (被乘數) 與 Y (乘數) 的乘法運算，可以表示如圖 3.1-4，其中乘數的每一個 y_i $(i = 0,\ldots,3)$ 位元與被乘數 (X) 的每一個位元執行 AND 後，將結果 $(x_3x_2x_1x_0)y_i$ 以右端對齊方式，置放於 y_i 下方，最後，加總所有部分積，即為乘積。

$$
\begin{array}{rccccccccl}
 & & & & x_3 & x_2 & x_1 & x_0 & = X & \text{(被乘數)} \\
 & & & \times & y_3 & y_2 & y_1 & y_0 & = Y & \text{(乘數)} \\
\hline
 & & & & x_3y_0 & x_2y_0 & x_1y_0 & x_0y_0 & & \\
 & & & x_3y_1 & x_2y_1 & x_1y_1 & x_0y_1 & & & \text{部分積} \\
 & & x_3y_2 & x_2y_2 & x_1y_2 & x_0y_2 & & & & \\
+ & x_3y_3 & x_2y_3 & x_1y_3 & x_0y_3 & & & & & \\
\hline
 & P_6 & P_5 & P_4 & P_3 & P_2 & P_1 & P_0 & & \text{乘積}
\end{array}
$$

圖 3.1-4: 4 位元 ×4 位元乘法器動作說明.

二進制乘法運算的詳細動作，可以歸納如下列移位相加乘法 (shift-and-add multiplication) 演算法。

■ 演算法 3.1-2: 移位相加乘法運算

Input: m 位元被乘數與 n 位元乘數

Output: $(m+n)$ 位元乘積

Begin

1. 清除 *ACC*、載入乘數於 *RegQ* 與設定迴路計數器 *CNT* 為 $n-1$；

2. repeat

　　2.1 if (*RegQ*[0] == 1) **then** *ACC* = *ACC* + *multiplicand*；

　　2.2 右移 {*ACC*,*RegQ*} 一個位元位置；

　　2.3 *CNT* = *CNT* - 1；

　until (*CNT* == 0)；

3 *Product* = {*ACC*,*RegQ*}；

End

上述演算法可以使用直覺的方式，使用 16 個 2 輸入 AND 閘與 16 個全加器實現。完整的邏輯電路呈現於圖 3.1-5。

3.2 實驗專題

讀者必須時時銘記於心：必須以硬體思考 (hardware mind) 模式，撰寫 HDL 模組，因為 HDL 為描述硬體模組的語言。對於使用 Verilog HDL 來描

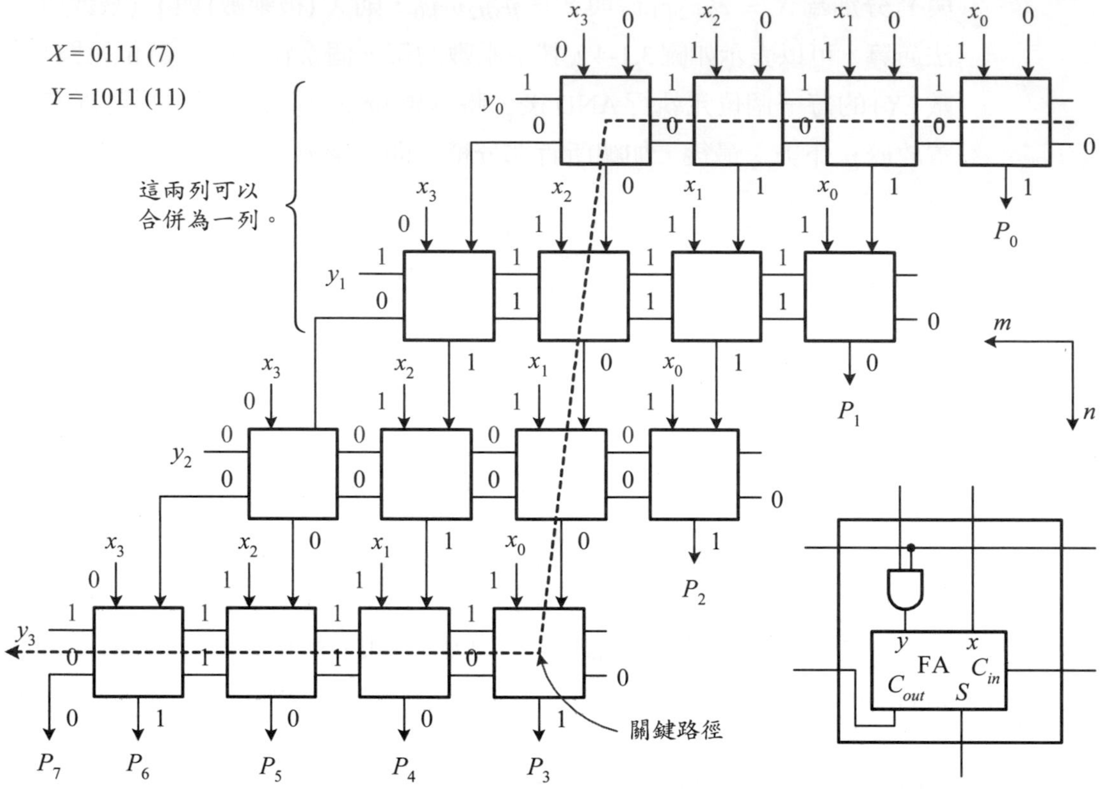

圖 3.1-5: 4 位元 ×4 位元陣列乘法器電路圖

述數位系統設計的初學者而言，或許這是一個最大、最困難的障礙。為了幫助讀者突破這一層障礙，在下列實驗專題中，我們首先引導讀者學習如何使用邏輯電路圖方式，輸入一個邏輯設計於 CAD 系統中，然後進行功能 (functionality) 與時序 (timing) 驗證，並在有需要時，進行實體測試 (real-world test)。之後，教導讀者使用 HDL 輸入方式，撰寫、驗證與測試相當於這些邏輯電路圖模組的 Verilog HDL 模組。

3.2.1 二進制對 BCD 轉換器

在本節中，我們首先說明如何使用電路圖輸入方式，輸入圖 3.1-3 的二進制對 BCD 轉換器於 CAD 系統中，然後介紹 HDL 輸入方法。不論在哪一種方式中，都詳細地介紹相關的功能與時序模擬。

3.2.1.1 電路圖輸入 在本小節中，我們學習二進制對 BCD 轉換器的電路圖輸入方式，並說明如何驗證其功能與時序。二進制對 BCD 轉換器由七個 Geq5Plus3 單元組成，每一個 Geq5Plus3 單元，由下列元件組成：

- 一個 2 輸入 AND 閘
- 兩個 2 輸入 OR 閘
- 一個 4 位元加法器

■ 實驗項目 1: Geq5Plus3 單元

參考圖 3.1-2 的 Geq5Plus3 單元，執行下列步驟：

1. 建立一個新專案，*binary_to_bcd_converter.qpf*。
2. 產生一個新檔案，*geq5_plus3.bdf*。
3. 使用電路圖輸入方式，輸入圖 3.1-2 所示的 Geq5Plus3 單元。在 Geq5Plus3 單元加上輸入埠與輸出埠，並儲存結果。在完成上述動作後，可以得到與圖 3.2-1 所示類似的邏輯電路圖。

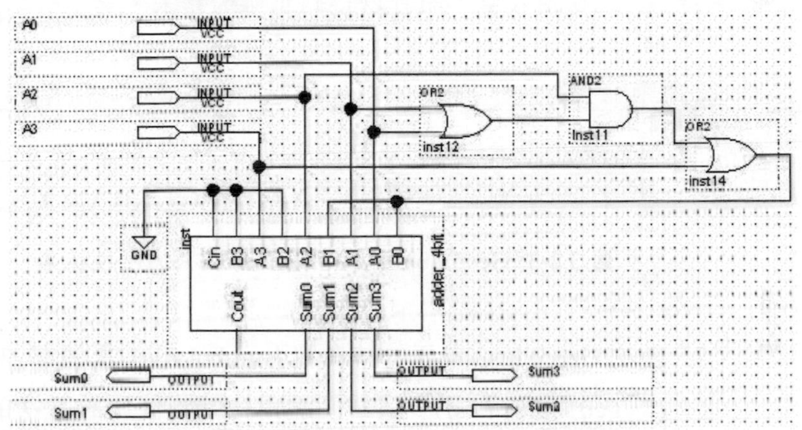

圖 3.2-1: Geq5Plus3 單元電路

4. 設定 *geq5_plus3.bdf* 為 Top-Level Entity，並做編譯。
5. 執行 Geq5Plus3 單元的功能模擬。欲完成此動作，必須指定輸入 {A3, A2, A1, A0} 的所有組合信號，然後執行功能模擬。觀察得到的結果，並檢查是否正確。Geq5Plus3 單元功能模擬結果的一段樣本，如圖 3.2-2 所示。

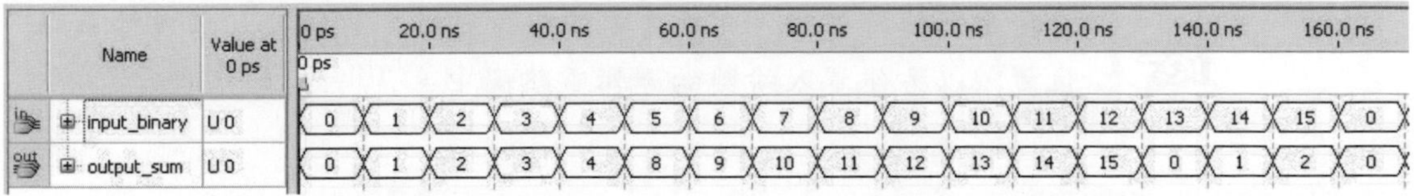

圖 3.2-2: Geq5Plus3 單元功能模擬結果的一段樣本

☞ 輸入信號 $\{A3, A2, A1, A0\}$ 集合成 *input_binary*，而輸出的 $\{Sum3, Sum2, Sum1, Sum0\}$ 則集合成 *output_sum*，以方便觀察。

☞ 在功能(或稱行為)模擬中，所有邏輯閘延遲時間均假定為 0 ns (除非使用時序控制指定值)。這一點可以由功能模擬的輸出結果中證實。若希望觀察邏輯閘的延遲時間，則必須執行時序模擬。

6. 執行 Geq5Plus3 單元的時序模擬。觀察得到的結果，並檢查是否正確。指出 Geq5Plus3 單元的延遲時間。Geq5Plus3 單元時序模擬結果的一段樣本，如圖 3.2-3 所示。

☞ 在時序 (邏輯閘層次) 模擬中，必須約略估計 Geq5Plus3 單元的延遲時間，以便可以在該延遲時間加上一段邊界值的時間間隔中，改變輸入值，而可以得到正確的結果。

Name	Value at 0 ps	0 ps	20.0 ns	40.0 ns	60.0 ns	80.0 ns	100.0 ns	120.0 ns	140.0 ns	160.0 ns
input_binary	U 0	0, 1	2, 3	4, 5	6, 7	8, 9	10, 11	12, 13	14, 15	0
output_sum	U X	X, 0, 1	2, 3	4, 8	9, 10	11, 12	13, 14	15, 0	1, 2	

圖 3.2-3: Geq5Plus3 單元時序模擬結果的一段樣本

7. 產生 Geq5Plus3 單元的符號檔 (symbol file) (即邏輯符號，logic symbol) (即 *geq5_plus3.bsf*)。這一個邏輯符號將使用於其次的實驗專題中。產生的邏輯符號如下：

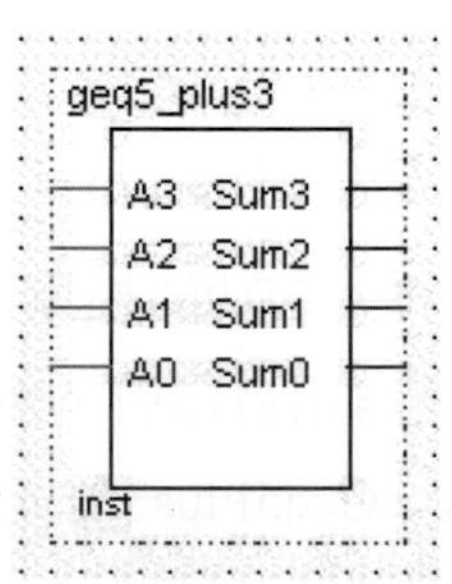

☞ 當使用邏輯符號時，可能需要調整該邏輯符號的輸入埠與輸出埠位置，以方便置入繪製的邏輯電路圖中。

■ 實驗項目 2: 二進制對 BCD 轉換器

參考圖 3.1-3 的二進制對 BCD 轉換器，執行下列步驟：

1. 產生一個新檔案，*binary_to_bcd_converter.bdf*。
2. 使用電路圖輸入方式，引用七個 Geq5Plus3 單元，將其連接成圖 3.1-3 所示的二進制對 BCD 轉換器。在二進制對 BCD 轉換器電路加上輸入埠與輸出埠，並儲存結果。在完成上述動作後，可以得到與圖 3.2-4 所示類似的邏輯電路圖。

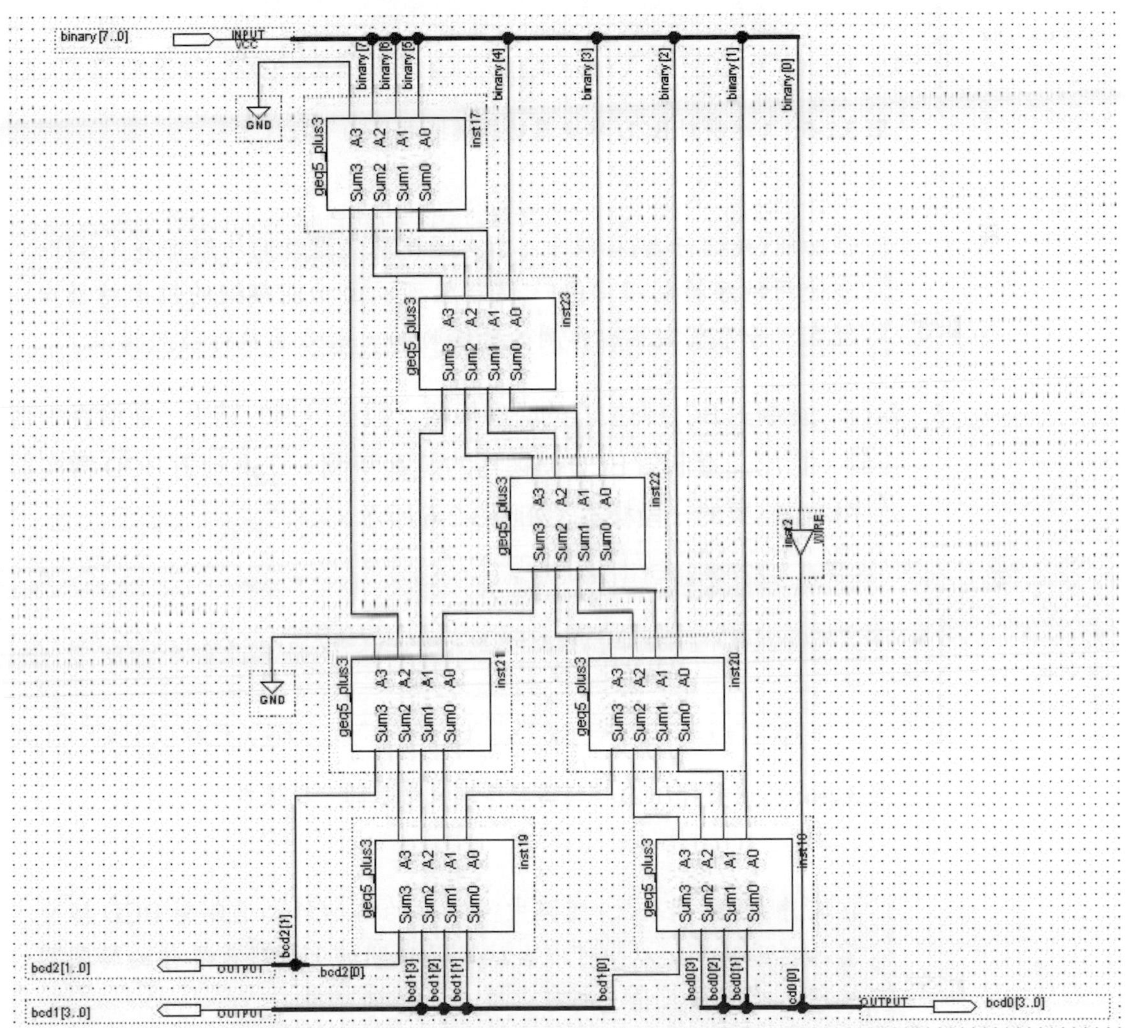

圖 3.2-4: 二進制對 BCD 轉換器電路

> ☞ 注意在連接 binary[0] 到 bcd0[0] 時，必須使用一個緩衝器 (wire buffer)，以避免對同一個 net 指定兩個不同名稱的情形發生。這種情形在 Quartus CAD 系統中是不允許的。

3. 設定 *binary_to_bcd_converter.bdf* 為 Top-Level Entity，並做編譯。
4. 執行二進制對 BCD 轉換器的功能模擬。欲完成此動作，必須指定 8 位元二進制數目的所有組合，意即採用窮舉測試，然後執行功能模擬。觀察得到的結果，並檢查是否正確。二進制對 BCD 轉換器功能模擬結果的一段樣本，如圖 3.2-5 所示。

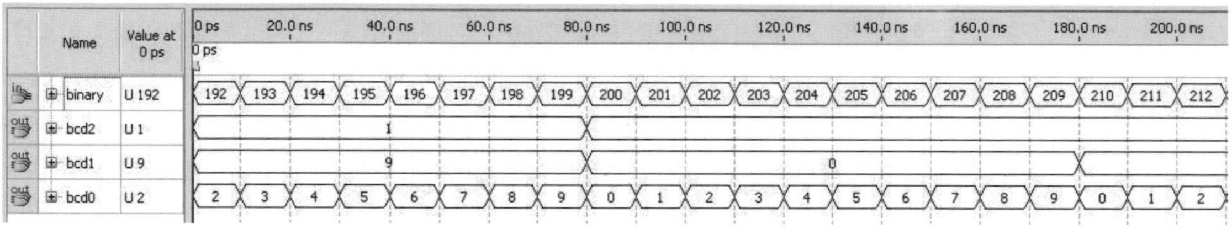

圖 3.2-5: 二進制對 BCD 轉換器功能模擬結果的一段樣本

> 在功能(或稱行為)模擬中，所有邏輯閘延遲時間均假定為 0 ns (除非使用時序控制指定值)。這一點可以由功能模擬的輸出結果中證實。若希望觀察邏輯閘的延遲時間，則必須執行時序模擬。

5. 執行二進制對 BCD 轉換器的時序模擬。觀察得到的結果，並檢查是否正確。指出二進制對 BCD 轉換器的延遲時間。二進制對 BCD 轉換器時序模擬結果的一段樣本，如圖 3.2-6 所示。

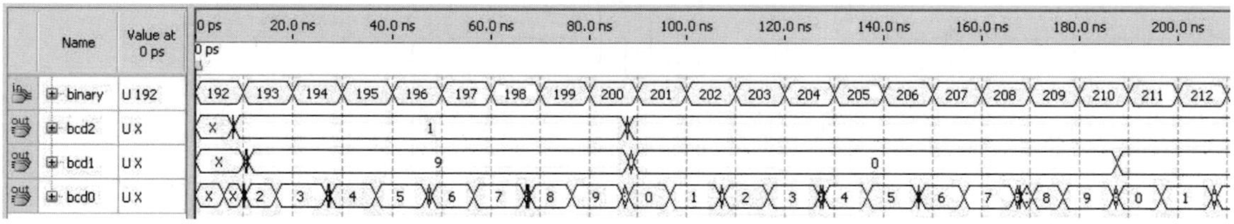

圖 3.2-6: 二進制對 BCD 轉換器時序模擬結果的一段樣本

> 在時序 (邏輯閘層次) 模擬中，必須約略估計二進制對 BCD 轉換器的延遲時間，以便可以在該延遲時間加上一段邊界值的時間間隔中，改變輸入值，而可以得到正確的結果。

■ 實驗項目 3: 選作項目

下列實驗步驟為選作項目。若希望將實驗項目的結果，下載至模擬板做實體測試 (real-world test)，則進行下列步驟：

1. 經由標的模擬板中的標的 FPGA 元件提供的輸入埠與輸出埠，分別連接二進制對 BCD 轉換器模組的輸入埠與輸出埠到開關與一個適當的七段 LED 顯示器模組。此步驟可以使用 Quartus CAD 系統的 **Pin Planner** 軟體工具幫忙。
2. 產生與下載規劃檔 (programming file) 到標的模擬板。
3. 適當地設定開關值，並觀察七段 LED 顯示器模組的狀態。檢視開關值與七段 LED 顯示器模組狀態的組合是否正確。

3.2.1.2 HDL 輸入 在本小節中，我們使用 Verilog HDL，描述圖 3.1-3 的二進制對 BCD 轉換器模組，並說明如何驗證其功能與時序。二進制對 BCD 轉換器模組由七個 Geq5Plus3 單元組成。因此，其次先考慮 Geq5Plus3 單元。

■ 實驗項目 1: Geq5Plus3 單元

參考圖 3.1-2 的 Geq5Plus3 單元，執行下列步驟：

1. 建立一個新專案，*binary_to_bcd_converter_HDL.qpf*。
2. 產生一個新檔案，*geq5_plus3.v*。
3. 使用資料流程描述方式，撰寫與輸入一個 Verilog HDL 模組，描述一個 Geq5Plus3 單元，並儲存它。下列 Verilog HDL 模組為一個可能的範例。

```
// a module to detect if input is greater than or
// equal to 5; if yes, add 3 to the input
module geq5_plus3 (
       input A3, A2, A1, A0,
       output Sum3, Sum2, Sum1, Sum0);

// the body of the geq5_plus3
wire [3:0] x_in, y_out;
assign x_in = {A3, A2, A1, A0};
assign {Sum3, Sum2, Sum1, Sum0} = y_out;
assign y_out = (x_in >= 5) ? x_in + 4'b0011: x_in;
endmodule
```

☞ 應該注意的是在 Quartus CAD 系統中，檔案名稱必須與最上層模組 (top-level module) 名稱相同。因此，上述模組的檔案名稱必須為 *geq5_plus3.v*。

4. 產生一個新檔案 *geq5_plus3_tb.v*，撰寫與輸入 *geq5_plus3.v* 模組的測試平台。下列模組為 geq5_plus3 單元的一個可能的測試平台。

```
// a test bench for the geq5_plus3 module
'timescale 1 ns / 100 ps
module geq5_plus3_tb;
// internal signals declarations:
reg  A3, A2, A1, A0;
wire Sum3, Sum2, Sum1, Sum0;
// Unit Under Test instantiation and port map
geq5_plus3 UUT (
     .A3(A3), .A2(A2), .A1(A1), .A0(A0),
     .Sum3(Sum3), .Sum2(Sum2),
     .Sum1(Sum1), .Sum0(Sum0));
integer i;
initial
   // generate input data
   for (i = 0; i <= 31; i = i + 1) begin
       #20; {A3, A2, A1, A0} = i[3:0]; end
initial
   #1200 $finish;
initial        // response monitoring block
   $monitor($realtime,"ns %h %h\n",
            {A3, A2, A1, A0},
            {Sum3, Sum2, Sum1, Sum0});
endmodule
```

☞ 雖然測試平台 (test bench) 的檔案名稱與模組名稱不需要相同，一個好的習慣是使用相同的檔案名稱與模組名稱，即 *geq5_plus3_tb.v*。

5. 設定 *geq5_plus3.v* 為 Top-Level Entity，並做編譯。
6. 執行 Geq5Plus3 單元的 RTL (behavioral) 模擬。觀察得到的結果，並檢查是否正確。Geq5Plus3 單元 RTL 模擬結果的一段樣本，如圖 3.2-7 所示。

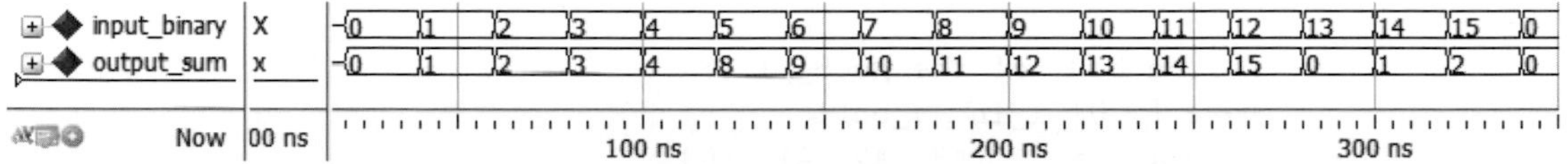

圖 3.2-7: Geq5Plus3 單元 RTL 模擬結果的一段樣本

☞ 輸入信號 $\{A3, A2, A1, A0\}$ 集合成 *input_binary*，而輸出的 $\{Sum3, Sum2, Sum1, Sum0\}$ 則集合成 *output_sum*，以方便觀察。

7. 執行 Geq5Plus3 單元的邏輯閘層次 (時序) 模擬。觀察得到的結果，並檢查是否正確。指出 Geq5Plus3 單元的延遲時間。Geq5Plus3 單元邏輯閘層次模擬結果的一段樣本，如圖 3.2-8 所示。

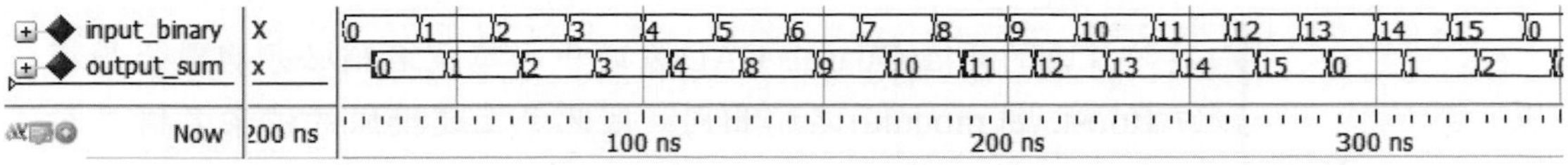

圖 3.2-8: Geq5Plus3 單元邏輯閘層次模擬結果的一段樣本

> 在邏輯閘層次 (時序) 模擬中，必須約略估計 Geq5Plus3 單元的延遲時間，以便可以在該延遲時間加上一段邊界值的時間間隔中，改變輸入值，而可以得到正確的結果。

■ 實驗項目 2: 二進制對 BCD 轉換器

參考圖 3.1-3 的二進制對 BCD 轉換器，執行下列步驟：

1. 產生一個新檔案，*binary_to_bcd_converter.v*。
2. 使用結構描述方式，撰寫與輸入一個 Verilog HDL 模組，描述圖 3.1-3 的二進制對 BCD 轉換器，並儲存它。下列 Verilog HDL 模組為一個可能的範例，它使用結構描述方式，藉由適當地組合七個 geq5_plus3 單元，完成需要的二進制對 BCD 轉換器。

```
// a binary-to-bcd converter
module binary_to_bcd_converter (
       input [7:0] binary,
       output [3:0] bcd0, bcd1, // bcd outputs
       output [1:0] bcd2);
// the body of the binary-to-bcd converter
// instantiate geq5_plus3 cells
wire [3:0] t0, t1, t2, t3, t4, t5, t6;
geq5_plus3  inst17 (1'b0, binary[7], binary[6], binary[5],
                    t0[3], t0[2], t0[1], t0[0]);
geq5_plus3  inst23 (t0[2], t0[1], t0[0], binary[4],
                    t1[3], t1[2], t1[1], t1[0]);
geq5_plus3  inst22 (t1[2], t1[1], t1[0], binary[3],
                    t2[3], t2[2], t2[1], t2[0]);
geq5_plus3  inst20 (t2[2], t2[1], t2[0], binary[2],
                    t3[3], t3[2], t3[1], t3[0]);
geq5_plus3  inst10 (t3[2], t3[1], t3[0], binary[1],
                    t5[3], t5[2], t5[1], t5[0]);
geq5_plus3  inst21 (1'b0, t0[3], t1[3], t2[3],
                    t4[3], t4[2], t4[1], t4[0]);
geq5_plus3  inst18 (t4[2], t4[1], t4[0], t3[3],
                    t6[3], t6[2], t6[1], t6[0]);
assign {bcd2, bcd1, bcd0} = {t4[3], t6, t5, binary[0]};
endmodule
```

> 應該注意的是在 Quartus CAD 系統中，檔案名稱必須與最上層模組 (top-level module) 名稱相同。因此，上述模組的檔案名稱必須為 *binary_to_bcd_converter.v*.

3. 產生一個新檔案 *binary_to_bcd_converter_tb.v*，撰寫與輸入 *binary_to_bcd_converter.v* 模組的測試平台。下列模組為一個可能的測試平台。

```
// a test bench for the binary_to_bcd_converter module
'timescale 1 ns / 100 ps
module binary_to_bcd_converter_tb;
// internal signals declarations:
reg  [7:0] binary;
wire [3:0] bcd0, bcd1;
wire [1:0] bcd2;
// Unit Under Test instantiation and port map
binary_to_bcd_converter UUT (
      .binary(binary), .bcd0(bcd0),
      .bcd1(bcd1), .bcd2(bcd2));
integer i;
initial
   // generate input data
   for (i = 0; i <= 255; i = i + 1) begin
      #20; binary = i[7:0]; end
initial
   #7000 $finish;
initial       // response monitoring block
   $monitor($realtime,"ns %h %h %h %h\n",
            binary, bcd2, bcd1, bcd0);
endmodule
```

> 雖然測試平台 (test bench) 的檔案名稱與模組名稱不需要相同，一個好的習慣是使用相同的檔案名稱與模組名稱，即 *binary_to_bcd_converter_tb.v*.

4. 設定 *binary_to_bcd_converter.v* 為 Top-Level Entity，並做編譯。
5. 執行二進制對 BCD 轉換器的 RTL (behavioral) 模擬。觀察得到的結果，並檢查是否正確。二進制對 BCD 轉換器 RTL 模擬結果的一段樣本，如圖 3.2-9 所示。

圖 3.2-9: 二進制對 BCD 轉換器 RTL 模擬結果的一段樣本

> ☞ 在 RTL(功能或稱行為) 模擬中，所有邏輯閘延遲時間均假定為 0 ns (除非使用時序控制指定值)。這一點可以由功能模擬的輸出結果中證實。若希望觀察邏輯閘的延遲時間，則必須執行時序模擬。

6. 執行二進制對 BCD 轉換器的邏輯閘層次 (時序) 模擬。觀察得到的結果，並檢查是否正確。指出二進制對 BCD 轉換器的延遲時間。二進制對 BCD 轉換器邏輯閘層次模擬結果的一段樣本，如圖 3.2-10 所示。

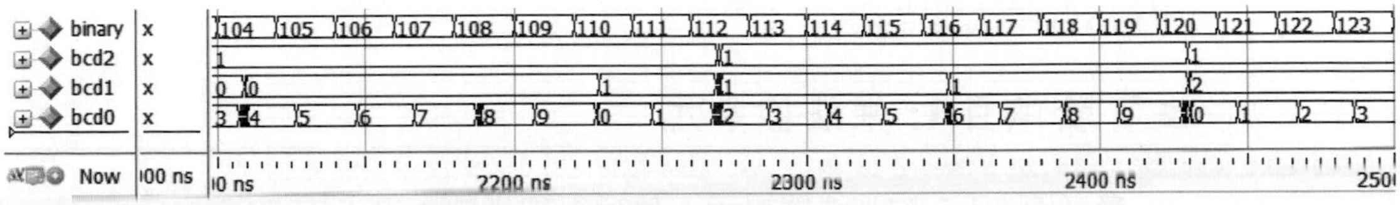

binary x 104 105 106 107 108 109 110 111 112 113 114 115 116 117 118 119 120 121 122 123
bcd2 x 1 1 1
bcd1 x 0 0 1 1 1 2
bcd0 x 3 4 5 6 7 8 9 0 1 2 3 4 5 6 7 8 9 0 1 2 3
Now 00 ns 0 ns 2200 ns 2300 ns 2400 ns 2500

圖 3.2-10: 二進制對 BCD 轉換器邏輯閘層次模擬結果的一段樣本

> ☞ 在邏輯閘層次 (時序) 模擬中，必須約略估計二進制對 BCD 轉換器的延遲時間，以便可以在該延遲時間加上一段邊界值的時間間隔中，改變輸入值，而可以得到正確的結果。

■ 實驗項目 3: 選作項目

下列實驗步驟為選作項目。若希望將實驗項目的結果，下載至模擬板做實體測試 (real-world test)，則進行下列步驟：

1. 經由標的模擬板中的標的 FPGA 元件提供的輸入埠與輸出埠，分別連接二進制對 BCD 轉換器模組的輸入埠與輸出埠到開關與一個適當的七段 LED 顯示器模組。此步驟可以使用 Quartus CAD 系統的 **Pin Planner** 軟體工具幫忙。
2. 產生與下載規劃檔 (programming file) 到標的模擬板。
3. 適當地設定開關值，並觀察七段 LED 顯示器模組的狀態。檢視開關值與七段 LED 顯示器模組狀態的組合是否正確。

3.2.2 4 位元未帶號陣列乘法器

在本節中，我們首先說明如何使用電路圖輸入方式，輸入圖 3.1-5 的 4 位元未帶號陣列乘法器於 CAD 系統中，然後介紹 HDL 輸入方法。不論在哪一種方式中，都詳細地介紹相關的功能與時序模擬。

3.2.2.1 電路圖輸入 在本小節中，我們學習 4 位元未帶號陣列乘法器的電路圖輸入方式，並說明如何驗證其功能與時序。4 位元未帶號陣列乘法器由下列元件組成：

- 16 個 2 輸入 AND 閘
- 16 個全加器

為了方便，全加器與 AND 閘組成一個乘法器單元 (multiplier cell)，因此，一共有 16 個乘法器單元。

■ 實驗項目 1: 乘法器單元

參考圖 3.1-5 的乘法器單元，執行下列步驟：

1. 建立一個新專案，*multiplier_4by4.qpf*。
2. 產生一個新檔案，*multiplier_cell.bdf*。
3. 使用電路圖輸入方式，輸入圖 3.1-5 的乘法器單元。在乘法器單元加上輸入埠與輸出埠，並儲存結果。在完成上述動作後，可以得到與圖 3.2-11 所示類似的邏輯電路圖。

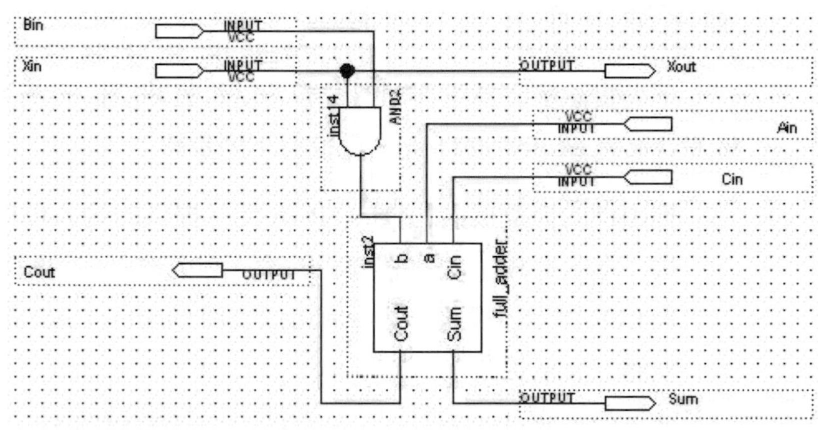

圖 3.2-11: 乘法器單元電路

4. 設定 *multiplier_cell.bdf* 為 Top-Level Entity，並做編譯。
5. 執行乘法器單元的功能模擬。欲完成此動作，必須指定輸入端 *Ain*、*Bin* 與 *Cin* 的所有 8 種組合，並分別設定 *Xin* 為 1 與 0。然後執行功能模擬。觀察得到的結果，並檢查是否正確。乘法器單元功能模擬結果的一段樣本，如圖 3.2-12 所示。

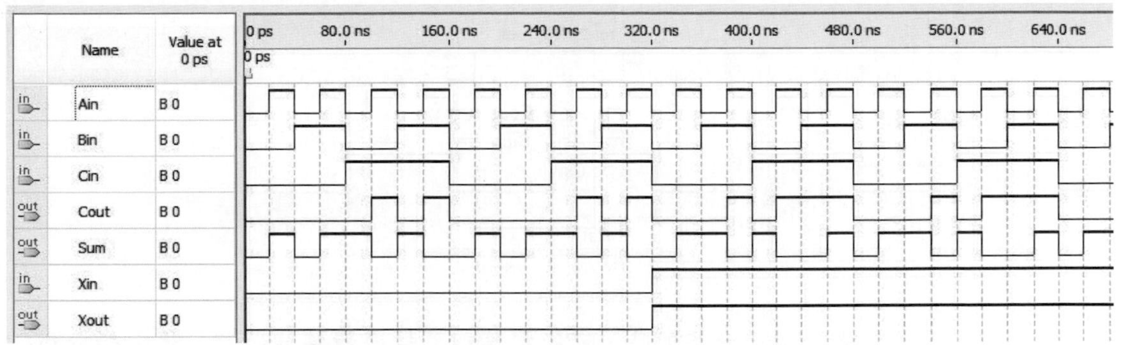

圖 3.2-12: 乘法器單元功能模擬結果的一段樣本

> 在功能(或稱行為)模擬中，所有邏輯閘延遲時間均假定為 0 ns (除非使用時序控制指定值)。這一點可以由功能模擬的輸出結果中證實。若希望觀察邏輯閘的延遲時間，則必須執行時序模擬。

6. 執行乘法器單元的時序模擬。觀察得到的結果，並檢查是否正確。指出乘法器單元的延遲時間。乘法器單元時序模擬結果的一段樣本如圖 3.2-13 所示。

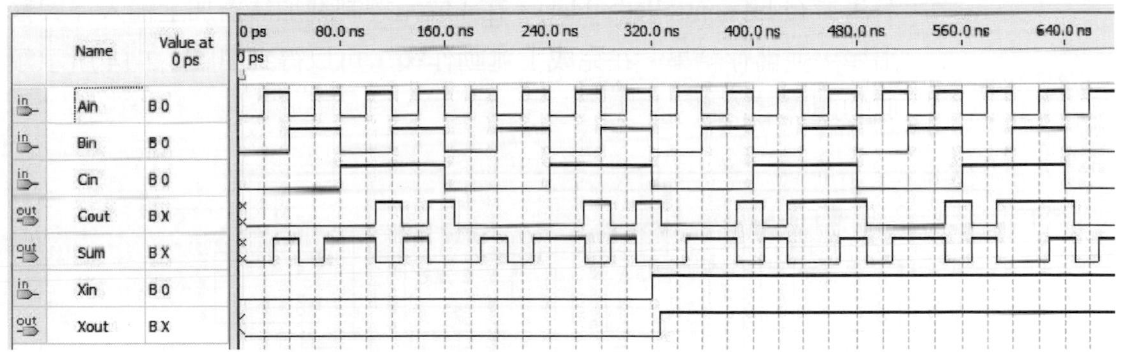

圖 3.2-13: 乘法器單元時序模擬結果的一段樣本

> 在時序 (邏輯閘層次，gate-level) 模擬中，必須約略估計乘法器單元的延遲時間，以便可以在該延遲時間加上一段邊界值的時間間隔中，改變輸入值，而可以得到正確的結果。

7. 產生乘法器單元的符號檔 (symbol file) (即邏輯符號，logic symbol) (即 *multiplier_cell.bsf*)。這一個邏輯符號將使用於其次的實驗專題中。產生的邏輯符號如下：

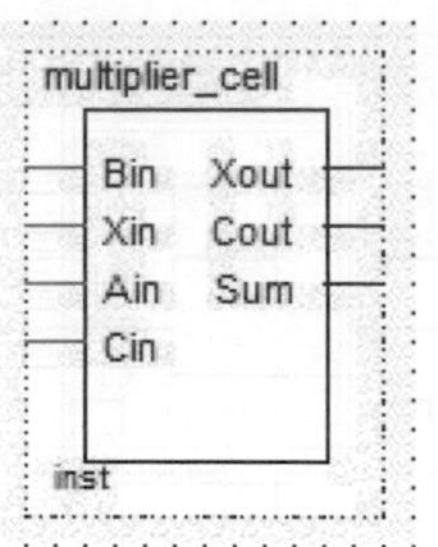

☞ 當使用邏輯符號時，可能需要調整該邏輯符號的輸入埠與輸出埠位置，以方便置入繪製的邏輯電路圖中。

■ 實驗項目 2: 4 位元控制型加法器

參考圖 3.1-5 的 4 位元 × 位元陣列乘法器，執行下列步驟：

1. 產生一個新檔案，*adder_control_4bits.bdf*。
2. 使用電路圖輸入方式，適當地連接四個乘法器單元的引用物件，完成圖 3.1-5 所示的 4 位元 × 位元陣列乘法器的一個列，稱為 4 位元控制型加法器 (4-bit controlled adder)。在 4 位元控制型加法器加上輸入埠與輸出埠，並儲存結果。在完成上述動作後，可以得到與圖 3.2-14 所示類似的邏輯電路圖。

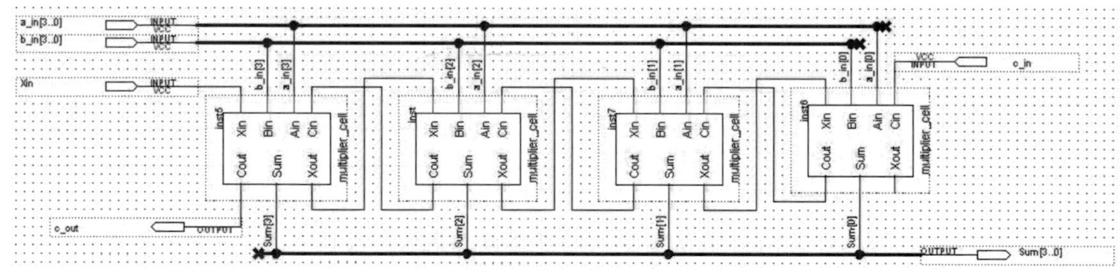

圖 3.2-14: 4 位元控制型加法器電路

3. 設定 *adder_control_4bits.bdf* 為 Top-Level Entity，並做編譯。
4. 執行 4 位元控制型加法器的功能模擬。欲完成此動作，必須指定輸入端 *a_in*、*b_in* 與 *c_in* 的信號組合，越多越好，並分別設定 *Xin* 為 0 與 1。然後，執行功能模擬。觀察得到的結果，並檢查是否正確。4 位元控制型加法器功能模擬結果的一段樣本，如圖 3.2-15 所示。

☞ 為了方便，在此種情形下，a_in 與 b_in 通常使用亂數產生器，每隔一段時間產生一次。

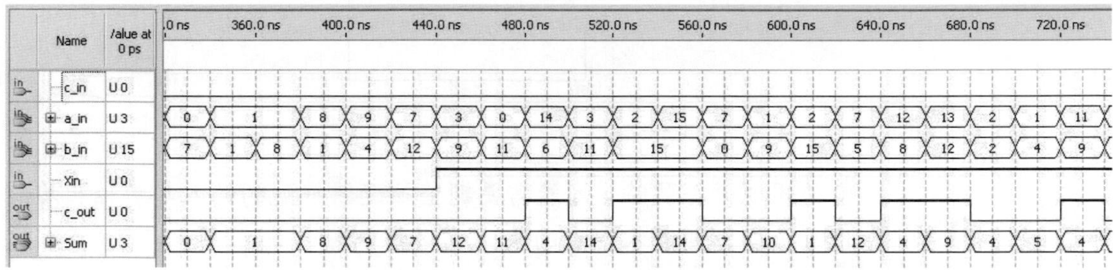

圖 3.2-15: 4 位元控制型加法器功能模擬結果的一段樣本

☞ 在功能(或稱行為)模擬中，所有邏輯閘延遲時間均假定為 0 ns (除非使用時序控制指定值)。這一點可以由功能模擬的輸出結果中證實。若希望觀察邏輯閘的延遲時間，則必須執行時序模擬。

5. 執行 4 位元控制型加法器的時序模擬。觀察得到的結果，並檢查是否正確。指出 4 位元控制型加法器的延遲時間。4 位元控制型加法器時序模擬結果的一段樣本，如圖 3.2-16 所示。

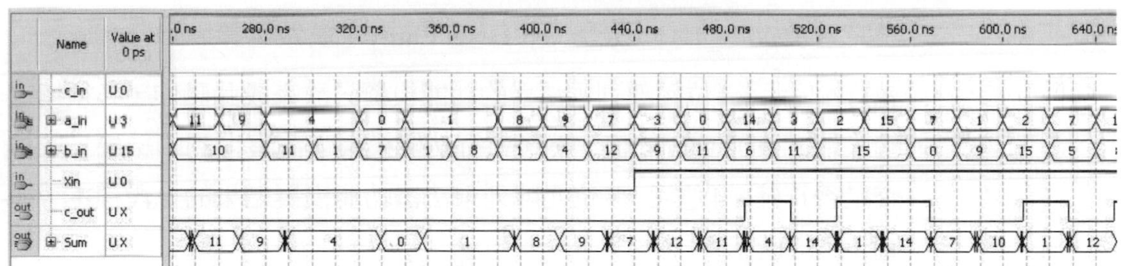

圖 3.2-16: 4 位元控制型加法器時序模擬結果的一段樣本

☞ 在時序 (邏輯閘層次，gate-level) 模擬中，必須約略估計 4 位元控制型加法器的延遲時間，以便可以在該延遲時間加上一段邊界值的時間間隔中，改變輸入值，而可以得到正確的結果。

6. 產生 4 位元控制型加法器的符號檔 (symbol file) (即邏輯符號，logic symbol) (即 *adder_control_4bits.bsf*)。這一個邏輯符號將使用於其次的實驗專題中。產生的邏輯符號如下：

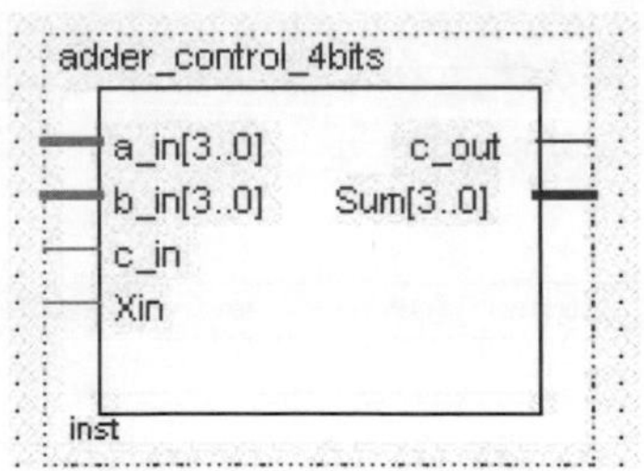

> ☞ 當使用邏輯符號時，可能需要調整該邏輯符號的輸入埠與輸出埠位置，以方便置入繪製的邏輯電路圖中。

■ 實驗項目 3: 4 位元 ×4 位元陣列乘法器

參考圖 3.1-5 的 4 位元 ×4 位元陣列乘法器，執行下列步驟：

1. 產生一個新檔案，*multiplier_4by4.bdf*。
2. 使用電路圖輸入方式，適當地連接四個 4 位元控制型加法器的引用物件，完成圖 3.1-5 所示的 4 位元 ×4 位元陣列乘法器。在陣列乘法器加上輸入埠與輸出埠，並儲存結果。在完成上述動作後，可以得到與圖 3.2-17 所示類似的邏輯電路圖。
3. 設定 *multiplier_4by4.bdf* 為 Top-Level Entity，並做編譯。
4. 執行 4 位元 ×4 位元陣列乘法器的功能模擬。欲完成此動作，必須指定輸入端 *x_in* 與 *y_in* 的值，然後執行功能模擬。觀察得到的結果，並檢查是否正確。4 位元 ×4 位元陣列乘法器功能模擬結果的一段樣本，如圖 3.2-18 所示。

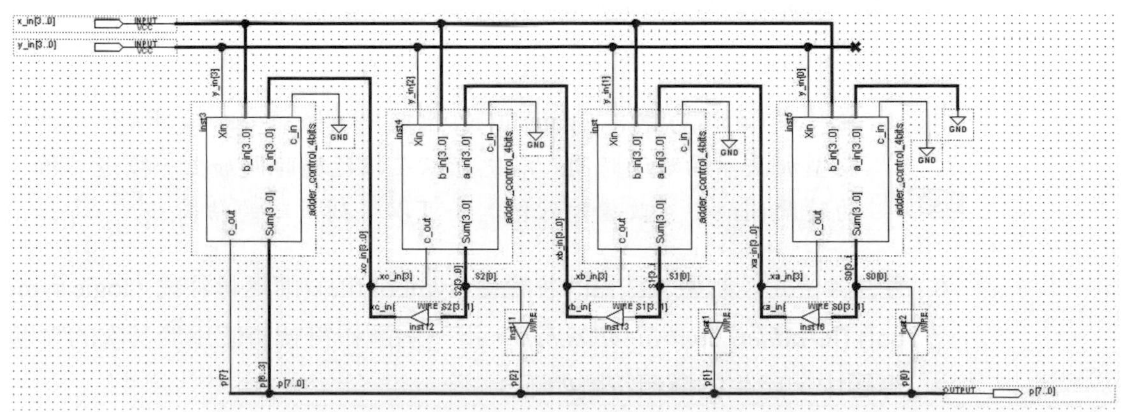

圖 3.2-17: 4 位元 ×4 位元陣列乘法器電路

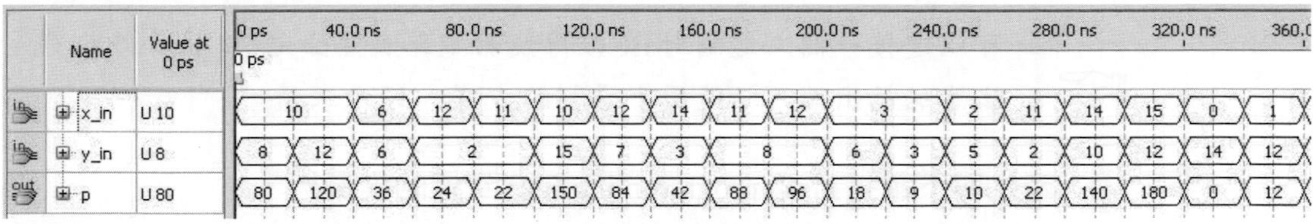

圖 3.2-18: 4 位元 ×4 位元陣列乘法器功能模擬結果的一段樣本

> 為了方便，在此種情形下，*x_in* 與 *y_in* 通常使用亂數產生器，每隔一段時間產生一次。

> 在功能(或稱行為)模擬中，所有邏輯閘延遲時間均假定為 0 ns (除非使用時序控制指定值)。這一點可以由功能模擬的輸出結果中證實。若希望觀察邏輯閘的延遲時間，則必須執行時序模擬。

5. 執行 4 位元 ×4 位元陣列乘法器的時序模擬。觀察得到的結果，並檢查是否正確。指出 4 位元 ×4 位元陣列乘法器的延遲時間。4 位元 ×4 位元陣列乘法器時序模擬結果的一段樣本如圖 3.2-19 所示。

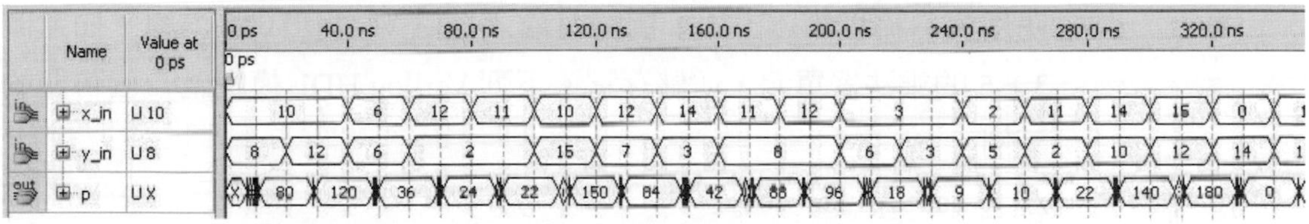

圖 3.2-19: 4 位元 ×4 位元陣列乘法器時序模擬結果的一段樣本

> 在時序(邏輯閘層次，gate-level)模擬中，必須約略估計 4 位元 ×4 位元陣列乘法器的延遲時間，以便可以在該延遲時間加上一段邊界值的時間間隔中，改變輸入值，而可以得到正確的結果。

■ 實驗項目 4: 選作項目

下列實驗步驟為選作項目。若希望將實驗項目的結果，下載至模擬板做實體測試 (real-world test)，則進行下列步驟：

1. 經由標的模擬板中的標的 FPGA 元件提供的輸入埠與輸出埠，分別連接 4 位元 ×4 位元陣列乘法器的輸入埠與輸出埠到開關與一個適當的七段 LED 顯示器模組。此步驟可以使用 Quartus CAD 系統的 **Pin Planner** 軟體工具幫忙。

☞ 可以連接一個二進制對BCD轉換器電路於4位元×4位元陣列乘法器的輸出端，以使用十進制的方式，顯示乘積。

2. 產生與下載規劃檔 (programming file) 到標的模擬板。
3. 適當地設定開關值，並觀察七段LED顯示器模組的狀態。檢視開關值與七段LED顯示器模組狀態的組合是否正確。

3.2.2.2 HDL 輸入 在本小節中，使用 Verilog HDL 描述方法，描述圖 3.1-5 的 4 位元 ×4 位元陣列乘法器，並說明如何驗證結果的 Verilog HDL 模組之功能與時序。

■ 實驗項目 1: 乘法器單元

參考圖 3.1-5 的乘法器單元，執行下列步驟：

1. 建立一個新專案，*multiplier_4by4_HDL.qpf*。
2. 產生一個新檔案，*multiplier_cell.v*。
3. 使用資料流程描述方式，撰寫與輸入一個 Verilog HDL 模組，描述圖 3.1-5 的乘法器單元，並儲存它。下列 Verilog HDL 模組為一個可能的範例。

```
// a multiplier cell
module multiplier_cell(
       input Ain, Bin, Cin, Xin,
       output Cout, Xout, Sum); // bcd outputs

// the body of the multiplier cell
wire t;
assign Xout = Xin;
assign t = Bin & Xin;
assign {Cout, Sum} = Ain + t + Cin;
endmodule
```

☞ 應該注意的是在 Quartus CAD 系統中，檔案名稱必須與最上層模組 (top-level module) 名稱相同。因此，上述模組的檔案名稱必須為 *multiplier_cell.v*.

4. 產生一個新檔案 *multiplier_cell_tb.v*，撰寫與輸入 *multiplier_cell.v* 模組的測試平台。下列模組為一個可能的測試平台。

```
// a test bench for the multiplier_cell module
`timescale 1 ns / 100 ps
```

```
module multiplier_cell_tb;
// internal signals declarations:
reg  Ain, Bin, Cin, Xin;
wire Xout, Cout, Sum;
// Unit Under Test instantiation and port map
multiplier_cell UUT (
                .Ain(Ain), .Bin(Bin), .Cin(Cin), .Xin(Xin),
                .Xout(Xout), .Cout(Cout), .Sum(Sum));
integer i;
initial begin
   // generate input data
   for (i = 0; i <= 15; i = i + 1) begin
       Xin = 1'b0;
       #20; {Ain, Bin, Cin} = i[2:0]; end
   for (i = 0; i <= 15; i = i + 1) begin
       Xin = 1'b1;
       #20; {Ain, Bin, Cin} = i[2:0]; end
end
initial
   #800 $finish;
initial         // response monitoring block
   $monitor($realtime,"ns %h %h %h %h %h %h %h\n",
                Ain, Bin, Cin, Xin, Xout, Cout, Sum);
endmodule
```

> 雖然測試平台 (test bench) 的檔案名稱與模組名稱不需要相同，一個好的習慣是使用相同的檔案名稱與模組名稱，即 *multiplier_cell_tb.v*.

5. 設定 *multiplier_cell.v* 為 Top-Level Entity，並做編譯。
6. 執行乘法器單元的 RTL (行為) 模擬。觀察得到的結果，並檢查是否正確。乘法器單元 RTL 模擬結果的一段樣本，如圖 3.2-20 所示。

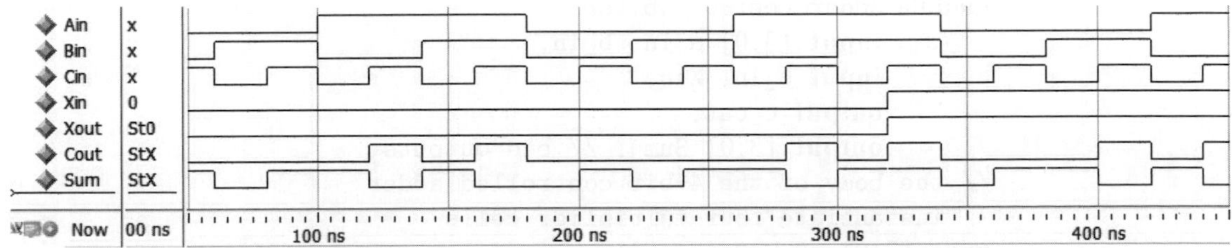

圖 3.2-20: 乘法器單元 RTL 模擬結果的一段樣本

> 在 RTL(功能或稱行為) 模擬中，所有邏輯閘延遲時間均假定為 0 ns (除非使用時序控制指定值)。這一點可以由功能模擬的輸出結果中證實。若希望觀察邏輯閘的延遲時間，則必須執行時序模擬。

7. 執行乘法器單元的邏輯閘層次(時序)模擬。觀察得到的結果，並檢查是否正確。指出乘法器單元的延遲時間。乘法器單元邏輯閘層次模擬結果的一段樣本如圖 3.2-21 所示。

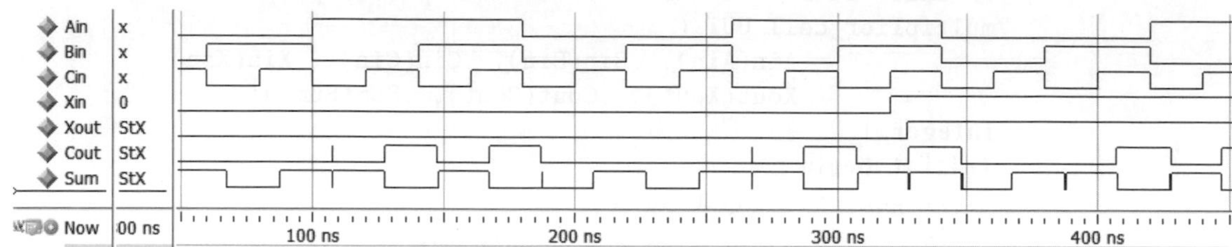

圖 3.2-21: 乘法器單元邏輯閘層次模擬結果的一段樣本

☞ 在邏輯閘層次(時序)模擬中，必須約略估計乘法器單元的延遲時間，以便可以在該延遲時間加上一段邊界值的時間間隔中，改變輸入值，而可以得到正確的結果。

■ 實驗項目 2: 4 位元控制型加法器

參考圖 3.1-5 的 4 位元 ×4 位元陣列乘法器，執行下列步驟：

1. 產生一個新檔案，*adder_control_4bits.v*。
2. 使用結構描述方式，撰寫與輸入一個 Verilog HDL 模組，適當地連接四個乘法器單元的引用物件，描述 4 位元 ×4 位元陣列乘法器的一個列，稱為 4 位元控制型加法器，並儲存它。下列 Verilog HDL 模組為一個可能的範例。

```
// 4-bit controlled adder
module adder_control_4bits(
       input [3:0] a_in, b_in,
       input c_in, Xin,
       output c_out,
       output [3:0] Sum); // bcd outputs
// the body of the 4-bit controlled adder
// instantiate four multiplier cells
wire [3:0] c0, x0;
multiplier_cell cell0 (
      .Ain(a_in[0]), .Bin(b_in[0]), .Cin(c_in), .Xin(x0[1]),
      .Xout(x0[0]), .Cout(c0[0]), .Sum(Sum[0]));
multiplier_cell cell1 (
      .Ain(a_in[1]), .Bin(b_in[1]), .Cin(c0[0]), .Xin(x0[2]),
      .Xout(x0[1]), .Cout(c0[1]), .Sum(Sum[1]));
multiplier_cell cell2 (
      .Ain(a_in[2]), .Bin(b_in[2]), .Cin(c0[1]), .Xin(x0[3]),
```

```
        .Xout(x0[2]), .Cout(c0[2]), .Sum(Sum[2]));
multiplier_cell cell3 (
        .Ain(a_in[3]), .Bin(b_in[3]), .Cin(c0[2]), .Xin(Xin),
        .Xout(x0[3]), .Cout(c0[3]), .Sum(Sum[3]));
assign c_out = c0[3];
endmodule
```

> 應該注意的是在 Quartus CAD 系統中，檔案名稱必須與最上層模組 (top-level module) 名稱相同。因此，上述模組的檔案名稱必須為 *adder_control_4bits.v.*

3. 產生一個新檔案，*adder_control_4bits_tb.v*，撰寫與輸入 *adder_control_4bits.v* 模組的測試平台。下列模組為一個可能的測試平台。

```
// a test bench for the adder_control_4bits module
'timescale 1 ns / 100 ps
module adder_control_4bits_tb;
// internal signals declarations:
reg  [3:0] a_in, b_in;
reg  c_in, Xin;
wire [3:0] Sum;
wire c_out;
// Unit Under Test instantiation and port map
adder_control_4bits UUT (
            .a_in(a_in), .b_in(b_in),
            .c_in(c_in), .Xin(Xin),
            .c_out(c_out), .Sum(Sum));
integer i;
initial begin
   // generate input data
   for (i = 0; i <= 255; i = i + 1) begin
        Xin = 1'b0; c_in = 1'b0;
        #20; {a_in, b_in} = i[7:0]; end
   for (i = 0; i <= 255; i = i + 1) begin
        Xin = 1'b1; c_in = 1'b0;
        #20; {a_in, b_in} = i[7:0]; end
end
initial
   #12000 $finish;
initial        // response monitoring block
   $monitor($realtime,"ns %h %h %h %h %h %h\n", a_in,
            b_in, c_in, Xin, c_out, Sum);
endmodule
```

> 雖然測試平台 (test bench) 的檔案名稱與模組名稱不需要相同，一個好的習慣是使用相同的檔案名稱與模組名稱，即 *adder_control_4bits_tb.v.*

4. 設定 *adder_control_4bits.v* 為 Top-Level Entity，並做編譯。

5. 執行 4 位元控制型加法器的 RTL (行為) 模擬。觀察得到的結果，並檢查是否正確。4 位元控制型加法器 RTL 模擬結果的一段樣本，如圖 3.2-22 所示。

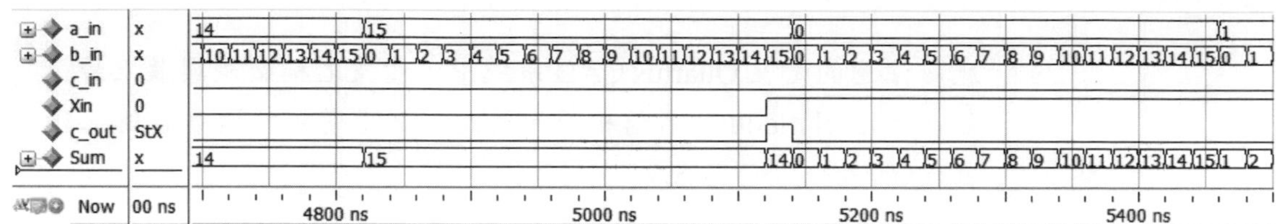

圖 3.2-22: 4 位元控制型加法器 RTL 模擬結果的一段樣本

☞ 在 RTL(功能或稱行為) 模擬中，所有邏輯閘延遲時間均假定為 0 ns (除非使用時序控制指定值)。這一點可以由功能模擬的輸出結果中證實。若希望觀察邏輯閘的延遲時間，則必須執行時序模擬。

6. 執行 4 位元控制型加法器的邏輯閘層次 (時序) 模擬。觀察得到的結果，並檢查是否正確。指出 4 位元控制型加法器的延遲時間。4 位元控制型加法器邏輯閘層次模擬結果的一段樣本，如圖 3.2-23 所示。

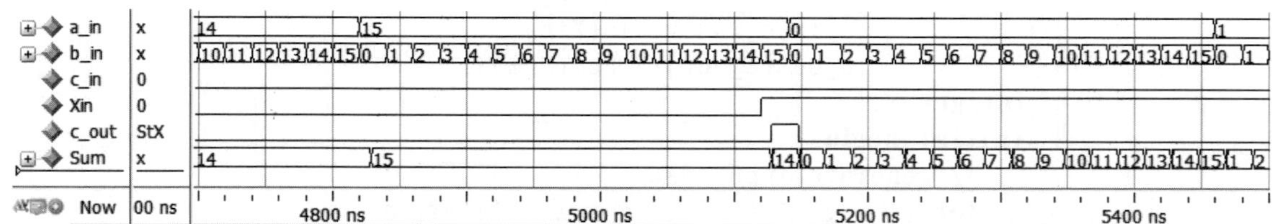

圖 3.2-23: 4 位元控制型加法器邏輯閘層次模擬結果的一段樣本

☞ 在邏輯閘層次 (時序) 模擬中，必須約略估計 4 位元控制型加法器的延遲時間，以便可以在該延遲時間加上一段邊界值的時間間隔中，改變輸入值，而可以得到正確的結果。

■ 實驗項目 3: 4 位元 ×4 位元陣列乘法器

參考圖 3.1-5 的 4 位元 × 4 位元陣列乘法器，執行下列步驟：

1. 產生一個新檔案，*multiplier_4by4.v*。

2. 使用結構描述方式，撰寫與輸入一個 Verilog HDL 模組，適當地連接四個 4 位元控制型加法器的引用物件，描述 4 位元 ×4 位元陣列乘法器，並儲存它。下列 Verilog HDL 模組為一個可能的範例。

```
// a 4-by-4 multiplier
module multiplier_4by4(
       input [3:0] x_in, y_in,
       output [7:0] p); // bcd outputs
// the body of the 4-by-4 multiplier
wire [3:0] cout, t0, t1, t2, t3;
adder_control_4bits cell0 (.a_in(4'b0000),
      .b_in(x_in), .c_in(1'b0),
      .Xin(y_in[0]), .c_out(cout[0]), .Sum(t0));
adder_control_4bits cell1 (.a_in({cout[0],t0[3:1]}),
      .b_in(x_in), .c_in(1'b0),
      .Xin(y_in[1]), .c_out(cout[1]), .Sum(t1));
adder_control_4bits cell2 (.a_in({cout[1],t1[3:1]}),
      .b_in(x_in), .c_in(1'b0),
      .Xin(y_in[2]), .c_out(cout[2]), .Sum(t2));
adder_control_4bits cell3 (.a_in({cout[2],t2[3:1]}),
      .b_in(x_in), .c_in(1'b0),
      .Xin(y_in[3]), .c_out(cout[3]), .Sum(t3));
assign p = {cout[3], t3, t2[0], t1[0], t0[0]};
endmodule
```

☞ 應該注意的是在 Quartus CAD 系統中，檔案名稱必須與最上層模組 (top-level module) 名稱相同。因此，上述模組的檔案名稱必須為 *multiplier_4by4.v*.

3. 產生一個新檔案 *multiplier_4by4_tb.v*，撰寫與輸入 *multiplier_4by4.v* 模組的測試平台。下列模組為一個可能的測試平台。

```
// a test bench for the multiplier_4by4 module
`timescale 1 ns / 100 ps
module multiplier_4by4_tb;
// internal signals declarations:
reg  [3:0] x_in, y_in;
wire [7:0] product;
// Unit Under Test instantiation and port map
multiplier_4by4 UUT (
       .x_in(x_in), .y_in(y_in), .p(product));
integer i;
initial
   // generate input data
   for (i = 0; i <= 255; i = i + 1) begin
       #40; {x_in, y_in} = i[7:0]; end
initial
   #12000 $finish;
initial        // response monitoring block
```

```
    $monitor($realtime,"ns %h %h %h\n", x_in, y_in, product);
endmodule
```

> ☞ 雖然測試平台 (test bench) 的檔案名稱與模組名稱不需要相同，一個好的習慣是使用相同的檔案名稱與模組名稱，即 *multiplier_4by4_tb.v*.

4. 設定 *multiplier_4by4.v* 為 Top-Level Entity，並做編譯。
5. 執行 4 位元 ×4 位元陣列乘法器的 RTL (行為) 模擬。觀察得到的結果，並檢查是否正確。4 位元 ×4 位元陣列乘法器 RTL 模擬結果的一段樣本，如圖 3.2-24 所示。

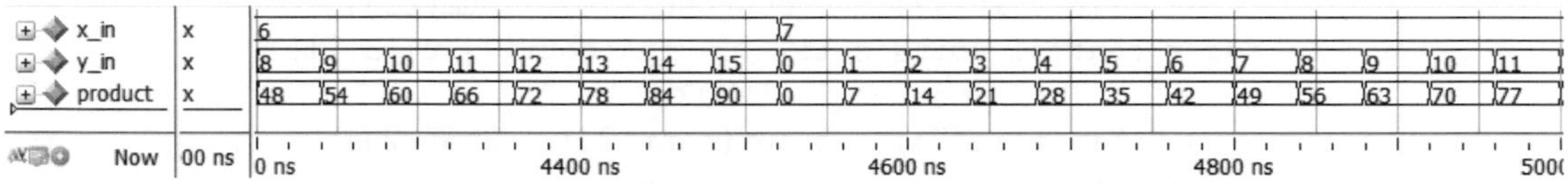

圖 3.2-24: 4 位元 ×4 位元陣列乘法器 RTL 模擬結果的一段樣本

> ☞ 在 RTL(功能或稱行為) 模擬中，所有邏輯閘延遲時間均假定為 0 ns (除非使用時序控制指定值)。這一點可以由功能模擬的輸出結果中證實。若希望觀察邏輯閘的延遲時間，則必須執行時序模擬。

6. 執行 4 位元 ×4 位元陣列乘法器的邏輯閘層次 (時序) 模擬。觀察得到的結果，並檢查是否正確。4 位元 ×4 位元陣列乘法器邏輯閘層次模擬結果的一段樣本，如圖 3.2-25 所示。

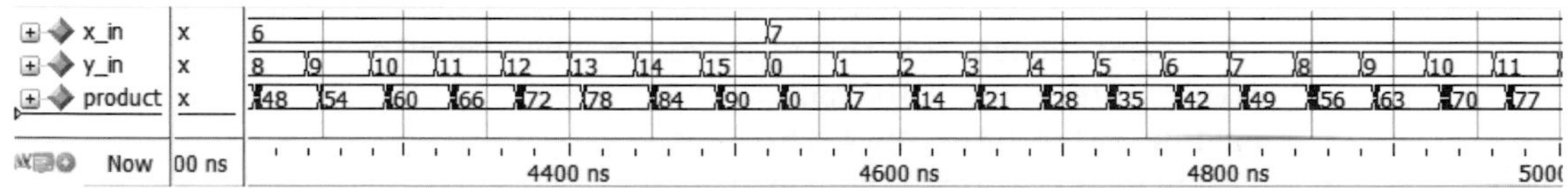

圖 3.2-25: 4 位元 ×4 位元陣列乘法器邏輯閘層次模擬結果的一段樣本

> ☞ 在邏輯閘層次 (時序) 模擬中，必須約略估計 4 位元 ×4 位元陣列乘法器的延遲時間，以便可以在該延遲時間加上一段邊界值的時間間隔中，改變輸入值，而可以得到正確的結果。

■ 實驗項目 4: 選作項目

下列實驗步驟為選作項目。若希望將實驗項目的結果，下載至模擬板做實體測試 (real-world test)，則進行下列步驟：

1. 經由標的模擬板中的標的 FPGA 元件提供的輸入埠與輸出埠，分別連接 4 位元 ×4 位元陣列乘法器的輸入埠與輸出埠到開關與一個適當的七段 LED 顯示器模組。此步驟可以使用 Quartus CAD 系統的 **Pin Planner** 軟體工具幫忙。

☞ 可以連接一個二進制對 BCD 轉換器電路於 4 位元 ×4 位元陣列乘法器的輸出端，以使用十進制的方式，顯示乘積。

2. 產生與下載規劃檔 (programming file) 到標的模擬板。
3. 適當地設定開關值，並觀察七段 LED 顯示器模組的狀態。檢視開關值與七段 LED 顯示器模組狀態的組合是否正確。

3.2.3 延伸實驗專題

在本節中，我們探討五個與本章中實驗專題密切相關的延伸實驗專題。它們為：

- 使用行為描述的二進制對 BCD 轉換器 (binary-to-BCD converter)
- BCD 對二進制轉換器 (BCD-to-binary converter)
- 使用行為描述的 BCD 對二進制轉換器 (BCD-to-binary converter)
- 使用行為描述的 4 位元 ×4 位元陣列乘法器
- 8 位元 ×8 位元陣列乘法器

其次，以簡潔的方式，說明每一個延伸實驗專題。

3.2.3.1 使用行為描述的二進制對 BCD 轉換器 實用上，另外一個描述圖 3.1-3 所示的二進制對 BCD 轉換器的方法為使用行為描述方式，如下列模組：

```
// a binary-to-BCD converter
module binary_to_bcd_behavioral (
       input [7:0] binary,
       output reg [11:0] bcd_out);

integer i;
always @(binary) begin
```

```
        bcd_out = 12'b0;
        for (i = 7; i >= 0; i = i - 1) begin
            if (bcd_out[7:4] >= 5)
                bcd_out[7:4] = bcd_out[7:4] + 4'b0011;
            if (bcd_out[3:0] >= 5)
                bcd_out[3:0] = bcd_out[3:0] + 4'b0011;
            // shift both bcd and binary left one bit
            bcd_out = {bcd_out[10:0], binary[i]};
        end
    end
endmodule
```

輸入設計的結果描述，撰寫與輸入一個測試平台，驗證它的功能與時序。此外，與第 3.2.1 節中的結果，比較兩者的硬體成本。

3.2.3.2 BCD 對二進制轉換器 BCD 對二進制轉換器為二進制對 BCD 轉換器的互補電路，它轉換在二進制數目系統之外界使用的 BCD 數目為等效的二進制碼。這一種轉換器可以使用全加器與一些基本邏輯閘設計與實現。

BCD 對二進制的轉換可以使用一種與二進制對 BCD 的轉換類似的方式進行，唯一的差別是現在的算術運算是除法，而不是乘法。此種轉換的原理為無論一個數是以二進制或是 BCD 數目系統表示時，其 LSB 必定相同。因此，等效的二進制可以藉著將 BCD 數目向右移位，一次一個位元，使其 LSB 依序由 MSB 進入二進制數目中，直到所有位元都移入該二進制數目為止。

記得右移一個二進制數目一個位元時，相當於將該二進制數目除以 2。然而，在 BCD 數目中並非如此。不過，若在 BCD 數目向右移位一個位元後，將所有大於或等於 8 的 BCD 數字，減去 3，則移位後的 BCD 數目，恰為移位前的值除以 2。欲說明此一規則，考慮圖 3.2-26 所示的數值例。

7678 →	0 1 1 1	0 1 1 0	0 1 1 1	1 0 0 0
右移 →	0 0 1 1	1 0 1 1	0 0 1 1	1 1 0 0
		- 0 0 1 1		- 0 0 1 1
3839 →	0 0 1 1	1 0 0 0	0 0 1 1	1 0 0 1

圖 3.2-26: 一個 BCD 對二進制轉換的數值例

若設希望轉換的 BCD 數目為 *BcdNumber*，而轉換後的二進制數目為 *BinaryNo*，則 BCD 對二進制的轉換程序，可以表示為下列演算法。

■ **演算法 3.2-1: BCD 對二進制轉換**

輸入： BCD 數目 (*BcdNumber*)

輸出： 結果的二進制數目 (*BinaryNo*)

Begin

1. 清除 *BinaryNo* 與設定 *CNT* 為 *BinaryNo* 的位元數目；

2. repeat

  2.1 右移 {*BcdNumber*, *BinaryNo*} 一個位元，
  使 *BcdNumber* 的 LSB 進入 *BinaryNo* 的 MSB；

  2.2 調整 *BcdNumber* 為正確的值；

  2.3 $CNT = CNT - 1$;

until ($CNT == 0$);

End

參考圖 3.1-3，設計一個 BCD 對二進制轉換器，繪出結果的邏輯電路圖。分別使用電路圖與 HDL 輸入方式，輸入設計的結果，驗證兩個輸入結果的功能與時序。

3.2.3.3 使用行為描述的 BCD 對二進制轉換器 這一個延伸實驗專題，使用行為描述方式，直接以 Verilog HDL 描述前述的 BCD 對二進制轉換器演算法。輸入設計的結果描述，撰寫與輸入一個測試平台，驗證輸入結果的功能與時序。此外，與第 3.2.3.2 節中的結果，比較兩者的硬體成本。

3.2.3.4 使用行為描述的 4 位元 ×4 位元陣列乘法器 實用上，另外一個描述圖 3.1-5 所示的 4 位元 ×4 位元陣列乘法器的方法為使用行為描述方式，意即直接以 Verilog HDL 描述 4 位元 ×4 位元陣列乘法器的演算法，如下列模組：

```
// a 4-by-4 multiplier in behavioral style
module multiplier_4by4_behavioral (
       input [3:0] multiplier, multiplicand,
       output reg [7:0] product);

integer i;
reg [3:0] acc, reg_q;
reg cout;
always @(multiplier or multiplicand) begin
   reg_q = multiplier; // keep the input multiplier unchanged
   acc = 4'b0;
   for (i = 0; i <= 3; i = i + 1) begin
       if (reg_q[0] == 1'b1)
```

```
            {cout, acc} = acc + multiplicand;
         else {cout, acc} = acc + 4'b0;
         // shift both acc and reg_q right one-bit position
         {acc, reg_q} = {cout, acc, reg_q[3:1]};
      end
      product = {acc, reg_q}; // output the product
   end
endmodule
```

輸入設計的結果描述，撰寫與輸入一個測試平台，驗證輸入結果的功能與時序。此外，與第 3.2.2 節中的結果，比較兩者的硬體成本。

3.2.3.5 8 位元 ×8 位元陣列乘法器 這一個實驗專題擴充 4 位元 ×4 位元陣列乘法器為 8 位元 ×8 位元。分別使用電路圖與 HDL 輸入方式，輸入設計的結果，驗證兩個輸入結果的功能與時序。

附屬於本延伸實驗專題的選作實驗項目為：

1. 連接一個二進制對 BCD 轉換器電路於陣列乘法器的輸出端，以使用十進制的方式，顯示乘積。當然必須擴充 8 位元的二進制對 BCD 轉換器電路為 16 位元。
2. 分別連接一個 BCD 對二進制轉換器電路於陣列乘法器的每一個輸入端，以使用十進制的方式，輸入乘數與被乘數。

3.3 補充教材—階層式結構描述方式

在本小節中，我們考慮三個與階層式結構描述方式密切相關的議題：參數化模組 (parameterizable modules)、引用 (instantiations) 與 **generate** 區。

3.3.1 參數化模組

參數 (parameter) 為常數，常用於模組中指定延遲時間或是變數的向量位元寬度。參數使用保留字 **parameter** 定義。一些參數定義例如下：

```
parameter SIZE = 8;
parameter WIDTH_BUSA = 16, WIDTH_BUSB = 8;
parameter signed [3:0] mux_selector = 4'b0;
parameter integer CNT_SIZE = 12;
```

parameter 宣告可以定義參數化模組中的常數。若一個模組的特性與結構性質，可以在被引用時再決定時，它稱為一個參數化模組 (parameterizable modules)。下列例題說明一個 n 位元加法器的參數化模組。

■ 例題 3.3-1: 一個參數化加法器

在這個例子中，n 位元加法器的位元寬度使用保留字 **parameter** 定義。由 **parameter** 宣告定義的值稱為預設值 (default value)，它在模組被引用時，可以重新定義或被覆寫 (overridden)。

```
module adder_nbits
       #(parameter N = 4)(   // default size
         input    [N-1:0] x, y,
         input    c_in,
         output   [N-1:0] sum,
         output   c_out);

// the body of the n-bit adder
assign {c_out, sum} = x + y + c_in;
endmodule
```

3.3.2 模組引用

階層式結構 (hierarchical structure) 由包含模組於其它模組中完成。較高層次的模組引用較低層次的模組，然後使用輸入埠、輸出埠或雙向埠，與它們交換訊息。輸入埠、輸出埠或雙向埠可以是單一位元或是多位元 (即向量)。引用模組時，覆寫低層次模組中參數的兩種方式為：

1. **defparam** 指述
2. 模組引用物件參數值指定 (module instance parameter value assignment)

3.3.2.1 使用 defparam 指述 **defparam** 指述用來重新定義在模組物件中，由保留字 **parameter** 定義的參數值。它使用參數的階層式路徑名稱 (hierarchical path name)，指定涉及的參數。這種方式在將同一個模組中的參數覆寫指定指述集合成一個群組時，特別有用。

■ 例題 3.3-2: 使用 defparam 指述

這個例題說明如何使用 **defparam** 指述，改變在較低層次模組 modulo_-r_counter 中定義的參數值。在 modulo_r_counter 模組中，參數 R 與 N 的預設值分別為 10 與 4。兩個 modulo_r_counter 模組的引用物件之結果分別為模 6 與模 12 計數器。

```
// an example of using the defparam statement
module two_counters(
       input clock, clear,
       output [2:0] qout6b,
       output [3:0] qout12b);
// instantiate two counter modules
```

```
defparam modulo_6.R = 6,  modulo_6.N = 3;
defparam modulo_12.R = 12, modulo_12.N = 4;
modulo_r_counter modulo_6 (clock, clear, qout6b);
modulo_r_counter modulo_12 (clock, clear, qout12b);
endmodule

// a modulo-R binary counter with synchronous reset
module modulo_r_counter
       #(parameter R = 10,  // default modulus
         parameter N = 4)(  // N = log2 R
         input  clk, reset,
         output cout,       // carry-out
         output reg [N-1:0] qout);

// the body of the modulo r binary counter
assign cout = (qout == R - 1);
always @(posedge clk)
   if (reset) qout <= 0;
   else if (cout) qout <= 0;
        else qout <= qout + 1;
endmodule
```

3.3.2.2 模組物件參數值指定覆寫

在這種方法中，在一個模組中使用 **parameter** 宣告的參數，在該模組被引用時，將由參數埠 (parameter port) 中的參數覆寫。欲引用具有參數埠選項的模組時，可以使用下列格式：

```
module_name [#(list_of_parameter_assignments)]
                instance_name [range]([ports])
             {, instance_name [range]([ports])};
```

其中 `#(list_of_parameter_assignments)` 為參數埠，它傳遞參數到被引用模組中，覆寫在被引用模組中使用 **parameter** 宣告定義的對應參數。

參數的指定方式有二：

- 名稱對應 (named association)：在這種方式中，指定參數值予指定的被引用物件的參數名稱。這種方式的好處為只需要指定需要新值的參數，其它不需要改變的參數值，並不需要重新指定。
- 位置對應 (positional association) 或順序對應 (ordered association)：在這種方式中，參數值指定的次序，必須與模組中參數宣告的次序一致。

上述兩種參數值的指定方式不能混用在同一個引用物件中。

■ 例題 3.3-3: 名稱對應例

本例題引用 `modulo_r_counter` 模組兩次，產生兩個引用物件。參數值使用名稱對應方式，傳遞到各個引用物件。結果產生一個模 6 計數器與一個模 12 計數器。在這種情形下，在參數埠中，參數的次序並不重要。

```
// an example of using named association
module two_counters(
       input clock, clear,
       output [2:0] qout6b,
       output [3:0] qout12b);
// instantiate two counter modules
modulo_r_counter #(.N(3), .R(6))  modulo_6  (clock, clear, qout6b);
modulo_r_counter #(.R(12), .N(4)) modulo_12 (clock, clear, qout12b);
endmodule
```

■ 例題 3.3-4: 位置對應例

本例題引用 modulo_r_counter 模組兩次，產生兩個引用物件。參數值使用位置對應方式，傳遞到各個引用物件。結果產生一個模 6 計數器與一個模 12 計數器。在這種情形下，在參數埠中，參數的次序相當重要。

```
// an example of using positional association
module two_counters(
       input clock, clear,
       output [2:0] qout6b,
       output [3:0] qout12b);
// instantiate two counter modules
modulo_r_counter #(6, 3)  modulo_6  (clock, clear, qout6b);
modulo_r_counter #(12, 4) modulo_12 (clock, clear, qout12b);
endmodule
```

3.3.3 generate 區

generate 區允許在闡述時間 (elaboration time) 中，選擇或是複製某些指述。闡述時間意指在分析設計的語法之後，而在開始執行模擬或邏輯合成之前的時間。一個 **generate** 區使用一對保留字 **generate** 與 **endgenerate** 定義。**generate** 區的強項為它可以條件性地在一個設計的描述中，產生宣告與模組的引用物件。幾乎可以置放於模組內的任何物件，都可以置放於 **generate** 區內 [4]。經由使用 **generate** 區，一維或是多維的疊代邏輯結構 (iterative logic structure)，例如 $m \times n$ 陣列乘法器 (array multiplier) 與 $m \times n$ 陣列除法器 (array divider) [3, 7, 8]，即可以輕易完成。

generate 區的功能，主要以下列三個指述為中心：*generate-loop*、*generate-conditional* 與 *generate-case*。因此，我們將簡潔地介紹這三種指述，並列舉實際應用例。

3.3.3.1 Generate-Loop 指述

在 **generate** 區內，使用 **for** 指述，即形成 generate loop 指述。generate loop 指述允許在闡述時間內，複製模組、基本邏輯閘、**assign** 持續性指定、**initial** 區塊與 **always** 區塊。

■ 例題 3.3-5: generate-loop 指述應用例

本例題在 generate-loop 指述中，使用 **assign** 持續性指定，轉換格雷碼 (Gray code) 為等效的二進碼。欲轉換一個格雷碼為等效的二進碼時，可以計算其由最大有效位元 (most significant bit，MSB) 開始到目前的二進碼位元 i 為止的 1 位元數目。若為奇數，則目前的二進碼位元設定為 1；否則，目前的二進碼位元清除為 0。因此，簡縮運算子 ^ 可以應用在 gray 向量中，由 $N-1$ 到 i 的範圍，將其簡縮為單一位元的結果。由位元 0 到位元 $N-1$，重複此程序，轉換程序即可以完成。

```
// an example of converting a Gray code into its binary code
module gray2bin
       #(parameter N = 8)( // default value
         input  [N-1:0] gray,
         output [N-1:0] bin);

// the body of the gray-to-binary converter
genvar i;                    // the generate-loop index
generate for (i = 0; i < N; i = i + 1) begin: bit_convert
   assign bin[i] = ^gray[N-1:i];
end endgenerate
endmodule
```

在上述例題中，可以使用 **always** 區塊取代 **assign** 持續性指定。然而，由於其直覺性的簡單，將其留與讀者練習。

3.3.3.2 Generate-Conditional 指述

在 **generate** 區內，使用 **if-else** 指述，即形成 generate conditional 指述。generate conditional 指述允許在闡述時間內，依據 **if-else** 條件表式，複製模組、基本邏輯閘、**assign** 持續性指定、**initial** 區塊與 **always** 區塊。說明例如下列例題所示。

■ 例題 3.3-6: Generate-Conditional 指述應用例

本例題描述一個參數化 n 位元漣波進位加法器 (ripple-carry adder)。為此，使用一個 **if-else** 條件表式設定邊界位元，最小有效位元 (LSB) 與最大有效位元 (MSB)，以及其它位元。LSB 需要接受外部進位輸入 c_in，而 MSB 需要傳送模組的進位輸出 c_out。其它位元則接受其前一級的進位輸出，並傳送其進位輸出到其下一級。

```
// a generate-conditional statement in a generate region
module adder_nbits_generate
      #(parameter N = 4)(// set default value
        input  [N-1:0] x, y,
        input  c_in,
        output [N-1:0] sum,
        output c_out);

// the body of the N-bit adder using a generate region
genvar i;
wire   [N-2:0] c;     // internal carries declared as nets
generate
for (i = 0; i < N; i = i + 1) begin: adder
   if (i == 0)          // specify the LSB
     full_adder fa (x[i], y[i], c_in, sum[i], c[i]);
   else if (i == N-1) // specify the MSB
     full_adder fa (x[i], y[i], c[i-1], sum[i], c_out);
   else                 // specify other bits
     full_adder fa (x[i], y[i], c[i-1], sum[i], c[i]);
end endgenerate
endmodule

module full_adder (
       input  x, y, c_in,
       output sum, c_out);
// the body of the full adder
assign #5 {c_out, sum} = x + y + c_in;
endmodule
```

3.3.3.3 Generate-Case 指述

與generate-conditional指述類似，generate-case 指述允許在闡述時間內，複製模組、基本邏輯閘、**assign** 持續性指定、**initial** 區塊與 **always** 區塊。

■ 例題 3.3-7: generate-case 指述應用例

此例題說明如何使用參數埠 (parameter port)，控制實際上 n 位元加法器的實現。當 WIDTH 為 4 與 8 時，n 位元加法器引用 adder_nbit 實現；當 WIDTH 為其它值時，n 位元加法器引用 adder_cla 模組實現。

```
// a generate-case statement in a generate region
module adder_nbits
      #(parameter WIDTH = 4)(  // default value
        input  [WIDTH-1:0] x, y,
        input  c_in,
        output [WIDTH-1:0] sum,
        output c_out);

// the body of the n-bit adder using a generate region
generate // instantiate a proper instance based on WIDTH
   case (WIDTH)
```

```
      4: adder_nbits #(4)  adder4(x,y,c_in,sum,c_out);
      8: adder_nbits #(8)  adder8(x,y,c_in,sum,c_out);
   default: adder_cla   #(WIDTH) cla(x,y,c_in,sum,c_out);
  endcase
endgenerate
endmodule
```

參考資料

1. Ming-Bo Lin, *Digital System Designs and Practices: Using Verilog HDL and FPGAs,* Singapore: John Wiley & Sons, 2008. (ISBN: 9780470823231)
2. Ming-Bo Lin, *Introduction to VLSI Systems: A Logic, Circuit, and System Perspective*, CRC Press, 2012. (ISBN: 9781439868591)
3. Ming-Bo Lin, *Digital System Designs and Practices: Using Verilog HDL and FPGAs,* 2nd ed., CreateSpace Independent Publishing Platform, 2015. (ISBN: 978-1514313305)
4. Ming-Bo Lin, *An Introduction to Verilog HDL,* CreateSpace Independent Publishing Platform, 2016. (ISBN: 978-1523320974)
5. Ming-Bo Lin, *Digital Logic Design: With An Introduction to Verilog HDL*, CreateSpace Independent Publishing Platform, 2016. (ISBN: 978-1537158365)
6. Ming-Bo Lin, *Digital System Design: Principles, Practices, and Applications,* 5th ed., Taipei, Taiwan: Chuan Hwa Book Ltd., 2017. (ISBN: 9789864635955)
7. Ming-Bo Lin, *FPGA-Based Systems Design and Practice—Part I: RTL Design and Prototyping in Verilog HDL,* CreateSpace Independent Publishing Platform, 2018. (ISBN: 978-1721530199)
8. Ming-Bo Lin, *FPGA-Based Systems Design and Practice—Part II: System Design, Synthesis, and Verification,* CreateSpace Independent Publishing Platform, 2018. (ISBN: 978-1721530106)

4 同步計數器

本章目標：本章的目的為學習如何設計模m的同步二進制計數器(synchronous modulo-m binary counter)。為此，我們首先設計與實現模2^n的同步二進制計數器，然後考慮模m的同步二進制計數器，其中$m \neq 2^k$，而k為一個正整數。為了讓讀者熟悉數位邏輯電路之設計，並且能夠撰寫一個良好的Verilog HDL程式模組，在其次的實驗專題中，我們將使用「做中學」(learn by doing)方式，首先探討使用電路圖輸入(schematic entry)的實驗專題，然後再研究使用HDL輸入(HDL entry)的實驗專題。如此兩相對照之下，讀者可以輕易地建立具體的硬體思考模式，而不再迷惑於以軟體思考模式，撰寫Verilog HDL模組，真正體會到硬體描述語言(hardware description language，HDL)的意義。

4.1 設計要點

問題說明：計數器(counter)普遍使用在各種數位系統中。它們用來計數事件的次數。這裡的"事件"意指任何發生值改變的被監測信號。在本章中，我們考慮下列類型的計數器：

- 同步模16二進制計數器(synchronous modulo-16 binary counter)
- 同步模6二進制計數器(synchronous modulo-6 binary counter)
- 同步模10二進制計數器(synchronous modulo-10 binary counter)

在植基於FPGA的系統中，使用的計數器通常是同步的，意指所有正反器(flip-flop)均在同一時間改變其狀態。在植基於FPGA的系統中，使用非同步計數器，可能會引發一些細微而困擾的問題[5]。因此，在本章中，我們只考慮同步計數器(synchronous counter)。同步計數器的設計程序與同步循序邏輯電路相同[5, 6]。

PS	NS clk↑	z clk↑
S_0	S_1	0
S_1	S_2	0
S_2	S_3	0
S_3	S_4	0
S_4	S_5	0
S_5	S_6	0
S_6	S_7	0
S_7	S_0	1

(a)

PS			NS clk↑				TFF輸入		
y_3	y_2	y_1	Y_3	Y_2	Y_1	z	T_3	T_2	T_1
0	0	0	0	0	1	0	0	0	1
0	0	1	0	1	0	0	0	1	1
0	1	0	0	1	1	0	0	0	1
0	1	1	1	0	0	0	1	1	1
1	0	0	1	0	1	0	0	0	1
1	0	1	1	1	0	0	0	1	1
1	1	0	1	1	1	0	0	0	1
1	1	1	0	0	0	1	1	1	1

(b)

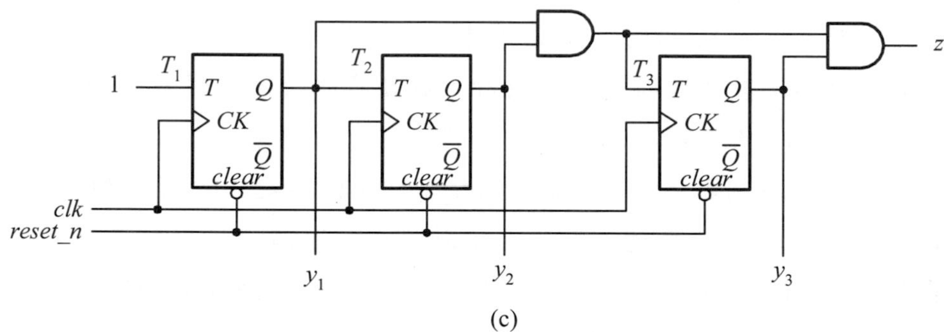

(c)

圖 4.1-1: 自發型同步模 8 二進制計數器：(a) 狀態表；(b) 轉態表與激勵表；(c) 邏輯電路

4.1.1 同步模16二進制計數器

自發型同步計數器 (autonomous synchronous counter) 除了必要的時脈信號外，並未包含任何外部輸入信號。當然，在實務上，也可能包含清除 (clear) (或稱重置，reset) 輸入端，以在需要時清除 (重置) 計數器。自發型同步計數器可以設計為正數 (up-count，或稱上數) 或倒數 (down-count，或稱下數)，而其模數可以是 2^n 或 $\neq 2^n$ 的值。

4.1.1.1 同步模8二進制計數器 在介紹自發型同步模 16 二進制計數器之前，先考慮自發型同步模 8 二進制計數器的設計。假設此計數器在每一個時脈信號的正緣時，均上數一次。當計數器上述到 111 時，輸出端 z 輸出一個 1 的脈波，在其它狀態時，輸出端 z 均維持為 0。

依據問題說明，因為計數器的狀態轉移僅由時脈信號 clk 驅動，可以得到圖 4.1-1(a) 的狀態表。使用二進制狀態指定與 T 型正反器，可以得到圖

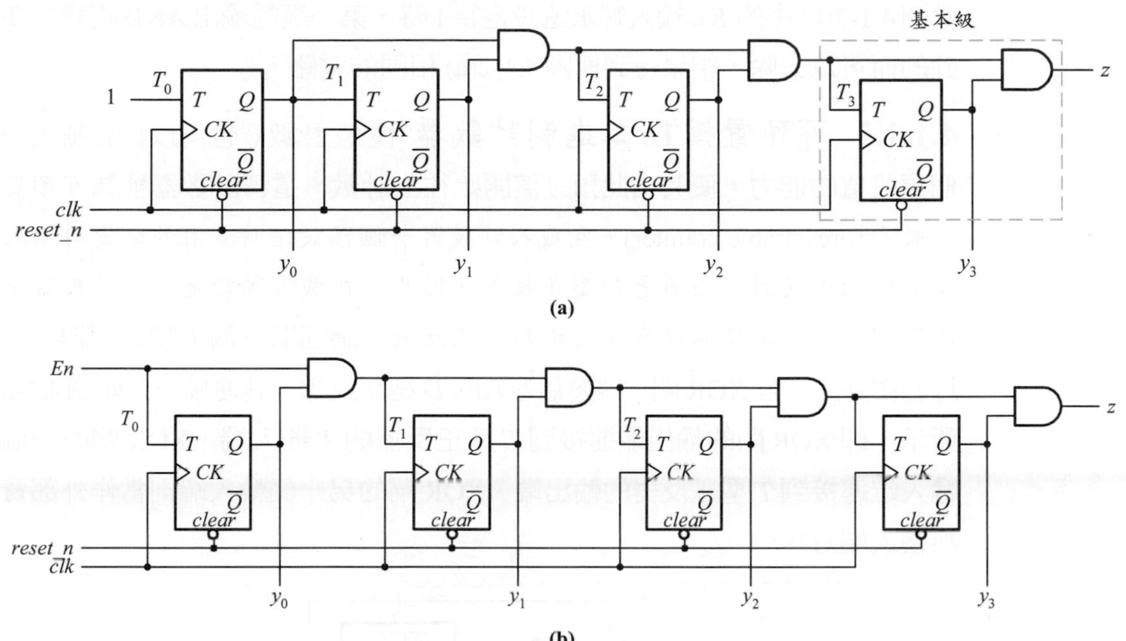

圖 4.1-2: (a) 自發型與 (b) 控制型同步模 16 二進制計數器

4.1-1(b) 的轉態表、輸出表與激勵表。使用卡諾圖化簡激勵表與輸出表，得到 T 型正反器的激勵函數與輸出函數分別為：

$$T_1 = 1 \qquad T_1 = 1$$

$$T_2 = y_1 \qquad T_2 = y_1$$

$$T_3 = y_1 y_2 \qquad T_3 = T_2 y_2$$

$$z = y_1 y_2 y_3 \qquad z = T_3 y_3$$

以連波進位模式 (ripple-carry mode) 方式，實現的邏輯電路如圖 4.1-1(c) 所示。

4.1.1.2 模 16 二進制計數器 使用相同的設計程序，可以得到一個自發型同步模 16 二進制正數計數器，如圖 4.1-2 所示。與 4.1-1 的計數器比較，可以得知：藉著串接 n 個基本級，即可以輕易地建構一個自發型同步模 2^n 正數計數器，其中每一個基本級為一個 T 型正反器與其附屬的 2 輸入 AND 閘，如圖 4.1-2(a) 中的虛線方塊所示。

控制型同步模 2^n 二進制計數器亦可以直接由串接 n 個圖 4.1-2(a) 所示的基本級電路組成，如圖 4.1-2(b) 所示。建議讀者使用與設計循序邏輯電路相同的程序，設計此計數器，然後比較兩者與驗證其結果。值得注意的是當圖 4.1-2(b) 中的 En 輸入端永遠設定為 1 時，第一級的輸出 AND 閘變為多餘的而可以去除，結果得到與圖 4.1-2(a) 相同的電路。

4.1.1.3 可預置模 16 二進制計數器 模 2^n 計數器也可以具有載入一個預設值的能力，使其由此預設值開始往上計數。這種計數器稱為可預置計數器 (presettable counter)。在載入計數器一個預設值時，由外部資料輸入端看到的正反器，必須是 D 型正反器。因此，在載入預設值時，計數器中的 T 型正反器必須轉換為等效的 D 型正反器。請回顧一個 T 型正反器，可以經由外加一個 XOR 閘，轉換為等效的 D 型正反器，其連接方式如圖 4.1-3 所示，即 XOR 閘的輸出端連接到 T 型正反器的 T 輸入端，XOR 閘的一個輸入端連接到 T 型正反器的輸出端，XOR 閘的另一個輸入端則當作外部資料輸入端 (D)。

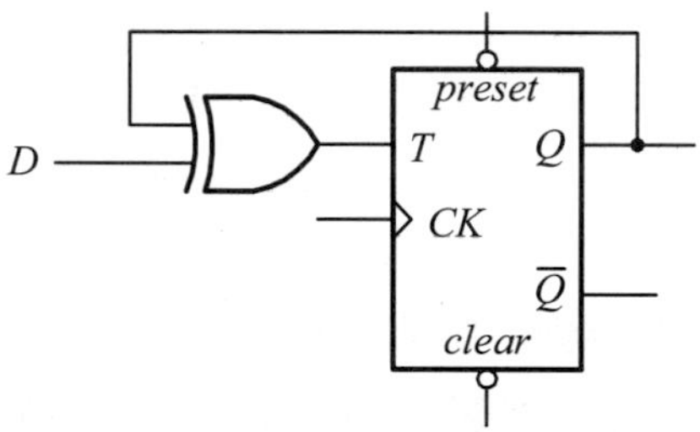

圖 4.1-3: 使用 T 型正反器實現的 D 型正反器

基於等效的 D 型正反器電路，可以容易地建構一個載入單元 (load cell) 電路，如圖 4.1-4 的陰影部分所示。當載入單元的 *load* 控制為 0 時，每一個

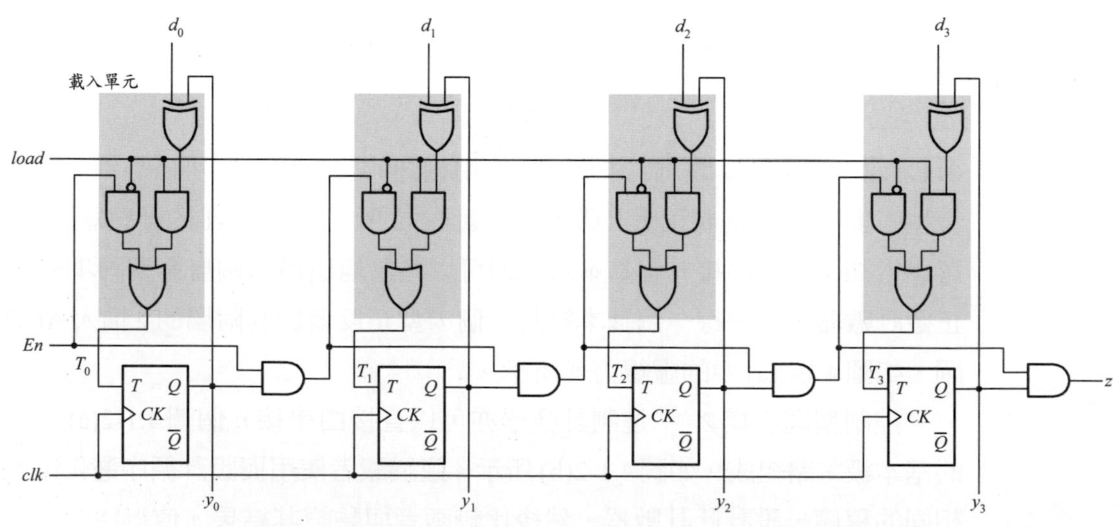

圖 4.1-4: 可預置控制型同步模 16 正數二進制計數器

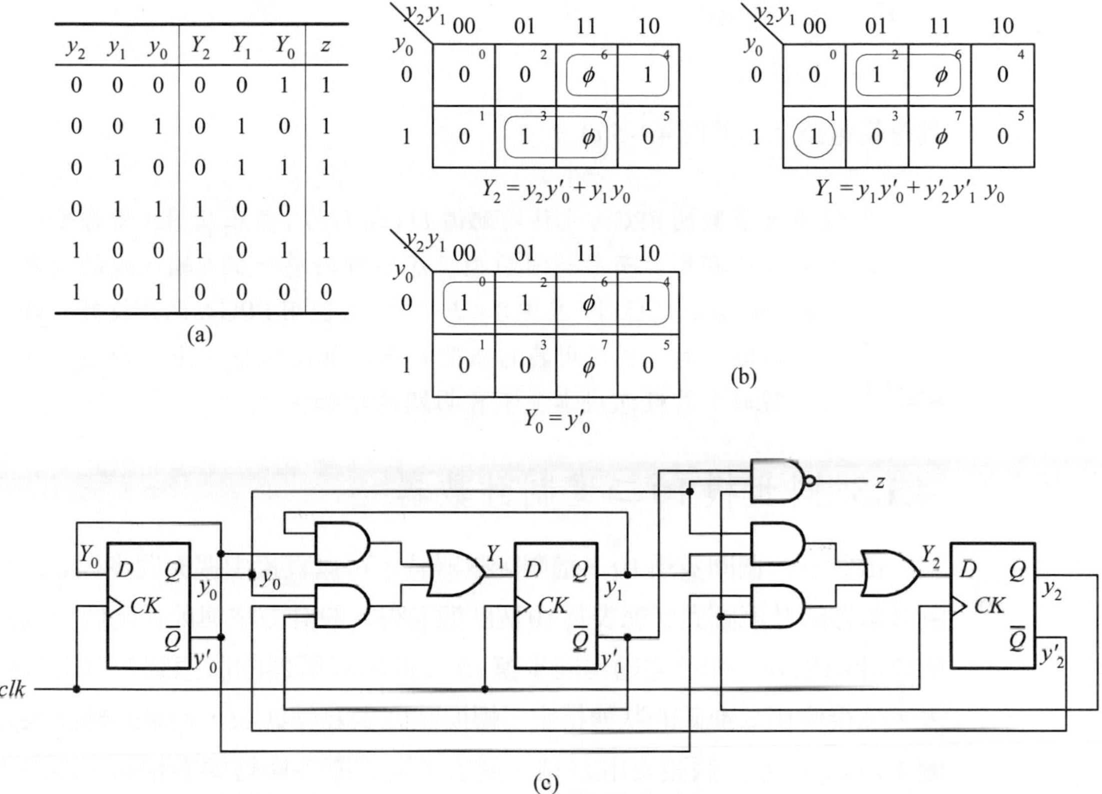

y_2	y_1	y_0	Y_2	Y_1	Y_0	z
0	0	0	0	0	1	1
0	0	1	0	1	0	1
0	1	0	0	1	1	1
0	1	1	1	0	0	1
1	0	0	1	0	1	1
1	0	1	0	0	0	0

圖 4.1-5: 同步模 6 二進制計數器：(a) 轉態表；(b) 卡諾圖；(c) 邏輯電路

載入單元的輸出為由其前一級來的致能 (en) 信號，因此計數器正常操作而為正數計數器；當載入單元的 *load* 控制為 1 時，外部資料可以抵達等效的 D 型正反器資料輸入端，因此外部資料輸入 $\{din[0], din[1], din[2], din[3]\}$ 可以進入與設定計數器的初始值。

4.1.2 同步模 6 二進制計數器

同步模 6 二進制計數器可以使用與設計同步模 16 二進制計數器相同的方式設計。其設計步驟如下：首先，繪出同步模 6 二進制計數器的狀態圖並寫出狀態表，然後使用二進碼的狀態指定，轉換狀態表為轉態表，結果的轉態表如圖 4.1-5(a) 所示。假設使用 D 型正反器，則激勵表與轉態表相同。經由圖 4.1-5(b) 的卡諾圖化簡後，D 型正反器的激勵函數與輸出函數可以表示如下：

$$Y_0 = y'_0$$

$$Y_1 = y_1y'_0 + y'_2y'_1y_0$$

$$Y_2 = y_2y_0' + y_1y_0$$
$$z = (y_2y_1'y_0)'$$

其邏輯電路呈現於圖 4.1-5(c)。

> 因為大多數的 FPGA 元件均配備 D (或 D/T) 型正反器，當作唯一的正反器類型，而每一個 D 型正反器都附屬一個 k 輸入端的查表 (lookup table，LUT)，其中 $3 \le k \le 8$，在使用 FPGA 元件設計一個同步計數器時，與使用其它類型的正反器比較下，使用 D 型正反器實現時，其硬體成本並不會明顯的增加。

4.1.3 同步模 10 二進制計數器

欲設計一個同步模 10 二進制計數器時，可以直接由擴充同步模 6 二進制計數器的狀態圖與狀態表為 10 個狀態而得。設計方法與前述兩個計數器的設計例相同，即首先繪出同步模 10 二進制計數器的狀態圖並寫出狀態表，然後使用二進碼的狀態指定，轉換狀態表為轉態表，結果的轉態表如圖 4.1-6(a) 所示。假設使用 D 型正反器，則激勵表與轉態表相同。經由圖 4.1-6(b) 的卡諾圖化簡後，D 型正反器的激勵函數與輸出函數可以表示如下：

$$Y_0 = y_0'$$
$$Y_1 = y_1y_0' + y_3'y_1'y_0$$
$$Y_2 = y_2(y_1' + y_0') + y_2'y_1y_0$$
$$Y_3 = y_3y_0' + y_2y_1y_0$$
$$z = (y_3y_2'y_1'y_0)'$$

結果的邏輯電路呈現於圖 4.1-6(c)。

> 值得注意的是雖然進位輸出 z 可以寫為 $z = (y_3y_0)'$，較好的方式為寫成 $z = (y_3y_2'y_1'y_0)'$，以避免當許多相同電路級串接時，產生錯誤的計數序列，尤其在高速的時脈速率時。更詳細的討論，請參閱第 5.3.1.1 節。

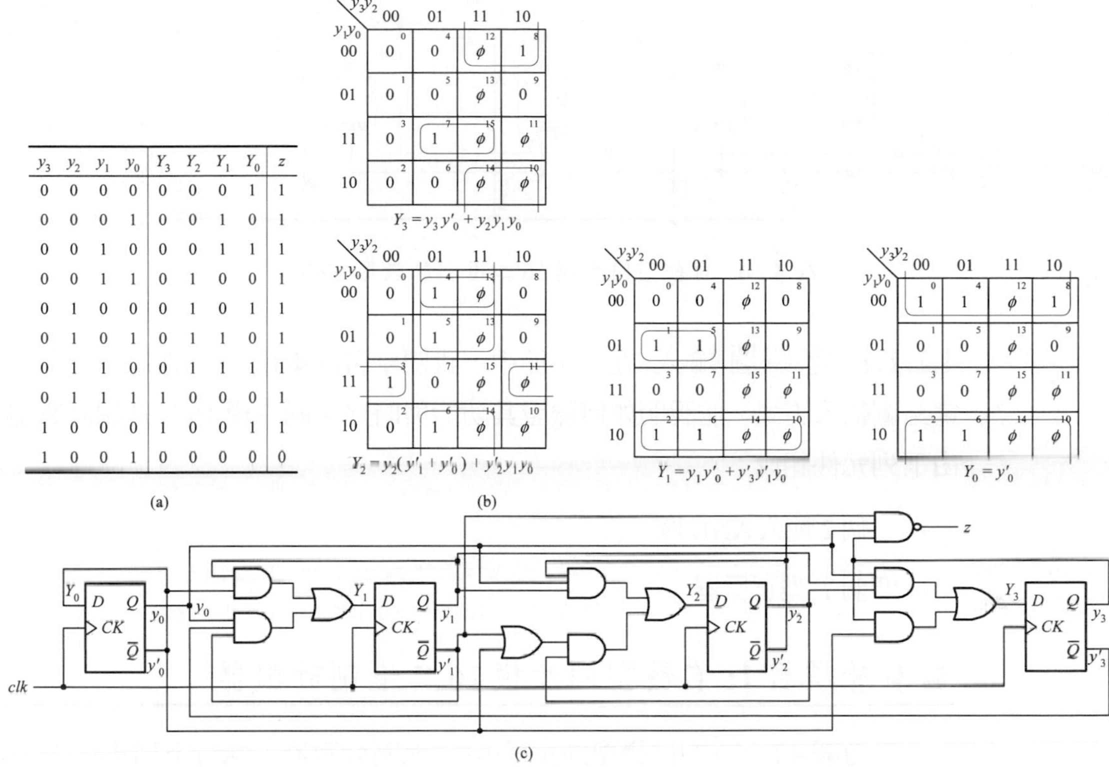

y_3	y_2	y_1	y_0	Y_3	Y_2	Y_1	Y_0	z
0	0	0	0	0	0	0	1	1
0	0	0	1	0	0	1	0	1
0	0	1	0	0	0	1	1	1
0	0	1	1	0	1	0	0	1
0	1	0	0	0	1	0	1	1
0	1	0	1	0	1	1	0	1
0	1	1	0	0	1	1	1	1
0	1	1	1	1	0	0	0	1
1	0	0	0	1	0	0	1	1
1	0	0	1	0	0	0	0	0

圖 4.1-6: 同步模 10 二進制計數器：(a) 轉態表；(b) 卡諾圖；(c) 邏輯電路

4.2 實驗專題

讀者必須時時銘記於心：必須以硬體思考 (hardware mind) 模式，撰寫 HDL 模組，因為 HDL 為描述硬體模組的語言。對於使用 Verilog HDL 來描述數位系統設計的初學者而言，或許這是一個最大、最困難的障礙。為了幫助讀者突破這一層障礙，在下列實驗專題中，我們首先引導讀者學習如何使用邏輯電路圖方式，輸入一個邏輯設計於 CAD 系統中，然後進行功能 (functionality) 與時序 (timing) 驗證，並在有需要時，進行實體測試 (real-world test)。之後，教導讀者使用 HDL 輸入方式，撰寫、驗證與測試相當於這些邏輯電路圖模組的 Verilog HDL 模組。

4.2.1 同步模 16 二進制計數器

在本節中，我們首先說明如何使用電路圖輸入方式，輸入圖 4.1-2 的同步模 16 二進制計數器於 CAD 系統中，然後介紹 HDL 輸入方法。不論在哪一種方式中，都詳細地介紹相關的功能與時序模擬。

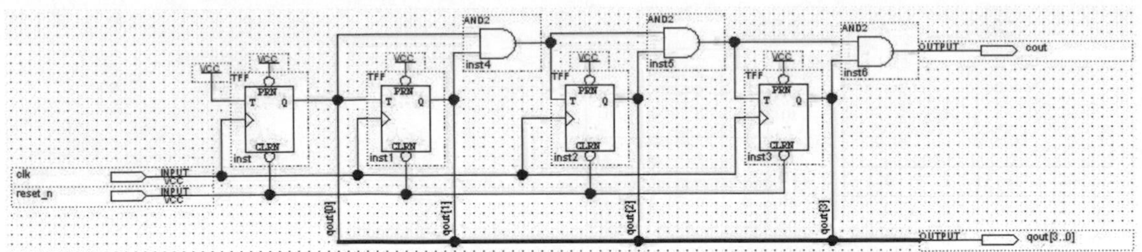

圖 4.2-1: 自發型同步模 16 二進制計數器電路

4.2.1.1 電路圖輸入 在本小節中，我們學習同步模 16 二進制計數器的電路圖輸入方式，並說明如何驗證其功能與時序。同步模 16 二進制計數器由下列元件組成：

- 三個 2 輸入 AND 閘
- 四個 *T* 型正反器

■ 實驗項目 1: 自發型同步模 16 二進制計數器

參考圖 4.1-2(a) 的自發型同步模 16 二進制計數器，執行下列步驟：

1. 建立一個新專案，*mod16_up.qpf*。
2. 產生一個新檔案，*mod16_up_clr.bdf*。
3. 使用電路圖輸入方式，輸入圖 4.1-2(a) 所示的自發型同步模 16 二進制計數器。在模 16 計數器電路加上輸入埠與輸出埠，並儲存結果。在完成上述動作後，可以得到與圖 4.2-1 所示類似的邏輯電路圖。
4. 設定 *mod16_up_clr.bdf* 為 Top-Level Entity，並做編譯。
5. 執行自發型同步模 16 二進制計數器的功能模擬。欲完成此動作，必須設定時脈 *clk* 與 *reset_n* 信號，然後執行功能模擬。觀察得到的結果，並檢查是否正確。自發型同步模 16 二進制計數器功能模擬結果的一段樣本，如圖 4.2-2 所示。

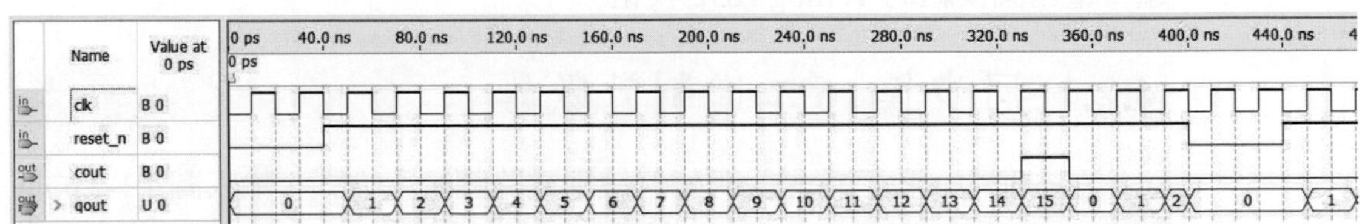

圖 4.2-2: 自發型同步模 16 二進制計數器功能模擬結果的一段樣本

☞ 在功能(或稱行為)模擬中，所有邏輯閘延遲時間均假定為 0 ns (除非使用時序控制指定值)。這一點可以由功能模擬的輸出結果中證實。若希望觀察邏輯閘的延遲時間，則必須執行時序模擬。

6. 執行自發型同步模 16 二進制計數器的時序模擬。觀察得到的結果，並檢查是否正確。指出模 16 計數器的延遲時間。自發型同步模 16 二進制計數器時序模擬結果的一段樣本，如圖 4.2-3 所示。

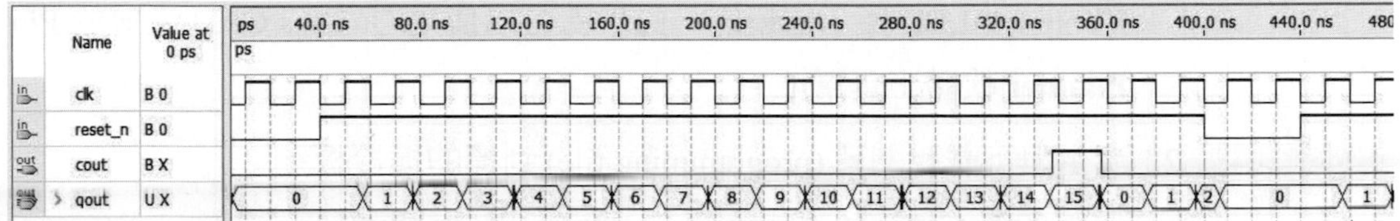

圖 4.2-3: 自發型同步模 16 二進制計數器時序模擬結果的一段樣本

☞ 在時序(邏輯閘層次)模擬中，必須約略估計自發型同步模 16 二進制計數器的延遲時間，以便可以設定時脈週期為在該延遲時間加上一段邊界值的時間，而可以得到正確的結果。

7. 產生自發型同步模 16 二進制計數器的符號檔 (symbol file) (即邏輯符號，logic symbol) (即 *mod16_up_clr.bsf*)。這一個邏輯符號將使用於其次的實驗專題中。產生的邏輯符號如下：

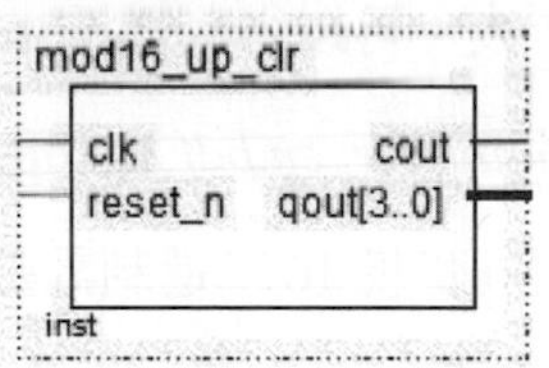

☞ 當使用邏輯符號時，可能需要調整該邏輯符號的輸入埠與輸出埠位置，以方便置入繪製的邏輯電路圖中。

■ 實驗項目 2: 選作項目

下列實驗步驟為選作項目。若希望將實驗項目的結果，下載至模擬板做實體測試 (real-world test)，則進行下列步驟：

1. 經由標的模擬板中的標的 FPGA 元件提供的輸入埠與輸出埠，分別連接自發型同步模 16 二進制計數器的輸入埠與輸出埠到開關與一個合

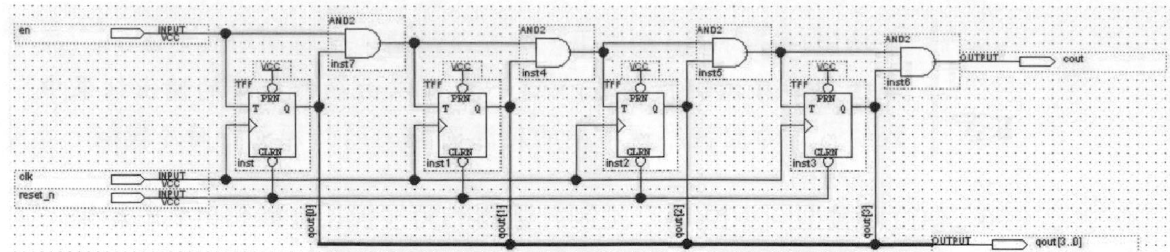

圖 4.2-4: 控制型同步模 16 二進制計數器電路

適的七段 LED 顯示器模組。此步驟可以使用 Quartus CAD 系統的 **Pin Planner** 軟體工具幫忙。

2. 產生與下載規劃檔 (programming file) 到標的模擬板。
3. 適當地設定開關值，並觀察 LED 狀態。檢視開關值與 LED 狀態的組合是否正確。

■ 實驗項目 3: 控制型同步模 16 二進制計數器

參考圖 4.1-2(b) 的控制型同步模 16 二進制計數器，執行下列步驟：

1. 產生一個新檔案，*mod16_up_clr_en.bdf*。
2. 使用電路圖輸入方式，輸入圖 4.1-2(b) 所示的控制型同步模 16 二進制計數器。在模 16 計數器電路加上輸入埠與輸出埠，並儲存結果。在完成上述動作後，可以得到與圖 4.2-4 所示類似的邏輯電路圖。
3. 設定 *mod16_up_clr_en.bdf* 為 Top-Level Entity，並做編譯。
4. 執行控制型同步模 16 二進制計數器的功能模擬。欲完成此動作，必須設定時脈 *clk* 與 *reset_n* 及 *en* 控制信號，然後執行功能模擬。觀察得到的結果，並檢查是否正確。控制型同步模 16 二進制計數器功能模擬結果的一段樣本，如圖 4.2-5 所示。

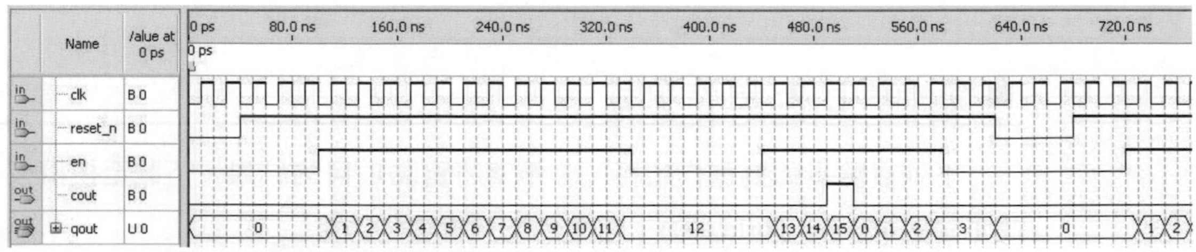

圖 4.2-5: 控制型同步模 16 二進制計數器功能模擬結果的一段樣本

> 在功能(或稱行為)模擬中，所有邏輯閘延遲時間均假定為 0 ns (除非使用時序控制指定值)。這一點可以由功能模擬的輸出結果中證實。若希望觀察邏輯閘的延遲時間，則必須執行時序模擬。

5. 執行控制型同步模 16 二進制計數器的時序模擬。觀察得到的結果，並檢查是否正確。指出控制型同步模 16 二進制計數器的延遲時間。控制型同步模 16 二進制計數器時序模擬結果的一段樣本，如圖 4.2-6 所示。

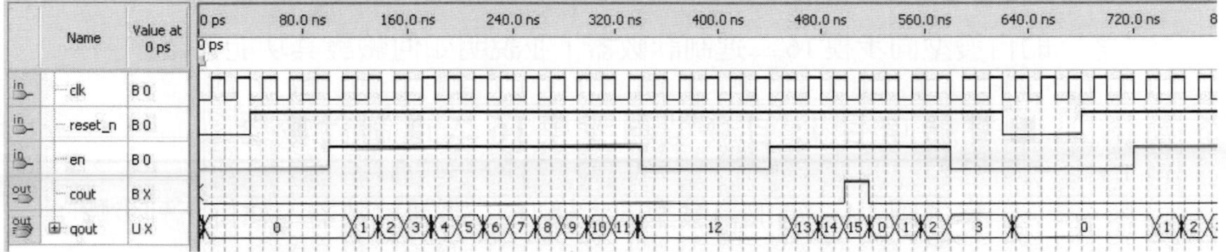

圖 4.2-6: 控制型同步模 16 二進制計數器時序模擬結果的一段樣本

> 在時序(邏輯閘層次)模擬中，必須約略估計控制型同步模 16 二進制計數器的延遲時間，以便可以設定時脈週期為在該延遲時間加上一段邊界值的時間，而可以得到正確的結果。

6. 產生控制型同步模 16 二進制計數器的符號檔 (symbol file) (即邏輯符號，logic symbol) (即 *mod16_up_clr_en.bsf*)。這一個邏輯符號將使用於其次的實驗專題中。產生的邏輯符號如下：

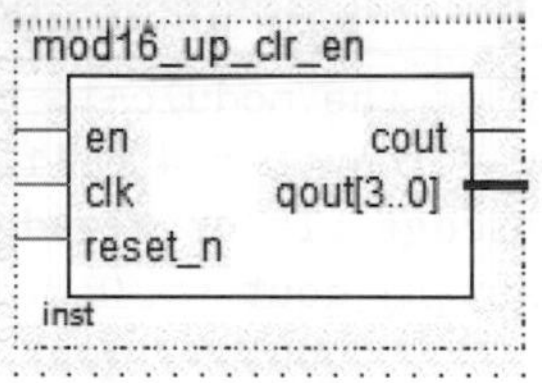

> 當使用邏輯符號時，可能需要調整該邏輯符號的輸入埠與輸出埠位置，以方便置入繪製的邏輯電路圖中。

■ 實驗項目 4: 選作項目

下列實驗步驟為選作項目。若希望將實驗項目的結果，下載至模擬板做實體測試 (real-world test)，則進行下列步驟：

1. 經由標的模擬板中的標的 FPGA 元件提供的輸入埠與輸出埠，分別連接控制型同步模 16 二進制計數器的輸入埠與輸出埠到開關與一個合適的七段 LED 顯示器模組。此步驟可以使用 Quartus CAD 系統的 **Pin Planner** 軟體工具幫忙。

2. 產生與下載規劃檔 (programming file) 到標的模擬板。
3. 適當地設定開關值，並觀察 LED 狀態。檢視開關值與 LED 狀態的組合是否正確。

4.2.1.2 HDL 輸入 在本小節中，我們使用 Verilog HDL，描述圖 4.1-2(a) 的自發型同步模 16 二進制計數器，並說明如何驗證其功能與時序。

■ 實驗項目 1: 自發型同步模 16 二進制計數器

參考圖 4.1-2(a) 的自發型同步模 16 二進制計數器，執行下列步驟：

1. 建立一個新專案，*mod16_up_HDL.qpf*。
2. 產生一個新檔案，*mod16_up_clr.v*。
3. 使用行為描述方式，撰寫與輸入一個 Verilog HDL 模組，在 RTL 層次描述圖 4.1-2(a) 的自發型同步模 16 二進制計數器，並儲存它。下列 Verilog HDL 模組為一個可能的範例。

```
// a modulo-16 binary counter with asynchronous reset_n
module mod16_up_clr (
       input  clk, reset_n,
       output cout,        // carry-out
       output reg [3:0] qout);

// the body of the modulo-16 binary counter
assign cout = (qout == 4'b1111);
always @(posedge clk or negedge reset_n)
   if (!reset_n) qout <= 0;
   else          qout <= qout + 1;
endmodule
```

☞ 應該注意的是在 Quartus CAD 系統中，檔案名稱必須與最上層模組 (top-level module) 名稱相同。因此，上述模組的檔案名稱必須為 *mod16_up_clr.v*。

4. 產生一個新檔案 *mod16_up_clr_tb.v*，撰寫與輸入 *mod16_up_clr.v* 模組的測試平台。下列模組為一個可能的測試平台。

```
// a test bench for the mod16_up_clr module
`timescale 1 ns / 100 ps
module mod16_up_clr_tb;
```

```
// internal signals declarations:
reg  clk, reset_n;
wire cout;
wire [3:0] qout;
// Unit Under Test instantiation and port map
mod16_up_clr UUT (
        .clk(clk), .reset_n(reset_n),
        .cout(cout), .qout(qout));

always begin // generate the clk_1ms signal
   #10 clk <= 1'b0;
   #10 clk <= 1'b1;
end
initial begin
   reset_n <= 1'b0;  // generate the reset_n signal
   repeat (5) @(negedge clk) reset_n <= 1'b0;
   reset_n <= 1'b1;
end
initial
   #700 $finish;
initial         // response monitoring block
   $monitor($realtime,"ns %h %h %h %h \n",
            clk, reset_n, cout, qout);
endmodule
```

> ☞ 雖然測試平台 (test bench) 的檔案名稱與模組名稱不需要相同，一個好的習慣是使用相同的檔案名稱與模組名稱，即 *mod16_up_clr_tb.v*。

5. 設定 *mod16_up_clr.v* 為 Top-Level Entity，並做編譯。
6. 執行自發型同步模 16 二進制計數器的 RTL (behavioral) 模擬。觀察得到的結果，並檢查是否正確。自發型同步模 16 二進制計數器 RTL 模擬結果的一段樣本，如圖 4.2-7 所示。

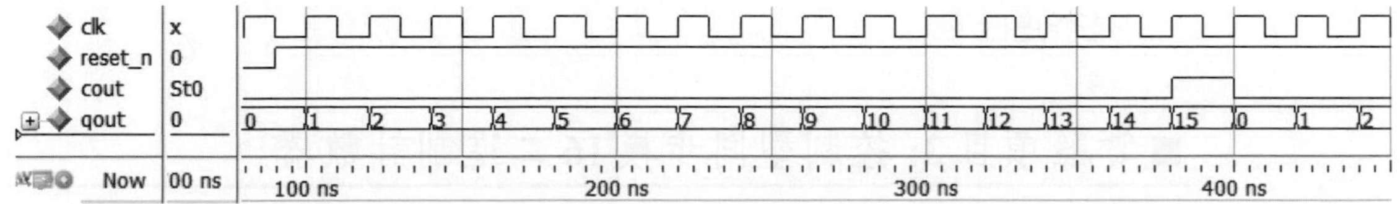

圖 4.2-7: 自發型同步模 16 二進制計數器 RTL 模擬結果的一段樣本

> ☞ 在 RTL(功能或稱行為) 模擬中，所有邏輯閘延遲時間均假定為 0 ns (除非使用時序控制指定值)。這一點可以由功能模擬的輸出結果中證實。若希望觀察邏輯閘的延遲時間，則必須執行時序模擬。

7. 執行自發型同步模 16 二進制計數器的邏輯閘層次 (時序) 模擬。觀察得到的結果，並檢查是否正確。指出自發型同步模 16 二進制計數器的延遲時間。自發型同步模 16 二進制計數器邏輯閘層次模擬結果的一段樣本，如圖 4.2-8 所示。

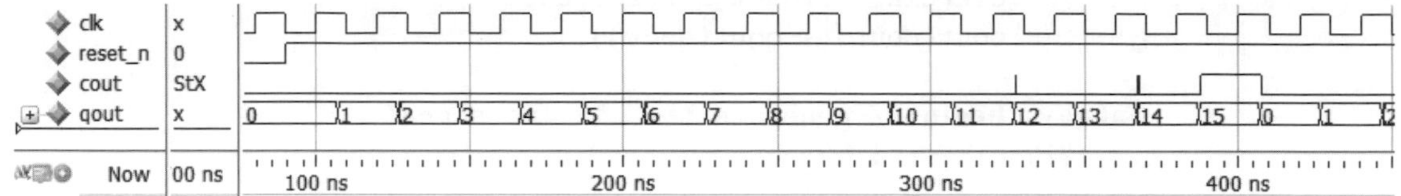

圖 4.2-8: 自發型同步模 16 二進制計數器邏輯閘層次模擬結果的一段樣本

☞ 在邏輯閘層次 (時序) 模擬中，必須約略估計自發型同步模 16 二進制計數器的延遲時間，以便可以設定時脈週期為在該延遲時間加上一段邊界值的時間，而可以得到正確的結果。

■ 實驗項目 2: 選作項目

下列實驗步驟為選作項目。若希望將實驗項目的結果，下載至模擬板做實體測試 (real-world test)，則進行下列步驟：

1. 經由標的模擬板中的標的 FPGA 元件提供的輸入埠與輸出埠，分別連接自發型同步模 16 二進制計數器的輸入埠與輸出埠到開關與一個合適的七段 LED 顯示器模組。此步驟可以使用 Quartus CAD 系統的 **Pin Planner** 軟體工具幫忙。
2. 產生與下載規劃檔 (programming file) 到標的模擬板。
3. 適當地設定開關值，並觀察 LED 狀態。檢視開關值與 LED 狀態的組合是否正確。

■ 實驗項目 3: 控制型同步模 16 二進制計數器

參考圖 4.1-2(b) 的控制型同步模 16 二進制計數器，執行下列步驟：

1. 產生一個新檔案，*mod16_up_clr_en.v*。
2. 使用行為描述方式，撰寫與輸入一個 Verilog HDL 模組，在 RTL 層次描述圖 4.1-2(b) 的控制型同步模 16 二進制計數器，並儲存它。下列 Verilog HDL 模組為一個可能的範例。

```
// a modulo-16 binary counter with asynchronous reset
// and enable control
module mod16_up_clr_en (
       input  clk, reset_n, en,
       output cout,      // carry-out
       output reg [3:0] qout);
// the body of the modulo-16 binary counter
assign cout = (qout == 4'b1111);
always @(posedge clk or negedge reset_n)
   if (!reset_n) qout <= 0;
   else if (en)  qout <= qout + 1;
endmodule
```

> 應該注意的是在 Quartus CAD 系統中，檔案名稱必須與最上層模組 (top-level module) 名稱相同。因此，上述模組的檔案名稱必須為 *mod16_up_clr_en.v*。

3. 產生一個新檔案 *mod16_up_clr_en_tb.v*，撰寫與輸入 *mod16_up_clr_en.v* 模組的測試平台。下列模組為一個可能的測試平台。

```
// a test bench for the modulo-16 counter
`timescale 1 ns / 100 ps
module mod16_up_clr_en_tb;
// internal signals declarations:
parameter clock_period = 20;
reg  clk, reset_n, en;
wire cout;
wire [3:0] qout;
// Unit Under Test instantiation and port map
mod16_up_clr_en UUT (
      .clk(clk), .reset_n(reset_n), .en(en),
      .cout(cout), .qout(qout));

always begin // generate the clk_1ms signal
   #(clock_period/2) clk <= 1'b0;
   #(clock_period/2) clk <= 1'b1;
end
initial begin
   reset_n <= 1'b0;  // generate the reset_n signal
   en <= 1'b0;
   repeat (5) @(negedge clk) reset_n <= 1'b0;
 reset_n <= 1'b1;
   en <= 1'b1;
   repeat (3) @(negedge clk) en <= 1'b0;
   repeat (5) @(negedge clk) en <= 1'b1;
   repeat (3) @(negedge clk) en <= 1'b0;
   repeat (12) @(negedge clk) en <= 1'b1;
   en <= 1'b0;
end
initial
```

```
    #700 $finish;
initial       // response monitoring block
    $monitor($realtime,"ns %h %h %h %h %h \n",
             clk, reset_n, en, cout, qout);
endmodule
```

☞ 雖然測試平台 (test bench) 的檔案名稱與模組名稱不需要相同，一個好的習慣是使用相同的檔案名稱與模組名稱，即 *mod16_up_-clr_en_tb.v*。

4. 設定 *mod16_up_clr_en.v* 為 Top-Level Entity，並做編譯。
5. 執行控制型同步模 16 二進制計數器的 RTL (behavioral) 模擬。觀察得到的結果，並檢查是否正確。控制型同步模 16 二進制計數器 RTL 模擬結果的一段樣本，如圖 4.2-9 所示。

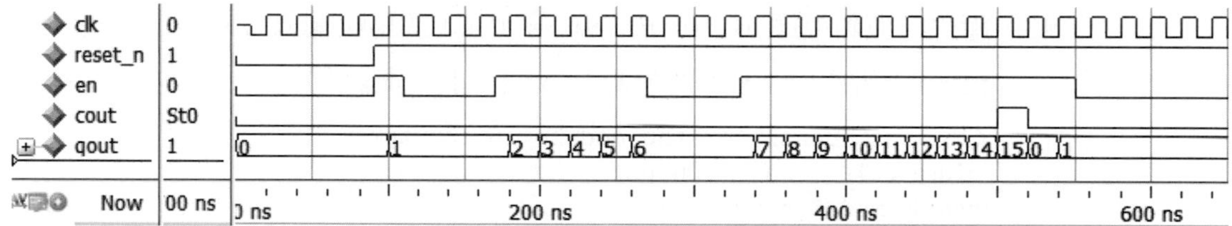

圖 4.2-9: 控制型同步模 16 二進制計數器 RTL 模擬結果的一段樣本

☞ 在 RTL(功能或稱行為) 模擬中，所有邏輯閘延遲時間均假定為 0 ns (除非使用時序控制指定值)。這一點可以由功能模擬的輸出結果中證實。若希望觀察邏輯閘的延遲時間，則必須執行時序模擬。

6. 執行控制型同步模 16 二進制計數器的邏輯閘層次 (時序) 模擬。觀察得到的結果，並檢查是否正確。指出控制型同步模 16 二進制計數器的延遲時間。控制型同步模 16 二進制計數器邏輯閘層次模擬結果的一段樣本如圖 4.2-10 所示。

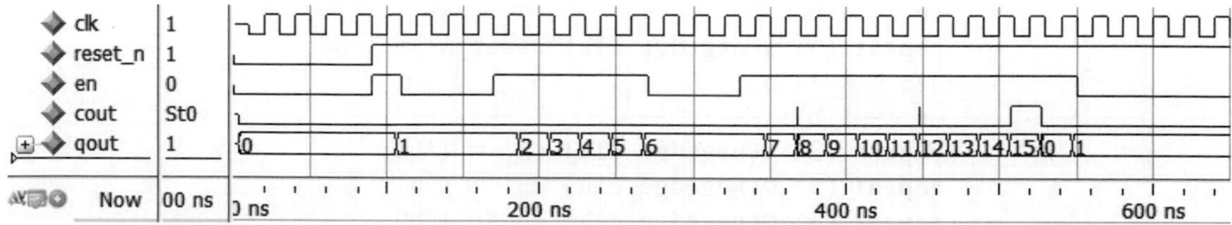

圖 4.2-10: 控制型同步模 16 二進制計數器邏輯閘層次模擬結果的一段樣本

☞ 在邏輯閘層次 (時序) 模擬中，必須約略估計控制型同步模 16 二進制計數器的延遲時間，以便可以設定時脈週期為在該延遲時間加上一段邊界值的時間，而可以得到正確的結果。

■ 實驗項目 4: 選作項目

下列實驗步驟為選作項目。若希望將實驗項目的結果，下載至模擬板做實體測試 (real-world test)，則進行下列步驟：

1. 經由標的模擬板中的標的 FPGA 元件提供的輸入埠與輸出埠，分別連接控制型同步模 16 二進制計數器的輸入埠與輸出埠到開關與一個合適的七段 LED 顯示器模組。此步驟可以使用 Quartus CAD 系統的 **Pin Planner** 軟體工具幫忙。
2. 產生與下載規劃檔 (programming file) 到標的模擬板。
3. 適當地設定開關值，並觀察 LED 狀態。檢視開關值與 LED 狀態的組合是否正確。

4.2.2 同步模 6 二進制計數器

在本節中，我們首先說明如何使用電路圖輸入方式，輸入圖 4.1-5 的 (自發型) 同步模 6 二進制計數器於 CAD 系統中，然後介紹 HDL 輸入方法。不論在哪一種方式中，都詳細地介紹相關的功能與時序模擬。

4.2.2.1 電路圖輸入 在本小節中，我們學習同步模 6 二進制計數器的電路圖輸入方式，並說明如何驗證其功能與時序。

■ 實驗項目 1: 同步模 6 二進制計數器

參考圖 4.1-5(c) 的同步模 6 二進制計數器，執行下列步驟：

1. 建立一個新專案，*mod6_up.qpf*。
2. 產生一個新檔案，*mod6_up_clr.bdf*。
3. 使用電路圖輸入方式，輸入圖 4.1-5(c) 的同步模 6 二進制計數器。在同步模 6 二進制計數器電路加上輸入埠與輸出埠，並儲存結果。在完成上述動作後，可以得到與圖 4.2-11所示類似的邏輯電路圖。
4. 設定 *mod6_up.bdf* 為 Top-Level Entity，並做編譯。

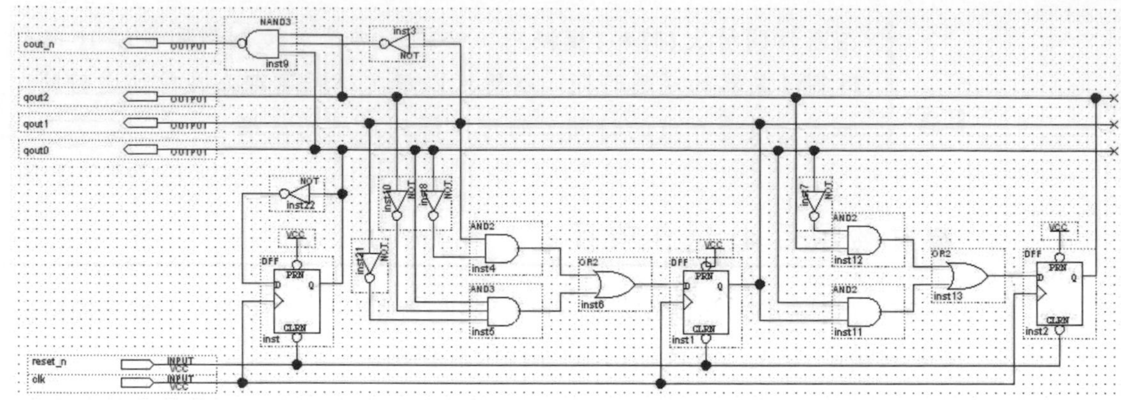

圖 4.2-11: 同步模6二進制計數器電路

5. 執行同步模6二進制計數器的功能模擬。欲完成此動作，必須設定時脈*clk*與*reset_n*信號，然後執行功能模擬。觀察得到的結果，並檢查是否正確。同步模6二進制計數器功能模擬結果的一段樣本，如圖4.2-12所示。

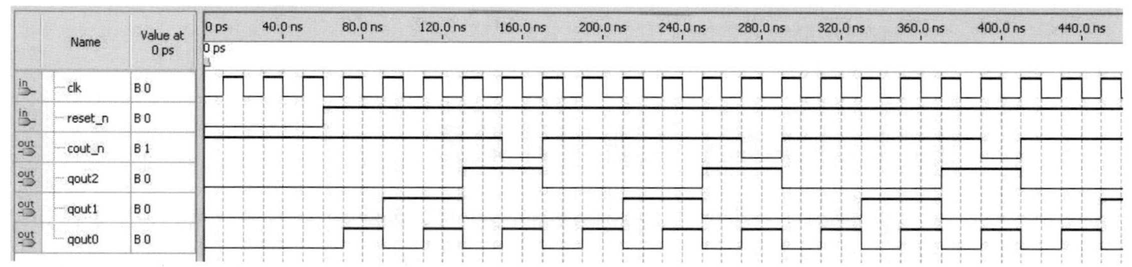

圖 4.2-12: 同步模6二進制計數器功能模擬結果的一段樣本

☞ 在功能(或稱行為)模擬中，所有邏輯閘延遲時間均假定為0 ns (除非使用時序控制指定值)。這一點可以由功能模擬的輸出結果中證實。若希望觀察邏輯閘的延遲時間，則必須執行時序模擬。

6. 執行同步模6二進制計數器的時序模擬。觀察得到的結果，並檢查是否正確。指出同步模6二進制計數器的延遲時間。同步模6二進制計數器時序模擬結果的一段樣本，如圖4.2-13所示。

☞ 在時序(邏輯閘層次)模擬中，必須約略估計同步模6二進制計數器的延遲時間，以便可以設定時脈週期為在該延遲時間加上一段邊界值的時間，而可以得到正確的結果。

7. 產生同步模6二進制計數器的符號檔(symbol file) (即邏輯符號，logic

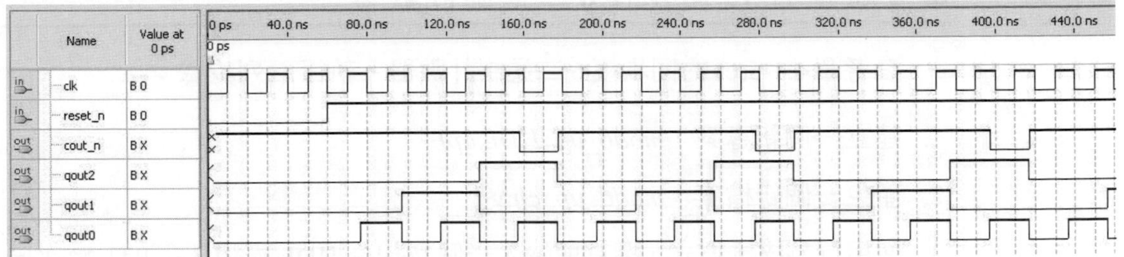

圖 4.2-13: 同步模6二進制計數器時序模擬結果的一段樣本

symbol) (即 *mod6_up_clr.bsf*)。這一個邏輯符號將使用於其次的實驗專題中。產生的邏輯符號如下：

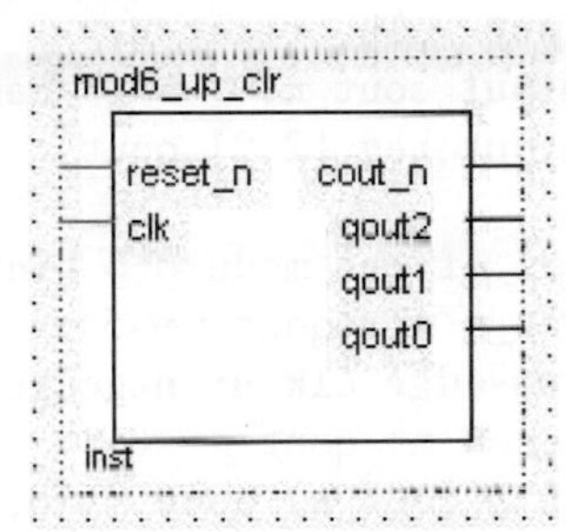

☞ 當使用邏輯符號時，可能需要調整該邏輯符號的輸入埠與輸出埠位置，以方便置入繪製的邏輯電路圖中。

■ 實驗項目 2: 選作項目

下列實驗步驟為選作項目。若希望將實驗項目的結果，下載至模擬板做實體測試 (real-world test)，則進行下列步驟：

1. 經由標的模擬板中的標的 FPGA 元件提供的輸入埠與輸出埠，分別連接同步模6二進制計數器的輸入埠與輸出埠到開關與一個合適的七段 LED 顯示器模組。此步驟可以使用 Quartus CAD 系統的 **Pin Planner** 軟體工具幫忙。
2. 產生與下載規劃檔 (programming file) 到標的模擬板。
3. 適當地設定開關值，並觀察 LED 狀態。檢視開關值與 LED 狀態的組合是否正確。

4.2.2.2 HDL 輸入 在本小節中，我們使用 Verilog HDL，描述圖 4.1-5(c) 的同步模6二進制計數器，並說明如何驗證其功能與時序。

■ 實驗項目 1: 同步模 6 二進制計數器

參考圖 4.1-5(c) 的同步模 6 二進制計數器，執行下列步驟：

1. 建立一個新專案，*mod6_up_HDL.qpf*。
2. 產生一個新檔案，*mod6_up_clr.v*。
3. 使用行為描述方式，撰寫與輸入一個 Verilog HDL 模組，在 RTL 層次描述圖 4.1-5(c) 的同步模 6 二進制計數器，並儲存它。下列 Verilog HDL 模組為一個可能的範例。

```
// a modulo-6 binary counter with asynchronous reset
module mod6_up_clr (
       input  clk, reset_n,
       output cout_n,      // negative carry-out
       output reg [2:0] qout);

// the body of the modulo-6 binary counter
assign cout_n = ~(qout == 5);
always @(posedge clk or negedge reset_n)
   if (!reset_n) qout <= 0;
   else if (!cout_n) qout <= 0;
        else          qout <= qout + 3'b001;
endmodule
```

> ☞ 應該注意的是在 Quartus CAD 系統中，檔案名稱必須與最上層模組 (top-level module) 名稱相同。因此，上述模組的檔案名稱必須為 *mod6_up_clr.v*。

4. 產生一個新檔案 *mod6_up_clr_tb.v*，撰寫與輸入 *mod6_up_clr.v* 模組的測試平台。下列模組為一個可能的測試平台。

```
// a test bench for the mod6_up module
`timescale 1ns / 1ps
module mod6_up_clr_tb;
// internal signals declarations
parameter clock_period = 20;
reg clk, reset_n;
wire cout_n;
wire [2:0] qout;
// Unit Under Test port map
mod6_up_clr mod6_cnt (
     .clk(clk), .reset_n(reset_n),
     .cout_n(cout_n), .qout(qout));
// generate the clock signal
always begin
   #(clock_period/2) clk <= 1'b0;
   #(clock_period/2) clk <= 1'b1;
end
```

```
initial begin
   reset_n <=1'b0;
   repeat (5) @(negedge clk) reset_n <= 1'b0;
   reset_n <=1'b1;
end
initial #700 $finish;
initial
   $monitor($realtime,"ns %h %h %h %h \n", clk,
            reset_n, cout_n, qout);
endmodule
```

> ☞ 雖然測試平台 (test bench) 的檔案名稱與模組名稱不需要相同，一個好的習慣是使用相同的檔案名稱與模組名稱，即 *mod6_up_clr_-tb.v*。

5. 設定 *mod6_up_clr.v* 為 Top-Level Entity，並做編譯。

6. 執行同步模 6 二進制計數器的 RTL (behavioral) 模擬。觀察得到的結果，並檢查是否正確。同步模 6 二進制計數器 RTL 模擬結果的一段樣本如圖 4.2-14 所示。

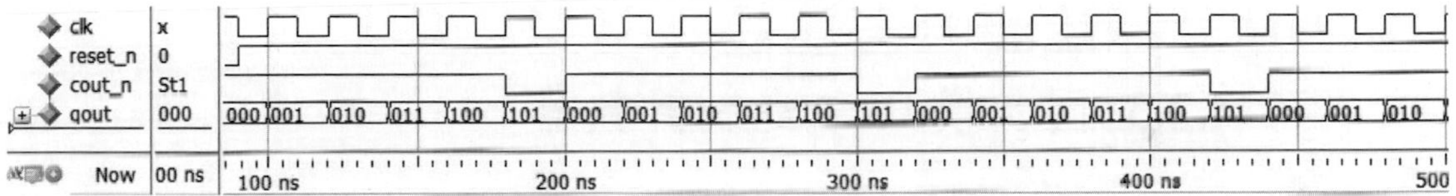

圖 4.2-14: 同步模 6 二進制計數器 RTL 模擬結果的一段樣本

> ☞ 在 RTL(功能或稱行為) 模擬中，所有邏輯閘延遲時間均假定為 0 ns (除非使用時序控制指定值)。這一點可以由功能模擬的輸出結果中證實。若希望觀察邏輯閘的延遲時間，則必須執行時序模擬。

7. 執行同步模 6 二進制計數器的邏輯閘層次 (時序) 模擬。觀察得到的結果，並檢查是否正確。指出同步模 6 二進制計數器的延遲時間。同步模 6 二進制計數器邏輯閘邏輯閘層次 (時序) 模擬 層次模擬結果的一段樣本，如圖 4.2-15 所示。

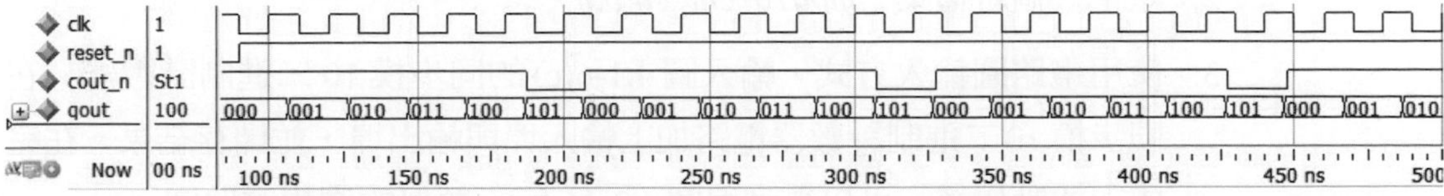

圖 4.2-15: 同步模 6 二進制計數器邏輯閘層次模擬結果的一段樣本

> ☞ 在邏輯閘層次 (時序) 模擬中，必須約略估計同步模 6 二進制計數器的延遲時間，以便可以設定時脈週期為在該延遲時間加上一段邊界值的時間，而可以得到正確的結果。

■ 實驗項目 2: 選作項目

下列實驗步驟為選作項目。若希望將實驗項目的結果，下載至模擬板做實體測試 (real-world test)，則進行下列步驟：

1. 經由標的模擬板中的標的 FPGA 元件提供的輸入埠與輸出埠，分別連接同步模 6 二進制計數器的輸入埠與輸出埠到開關與一個合適的七段 LED 顯示器模組。此步驟可以使用 Quartus CAD 系統的 **Pin Planner** 軟體工具幫忙。
2. 產生與下載規劃檔 (programming file) 到標的模擬板。
3. 適當地設定開關值，並觀察 LED 狀態。檢視開關值與 LED 狀態的組合是否正確。

4.2.3 同步模 10 二進制計數器

在本節中，我們首先說明如何使用電路圖輸入方式，輸入圖 4.1-6(c) 的同步模 10 二進制計數器於 CAD 系統中，然後介紹 HDL 輸入方法。不論在哪一種方式中，都詳細地介紹相關的功能與時序模擬。

4.2.3.1 電路圖輸入 在本小節中，我們學習同步模 10 二進制計數器的電路圖輸入方式，並說明如何驗證其功能與時序。

■ 實驗項目 1: 同步模 10 二進制計數器

參考圖 4.1-6(c) 的同步模 10 二進制計數器，執行下列步驟：

1. 建立一個新專案，*mod10_up.qpf*。
2. 產生一個新檔案，*mod10_cnt_clr.bdf*。
3. 使用電路圖輸入方式，輸入圖 4.1-6(c) 的同步模 10 二進制計數器。在同步模 10 二進制計數器電路加上輸入埠與輸出埠，並儲存結果。在完成上述動作後，可以得到與圖 4.2-16 所示類似的邏輯電路圖。

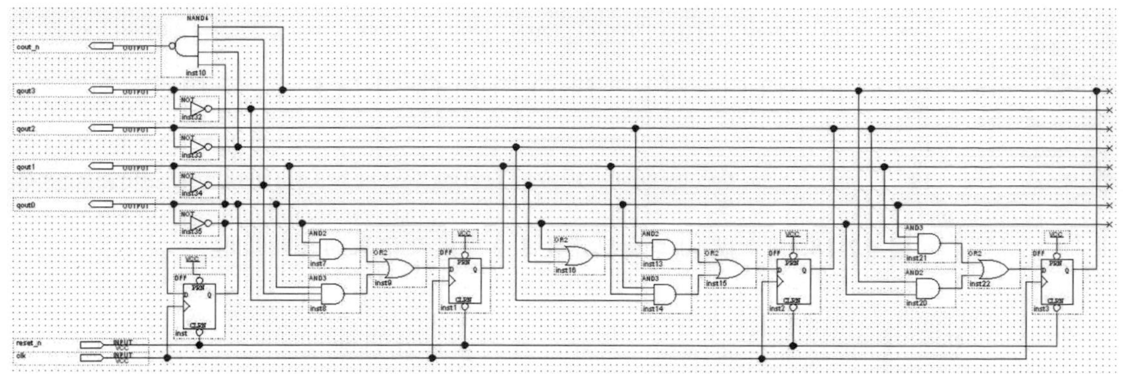

圖 4.2-16: 同步模 10 二進制計數器電路

> 值得注意的 *cout_n* 應該是負向脈波；否則，它將促使其次較高有效級不正確計數，即太早計數，因為計數器為正緣觸發方式。

4. 設定 *mod10_cnt_clr.bdf* 為 Top-Level Entity，並做編譯。
5. 執行同步模 10 二進制計數器的功能模擬。欲完成此動作，必須設定時脈 *clk* 與 *reset_n* 信號，然後執行功能模擬。觀察得到的結果，並檢查是否正確。同步模 10 二進制計數器功能模擬結果的一段樣本，如圖 4.2-17 所示。

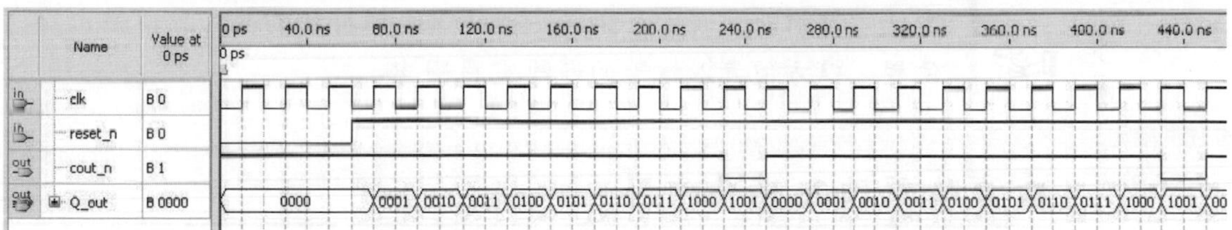

圖 4.2-17: 同步模 10 二進制計數器功能模擬結果的一段樣本

> 在功能 (或稱行為) 模擬中，所有邏輯閘延遲時間均假定為 0 ns (除非使用時序控制指定值)。這一點可以由功能模擬的輸出結果中證實。若希望觀察邏輯閘的延遲時間，則必須執行時序模擬。

6. 執行同步模 10 二進制計數器的時序模擬。觀察得到的結果，並檢查是否正確。指出同步模 10 二進制計數器的延遲時間。同步模 10 二進制計數器時序模擬結果的一段樣本，如圖 4.2-18 所示。

> 在時序 (邏輯閘層次) 模擬中，必須約略估計同步模 10 二進制計數器的延遲時間，以便可以設定時脈週期為在該延遲時間加上一

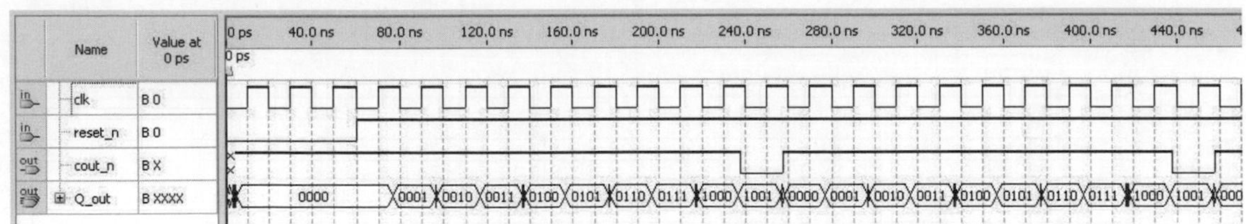

圖 4.2-18: 同步模 10 二進制計數器時序模擬結果的一段樣本

☞ 段邊界值的時間，而可以得到正確的結果。

7. 產生同步模 10 二進制計數器的符號檔 (symbol file) (即邏輯符號，logic symbol) (即 *mod10_cnt_clr.bsf*)。這一個邏輯符號將使用於其次的實驗專題中。產生的邏輯符號如下：

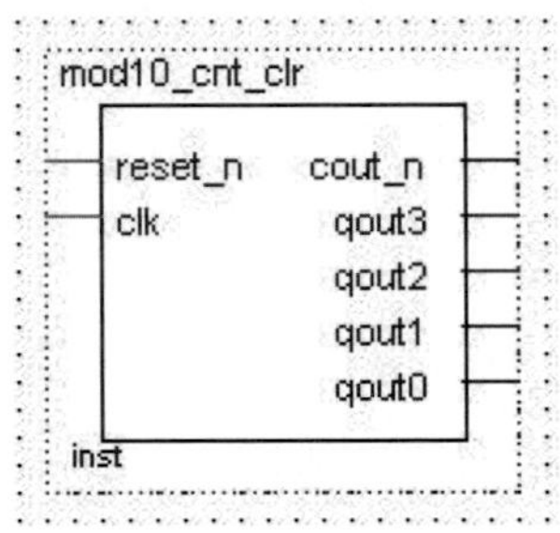

☞ 當使用邏輯符號時，可能需要調整該邏輯符號的輸入埠與輸出埠位置，以方便置入繪製的邏輯電路圖中。

■ 實驗項目 2: 選作項目

下列實驗步驟為選作項目。若希望將實驗項目的結果，下載至模擬板做實體測試 (real-world test)，則進行下列步驟：

1. 經由標的模擬板中的標的 FPGA 元件提供的輸入埠與輸出埠，分別連接自發型同步模 10 二進制計數器的輸入埠與輸出埠到開關與一個合適的七段 LED 顯示器模組。此步驟可以使用 Quartus CAD 系統的 **Pin Planner** 軟體工具幫忙。
2. 產生與下載規劃檔 (programming file) 到標的模擬板。
3. 適當地設定開關值，並觀察 LED 狀態。檢視開關值與 LED 狀態的組合是否正確。

4.2.3.2 HDL 輸入 在本小節中，我們使用 Verilog HDL，描述圖 4.1-6(c) 的同步模 10 二進制計數器，並說明如何驗證其功能與時序。

■ 實驗項目 1: 同步模 10 二進制計數器

參考圖 4.1-6(c) 的同步模 10 二進制計數器，執行下列步驟：

1. 建立一個新專案，*mod10_up_HDL.qpf*。
2. 產生一個新檔案，*mod10_cnt_clr.v*。
3. 使用行為描述方式，撰寫與輸入一個 Verilog HDL 模組，在 RTL 層次描述圖 4.1-6(c) 的同步模 10 二進制計數器，並儲存它。下列 Verilog HDL 模組為一個可能的範例。

```
// a modulo-10 binary counter with asynchronous reset
module mod10_cnt_clr (
       input  clk, reset_n,
       output cout_n,       // negative carry-out
       output reg [3:0] qout);

// the body of the modulo r binary counter
assign cout_n = ~(qout == 9);
always @(posedge clk or negedge reset_n)
   if (!reset_n) qout <= 0;
   else if (!cout_n) qout <= 0;
        else          qout <= qout + 1;
endmodule
```

> ☞ 應該注意的是在 Quartus CAD 系統中，檔案名稱必須與最上層模組 (top-level module) 名稱相同。因此，上述模組的檔案名稱必須為 *mod10_cnt_clr.v*。

4. 產生一個新檔案 *mod10_cnt_clr_tb.v*，撰寫與輸入 *mod10_cnt_clr.v* 模組的測試平台。下列模組為一個可能的測試平台。

```
// a test bench for the mod10_up module
`timescale 1ns / 1ps
module mod10_cnt_clr_tb;
// internal signals declarations
parameter clock_period = 20;
reg clk, reset_n;
wire cout_n;
wire [3:0] qout;
// Unit Under Test port map
mod10_cnt_clr mod10_cnt (
        .clk(clk), .reset_n(reset_n),
        .cout_n(cout_n), .qout(qout));
```

```
// generate the clock signal
always begin
   #(clock_period/2) clk <= 1'b0;
   #(clock_period/2) clk <= 1'b1;
end
initial begin
   reset_n <=1'b0;
   repeat (5) @(negedge clk) reset_n <= 1'b0;
   reset_n <=1'b1;
end
initial #700 $finish;
initial
   $monitor($realtime,,"ns %h %h %h %h \n",
            clk, reset_n, cout_n, qout);
endmodule
```

☞ 雖然測試平台 (test bench) 的檔案名稱與模組名稱不需要相同，一個好的習慣是使用相同的檔案名稱與模組名稱，即 *mod10_cnt_-clr_tb.v*。

5. 設定 *mod10_cnt_clr.v* 為 Top-Level Entity，並做編譯。
6. 執行同步模 10 二進制計數器的 RTL (behavioral) 模擬。觀察得到的結果，並檢查是否正確。同步模 10 二進制計數器 RTL 模擬結果的一段樣本如圖 4.2-19 所示。

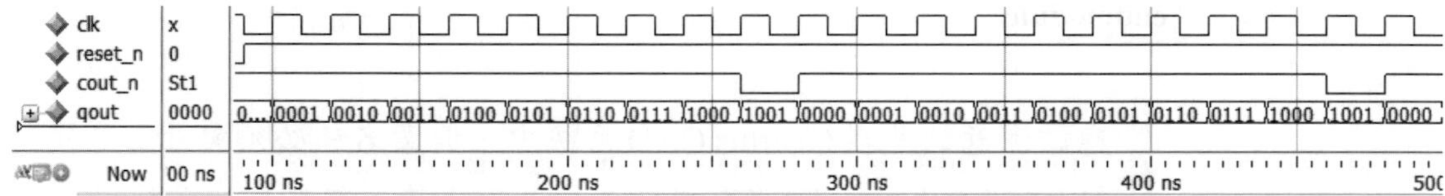

圖 4.2-19: 同步模 10 二進制計數器 RTL 模擬結果的一段樣本

☞ 在 RTL(功能或稱行為) 模擬中，所有邏輯閘延遲時間均假定為 0 ns (除非使用時序控制指定值)。這一點可以由功能模擬的輸出結果中證實。若希望觀察邏輯閘的延遲時間，則必須執行時序模擬。

7. 執行同步模 10 二進制計數器的邏輯閘層次 (時序) 模擬。觀察得到的結果，並檢查是否正確。指出同步模 10 二進制計數器的延遲時間。同步模 10 二進制計數器邏輯閘層次模擬結果的一段樣本，如圖 4.2-20 所示。

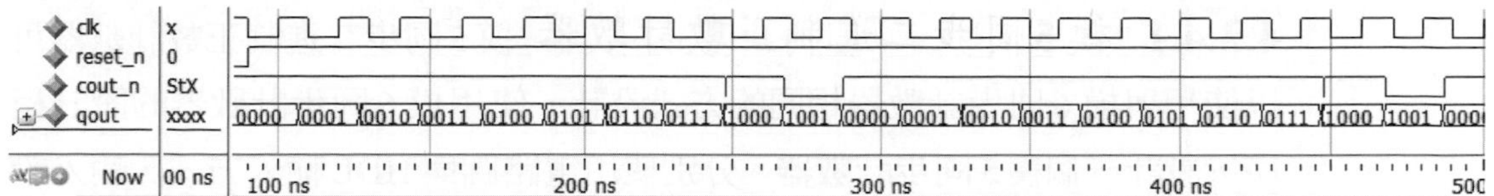

圖 4.2-20: 同步模 10 二進制計數器邏輯閘層次模擬結果的一段樣本

> ☞ 在邏輯閘層次 (時序) 模擬中，必須約略估計同步模 10 二進制計數器的延遲時間，以便可以設定時脈週期為在該延遲時間加上一段邊界值的時間，而可以得到正確的結果。

■ 實驗項目 2: 選作項目

下列實驗步驟為選作項目。若希望將實驗項目的結果，下載至模擬板做實體測試 (real-world test)，則進行下列步驟：

1. 經由標的模擬板中的標的 FPGA 元件提供的輸入埠與輸出埠，分別連接自發型同步模 10 二進制計數器的輸入埠與輸出埠到開關與一個合適的七段 LED 顯示器模組。此步驟可以使用 Quartus CAD 系統的 **Pin Planner** 軟體工具幫忙。
2. 產生與下載規劃檔 (programming file) 到標的模擬板。
3. 適當地設定開關值，並觀察 LED 狀態。檢視開關值與 LED 狀態的組合是否正確。

4.2.4 延伸實驗專題

在本節中，我們探討四個與本章中實驗專題密切相關的延伸實驗專題。它們為

- 模 5 同步二進制計數器（modulo-5 synchronous binary counter)
- 模 16 同步二進制倒數計數器 (modulo-16 synchronous binary down counter)
- 模 16 同步二進制正數/倒數計數器 (modulo-16 synchronous binary up/down counter)
- 可預置二進制正數計數器 (presettable binary up counter)

其次，依序簡介它們。

4.2.4.1 模 5 同步二進制正數計數器 模 5 同步二進制正數計數器可以使用與模 6 同步計數器相同的方式設計。使用模 6 同步計數器的設計程序，設計一個模 5 同步計數器。分別使用電路圖與 HDL 輸入方式，輸入設計的結果，驗證兩個輸入結果的功能與時序。此外，

- 修改模 5 同步計數器為倒數計數器。分別使用電路圖與 HDL 輸入方式，輸入設計的結果，驗證兩個輸入結果的功能與時序。
- 組合模 5 同步正數計數器與模 5 同步倒數計數器為一個模 5 同步正數/倒數計數器，而使用 *mode* 輸入選擇。若 *mode* 輸入為 1 時，為正數；若 *mode* 輸入為 0 時，為倒數。分別使用電路圖與 HDL 輸入方式，輸入設計的結果，驗證兩個輸入結果的功能與時序。

4.2.4.2 模 16 同步二進制倒數計數器 圖 4.1-2 所示的控制型模 16 二進制計數器也可以修改為倒數計數器。設計與實現此計數器。分別使用電路圖與 HDL 輸入方式，輸入設計的結果，驗證兩個輸入結果的功能與時序。

4.2.4.3 模 16 同步二進制正數/倒數計數器 圖 4.1-2 所示的控制型模 16 二進制計數器，也可以與第 4.2.4.2 節中的倒數計數器合併成一個正數/倒數計數器。計數器的行為可以使用 *mode* 選擇輸入控制。當 *mode* 輸入線為 1 時，計數器為正數；當 *mode* 輸入線為 0 時，計數器為倒數。設計與實現此計數器。分別使用電路圖與 HDL 輸入方式，輸入設計的結果，驗證兩個輸入結果的功能與時序。

4.2.4.4 可預置二進制正數計數器 參考圖 4.1-4，設計一個 8 位元可預置同步二進制計數器。分別使用電路圖與 HDL 輸入方式，輸入設計的結果，驗證兩個輸入結果的功能與時序。此外，

- 修改完成的 8 位元可預置同步二進制計數器為倒數計數器。分別使用電路圖與 HDL 輸入方式，輸入設計的結果，驗證兩個輸入結果的功能與時序。
- 結合上述的正數與倒數計數器為一個 8 位元可預置同步二進制正數/倒數計數器。分別使用電路圖與 HDL 輸入方式，輸入設計的結果，驗證兩個輸入結果的功能與時序。

4.3 補充教材—RTL 計數器設計

在本小節中，我們探討兩個與計數器相關的議題。首先，我們以 FPGA 實現的觀點，考慮非同步計數器 (asynchronous counter) 與同步計數器 (synchronous counter) 的特性與差異。其次，我們討論在暫存器轉移層次 (register-transfer level，RTL) 的計數器設計。

4.3.1 非同步與同步計數器

由數位邏輯教科書得知，計數器可以使用非同步或是同步的方式設計。在本章中，我們已經詳細說明一些同步計數器的設計與實現。其次，我們處理非同步計數器的設計與其使用 FPGA 元件實現時的一些相關議題。

每一個正反器都有一個非同步清除 (asynchronous clear) 輸入端，它可以用來非同步地改變其輸出狀態。此清除輸入端也可以應用於設計一個模 N 計數器，其中 $N \neq 2^n$ [6]。為此，首先設計一個 n 級非同步計數器，然後使用一個外部邏輯電路，偵測計數器的輸出狀態。當狀態 S_N 發生時，該外部邏輯電路產生一個短暫的脈波輸出，加到輸出為 1 的正反器清除輸入端，非同步地清除這一些正反器，以強制計數器回到狀態 S_0。計數器然後再由此狀態繼續計數。為瞭解此一情形，考慮一個非同步 BCD 正數計數器，它由四個使用 JK 正反器實現的非閘控 T 型正反器組成，如圖 4.3-1 所示。

由於在狀態 $S_N = 10$ 時，二進制值 $(y_4y_3y_2y_1) = (1010)$，所以連接正反器 2 與 4 的輸出端 y_2 與 y_4 到一個 2 輸入端 NAND 閘的兩個輸入端，NAND 閘的輸出端 A 則連接到正反器 2 與 4 的清除 (clear) 輸入端，如圖 4.3-1(a) 所示。結果的電路為需要的非同步 BCD 正數計數器。圖 4.3-1(b) 呈現欲進一步說明此計數器動作的時序圖。注意在狀態 S_9 之後，正反器 2 與 4 的輸出端 y_2 與 y_4 短暫地輸出 1 脈波，即狀態 S_{10}。

> ☞ 值得注意的是：輸出端 y_2 的短暫 1 脈波，若因為清除脈波 (A) 的延遲關係，致使其寬度足夠時，可能促使其下一級 (y_3) 轉態，因而導致錯誤的計數值。

> ☞ 使用 FPGA 實現時，無法保證輸出端 y_2 的 1 脈波寬度能夠足夠小。因此，在數位系統中需要計數器時，非同步計數器通常不是一個好的選擇。

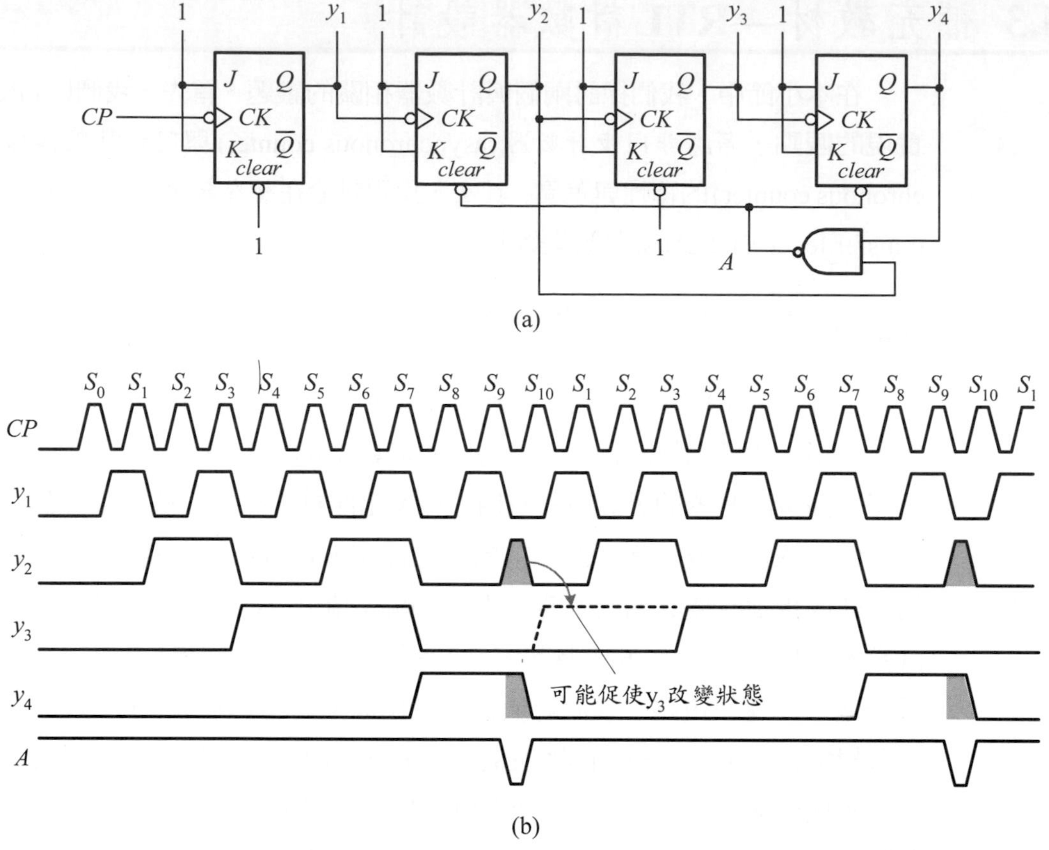

圖 4.3-1: 非同步 BCD 正數計數器：(a) 邏輯電路；(b) 時序圖

4.3.2 RTL 計數器設計

計數器也可以視為一個具有載入控制的暫存器，它在每一個時脈正緣時，載入一個由目前的計數值加 1 的新植。為使此一概念更清楚，考慮圖 4.3-2 所示的計數器的概念圖，它組合了一個 n 位元加法器與一個 n 位元暫存器。n 位元加法器的進位輸入 Cin 永遠連接到 0，而其進位輸出 $Cout$ 為計數器的進位輸出。加法器的一個輸入端 (Ain) 設定為 1，而另一個輸入端 (Bin) 則為暫存器的輸出。加法器的 Sum 輸出，則在每一個時脈正緣時載入暫存器 (其載入控制端永遠連接到 1) 中。

當然，使用 RTL 設計的計數器，可以使用電路圖輸入或是 HDL 輸入方法，輸入 CAD 系統中。然而，如同前面的實驗專題，在實務上以 HDL 輸入方法較受喜愛。在使用電路圖輸入的方法中，我們依然較偏好使用傳統式的邏輯閘層次方法，設計需要的計數器。

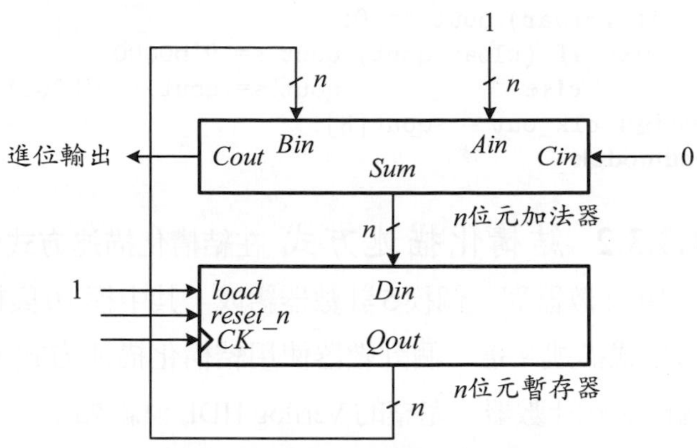

圖 4.3-2: RTL 計數器的概念圖

> 在 HDL 輸入方法中，當需要計數器時，RTL 計數器較受歡迎。此外，RTL 計數器通常設計成可參數化的模組。

4.3.3 計數器設計比較

在本書中，我們強調在描述一個設計時，「硬體思考」(thinking in hardware mind) 模式的重要性。為了更具體地說明這一點，現在檢視描述一個模 500 計數器的三種不同方式，並比較其合成後需要的硬體資源：邏輯元素 (logic elements，LE) (Quartus) 與查表 (lookup table，LUT) (Xilinx's ISE) 數目，以及正反器的數目。三種不同的描述方式為：

1. 偵測邏輯方式
2. 結構化描述方式
3. 餘數運算子方式

4.3.3.1 偵測邏輯方式 如同在實驗專題一節中學到的計數器一樣，模 500 計數器可以使用偵測邏輯電路，檢視計數器的計數值是否抵達 499。若是，則使用與時脈信號同步方式，清除該計數器為 0；否則，計數器往上計數一次。完整的模 500 計數器如下：

```
// a modulo-500 binary counter with synchronous reset
module mod500_up_detect(
       input clk_500kHz, clear,
       output clk_out);
reg [8:0] qout;
wire clear_qout;
// the body of the mod-500 up counter
assign clear_qout = (qout == 499);
always @(posedge clk_500kHz or posedge clear)
```

```
   if (clear) qout <= 0;
   else if (clear_qout) qout <= 9'b0000;
        else           qout <= qout + 9'b0001;
assign clk_out = ~qout[8];
endmodule
```

4.3.3.2 結構化描述方式 在結構化描述方式中，模500計數器由兩個模10計數器與一個模5計數器組成，其中模10與模5計數器都使用偵測邏輯方式描述。這三個計數器使用結構化描述方式，串接在一起，以形成一個模500計數器。完整的Verilog HDL模組如下：

```
// a modulo-500 binary counter with synchronous reset
module mod500_up_structural(
       input clk_500kHz, clear,
       output clk_out);
reg [8:0] qout;
wire cout_n_0, cout_n_1, cout_n_2;
// the body of the mod-500 up counter
mod10_up_clr cnt0(
         .clk(clk_500kHz), .reset(clear),
         .cout_n(cout_n_0), .qout());
mod10_up_clr cnt1(
         .clk(cout_n_0), .reset(clear),
         .cout_n(cout_n_1), .qout());
mod5_up_clr  cnt2(
         .clk(cout_n_1), .reset(clear),
         .cout_n(cout_n_2), .qout());
assign clk_out = cout_n_2;
endmodule

// a modulo-5 binary counter with synchronous reset
module mod5_up_clr (
       input  clk, reset,
       output cout_n,      // negative carry-out
       output reg [2:0] qout);

wire  clear_cnt;
// the body of the modulo-5 binary counter
assign clear_cnt = (qout == 3'b100);
assign cout_n = ~qout[2];
always @(posedge clk or posedge reset)
   if (reset)          qout <= 3'b000;
   else if (clear_cnt) qout <= 3'b000;
        else qout <= qout + 3'b001;
endmodule

// a modulo-10 binary counter with synchronous reset
module mod10_up_clr (
       input clk, reset,
       output cout_n,      // negative carry-out
       output reg [3:0] qout);
```

```
wire  clear_cnt;
// the body of the modulo-10 binary counter
assign clear_cnt = (qout == 4'b1001);
assign cout_n = ~qout[3];
always @(posedge clk or posedge reset)
   if (reset)         qout <= 4'b0000;
   else  if (clear_cnt) qout <= 4'b0000;
        else qout <= qout + 4'b0001;
endmodule
```

4.3.3.3 餘數運算子方式 大多數在數位系統設計領域的初學者，在描述一個模 500 計數器時，通常會直接使用餘數運算子 (modulus operator，%)，因為他們以撰寫 C 語言程式的「軟體思考」(thinking in software mind) 模式，撰寫 Verilog HDL 模組。以此方式完成的模 500 計數器模組如下：

```
// a modulo-500 binary counter with synchronous reset
module mod500_up_modulus(
       input clk_500kHz, clear,
       output clk_out);
reg [8:0] qout;
// the body of the binary counter
// a modulo-500 counter to generate clk_1ms
always @(posedge clk_500kHz or posedge clear)
   if (clear) qout <= 0;
   else       qout <= (qout + 1) % 500;
assign clk_out = ~qout[8];
endmodule
```

☞ 使用餘數運算子 (%) 時，必須特別小心。大致而言，有些合成器可以合成，另外一些合成器則只允許餘數運算子的第二個運算元必須是 2 的冪次方。

4.3.3.4 比較 現在，比較上述模 500 計數器的三種不同描述方式的硬體成本。如表 4.3-1 所示，無論是使用 Quartus 或是 Xilinx ISE CAD 系統，結構化描述方式需要最少的硬體。使用偵測邏輯的方式次之。使用餘數運算子 (%) 的描述方式，硬體成本最高，因為實現餘數運算子 (%) 時，需要大量的硬體。然而，在 Xilinx ISE CAD 系統中，除了為 2 的冪次方，餘數運算子 (%) 是不能合成的。

☞ 請記住：Verilog HDL 只是一個硬體描述語言。手中沒有硬體設計或是心中沒有硬體設計的腹稿，是無法寫出一個有效率的 Verilog HDL 模組。應該永遠銘記在心的是無論是電路圖或是 HDL 輸入

表 4.3-1: 模 500 計數器的硬體成本比較

	Quartus II (Cyclone IV E)		Xilinx ISE (Spartan 3E)	
	LEs	FFs	LUTs	FFs
偵測邏輯方式	17	9	21	9
結構化描述方式	15	11	9	11
餘數運算子 (%) 方式	55	9	NA	NA

☞ 方法，只是將一個完成的設計輸入 CAD 系統中，以能夠使用標的 FPGA 元件實現該設計而已。

參考資料

1. Ming-Bo Lin, *Digital System Designs and Practices: Using Verilog HDL and FPGAs,* Singapore: John Wiley & Sons, 2008. (ISBN: 9780470823231)
2. Ming-Bo Lin, *Introduction to VLSI Systems: A Logic, Circuit, and System Perspective*, CRC Press, 2012. (ISBN: 9781439868591)
3. Ming-Bo Lin, *Digital System Designs and Practices: Using Verilog HDL and FPGAs,* 2nd ed., CreateSpace Independent Publishing Platform, 2015. (ISBN: 978-1514313305)
4. Ming-Bo Lin, *An Introduction to Verilog HDL,* CreateSpace Independent Publishing Platform, 2016. (ISBN: 978-1523320974)
5. Ming-Bo Lin, *Digital Logic Design: With An Introduction to Verilog HDL*, CreateSpace Independent Publishing Platform, 2016. (ISBN: 978-1537158365)
6. Ming-Bo Lin, *Digital System Design: Principles, Practices, and Applications,* 5th ed., Taipei, Taiwan: Chuan Hwa Book Ltd., 2017. (ISBN: 9789864635955)
7. Ming-Bo Lin, *FPGA-Based Systems Design and Practice—Part I: RTL Design and Prototyping in Verilog HDL,* CreateSpace Independent Publishing Platform, 2018. (ISBN: 978-1721530199)
8. Ming-Bo Lin, *FPGA-Based Systems Design and Practice—Part II: System Design, Synthesis, and Verification,* CreateSpace Independent Publishing Platform, 2018. (ISBN: 978-1721530106)

5 馬錶

本章目標： 本章的目的為學習如何組合在前一章中的計數器及其它邏輯電路，成為一個有用的電路(系統)，稱為馬錶。為了建立讀者一個健全的數位系統設計基礎，我們採用階層式設計方式，即該馬錶首先以由上而下(top-down)的方式設計，再使用由下往上(bottom-up)的方式實現。為了讓讀者熟悉數位邏輯電路之設計，並且能夠撰寫一個良好的Verilog HDL程式模組，在其次的實驗專題中，我們將使用「做中學」(learn by doing)方式，首先探討使用電路圖輸入(schematic entry)的實驗專題，然後再研究使用HDL輸入(HDL entry)的實驗專題。如此兩相對照之下，讀者可以輕易地建立具體的硬體思考模式，而不再迷惑於以軟體思考模式，撰寫Verilog HDL模組，真正體會到硬體描述語言(hardware description language，HDL)的意義。

5.1 設計要點

問題說明： 本章考慮馬錶(start/stop timer)的設計與實現。馬錶有兩個按鈕：*start*與*clear*。*start*按鈕控制內部的一個雙態觸變開關(toggle switch)，它使用雙態觸變方式，依序控制馬錶的動作。即，每次按下*start*按鈕時，馬錶將改變它的動作狀態，由啟動到停止或是由停止到啟動。*clear*按鈕在馬錶停止時，清除馬錶的計數值。在清除之後，馬錶維持在停止狀態。此外，假設馬錶的時間解析度為10 ms，而其最大的時間計數值為99.99秒。

5.1.1 開關防彈電路

對任何機械開關而言，其慣性現象(inertial phenomenon)，稱為開關跳彈(switch bounce)是不可避免的。為說明這現象，考慮圖5.1-1(a)的電路，其中一個按鈕開關(button switch)經由一個電阻器，以串連方式，連接到V_{DD}。

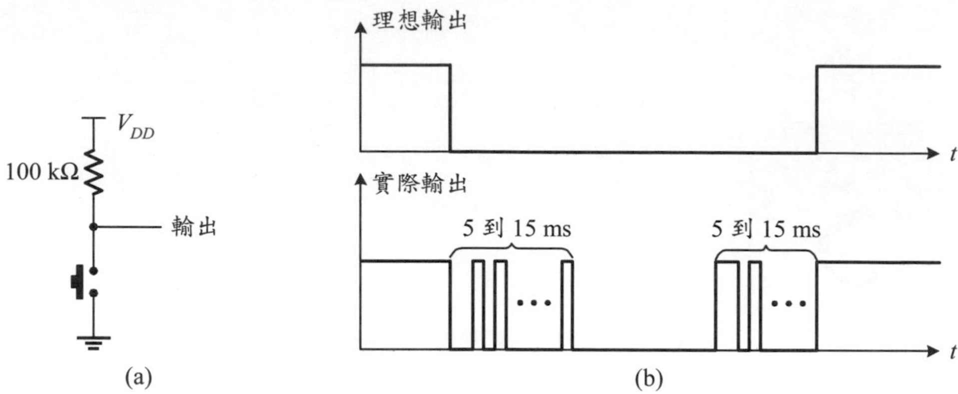

圖 5.1-1: 機械開關的慣性效應：(a) 低電位啟動的按鈕開關；(b) 理想與實際輸出波形

由於按鈕開關 (一種機械開關) 固有的特性，每一次壓下按鈕開關時，開關電路的輸出電壓將在 5 ms 到 15 ms 的期間內，持續地來回跳動。由於電子電路的速度遠超過機械開關，按鈕開關的輸出電壓將被認知為多個脈波而非一個單一脈波，因此被認知為多次的開關閉合，如圖 5.1-1(b) 所示。

為了避免機械開關的慣性現象，造成的開關彈跳效應 (switch-bouncing effect)，在開關的後面，必須使用一個特別設計的電路，以罩住在每次按鈕開關按下或釋放後的 5 ms 到 15 ms 期間內的暫時轉態 (transient transition) 現象。專為此目的設計的電路，稱為開關防彈電路 (switch debouncer 或 switch-debouncing circuit)，它在每次按鈕開關按下或釋放時，產生一個單一脈波 (single pulse) 輸出。

許多方法，包含硬體與軟體，可以用來罩住開關彈跳效應，以產生一個理想脈波。在 FPGA 實現上，較受歡迎的方法為植基於軟體技巧的一個可以合成的電路。其概念為基於下列事實：當以 10 ms 的時間間隔，對開關取樣，若兩次取樣的狀態相同時，開關的按鍵狀態即為成立的狀態。使用這一個原理，一個簡單的開關防彈電路可以使用兩個 D 型正反器與一個 JK 正反器，以及三個基本邏輯閘建構而成，如圖 5.1-2 所示。輸入端的反相器轉換由按鈕開關送來的 sw_in 信號的極性。

前面兩個 D 型正反器當作一個兩級的同步器 (synchronizer) [6]，它由時脈信號 clk_10ms 控制，每隔 10 ms 取樣開關的狀態一次。若兩次取樣都得到相同的邏輯 1 的值，則開關狀態為一個成立的狀態；否則，為一個不成立的狀態。一但偵測到成立的開關狀態，JK 正反器即產生一個高位準輸出信號，直到兩個 D 型正反器取樣到一個低位準輸入信號為止，才清除 JK

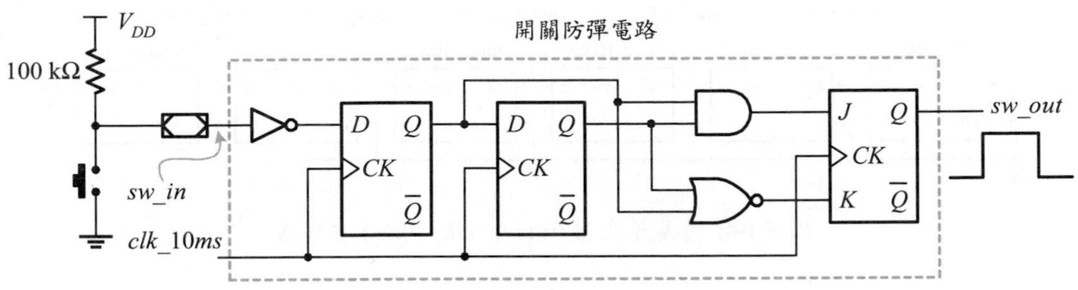

圖 5.1-2: 開關防彈邏輯電路

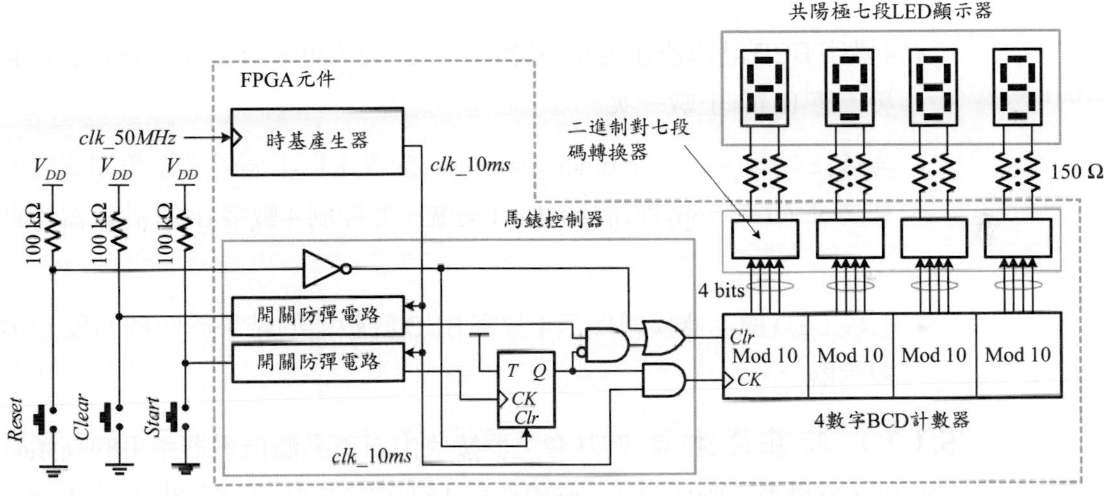

圖 5.1-3: 馬錶邏輯方塊圖

正反器的輸出，而終止輸出脈波。因此，每次開關壓下或釋放時，都只產生一個脈波。讀者可以驗證 *sw_out* 的脈波寬度，正比於開關壓下的期間。

5.1.2 馬錶

由本節開頭對馬錶的行為說明，得知馬錶的心臟為一個 4 數字 BCD 計數器 (4-digit BCD counter)，它為一個具有非同步清除 (asynchronous clear or reset) 的同步計數器。這一個計數器由兩個按鈕開關控制[1]，並且每 10 ms 計數一次。因此，三個額外的模組必須與此計數器連結操作，包括兩個開關防彈電路與一個時基產生器 (timing-base generator)。此外，一個 4 數字七段 LED 顯示器模組也需與計數器界接使用，以顯示計數器的計數輸出值，如圖 5.1-3 所示。

綜合而論，馬錶由下列四個模組組成：

[1]在 HDL 的模擬中，需要 *reset* 信號，然而在電路圖的模擬中與實際硬體電路中，則不需要 *reset* 信號。

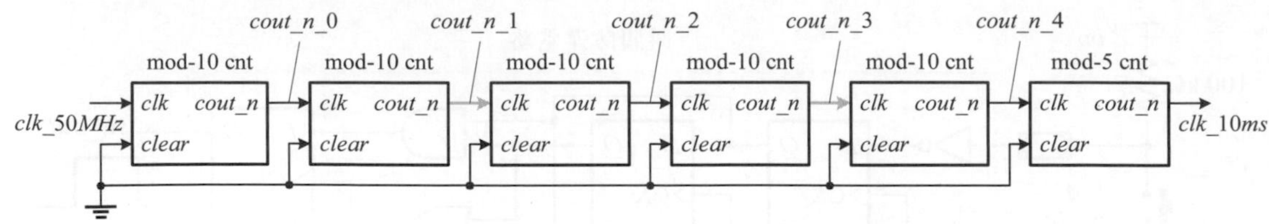

圖 5.1-4: 時基產生器 (timing_clk_10ms) 方塊圖

- 時基產生器提供 *clk*_10*ms* 信號，供給兩個開關防彈電路與 4 數字 BCD 計數器。
- 4 數字 BCD 計數器在馬錶中扮演着主要的角色。它由 *clk*_10*ms* 信號觸發，每 10 ms 上數一次。
- 馬錶控制器 (start/stop timer controller) 接收來自兩個外部按鈕開關的啟動/停止 (start/stop) 與清除 (clear) 信號，並控制 4 數字 BCD 計數器的動作。
- 七段 LED 顯示器模組顯示 4 數字 BCD 計數器的結果於四個七段 LED 顯示器上。

5.1.2.1 時基產生器 時基產生器接收由石英晶體振盪器產生的高頻時脈信號，然後產生兩個開關防彈電路與 4 數字 BCD 計數器需要的 *clk*_10*ms*。時基產生器本質上為一個除頻電路 (frequency-divide circuit)，它由一些二進制或十進制計數器串接而成。至於需要的計數器數目，則由時脈源的頻率決定。

為進一步說明時基產生器的動作，假設時脈源的頻率為 50 MHz。欲獲得週期為 10 ms (即，100 Hz) 的時脈信號，必須使用 5×10^5 的除頻因子。因此，時基產生器由五級模 10 計數器與一級模 5 計數器組成，如圖 5.1-4 所示。

☞ 時基產生器的驗證問題遠較到目前為止所介紹的其它邏輯電路困難，因為它非常費時。

5.1.2.2 同步模 5 二進制計數器 同步模 5 二進制計數器可以使用與設計同步模 6 二進制計數器的方法為之。即，首先繪出同步模 5 二進制計數器的狀態圖並寫出狀態表，然後使用二進碼的狀態指定，轉換狀態表為轉態表。結果的轉態表如圖 5.1-5(a) 所示。假設使用 T 型正反器，則激勵表可以由轉態表中，將每一個目前狀態與其對應的下一狀態做 XOR 運算後得

y_2	y_1	y_0	Y_2	Y_1	Y_0	T_2	T_1	T_0	z
0	0	0	0	0	1	0	0	1	1
0	0	1	0	1	0	0	1	1	1
0	1	0	0	1	1	0	0	1	1
0	1	1	1	0	0	1	1	1	1
1	0	0	0	0	0	1	0	0	0

(a)

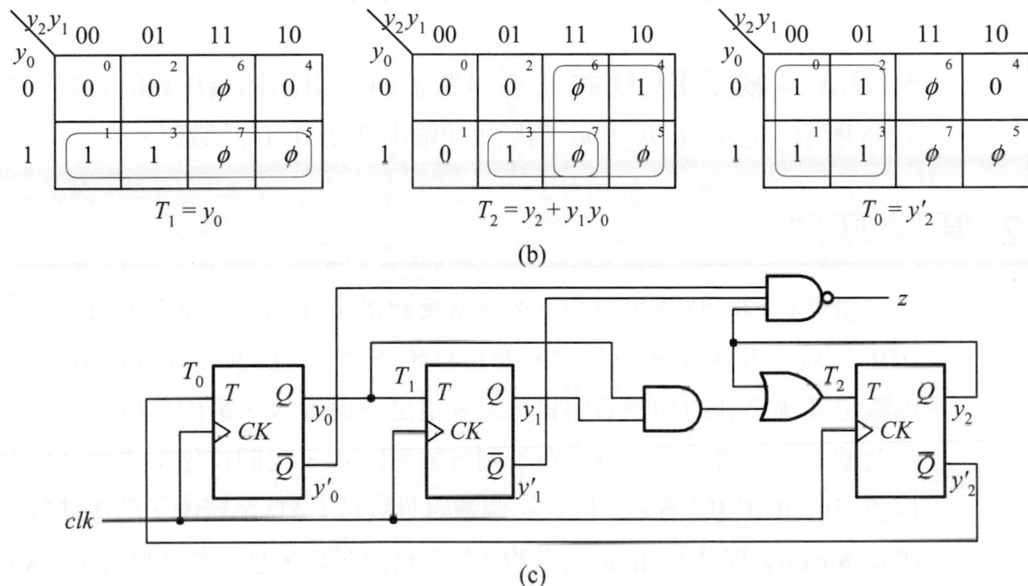

(c)

圖 5.1-5: 同步模 5 二進制計數器：(a) 轉態表；(b) 卡諾圖；(c) 邏輯電路

到。由 5.1-5(b) 所示的卡諾圖化簡後，得到每一個 T 型正反器的激勵方程式與輸出方程式如下：

$$T_0 = y'_2$$

$$T_1 = y_0$$

$$T_2 = y_2 + y_1 y_0$$

$$z = (y_2 y'_1 y'_0)'$$

結果的邏輯電路如圖 5.1-5(c) 所示。

> ☞ 因為大多數的 FPGA 元件均配備 D (或 D/T) 型正反器，當作唯一的正反器類型，而每一個 D 型正反器都附屬一個 k 輸入端的查表 (lookup table，LUT)，其中 $3 \le k \le 8$，在使用 FPGA 元件設計一個同步計數器時，與使用其它類型的正反器比較下，使用 D 型正反器實現時，其硬體成本並不會明顯的增加。

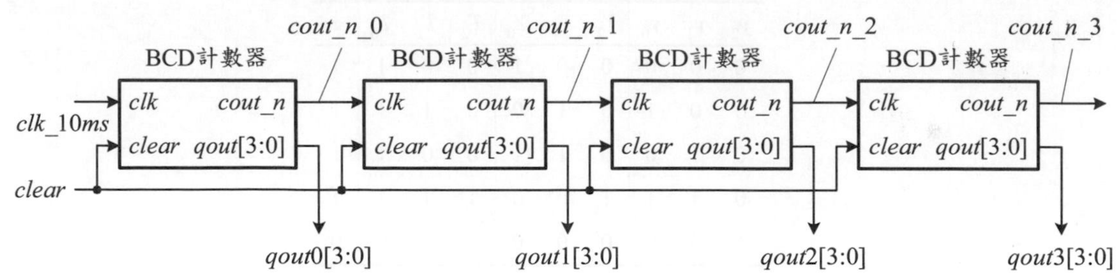

圖 5.1-6: 4 數字 BCD 計數器方塊圖

5.1.2.3 4 數字 BCD 計數器 4數字BCD計數器為馬錶的心臟。如圖5.1-6所示，它接收*clk_10ms*信號，並輸出四組BCD計數值。

5.2 實驗專題

讀者必須時時銘記於心：必須以硬體思考(hardware mind)模式，撰寫HDL模組，因為HDL為描述硬體模組的語言。對於使用Verilog HDL來描述數位系統設計的初學者而言，或許這是一個最大、最困難的障礙。為了幫助讀者突破這一層障礙，在下列實驗專題中，我們首先引導讀者學習如何使用邏輯電路圖方式，輸入一個邏輯設計於CAD系統中，然後進行功能(functionality)與時序(timing)驗證，並在有需要時，進行實體測試(real-world test)。之後，教導讀者使用HDL輸入方式，撰寫、驗證與測試相當於這些邏輯電路圖模組的Verilog HDL模組。

5.2.1 開關防彈電路

在本節中，我們首先說明如何使用電路圖輸入方式，輸入圖5.1-2的開關防彈電路於CAD系統中，然後介紹HDL輸入方法。不論在哪一種方式中，都詳細地介紹相關的功能與時序模擬。

5.2.1.1 電路圖輸入 在本小節中，我們學習開關防彈電路的電路圖輸入方式，並說明如何驗證其功能與時序。開關防彈電路由下列元件組成：

- 一個2輸入AND閘
- 一個2輸入NOR閘
- 兩個NOT閘
- 兩個*D*型正反器
- 一個*JK*正反器

■ 實驗項目 1: 開關防彈電路

參考圖 5.1-2 的開關防彈電路，執行下列步驟：

1. 建立一個新專案，*switch_debouncer.qpf*。
2. 產生一個新檔案，*switch_debouncer.bdf*。
3. 使用電路圖輸入方式，輸入圖 5.1-2 的開關防彈電路。在開關防彈電路加上輸入埠與輸出埠，並儲存結果。在完成上述動作後，可以得到與圖 5.2-1 所示類似的邏輯電路圖。

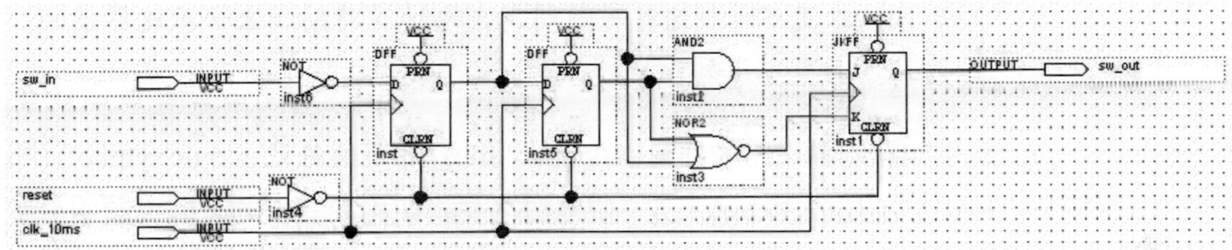

圖 5.2-1: 開關防彈電路

4. 設定 *switch_debouncer.bdf* 為 Top-Level Entity，並做編譯。
5. 執行開關防彈電路的功能模擬。欲完成此動作，必須設定時脈 *clk_10ms*、*reset* 與 *sw_in* 等信號，然後執行功能模擬。觀察得到的結果，並檢查是否正確。開關防彈電路功能模擬結果的一段樣本，如圖 5.2-2 所示。

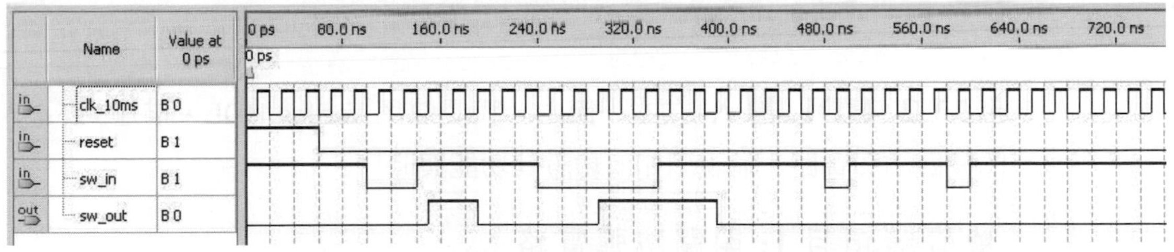

圖 5.2-2: 開關防彈電路功能模擬結果的一段樣本

> 在功能(或稱行為)模擬中，所有邏輯閘延遲時間均假定為 0 ns (除非使用時序控制指定值)。這一點可以由功能模擬的輸出結果中證實。若希望觀察邏輯閘的延遲時間，則必須執行時序模擬。

6. 執行開關防彈電路的時序模擬。觀察得到的結果，並檢查是否正確。指出開關防彈電路的延遲時間。開關防彈電路時序模擬結果的一段樣本，如圖 5.2-3 所示。

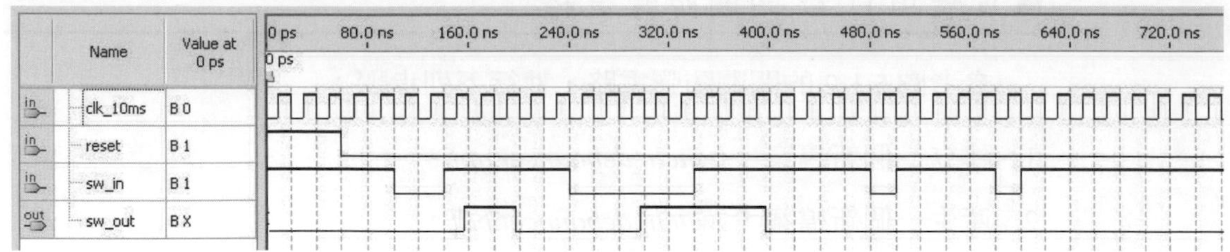

圖 5.2-3: 開關防彈電路時序模擬結果的一段樣本

☞ 在時序 (邏輯閘層次) 模擬中，必須約略估計開關防彈電路的延遲時間，以便可以設定時脈週期為在該延遲時間加上一段邊界值的時間，而可以得到正確的結果。

7. 產生開關防彈電路的符號檔 (symbol file) (即邏輯符號，logic symbol) (即 *switch_debouncer.bsf*)。這一個邏輯符號將使用於其次的實驗專題中。產生的邏輯符號如下：

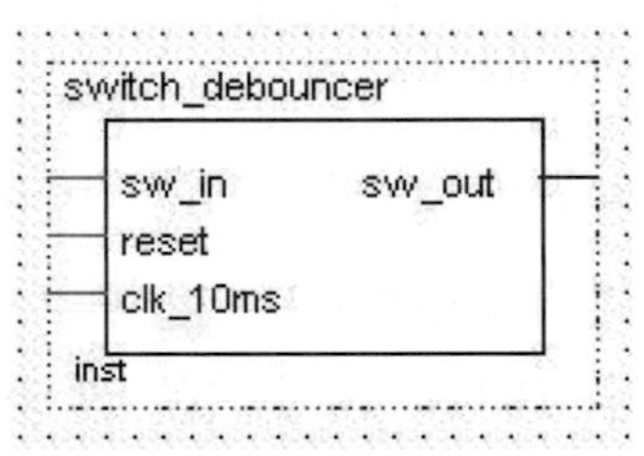

☞ 當使用邏輯符號時，可能需要調整該邏輯符號的輸入埠與輸出埠位置，以方便置入繪製的邏輯電路圖中。

5.2.1.2 HDL 輸入 在本小節中，我們使用 Verilog HDL，描述圖 5.1-2 的開關防彈電路，並說明如何驗證其功能與時序。

■ 實驗項目 1: 開關防彈電路

參考圖 5.1-2 的開關防彈電路，執行下列步驟：

1. 建立一個新專案，*switch_debouncer_HDL.qpf*。
2. 產生一個新檔案，*switch_debouncer.v*。
3. 使用行為描述方式，撰寫與輸入一個 Verilog HDL 模組，在 RTL 層次描述圖 5.1-2 的開關防彈電路，並儲存它。下列 Verilog HDL 模組為一個可能的範例。

```
// a  switch-debouncing circuit
```

```
module switch_debouncer(
       input clk_10ms, reset, sw_in,
       output wire sw_out);
wire d;
reg  [1:0] q_sample;
reg q_jk;
// debounce the bouncing effect associated with an
// input mechanical switch
always @(posedge clk_10ms or posedge reset) begin
   if (reset) q_sample <= 0;
   else begin
      q_sample[1] <= q_sample[0];
      q_sample[0] <= ~sw_in; end
end
// using a JK flip-flop to generate a single pulse
// each time the switch is pressed
assign d = (((q_sample[0] & q_sample[1]) & ~q_jk) |
          (~(~q_sample[0] & ~q_sample[1])& q_jk));
always @(posedge clk_10ms or posedge reset)
   if (reset)   q_jk <= 1'b0;
   else         q_jk <= d;
assign sw_out = q_jk;
endmodule
```

> 應該注意的是在 Quartus CAD 系統中，檔案名稱必須與最上層模組 (top-level module) 名稱相同。因此，上述模組的檔案名稱必須為 *switch_debouncer.v*。

4. 產生一個新檔案 *switch_debouncer_tb.v*，撰寫與輸入 *switch_debouncer.v* 模組的測試平台。下列模組為一個可能的測試平台。它使用一個 **for** 迴圈，產生 10 個 *sw_in* 輸入信號。

```
// a test bench for the switch_debouncer module
`timescale 1ns / 1ps
module switch_debouncer_tb;
// internal signals declarations
parameter clock_period = 20;
reg clk_10ms, reset, sw_in;
wire sw_out;
integer i;
// Unit Under Test port map
switch_debouncer UUT (
     .clk_10ms(clk_10ms), .reset(1'b0),
     .sw_in(sw_in), .sw_out(sw_out));
// generate the clock signal
always begin
   #(clock_period/2) clk_10ms <= 1'b0;
   #(clock_period/2) clk_10ms <= ~clk_10ms;
end
initial begin
```

```
    reset <=1'b0; sw_in <= 1'b1;
    repeat (5) @(negedge clk_10ms) reset <= 1'b1;
    reset<=1'b0;
    // generate sw_in signals
    for (i = 0; i < 10; i = i + 1) begin
       #1 sw_in <= 1'b0;
       #2 sw_in <= 1'b1;
       #1 sw_in <= 1'b0;
       #1 sw_in <= 1'b1;
       #2 sw_in <= 1'b0;
       #25 sw_in <= 1'b1;
       #70;
    end
end
initial #700 $finish;
initial
    $monitor($realtime,"ns %h %h %h %h \n",
             clk_10ms, reset, sw_in, sw_out);
endmodule
```

☞ 雖然測試平台 (test bench) 的檔案名稱與模組名稱不需要相同，一個好的習慣是使用相同的檔案名稱與模組名稱，即 *switch_debouncer_tb.v*。

5. 設定 *switch_debouncer.v* 為 Top-Level Entity，並做編譯。
6. 執行開關防彈電路的 RTL (behavioral) 模擬。觀察得到的結果，並檢查是否正確。開關防彈電路 RTL 模擬結果的一段樣本，如圖 5.2-4 所示。

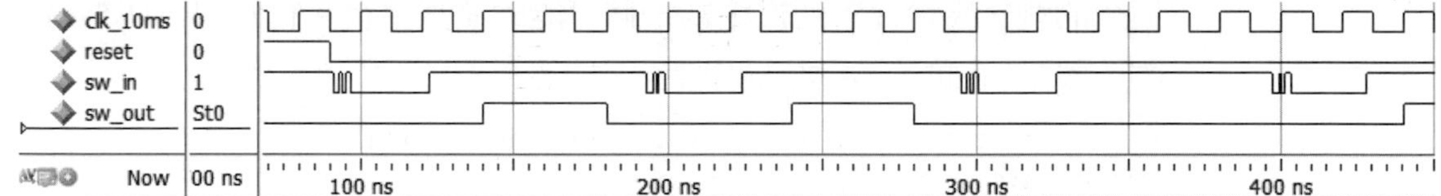

圖 5.2-4: 開關防彈電路 RTL 模擬結果的一段樣本

☞ 在 RTL(功能或稱行為) 模擬中，所有邏輯閘延遲時間均假定為 0 ns (除非使用時序控制指定值)。這一點可以由功能模擬的輸出結果中證實。若希望觀察邏輯閘的延遲時間，則必須執行時序模擬。

7. 執行開關防彈電路的邏輯閘層次 (時序) 模擬。觀察得到的結果，並檢查是否正確。指出開關防彈電路的延遲時間。開關防彈電路邏輯閘層次模擬結果的一段樣本，如圖 5.2-5 所示。

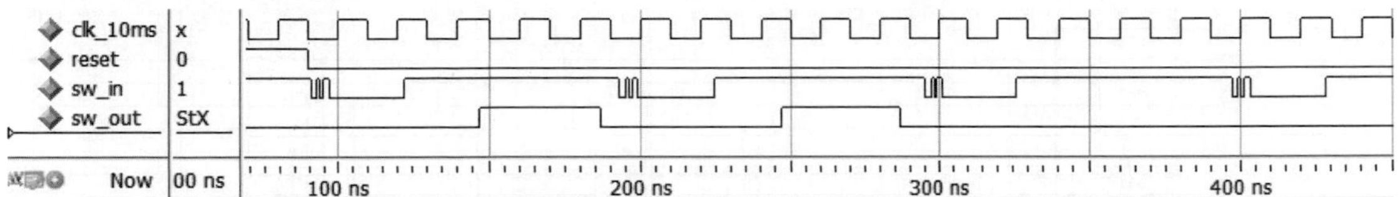

圖 5.2-5: 開關防彈電路邏輯閘層次模擬結果的一段樣本

☞ 在時序(邏輯閘層次)模擬中，必須約略估計開關防彈電路的延遲時間，以便可以設定時脈週期為在該延遲時間加上一段邊界值的時間，而可以得到正確的結果。

5.2.2 馬錶

在本節中，我們首先說明如何使用電路圖輸入方式，輸入圖 5.1-3 的馬錶模組於 CAD 系統中，然後介紹 HDL 輸入方法。不論在哪一種方式中，都詳細地介紹相關的功能與時序模擬。

5.2.2.1 電路圖輸入 在本小節中，我們學習馬錶的電路圖輸入方式，並說明如何驗證其功能與時序。馬錶模組由下列元件組成：

- 一個時基產生器(由 5 個模 10 計數器一個模 5 計數器組成)
- 兩個開關防彈電路
- 一個 4 數字 BCD 計數器
- 一個 4 數字七段 LED 顯示器模組
- 兩個 NOT 閘
- 兩個 2 輸入 AND 閘
- 一個 2 輸入 OR 閘
- 一個 *T* 型正反器

■ 實驗項目 1: 模 10 二進制計數器

參考圖 5.1-3 的馬錶模組中的 4 數字 BCD 計數器，執行下列步驟：

1. 建立一個新專案，*start_stop_timer.qpf*。信
2. 產生一個新檔案，*mod10_up_clr.bdf*。

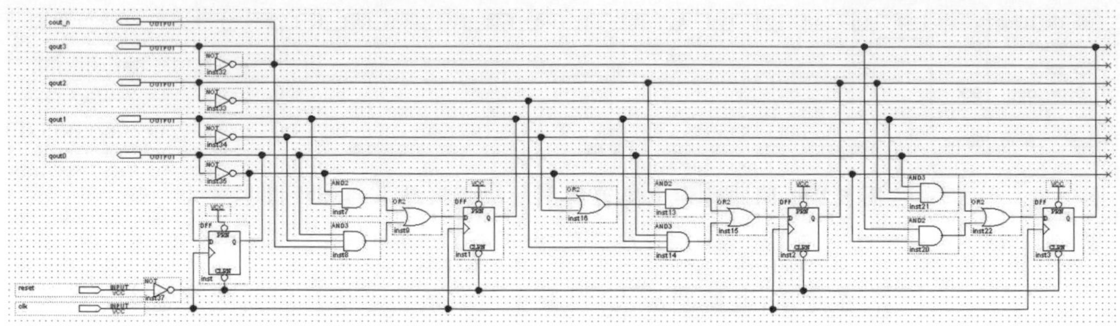

圖 5.2-6: 同步模 10 二進制計數器電路

3. 修改圖 4.1-6 的模 10 二進制計數器，使其 *cout_n* 輸出信號，直接由 ~*qout*[3] 取得，而非四個計數器輸出信號的組合，$z\ (= (y_3y'_2y'_1y_0)')$ (參考圖 4.1-6(c))。

> ☞ 值得注意的是 *cout_n* 輸出必須是 ~*qout*[3] 而非 *qout*[3]，因為它當作下一級的時脈來源，而計數器為正緣觸發方式。

4. 使用電路圖輸入方式，輸入結果的同步模 10 二進制計數器。在同步模 10 二進制計數器電路加上輸入埠與輸出埠，並儲存結果。在完成上述動作後，可以得到與圖 5.2-6 所示類似的邏輯電路圖。
5. 設定 *mod10_up_clr.bdf* 為 Top-Level Entity，並做編譯。
6. 執行同步模 10 二進制計數器的功能模擬。欲完成此動作，必須設定時脈 *clk* 與 *reset_n* 信號，然後執行功能模擬。觀察得到的結果，並檢查是否正確。同步模 10 二進制計數器功能模擬結果的一段樣本，如圖 5.2-7 所示。

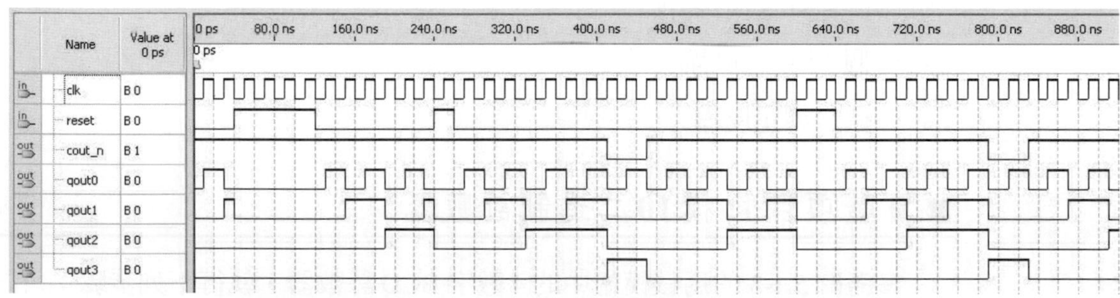

圖 5.2-7: 同步模 10 二進制計數器功能模擬結果的一段樣本

> ☞ 在功能(或稱行為)模擬中，所有邏輯閘延遲時間均假定為 0 ns (除非使用時序控制指定值)。這一點可以由功能模擬的輸出結果中證實。若希望觀察邏輯閘的延遲時間，則必須執行時序模擬。

7. 執行同步模 10 二進制計數器的時序模擬。觀察得到的結果，並檢查是否正確。指出同步模 10 二進制計數器的延遲時間。同步模 10 二進制計數器時序模擬結果的一段樣本，如圖 5.2-8 所示。

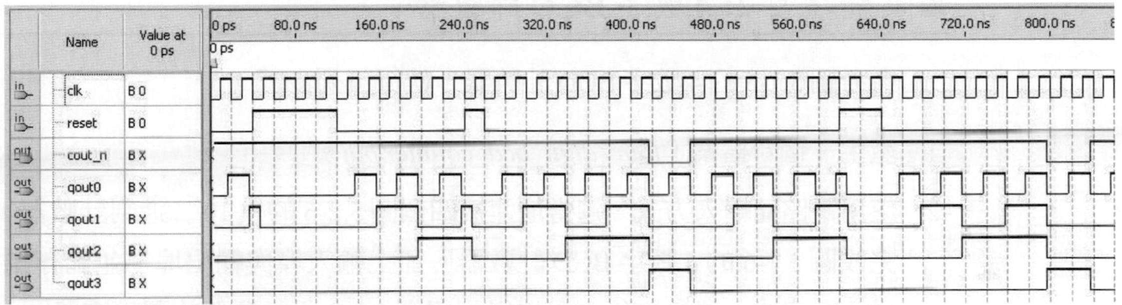

圖 5.2-8: 同步模 10 二進制計數器時序模擬結果的一段樣本

> ☞ 在時序 (邏輯閘層次) 模擬中，必須約略估計同步模 10 二進制計數器的延遲時間，以便可以設定時脈週期為在該延遲時間加上一段邊界值的時間，而可以得到正確的結果。

8. 產生同步模 10 二進制計數器的符號檔 (symbol file) (即邏輯符號，logic symbol) (即 *mod10_up_clr.bsf*)。這一個邏輯符號將使用於其次的實驗專題中。產生的邏輯符號如下：

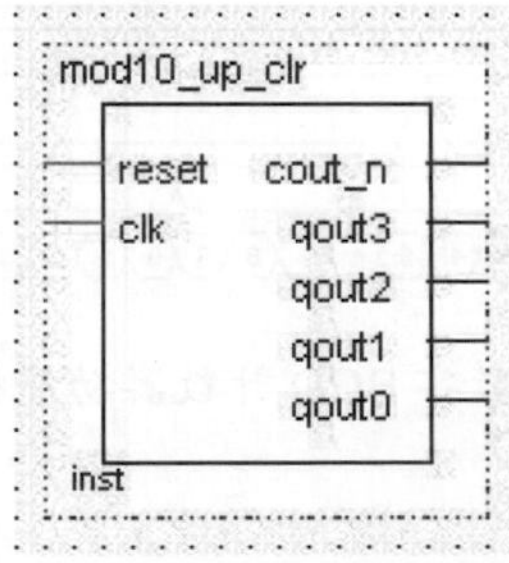

> ☞ 當使用邏輯符號時，可能需要調整該邏輯符號的輸入埠與輸出埠位置，以方便置入繪製的邏輯電路圖中。

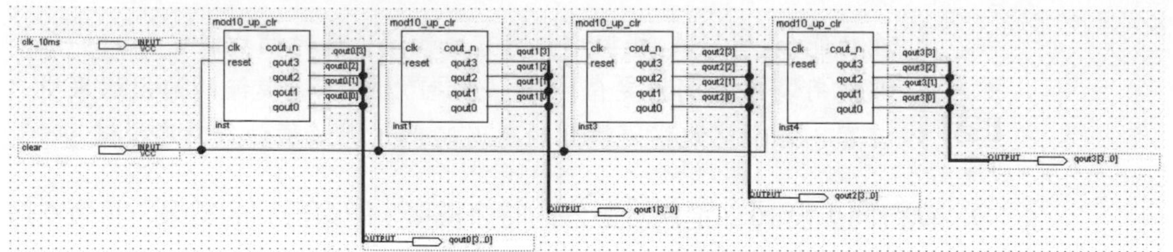

圖 5.2-9: 4 數字 BCD 計數器電路

■ 實驗項目 2: 4 數字 BCD 計數器

參考圖 5.1-6 的 4 數字 BCD 計數器，執行下列步驟：

1. 產生一個新檔案，*four_digit_bcd_counter.bdf*。
2. 使用電路圖輸入方式，適當地連接四個圖 5.2-6 的模 10 二進制計數器，完成圖 5.1-6 的 4 數字 BCD 計數器。加上輸入埠與輸出埠，並儲存結果。在完成上述動作後，可以得到與圖 5.2-9 所示類似的邏輯電路圖。
3. 設定 *four_digit_bcd_counter.bdf* 為 Top-Level Entity，並做編譯。
4. 執行 4 數字 BCD 計數器的功能模擬。欲完成此動作，必須設定時脈 *clk_10ms* 輸入信號與 *clear* 信號，然後執行功能模擬。觀察得到的結果，並檢查是否正確。4 數字 BCD 計數器功能模擬結果的一段樣本，如圖 5.2-10 所示。

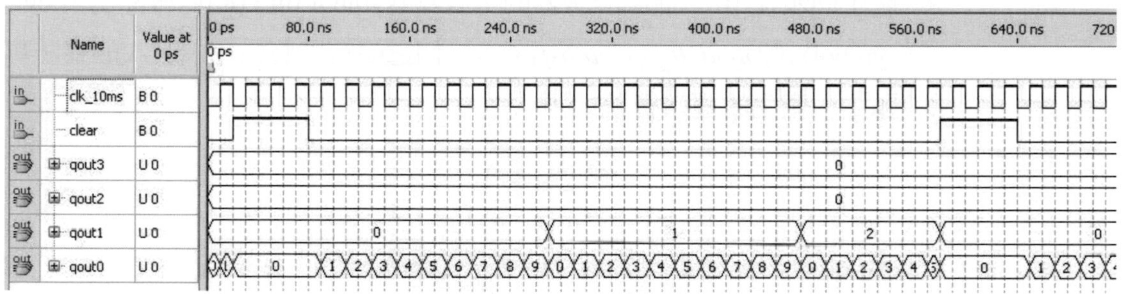

圖 5.2-10: 4 數字 BCD 計數器功能模擬結果的一段樣本

☞ 在功能(或稱行為)模擬中，所有邏輯閘延遲時間均假定為 0 ns (除非使用時序控制指定值)。這一點可以由功能模擬的輸出結果中證實。若希望觀察邏輯閘的延遲時間，則必須執行時序模擬。

> ☞ 由於 Simulation Waveform Editor 的限制 (最多為 100 μs)，完整的模擬 4 數字 BCD 計數器的動作是不可能的。欲執行完整的模擬，可以使用 Modelsim 軟體。

> ☞ 為了加速 4 數字 BCD 計數器的功能與時序模擬，我們使用週期為 20 ns 的時脈，取代 *clk_10ms* 輸入信號，而不使用時基產生器。

5. 執行 4 數字 BCD 計數器的時序模擬。觀察得到的結果，並檢查是否正確。指出 4 數字 BCD 計數器的延遲時間。4 數字 BCD 計數器時序模擬結果的一段樣本，如圖 5.2-11 所示。

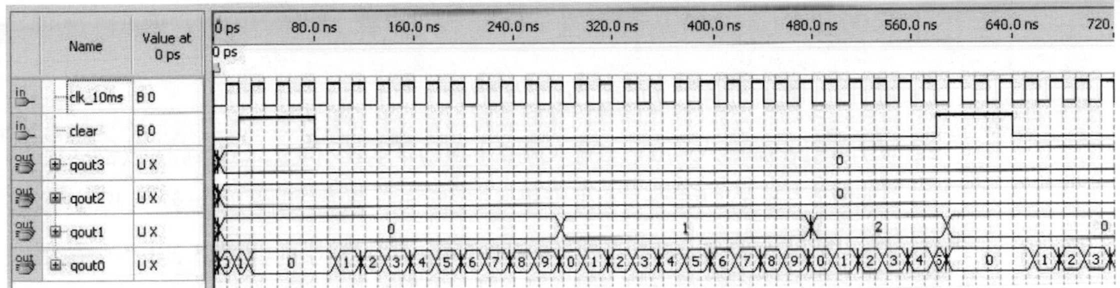

圖 5.2-11: 4 數字 BCD 計數器時序模擬結果的一段樣本

> ☞ 在時序 (邏輯閘層次) 模擬中，必須約略估計 4 數字 BCD 計數器的延遲時間，以便可以設定時脈週期為在該延遲時間加上一段邊界值的時間，而可以得到正確的結果。

6. 產生 4 數字 BCD 計數器的符號檔 (symbol file) (即邏輯符號，logic symbol) (即 *four_digit_bcd_counter.bsf*)。這一個邏輯符號將使用於其次的實驗專題中。產生的邏輯符號如下：

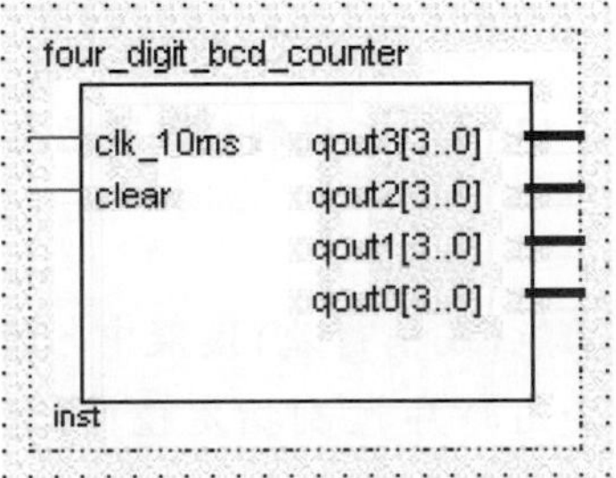

> ☞ 當使用邏輯符號時，可能需要調整該邏輯符號的輸入埠與輸出埠位置，以方便置入繪製的邏輯電路圖中。

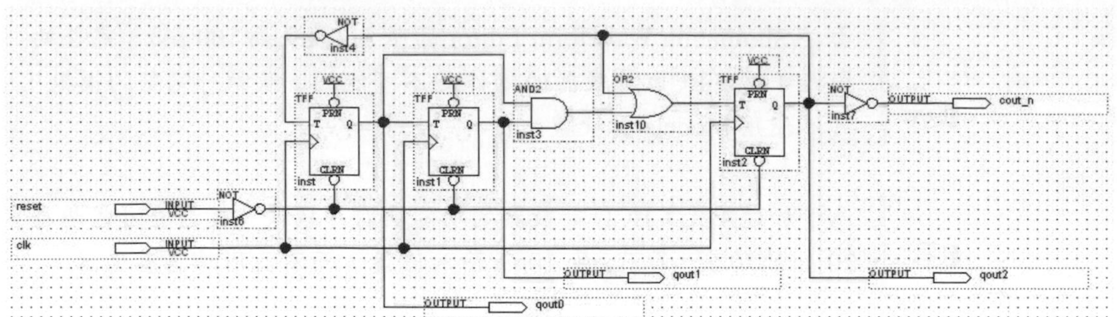

圖 5.2-12: 模 5 二進制計數器電路

■ 實驗項目 3: 模 5 二進制計數器

參考圖 5.1-4 的時基產生器，執行下列步驟：

1. 產生一個新檔案，*mod5_up_clr.bdf*。
2. 使用電路圖輸入方式，輸入圖 5.1-5(c) 的同步模 5 二進制計數器，並加入清除 (reset) 功能。在同步模 5 二進制計數器電路加上輸入埠與輸出埠，並儲存結果。在完成上述動作後，可以得到與圖 5.2-12 所示類似的邏輯電路圖。
3. 設定 *mod5_up_clr.bdf* 為 Top-Level Entity，並做編譯。
4. 執行模 5 二進制計數器的功能模擬。欲完成此動作，必須設定時脈 *clk* 與 *reset_n* 信號，然後執行功能模擬。觀察得到的結果，並檢查是否正確。模 5 二進制計數器功能模擬結果的一段樣本，如圖 5.2-13 所示。

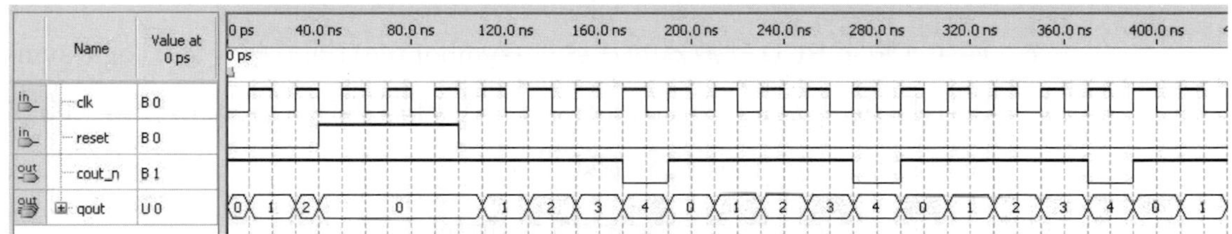

圖 5.2-13: 模 5 二進制計數器功能模擬結果的一段樣本

> ☞ 在功能(或稱行為)模擬中，所有邏輯閘延遲時間均假定為 0 ns (除非使用時序控制指定值)。這一點可以由功能模擬的輸出結果中證實。若希望觀察邏輯閘的延遲時間，則必須執行時序模擬。

5. 執行模 5 二進制計數器的時序模擬。觀察得到的結果，並檢查是否正確。指出模 5 二進制計數器的延遲時間。模 5 二進制計數器時序模擬結果的一段樣本，如圖 5.2-14 所示。

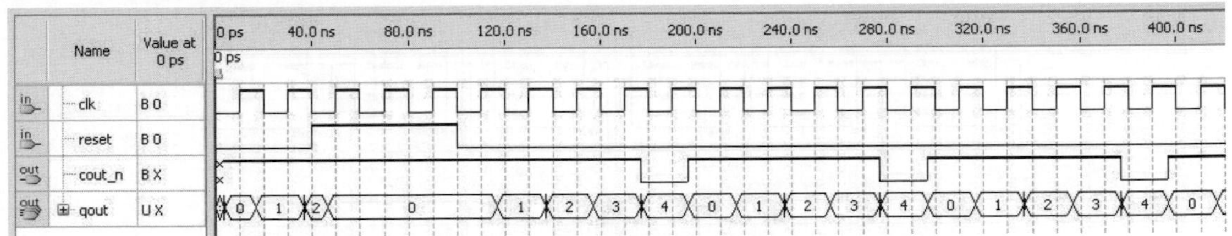

圖 5.2-14: 模 5 二進制計數器時序模擬結果的一段樣本

> ☞ 在時序 (邏輯閘層次) 模擬中，必須約略估計同步模 10 二進制計數器的延遲時間，以便可以設定時脈週期為在該延遲時間加上一段邊界值的時間，而可以得到正確的結果。

6. 產生模 5 二進制計數器的符號檔 (symbol file) (即邏輯符號，logic symbol) (即 *mod5_up_clr.bsf*)。這一個邏輯符號將使用於其次的實驗專題中。產生的邏輯符號如下：

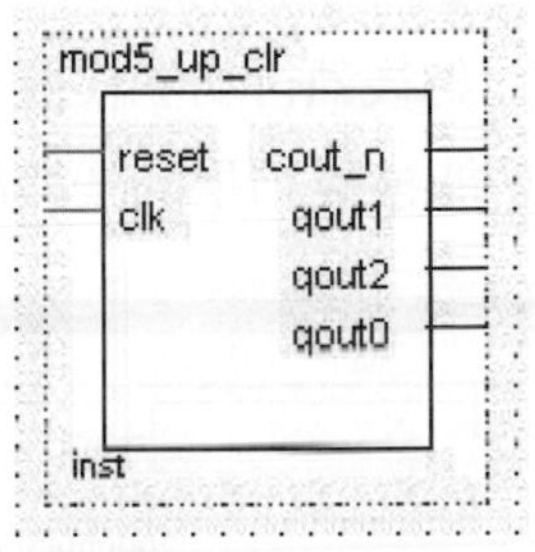

> ☞ 當使用邏輯符號時，可能需要調整該邏輯符號的輸入埠與輸出埠位置，以方便置入繪製的邏輯電路圖中。

■ 實驗項目 4: 時基產生器

參考圖 5.1-4 的時基產生器，執行下列步驟：

1. 產生一個新檔案，*timing_clk_10ms.bdf*。
2. 使用電路圖輸入方式，引用五個模 10 計數器與一個模 5 計數器，並將其連接成圖 5.1-4 所示的時基產生器。在時基產生器電路加上輸入埠與輸出埠，並儲存結果。在完成上述動作後，可以得到與圖 5.2-15 所示類似的邏輯電路圖。
3. 設定 *timing_clk_10ms.bdf* 為 Top-Level Entity，並做編譯。

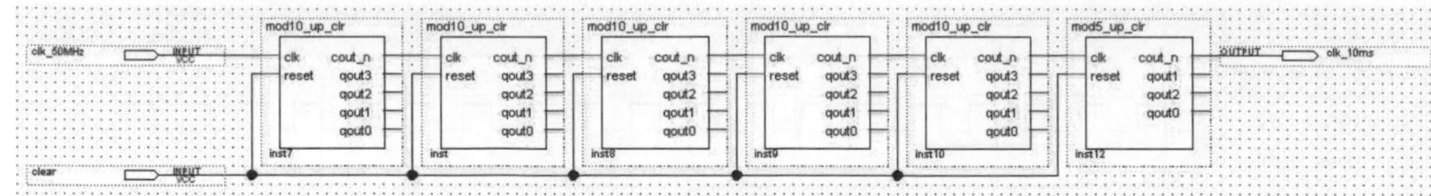

圖 5.2-15: 時基產生器電路

☞ 由於 Simulation Waveform Editor 的限制 (最多為 100 μs)，完整的模擬時基產生器的動作是不可能的。欲執行完整的模擬，可以使用 Modelsim 軟體。

☞ 使用 Modelsim 執行功能與時序模擬時，*timing_clk_10ms.bdf* 與其引用的 *mod10_up_clr.bdf* 與 *mod5_up_clr.bdf* 兩個模組必須轉換為等效的 Verilog HDL 檔。

4. 執行時基產生器的功能模擬。欲完成此動作，必須設定時脈 *clk*_50MHz 與 *clear* 信號，然後執行功能模擬。觀察得到的結果，並檢查是否正確。時基產生器功能模擬結果的一段樣本，如圖 5.2-16 所示。

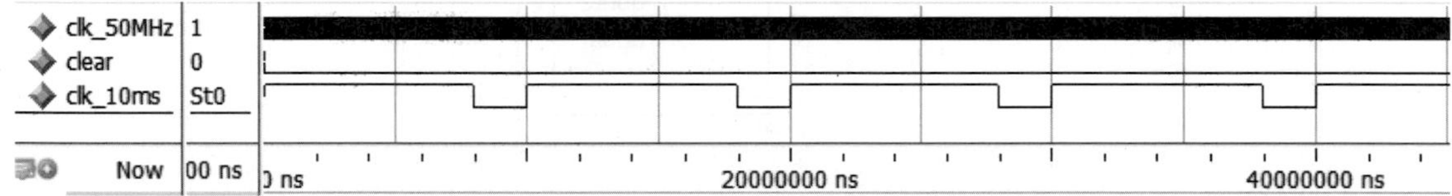

圖 5.2-16: 時基產生器功能模擬結果的一段樣本

☞ 在功能 (或稱行為) 模擬中，所有邏輯閘延遲時間均假定為 0 ns (除非使用時序控制指定值)。這一點可以由功能模擬的輸出結果中證實。若希望觀察邏輯閘的延遲時間，則必須執行時序模擬。

5. 執行時基產生器的時序模擬。觀察得到的結果，並檢查是否正確。指出時基產生器的延遲時間。時基產生器時序模擬結果的一段樣本，如圖 5.2-17 所示。

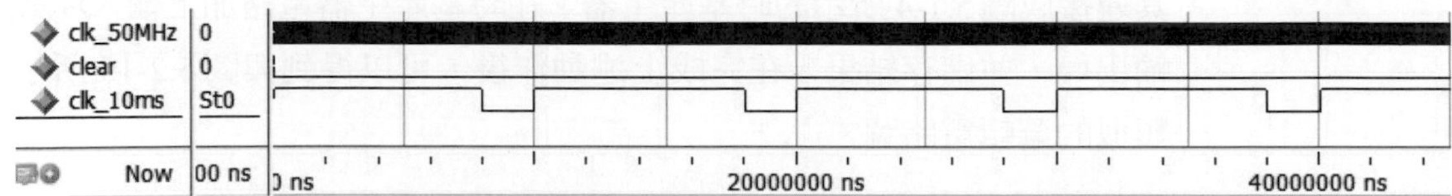

圖 5.2-17: 時基產生器時序模擬結果的一段樣本

> 在時序 (邏輯閘層次) 模擬中，必須約略估計時基產生器的延遲時間，以便可以設定時脈週期為在該延遲時間加上一段邊界值的時間，而可以得到正確的結果。

6. 產生時基產生器的符號檔 (symbol file) (即邏輯符號，logic symbol) (即 *timing_clk_10ms.bsf*)。這一個邏輯符號將使用於其次的實驗專題中。產生的邏輯符號如下：

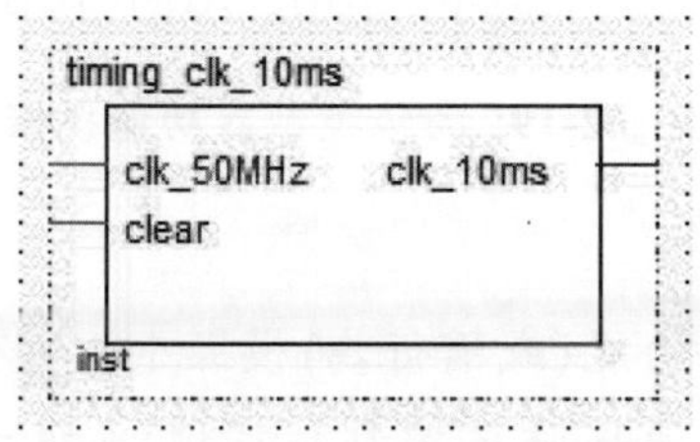

> 當使用邏輯符號時，可能需要調整該邏輯符號的輸入埠與輸出埠位置，以方便置入繪製的邏輯電路圖中。

■ 實驗項目 5: 馬錶控制器

參考圖 5.1-3 的馬錶中的馬錶控制器，執行下列步驟：

1. 產生一個新檔案，*start_stop_timer_controller.bdf*。
2. 使用電路圖輸入方式，輸入圖 5.1-3 的馬錶控制器。在馬錶控制器電路加上輸入埠與輸出埠，並儲存結果。在完成上述動作後，可以得到與圖 5.2-18 所示類似的邏輯電路圖。

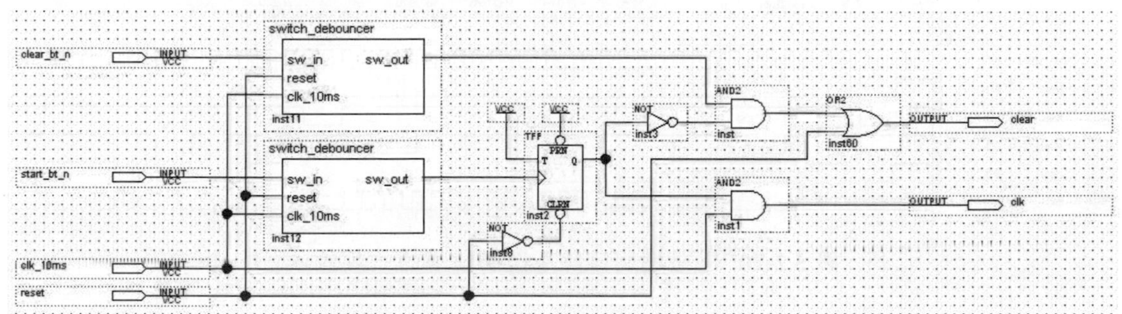

圖 5.2-18: 馬錶控制器電路

3. 設定 *start_stop_timer_controller.bdf* 為 Top-Level Entity，並做編譯。
4. 執行馬錶控制器的功能模擬。欲完成此動作，必須設定時脈 *clk_10ms* 與 *reset* 輸入以及 *start_bt_n* 與 *clear_bt_n* 信號，然後執行功能模擬。觀察得到的結果，並檢查是否正確。馬錶控制器功能模擬結果的一段樣本，如圖 5.2-19 所示。

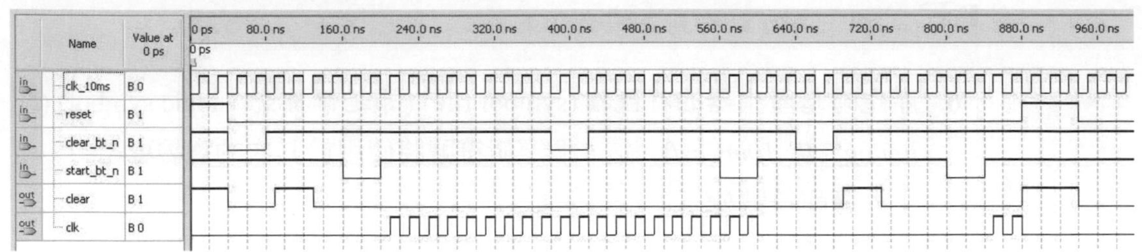

圖 5.2-19: 馬錶控制器功能模擬結果的一段樣本

在功能(或稱行為)模擬中，所有邏輯閘延遲時間均假定為 0 ns (除非使用時序控制指定值)。這一點可以由功能模擬的輸出結果中證實。若希望觀察邏輯閘的延遲時間，則必須執行時序模擬。

由於 Simulation Waveform Editor 的限制 (最多為 100 μs)，完整的模擬馬錶控制器的動作是不可能的。欲執行完整的模擬，可以使用 Modelsim 軟體。但是，它依然是一個費時的程序。因此，我們只使用週期為 20 ns 的測試時脈，取代週期為 10 ms 的時脈，驗證馬錶控制器的功能與時序。

5. 執行馬錶控制器的時序模擬。觀察得到的結果，並檢查是否正確。指出馬錶控制器的延遲時間。馬錶控制器時序模擬結果的一段樣本，如圖 5.2-20 所示。

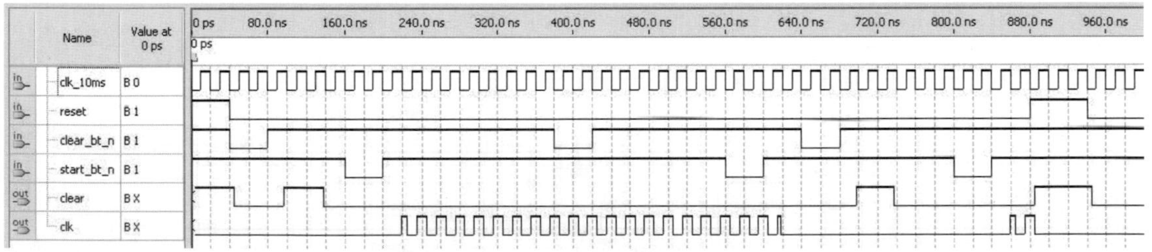

圖 5.2-20: 馬錶控制器時序模擬結果的一段樣本

在時序 (邏輯閘層次) 模擬中，必須約略估計馬錶控制器的延遲時間，以便可以設定時脈週期為在該延遲時間加上一段邊界值的時間，而可以得到正確的結果。

6. 產生馬錶控制器的符號檔 (symbol file) (即邏輯符號，logic symbol) (即 *start_stop_timer_controller.bsf*)。這一個邏輯符號將使用於其次的實驗專題中。產生的邏輯符號如下：

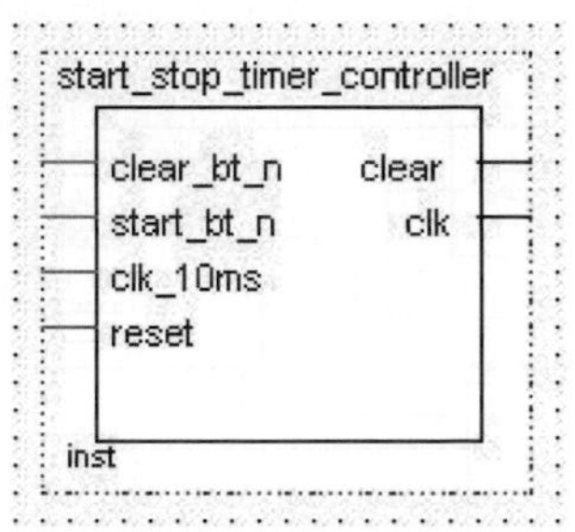

☞ 當使用邏輯符號時，可能需要調整該邏輯符號的輸入埠與輸出埠位置，以方便置入繪製的邏輯電路圖中。

■ 實驗項目 6: 完整的馬錶電路

參考圖 5.1-3 的馬錶電路，執行下列步驟：

1. 產生一個新檔案，*start_stop_timer_download.bdf*。
2. 使用電路圖輸入方式，適當地引用與連接需要的模組，完成圖 5.1-3 所示完整的馬錶電路。在馬錶電路電路加上輸入埠與輸出埠，並儲存結果。在完成上述動作後，可以得到與圖 5.2-21 所示類似的邏輯電路圖。
3. 設定 *start_stop_timer_download.bdf* 為 Top-Level Entity，並做編譯。

☞ 欲下載 *start_stop_timer_download* 到標的 FPGA 模擬板時，必須先依照附錄中第 A.1.5 節的方法，指定每一個 I/O 埠到模擬板上相關的按鈕開關與七段 LED 顯示器，重新編譯，以產生 FPGA 元件規劃檔，然後載入標的 FPGA 模擬板中。

☞ 由於 Simulation Waveform Editor 的限制 (最多為 100 μs)，完整的模擬馬錶電路的動作是不可能的。欲執行完整的模擬，可以使用 Modelsim 軟體。

☞ 由於時基產生器已經經過驗證，時基產生器 (*timing_clk_10ms*) 可以暫時自完整的馬錶電路中移除，然後以週期為 20 ns 的測試時脈，直接加入 *start_stop_timer_controller* 模組的 *clk_10ms* 輸入端。

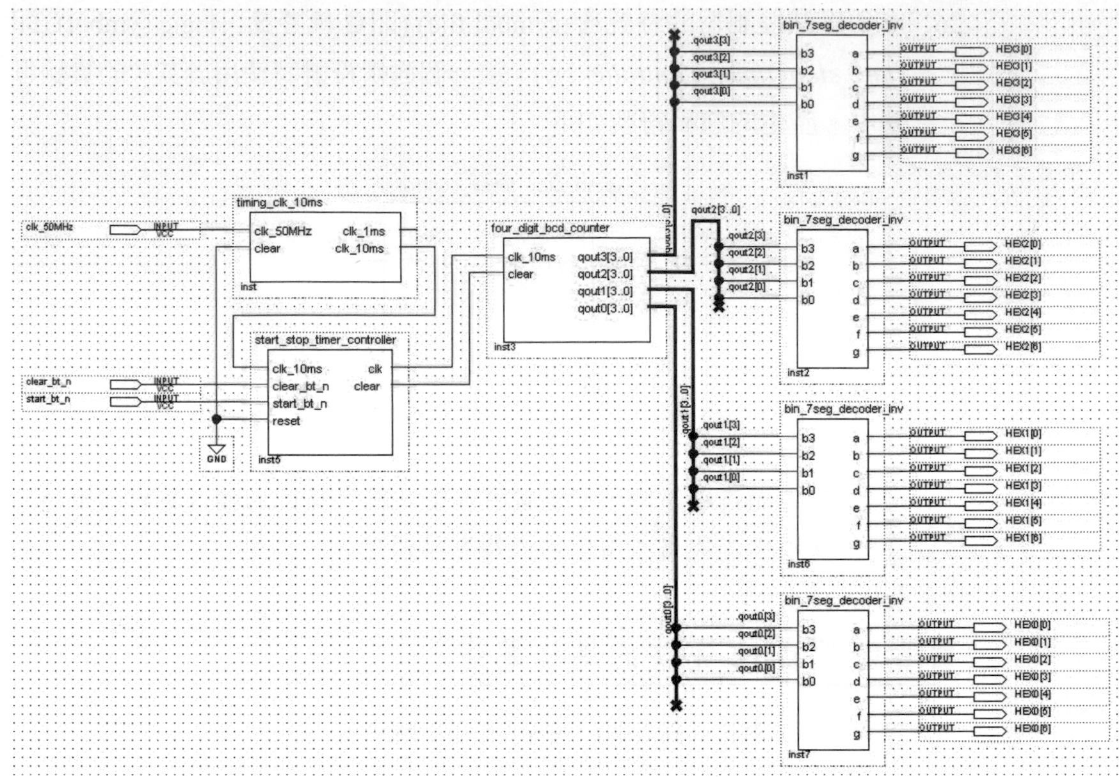

圖 5.2-21: 完整的馬錶電路

4. 執行沒有時基產生器的馬錶電路的功能模擬。欲完成此動作，必須設定馬錶控制器的時脈 (*clk*_10*ms*) 與 *reset* (在此，它並未接地而為一個輸入端) 輸入以及 *start*_*bt*_*n* 與 *clear*_*bt*_*n* 信號，然後執行功能模擬。觀察得到的結果，並檢查是否正確。沒有時基產生器的馬錶電路功能模擬結果的一段樣本，如圖 5.2-22 所示。

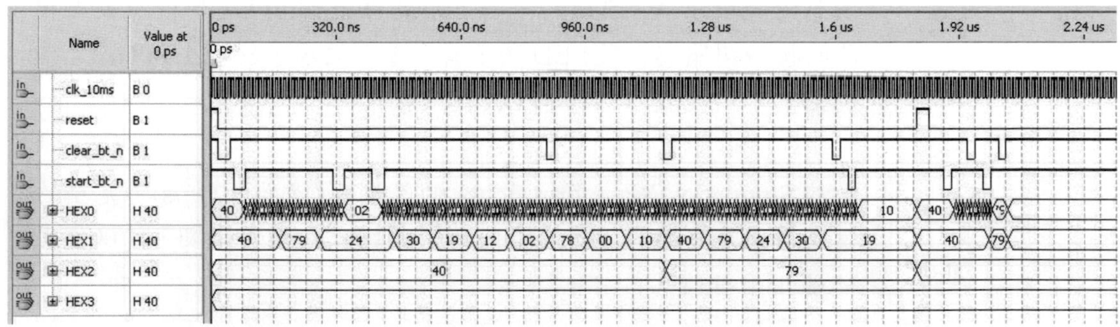

圖 5.2-22: 沒有時基產生器的馬錶電路功能模擬結果的一段樣本

> 在功能(或稱行為)模擬中，所有邏輯閘延遲時間均假定為 0 ns (除非使用時序控制指定值)。這一點可以由功能模擬的輸出結果中證實。若希望觀察邏輯閘的延遲時間，則必須執行時序模擬。

> 值得注意的是在執行功能與時序模擬時，最好加上 *reset* 輸入信號。在實際的 FPGA 元件上作實體測試時，*reset* 輸入端則可以接地或是接往電源開啟重置 (power-on reset) 的電路。

5. 執行沒有時基產生器的馬錶電路的時序模擬。觀察得到的結果，並檢查是否正確。指出沒有時基產生器的馬錶電路的延遲時間。沒有時基產生器的馬錶電路時序模擬結果的一段樣本，如圖 5.2-23 所示。

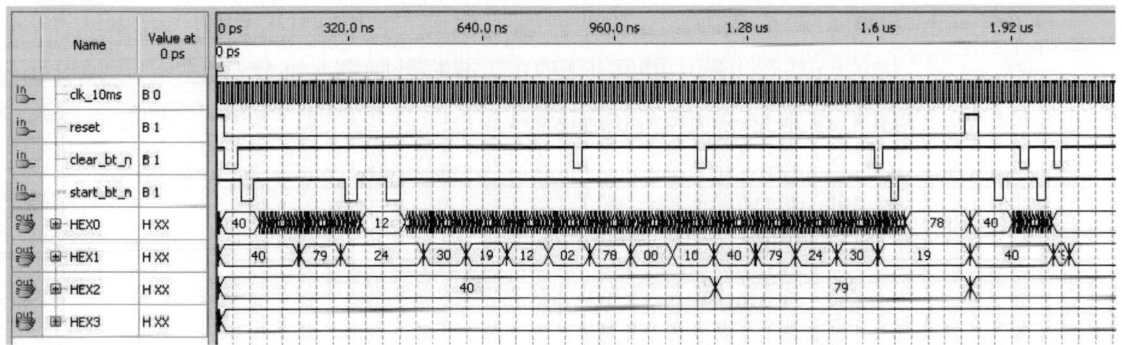

圖 5.2-23: 沒有時基產生器的馬錶電路時序模擬結果的一段樣本

> 在時序(邏輯閘層次)模擬中，必須約略估計馬錶電路的延遲時間，以便可以設定時脈週期為在該延遲時間加上一段邊界值的時間，而可以得到正確的結果。

■ 實驗項目 7: 選作項目

下列實驗步驟為選作項目。若希望將實驗項目的結果，下載至模擬板做實體測試 (real-world test)，則進行下列步驟：

1. 經由標的模擬板中的標的 FPGA 元件提供的輸入埠與輸出埠，分別連接完整的馬錶電路的輸入埠與輸出埠到開關與一個合適的七段 LED 顯示器模組。此步驟可以使用 Quartus CAD 系統的 **Pin Planner** 軟體工具幫忙。
2. 產生與下載規劃檔 (programming file) 到標的模擬板。

3. 適當地設定開關值，並觀察 LED 狀態。檢視開關值與 LED 狀態的組合是否正確。

5.2.2.2 HDL 輸入 在本小節中，我們使用 Verilog HDL，描述圖 5.1-3 的馬錶電路，並說明如何驗證其功能與時序。

■ 實驗項目 1: 模 10 二進制計數器

參考圖 5.1-3 所示馬錶電路的時基產生器，執行下列步驟：

1. 建立一個新專案，*start_stop_timer_HDL.qpf*。
2. 產生一個新檔案，*mod10_up_clr.v*。
3. 使用行為描述方式，撰寫與輸入一個 Verilog HDL 模組，在 RTL 層次描述時基產生器中的同步模 10 二進制計數器，並儲存它。下列 Verilog HDL 模組為一個可能的範例。

```
// a modulo-10 binary counter with synchronous reset
module mod10_up_clr (
        input  clk, reset,
        output cout_n,      // negative carry-out
        output reg [3:0] qout);

wire  clear_cnt;
// the body of the modulo-10 binary counter
assign clear_cnt = (qout == 4'b1001);
assign cout_n = ~qout[3];
always @(posedge clk or posedge reset)
   if (reset)           qout <= 4'b0000;
   else if (clear_cnt) qout <= 4'b0000;
        else            qout <= qout + 4'b0001;
endmodule
```

> ☞ 應該注意的是在 Quartus CAD 系統中，檔案名稱必須與最上層模組 (top-level module) 名稱相同。因此，上述模組的檔案名稱必須為 *mod10_up_clr.v*。

4. 產生一個新檔案 *mod10_up_clr_tb.v*，撰寫與輸入 *mod10_up_clr.v* 模組的測試平台。下列模組為一個可能的測試平台。在測試平台中，只有 *reset* 與時脈 (*clk*) 兩個信號需要設定。

```
// a test bench for the mod10_up_clr module
`timescale 1ns / 1ps
module mod10_up_clr_tb;
// internal signals declarations
```

```
parameter clock_period = 20;
reg clk, reset;
wire cout_n;
wire [3:0] qout;
// Unit Under Test port map
mod10_up_clr mod10_cnt (
     .clk(clk), .reset(reset),
     .cout_n(cout_n), .qout(qout));
// generate the clock signal
always begin
   #(clock_period/2) clk <= 1'b0;
   #(clock_period/2) clk <= 1'b1;
end
initial begin
   reset <=1'b0;
   repeat (5) @(negedge clk) reset <= 1'b1;
   reset <=1'b0;
end
initial #7000 $finish;
initial
   $monitor($realtime,"ns %h %h %h %h \n",
            clk, reset, cout_n, qout);
endmodule
```

> 雖然測試平台 (test bench) 的檔案名稱與模組名稱不需要相同，一個好的習慣是使用相同的檔案名稱與模組名稱，即 *mod10_up_clr_tb.v*。

5. 設定 *mod10_up_clr.v* 為 Top-Level Entity，並做編譯。
6. 執行同步模 10 二進制計數器的 RTL (behavioral) 模擬。觀察得到的結果，並檢查是否正確。同步模 10 二進制計數器 RTL 模擬結果的一段樣本，如圖 5.2-24 所示。

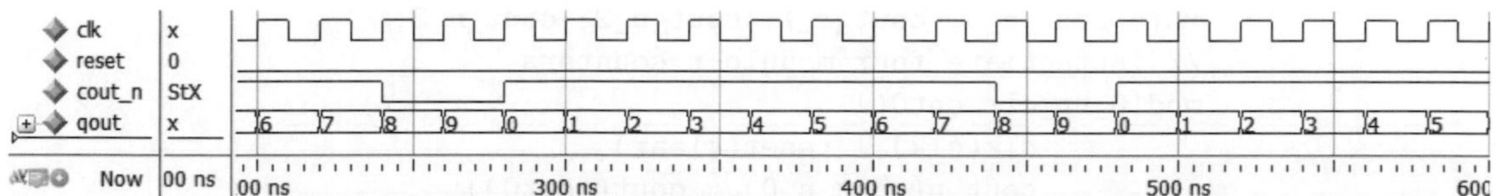

圖 5.2-24: 同步模 10 二進制計數器 RTL 模擬結果的一段樣本

> 在 RTL(功能或稱行為) 模擬中，所有邏輯閘延遲時間均假定為 0 ns (除非使用時序控制指定值)。這一點可以由功能模擬的輸出結果中證實。若希望觀察邏輯閘的延遲時間，則必須執行時序模擬。

7. 執行同步模 10 二進制計數器的邏輯閘層次 (時序) 模擬。觀察得到的結果，並檢查是否正確。指出同步模 10 二進制計數器的延遲時間。同步模 10 二進制計數器邏輯閘層次模擬結果的一段樣本，如圖 5.2-25 所示。

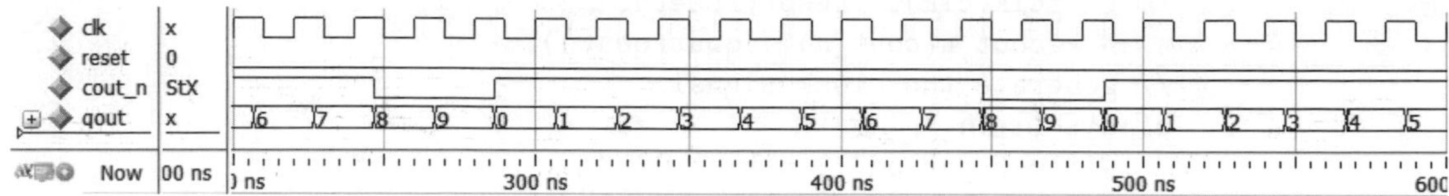

圖 5.2-25: 同步模 10 二進制計數器邏輯閘層次模擬結果的一段樣本

> 在邏輯閘層次 (時序) 模擬中，必須約略估計同步模 10 二進制計數器的延遲時間，以便可以設定時脈週期為在該延遲時間加上一段邊界值的時間，而可以得到正確的結果。

■ 實驗項目 2: 4 數字 BCD 計數器

參考圖 5.1-6 的 4 數字 BCD 計數器，執行下列步驟：

1. 產生一個新檔案，*four_digit_bcd_counter.v*。
2. 使用結構描述方式，撰寫與輸入一個 Verilog HDL 模組，適當地引用與連接四個模 10 計數器，完成圖 5.1-6 的 4 數字 BCD 計數器，並儲存它。下列 Verilog HDL 模組為一個可能的範例。

```
// a 4-digit BCD counter
module four_digit_bcd_counter (
       input clk, clear,
       output [3:0] qout0, qout1, qout2, qout3);
wire cout_n_0, cout_n_1, cout_n_2, cout_n_3;
// instantiate four modulo-r counters
mod10_up_clr cnt0(
        .clk(clk), .reset(clear),
        .cout_n(cout_n_0), .qout(qout0));
mod10_up_clr cnt1(
        .clk(cout_n_0), .reset(clear),
        .cout_n(cout_n_1), .qout(qout1));
mod10_up_clr cnt2(
        .clk(cout_n_1), .reset(clear),
        .cout_n(cout_n_2), .qout(qout2));
mod10_up_clr cnt3(
        .clk(cout_n_2), .reset(clear),
        .cout_n(cout_n_3), .qout(qout3));
endmodule
```

> ☞ 應該注意的是在 Quartus CAD 系統中，檔案名稱必須與最上層模組 (top-level module) 名稱相同。因此，上述模組的檔案名稱必須為 *four_digit_bcd_counter.v*。

3. 產生一個新檔案 *four_digit_bcd_counter_tb.v*，撰寫與輸入 *four_digit_bcd_counter.v* 模組的測試平台。下列模組為一個可能的測試平台。在測試平台中，只有 *clear* 與時脈 (*clk_10ms*) 等信號需要設定。

```
// a test bench for the four_digit_bcd_counter module
`timescale 1ns / 1ps
module four_digit_bcd_counter_tb;
// internal signals declarations
parameter clock_period = 40;
reg clk_10ms, clear;
wire [3:0] qout0, qout1, qout2, qout3;
// Unit Under Test port map
four_digit_bcd_counter UUT (
         .clk(clk_10ms), .clear(clear),
         .qout0(qout0), .qout1(qout1),
         .qout2(qout2), .qout3(qout3));
// generate the clock signal
initial begin
   clk_10ms <= 1'b0;
   forever #(clock_period/2) clk_10ms <= ~clk_10ms;
end
initial begin
   clear <=1'b0;
   repeat (11) @(negedge clk_10ms) clear <= 1'b1;
   clear <=1'b0;
end
initial #200000 $finish;
initial
   $monitor($realtime,"ns %h %h %h %h %h %h\n",
            clk_10ms, clear, qout0, qout1, qout2, qout3);
endmodule
```

> ☞ 雖然測試平台 (test bench) 的檔案名稱與模組名稱不需要相同，一個好的習慣是使用相同的檔案名稱與模組名稱，即 *four_digit_bcd_counter_tb.v*。

> ☞ 為了加速 4 數字 BCD 計數器的功能與時序模擬，我們使用週期為 20 ns 的時脈，取代 *clk_10ms* 輸入信號，而不使用時基產生器。

4. 設定 *four_digit_bcd_counter.v* 為 Top-Level Entity，並做編譯。

5. 執行 4 數字 BCD 計數器的 RTL (behavioral) 模擬。觀察得到的結果，並檢查是否正確。4 數字 BCD 計數器 RTL 模擬結果的一段樣本，如圖 5.2-26 所示。。

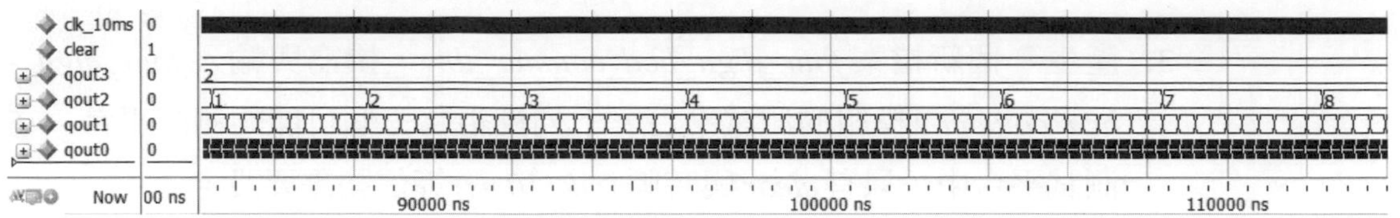

圖 5.2-26: 4 數字 BCD 計數器 RTL 模擬結果的一段樣本

> 在 RTL(功能或稱行為) 模擬中，所有邏輯閘延遲時間均假定為 0 ns (除非使用時序控制指定值)。這一點可以由功能模擬的輸出結果中證實。若希望觀察邏輯閘的延遲時間，則必須執行時序模擬。

6. 執行 4 數字 BCD 計數器的邏輯閘層次 (時序) 模擬。觀察得到的結果，並檢查是否正確。指出 4 數字 BCD 計數器的延遲時間。4 數字 BCD 計數器邏輯閘層次模擬結果的一段樣本，如圖 5.2-27 所示。

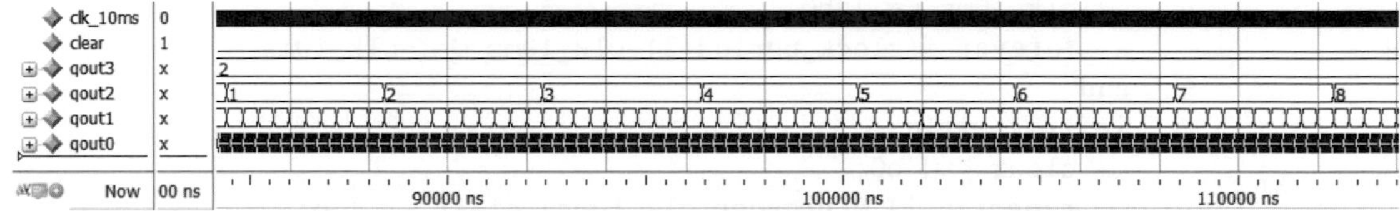

圖 5.2-27: 4 數字 BCD 計數器邏輯閘層次模擬結果的一段樣本

> 在邏輯閘層次 (時序) 模擬中，必須約略估計 4 數字 BCD 計數器的延遲時間，以便可以設定時脈週期為在該延遲時間加上一段邊界值的時間，而可以得到正確的結果。

■ 實驗項目 3: 模 5 二進制計數器

參考圖 5.1-4 的時基產生器，執行下列步驟：

1. 產生一個新檔案，*mod5_up_clr.v*。
2. 使用行為描述方式，撰寫與輸入一個 Verilog HDL 模組，在 RTL 層次描述一個同步模 5 二進制計數器，並儲存它。下列 Verilog HDL 模組為一個可能的範例。

```
// a modulo-5 binary counter with synchronous reset
module mod5_up_clr (
       input  clk, reset,
       output cout_n,    // negative carry-out
       output reg [2:0] qout);

wire  clear_cnt;
// the body of the modulo-5 binary counter
assign clear_cnt = (qout == 3'b100);
assign cout_n = ~qout[2];
always @(posedge clk or posedge reset)
   if (reset)           qout <= 3'b000;
   else if (clear_cnt) qout <= 3'b000;
        else qout <= qout + 3'b001;
endmodule
```

> 應該注意的是在 Quartus CAD 系統中，檔案名稱必須與最上層模組 (top-level module) 名稱相同。因此，上述模組的檔案名稱必須為 *mod5_up_clr.v*。

3. 產生一個新檔案*mod5_up_clr_tb.v*，撰寫與輸入*mod5_up_clr.v*模組的測試平台。下列模組為一個可能的測試平台。在測試平台中，只有*reset*與時脈 (*clk*) 信號需要設定。

```
// a test bench for the mod5_up_clr module
`timescale 1ns / 1ps
module mod5_up_clr_tb;
// internal signals declarations
parameter clock_period = 20;
reg clk, reset;
wire cout_n;
wire [2:0] qout;
// Unit Under Test port map
mod5_up_clr mod5_cnt (
      .clk(clk), .reset(reset),
      .cout_n(cout_n), .qout(qout));
// generate the clock signal
always begin
   #(clock_period/2) clk <= 1'b0;
   #(clock_period/2) clk <= 1'b1;
end
initial begin
   reset <=1'b0;
   repeat (5) @(negedge clk) reset <= 1'b1;
   reset <=1'b0;
end
initial #700 $finish;
initial
   $monitor($realtime,"ns %h %h %h %h \n",
            clk, reset, cout_n, qout);
```

```
endmodule
```

☞ 雖然測試平台 (test bench) 的檔案名稱與模組名稱不需要相同，一個好的習慣是使用相同的檔案名稱與模組名稱，即 *mod5_up_clr_-tb.v*。

4. 設定 *mod5_up_clr.v* 為 Top-Level Entity，並做編譯。
5. 執行模 5 二進制計數器的 RTL (behavioral) 模擬。觀察得到的結果，並檢查是否正確。模 5 二進制計數器 RTL 模擬結果的一段樣本如圖 5.2-28 所示。

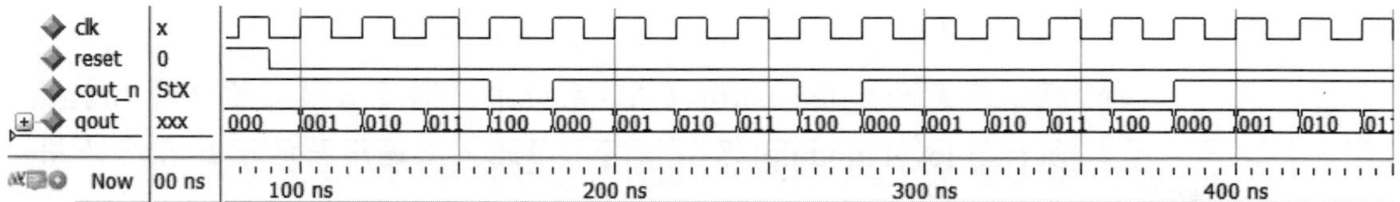

圖 5.2-28: 模 5 二進制計數器 RTL 模擬結果的一段樣本

☞ 在 RTL(功能或稱行為) 模擬中，所有邏輯閘延遲時間均假定為 0 ns (除非使用時序控制指定值)。這一點可以由功能模擬的輸出結果中證實。若希望觀察邏輯閘的延遲時間，則必須執行時序模擬。

6. 執行模 5 二進制計數器的邏輯閘層次 (時序) 模擬。觀察得到的結果，並檢查是否正確。指出模 5 二進制計數器的延遲時間。模 5 二進制計數器邏輯閘層次模擬結果的一段樣本，如圖 5.2-29 所示。

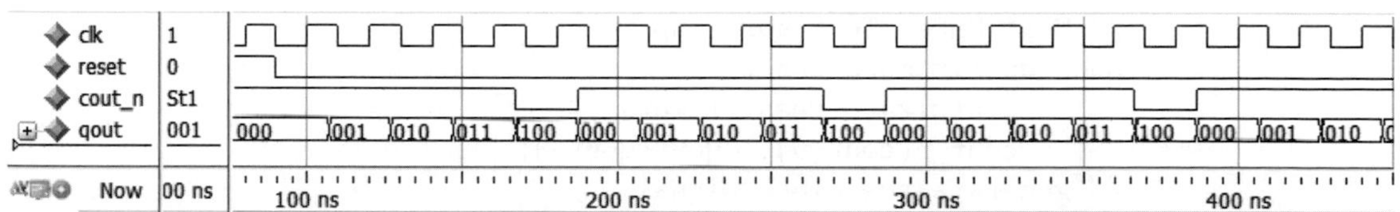

圖 5.2-29: 模 5 二進制計數器邏輯閘層次模擬結果的一段樣本

☞ 在邏輯閘層次 (時序) 模擬中，必須約略估計模 5 二進制計數器的延遲時間，以便可以設定時脈週期為在該延遲時間加上一段邊界值的時間，而可以得到正確的結果。

■ 實驗項目 4: 時基產生器

參考圖 5.1-4 的時基產生器，執行下列步驟：

1. 產生一個新檔案，*timing_clk_10ms.v*。
2. 使用結構描述方式，撰寫與輸入一個 Verilog HDL 模組，適當地引用與連接五個模 10 計數器與一個模 5 計數器，完成圖 5.1-4 的時基產生器，並儲存它。下列 Verilog HDL 模組為一個可能的範例。

```
// time base generator --- generate all reference clocks
module timing_clk_10ms (
       input clk_50MHz, clear,
       output clk_10ms);
wire cout_n_0, cout_n_1, cout_n_2, cout_n_3;
wire cout_n_4, cout_n_5;
// generate clk_10ms clock signal.
mod10_up_clr cnt0(
        .clk(clk_50MHz), .reset(clear), .cout_n(cout_n_0),
        .qout());
mod10_up_clr cnt1(
        .clk(cout_n_0), .reset(clear), .cout_n(cout_n_1),
        .qout());
mod10_up_clr cnt2(
        .clk(cout_n_1), .reset(clear), .cout_n(cout_n_2),
        .qout());
mod10_up_clr cnt3(
        .clk(cout_n_2), .reset(clear), .cout_n(cout_n_3),
        .qout());
mod5_up_clr  cnt5(
        .clk(cout_n_3), .reset(clear), .cout_n(cout_n_4),
        .qout());
mod10_up_clr cnt4(
        .clk(cout_n_4), .reset(clear), .cout_n(cout_n_5),
        .qout());
assign clk_10ms = cout_n_5;
endmodule
```

> 應該注意的是在 Quartus CAD 系統中，檔案名稱必須與最上層模組 (top-level module) 名稱相同。因此，上述模組的檔案名稱必須為 *timing_clk_10ms.v*。

3. 產生一個新檔案 *timing_clk_10ms_tb.v*，撰寫與輸入 *timing_clk_10ms.v* 模組的測試平台。下列模組為一個可能的測試平台。在測試平台中，只有 *clear* 與時脈 (*clk*_50MHz) 信號需要設定。

```
// a test bench for the timing_clk_10ms module
`timescale 10ns / 1ns
module timing_clk_10ms_tb;
```

```
// internal signals declarations
parameter clock_period = 2;
reg clk_50MHz, clear;
wire clk_10ms;
// Unit Under Test port map
timing_clk_10ms timing_10ms (
      .clk_50MHz(clk_50MHz), .clear(clear),
      .clk_10ms(clk_10ms));
// generate the clock signal
initial begin
   clk_50MHz <= 1'b0;
   forever #(clock_period/2) clk_50MHz <= ~clk_50MHz;
end
initial begin
   clear <=1'b0;
   repeat (11) @(negedge clk_50MHz) clear <= 1'b1;
   clear <=1'b0;
end
initial #5000000 $finish;
initial
   $monitor($realtime,"ns %h %h %h \n",
            clk_50MHz, clear, clk_10ms);
endmodule
```

> ☞ 雖然測試平台 (test bench) 的檔案名稱與模組名稱不需要相同，一個好的習慣是使用相同的檔案名稱與模組名稱，即 *timing_clk_10ms_tb.v*。

4. 設定 *timing_clk_10ms.v* 為 Top-Level Entity，並做編譯。
5. 執行時基產生器的 RTL (behavioral) 模擬。觀察得到的結果，並檢查是否正確。時基產生器 RTL 模擬結果的一段樣本，如圖 5.2-30 所示。

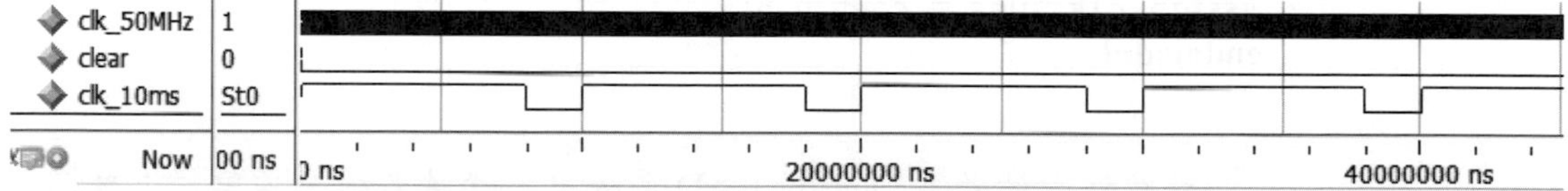

圖 5.2-30: 時基產生器 RTL 模擬結果的一段樣本

> ☞ 在 RTL(功能或稱行為) 模擬中，所有邏輯閘延遲時間均假定為 0 ns (除非使用時序控制指定值)。這一點可以由功能模擬的輸出結果中證實。若希望觀察邏輯閘的延遲時間，則必須執行時序模擬。

6. 執行時基產生器的邏輯閘層次 (時序) 模擬。觀察得到的結果，並檢查是否正確。指出時基產生器的延遲時間。時基產生器邏輯閘層次模擬結果的一段樣本，如圖 5.2-31 所示。

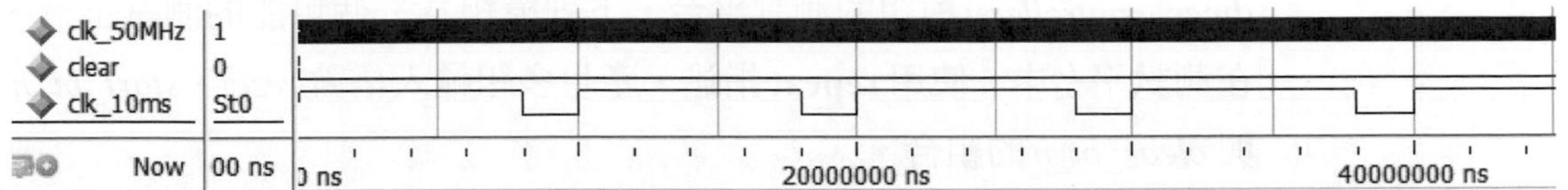

圖 5.2-31: 時基產生器邏輯閘層次模擬結果的一段樣本

■ 實驗項目 5: 馬錶控制器

參考圖 5.1-3 所示馬錶中的馬錶控制器，執行下列步驟：

1. 產生一個新檔案，*start_stop_timer_controller.v*。
2. 使用混合描述方式，撰寫與輸入一個 Verilog HDL 模組，適當的引用兩個開關防彈電路模組，與使用一個 **always** 區塊，描述需要的 T 型正反器，完成圖 5.1-3 所示馬錶中的馬錶控制器，並儲存它。下列 Verilog HDL 模組為一個可能的範例。

```
// the controller for the start/stop timer
module start_stop_timer_controller (
       input  clk_10ms, reset,
       input  start_bt_n, clear_bt_n,
       output clear, clk);
reg qout;
wire start_out, clear_out;
// the body of the controller
switch_debouncer start_bt_uut (
       .clk_10ms(clk_10ms), .reset(reset),
       .sw_in(start_bt_n), .sw_out(start_out));
switch_debouncer clear_bt_uut (
       .clk_10ms(clk_10ms), .reset(reset),
       .sw_in(clear_bt_n), .sw_out(clear_out));
always @(posedge start_out or posedge reset)
   if (reset) qout <= 0;
   else       qout <= ~qout;
// generate the output clear and clk signals
assign clear = (~qout & clear_out) | reset;
assign clk   = qout & clk_10ms;
endmodule
```

☞ 應該注意的是在 Quartus CAD 系統中，檔案名稱必須與最上層模組 (top-level module) 名稱相同。因此，上述模組的檔案名稱必須為 *start_stop_timer_controller.v*。

3. 產生一個新檔案*start_stop_timer_controller_tb.v*，撰寫與輸入*start_stop_timer_controller.v*模組的測試平台。下列模組為一個可能的測試平台。在測試平台中，使用**repeat**指述，產生多組輸入信號*reset*、*start_bt_n*與*clear_bt_n*的組合。

```
// a test bench for the start_stop_timer_controller module
`timescale 1ns / 1ps
module start_stop_timer_controller_tb;
// internal signals declarations
parameter clock_period = 20;
reg clk_10ms, reset, start_bt_n, clear_bt_n;
wire clear, clk;
// Unit Under Test port map
start_stop_timer_controller UUT (
      .clk_10ms(clk_10ms), .reset(reset),
      .start_bt_n(start_bt_n), .clear_bt_n(clear_bt_n),
      .clear(clear), .clk(clk));
// generate the clock signal
initial begin
   clk_10ms <= 1'b0;
   forever #(clock_period/2) clk_10ms <= ~clk_10ms;
end
initial begin
   start_bt_n <=1'b1; clear_bt_n <= 1'b1;
   reset <= 1'b0;
   repeat (7) @(negedge clk_10ms) reset <= 1'b1;
   reset <= 1'b0;
   repeat (3) @(negedge clk_10ms);
   // generate a start signal
   repeat (5) @(negedge clk_10ms) start_bt_n <=1'b0;
   start_bt_n <=1'b1;
   repeat (13) @(negedge clk_10ms);
   // generate a clear signal
   repeat (5) @(negedge clk_10ms) clear_bt_n <=1'b0;
   clear_bt_n <= 1'b1;
   // generate a stop signal
   repeat (5) @(negedge clk_10ms) start_bt_n <=1'b0;
   start_bt_n <=1'b1;
   repeat (3) @(negedge clk_10ms);
   // generate a clear signal
   repeat (5) @(negedge clk_10ms) clear_bt_n <=1'b0;
   clear_bt_n <=1'b1;
  // generate a stop signal
   repeat (5) @(negedge clk_10ms) start_bt_n <=1'b0;
   start_bt_n <=1'b1;
   repeat (15) @(negedge clk_10ms);
   // generate a reset signal
   repeat (5) @(negedge clk_10ms) reset <=1'b1;
   reset <=1'b0;
end
initial #2500 $finish;
```

```
initial
   $monitor($realtime,"ns %h %h %h %h %h %h \n",
            clk_10ms, reset, start_bt_n, clear_bt_n,
            clear, clk);
endmodule
```

☞ 雖然測試平台 (test bench) 的檔案名稱與模組名稱不需要相同，一個好的習慣是使用相同的檔案名稱與模組名稱，即 *start_stop_timer_controller_tb.v*。

4. 設定 *start_stop_timer_controller.v* 為 Top-Level Entity，並做編譯。
5. 執行馬錶控制器的 RTL (behavioral) 模擬。觀察得到的結果，並檢查是否正確。馬錶控制器 RTL 模擬結果的一段樣本，如圖 5.2-32 所示。

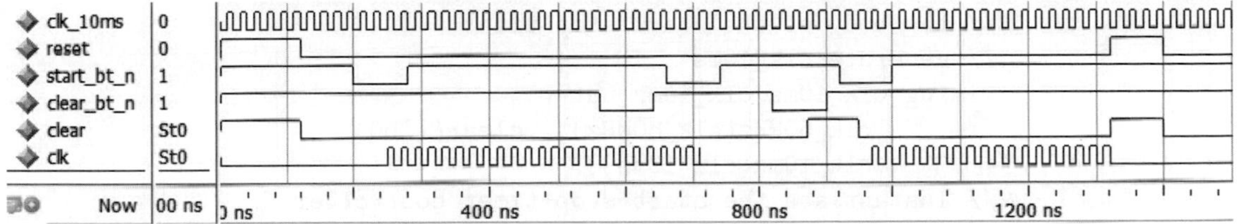

圖 5.2-32: 馬錶控制器 RTL 模擬結果的一段樣本

☞ 在 RTL(功能或稱行為) 模擬中，所有邏輯閘延遲時間均假定為 0 ns (除非使用時序控制指定值)。這一點可以由功能模擬的輸出結果中證實。若希望觀察邏輯閘的延遲時間，則必須執行時序模擬。

6. 執行馬錶控制器的邏輯閘層次 (時序) 模擬。觀察得到的結果，並檢查是否正確。指出馬錶控制器的延遲時間。馬錶控制器邏輯閘層次模擬結果的一段樣本，如圖 5.2-33 所示。

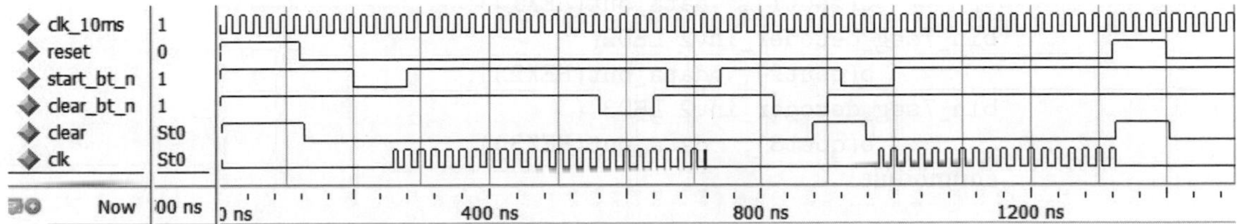

圖 5.2-33: 馬錶控制器邏輯閘層次模擬結果的一段樣本

☞ 在邏輯閘層次 (時序) 模擬中，必須約略估計馬錶控制器的延遲時間，以便可以設定時脈週期為在該延遲時間加上一段邊界值的時間，而可以得到正確的結果。

■ 實驗項目 6: 完整的馬錶電路

參考圖 5.1-3 所示完整的馬錶電路，執行下列步驟：

1. 產生一個新檔案，*start_stop_timer_download.v*。
2. 使用結構描述方式，撰寫與輸入一個 Verilog HDL 模組，適當地引用與連接需要的模組，完成圖 5.1-3 所示完整的馬錶電路，並儲存它。下列 Verilog HDL 模組為一個可能的範例。

```
// the download version of the start/stop timer
module start_stop_timer_download (
        input clk_50MHz, start_bt_n, clear_bt_n,
        output [6:0] HEX0, HEX1, HEX2, HEX3);
wire clk_10ms, cout_n_0, cout_n_1, cout_n_2, cout_n_3;
wire [3:0] qout0, qout1,qout2, qout3;
wire clk, clear;
// the body of the start/stop timer
// generate clk_10ms
timing_clk_10ms clk_10ms_uut (
        .clk_50MHz(clk_50MHz), .clear(1'b0),
        .clk_10ms(clk_10ms));
// instantiate the start-stop-timer controller
start_stop_timer_controller controller_uut (
        .clk_10ms(clk_10ms), .reset(1'b0),
        .start_bt_n(start_bt_n),
        .clear_bt_n(clear_bt_n),
        .clear(clear), .clk(clk));
// instantiate the start-stop timer
four_digit_bcd_counter timer_uut (
        .clk(clk), .clear(clear),
        .qout0(qout0), .qout1(qout1),
        .qout2(qout2), .qout3(qout3));
// instantiate the four seven-segment-LED-display
bin_7seg_decoder_inv2 LED0 (
        .b(qout0), .data_out(HEX0));
bin_7seg_decoder_inv2 LED1 (
        .b(qout1), .data_out(HEX1));
bin_7seg_decoder_inv2 LED2(
        .b(qout2), .data_out(HEX2));
bin_7seg_decoder_inv2 LED3 (
        .b(qout3), .data_out(HEX3));
endmodule
```

注意為了方便，*bin_7seg_decoder_inv2.v* 模組的界面信號修改為如下所示：

```
// an inverting output binary-to-seven-segment decoder
module bin_7seg_decoder_inv2 (
        input  [3:0] b,
        output reg [6:0] data_out);
// the body of the decoder
```

```
always @(*)
   case (b)
      4'b0000: data_out = 7'b100_0000;   // h40
      4'b0001: data_out = 7'b111_1001;   // h79
      ...
      4'b1111: data_out = 7'b000_1110;   // h0E
   endcase
endmodule
```

☞ 欲下載*start_stop_timer_download*到標的FPGA模擬板時，必須先依照附錄中第A.1.5節的方法，指定每一個I/O埠到模擬板上相關的按鈕開關與七段LED顯示器，重新編譯，以產生FPGA元件規劃檔，然後載入標的FPGA模擬板中。

☞ 由於時基產生器已經經過驗證，時基產生器(*timing_clk_10ms*)可以暫時自完整的馬錶電路中移除，然後以週期為20 ns的測試時脈，直接加入*start_stop_timer_controller*模組的*clk_10ms*輸入端。

3. 產生一個新檔案，*start_stop_timer_test.v*。
4. 使用結構描述方式，撰寫與輸入一個Verilog HDL模組，描述圖5.1-3所示完整的馬錶電路，但是不包括時基產生器，並儲存它。下列Verilog HDL模組為一個可能的範例。

```
// the download version of the start/stop timer
module start_stop_timer_test (
       input clk_10ms, reset, start_bt_n, clear_bt_n,
       output [6:0] HEX0, HEX1, HEX2, HEX3);
wire [3:0] qout0, qout1,qout2, qout3;
wire clk, clear;
// instantiate the start-stop-timer controller
start_stop_timer_controller controller_uut (
       .clk_10ms(clk_10ms), .reset(reset),
       .start_bt_n(start_bt_n),
       .clear_bt_n(clear_bt_n),
       .clear(clear), .clk(clk));
// instantiate the start-stop timer
four_digit_bcd_counter timer_uut (
       .clk(clk), .clear(clear),
       .qout0(qout0), .qout1(qout1),
       .qout2(qout2), .qout3(qout3));
// instantiate the four seven-segment-LED-display
bin_7seg_decoder_inv2 LED0 (
       .b(qout0), .data_out(HEX0));
bin_7seg_decoder_inv2 LED1 (
       .b(qout1), .data_out(HEX1));
bin_7seg_decoder_inv2 LED2(
       .b(qout2), .data_out(HEX2));
```

```
bin_7seg_decoder_inv2 LED3 (
        .b(qout3), .data_out(HEX3));
endmodule
```

☞ 應該注意的是在 Quartus CAD 系統中，檔案名稱必須與最上層模組 (top-level module) 名稱相同。因此，上述模組的檔案名稱必須為 *start_stop_timer_test.v*。

5. 產生一個新檔案*start_stop_timer_test_tb.v*，撰寫與輸入*start_stop_timer_-test.v*模組的測試平台。下列模組為一個可能的測試平台。在測試平台中，必須設定*reset*與時脈(*clk_10ms*)以及*start_bt_n*與*clear_bt_n*信號。

```
// a test bench for the start_stop_timer_test module
'timescale 1ns / 1ps
module start_stop_timer_test_tb;
// internal signals declarations
parameter clock_period = 20;
reg clk_10ms, reset, start_bt_n, clear_bt_n;
wire [6:0] HEX0, HEX1, HEX2, HEX3;
// Unit Under Test port map
start_stop_timer_test UUT (
     .clk_10ms(clk_10ms), .start_bt_n(start_bt_n),
     .reset(reset), .clear_bt_n(clear_bt_n),
     .HEX0(HEX0), .HEX1(HEX1), .HEX2(HEX2), .HEX3(HEX3));
// generate the clock signal
initial begin
   clk_10ms <= 1'b0;
   forever #(clock_period/2) clk_10ms <= ~clk_10ms;
end
initial begin
   reset <=1'b0;
   clear_bt_n <=1'b1;
   start_bt_n <=1'b1;
   repeat (25) @(negedge clk_10ms) reset <= 1'b1;
   reset <=1'b0;
   // clear the start/stop timer
   clear_bt_n <=1'b1;
   repeat (5) @(negedge clk_10ms) clear_bt_n <= 1'b0;
   clear_bt_n <=1'b1;
   repeat (10) @(negedge clk_10ms);
   // start the start/stop timer
   start_bt_n <=1'b1;
   repeat (5) @(negedge clk_10ms) start_bt_n <= 1'b0;
   start_bt_n <=1'b1;
   // stop the start/stop timer
   repeat (10) @(negedge clk_10ms);
   repeat (5) @(negedge clk_10ms) start_bt_n <= 1'b0;
   start_bt_n <=1'b1;
    // start the start/stop timer
   repeat (10) @(negedge clk_10ms);
```

```
    repeat (5) @(negedge clk_10ms) start_bt_n <= 1'b0;
    start_bt_n <=1'b1;
    // clear the start/stop timer
    repeat (10) @(negedge clk_10ms);
    clear_bt_n <=1'b1;
    repeat (5) @(negedge clk_10ms) clear_bt_n <= 1'b0;
    clear_bt_n <=1'b1;
     // start the start/stop timer
    repeat (10) @(negedge clk_10ms);
    repeat (5) @(negedge clk_10ms) start_bt_n <= 1'b0;
    start_bt_n <=1'b1;
    // start the start/stop timer
    repeat (10) @(negedge clk_10ms);
    repeat (5) @(negedge clk_10ms) start_bt_n <= 1'b0;
    start_bt_n <=1'b1;
end
initial #500000 $finish;
initial
    $monitor($realtime,"ns %h %h %h %h %h %h %h %h\n",
             clk_10ms, reset, start_bt_n, clear_bt_n,
             HEX0, HEX1, HEX2, HEX3);
endmodule
```

☞ 雖然測試平台 (test bench) 的檔案名稱與模組名稱不需要相同，一個好的習慣是使用相同的檔案名稱與模組名稱，即 *start_stop_-timer_test_tb.v*。

☞ 為了加速沒有時基產生器的馬錶電路的 RTL 與邏輯閘層次模擬，我們使用週期為 20 ns 的時脈，取代 *clk_10ms* 輸入信號，而不使用時基產生器。

6. 設定 *start_stop_timer_test.v* 為 Top-Level Entity，並做編譯。
7. 執行沒有時基產生器的馬錶電路的 RTL (behavioral) 模擬。觀察得到的結果，並檢查是否正確。沒有時基產生器的馬錶電路 RTL 模擬結果的一段樣本，如圖 5.2-34 所示。

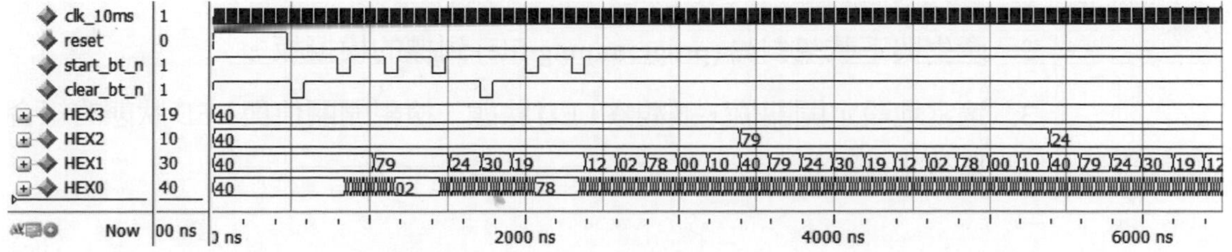

圖 5.2-34: 沒有時基產生器的馬錶電路 RTL 模擬結果的一段樣本

☞ 在 RTL(功能或稱行為) 模擬中，所有邏輯閘延遲時間均假定為 0 ns (除非使用時序控制指定值)。這一點可以由功能模擬的輸出結果中證實。若希望觀察邏輯閘的延遲時間，則必須執行時序模擬。

8. 執行沒有時基產生器的馬錶電路的邏輯閘層次 (時序) 模擬。觀察得到的結果，並檢查是否正確。指出沒有時基產生器的馬錶電路的延遲時間。沒有時基產生器的馬錶電路邏輯閘層次模擬結果的一段樣本，如圖 5.2-35 所示。

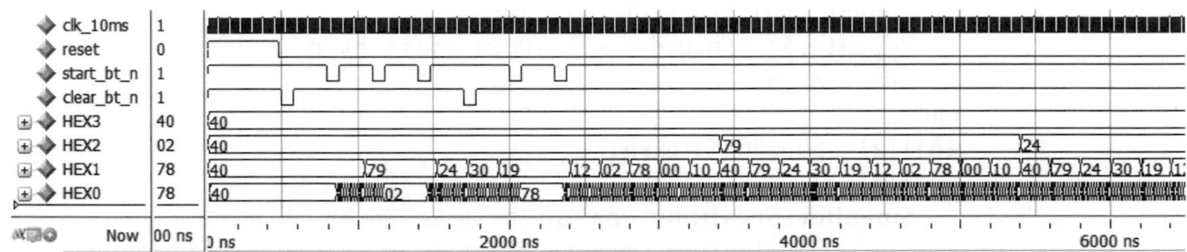

圖 5.2-35: 沒有時基產生器的馬錶電路邏輯閘層次模擬結果的一段樣本

☞ 在邏輯閘層次 (時序) 模擬中，必須約略估計沒有時基產生器的馬錶電路的延遲時間，以便可以設定時脈週期為在該延遲時間加上一段邊界值的時間，而可以得到正確的結果。

■ 實驗項目 7: 選作項目

下列實驗步驟為選作項目。若希望將實驗項目的結果，下載至模擬板做實體測試 (real-world test)，則進行下列步驟：

1. 經由標的模擬板中的標的 FPGA 元件提供的輸入埠與輸出埠，分別連接完整的馬錶電路的輸入埠與輸出埠到開關與一個合適的七段 LED 顯示器模組。此步驟可以使用 Quartus CAD 系統的 **Pin Planner** 軟體工具幫忙。
2. 產生與下載規劃檔 (programming file) 到標的模擬板。
3. 適當地設定開關值，並觀察 LED 狀態。檢視開關值與 LED 狀態的組合是否正確。

5.2.3 延伸實驗專題

在本節中，我們探討兩個與本章中實驗專題密切相關的延伸實驗專題。在第一個延伸實驗專題中，我們探討若使用圖 4.2-16 所示的模 10 計數器時，在 4 數字 BCD 計數器中，可能的靜態邏輯 1 突波。在第二個延伸實驗專題中，我們研究時基產生器的測試問題。

5.2.3.1 靜態邏輯 1 突波研究 考慮圖 5.1-6 所示 4 數字 BCD 計數器。若希望實現此電路時，首先分別以電路圖與 HDL 輸入方式，輸入圖 4.2-16 的模 10 二進制計數器，然後驗證它的功能與時序。

其次，串接四級的模 10 二進制計數器，以獲得圖 5.1-6 的 4 數字 BCD 計數器。分別使用電路圖與 HDL 輸入方式，輸入此 4 數字 BCD 計數器。

最後，分別使用功能 (RTL) 與時序 (邏輯閘層次) 模擬，驗證結果的 4 數字 BCD 計數器。仔細觀察模擬結果，有何發現？

5.2.3.2 時基產生器驗證 時基產生器常用來由一個高頻率時脈源，產生需要的時脈信號。因為在當代的 FPGA 元件，其操作頻率都為數十 MHz 或更高，欲得到一個週期為毫秒 (milisecond) 範圍的時脈信號時，通常需要使用一個高模數計數器，以降低時脈頻率。這種計數器稱為時基產生器。由於其模數本質上非常大，這種時基產生器的測試變得非常困難。

本章中使用的時基產生器由 5 個 BCD 計數器與一個模 5 計數器組成，以自 50 MHz 的時脈源，產生週期為 10 ms 的時脈信號。為更容易測試這個時基產生器，必須加入某些存取點 (access point) [1, 5]，以方便在選定的內部電路級，注入外部時脈信號。

圖 5.2-36 所示為一個具有存取點的時基產生器。當 *test/normal* 輸入為 1 時，*ext_clk* 信號可以加入時基產生器的中間級；當 *test/normal* 輸入為 0 時，時基產生器正常工作。

分別使用電路圖與 HDL 輸入方式，輸入結果的時基產生器，並驗證其功能與時序。

5.3 補充教材—兩個重要議題

在本小節中，我們探討邏輯突波 (logic hazard) [3, 5] 與其在循序邏輯的效應，以及阻隔式與非阻隔式指定指述的差異，及其在描述一段硬體時的正確用法。

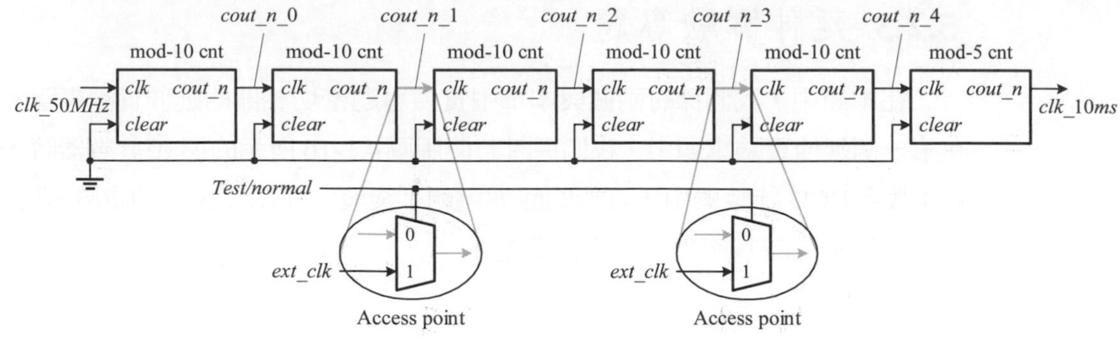

圖 5.2-36: 時基產生器方塊圖

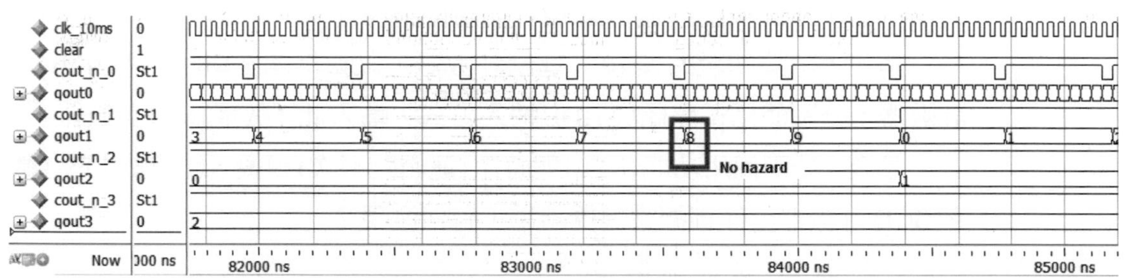

圖 5.3-1: 一段呈現 4 數字 BCD 計數器的 RTL 模擬之 *cout_n_*1 輸出快照

5.3.1 邏輯突波與其效應

一般而言，為確保一個硬體模組能正確操作，必須驗證它的功能與時序。換言之，通過 RTL 模擬的模組，並不能保證其在實際硬體中能正確操作而不產生時序錯誤。欲瞭解這一個情形，再次考慮圖 5.1-6 所示的 4 數字 BCD 計數器。

5.3.1.1 邏輯突波效應 當每一個 BCD 計數器為一個圖 4.1-6 所示的同步模 10 二進制計數器時，它的時脈輸出端為該計數器的進位輸出 *cout_n*，即 BCD 計數器的 *cout_n* 輸出可以表示為：

$$cout\_n = (qout[3] \cdot qout[2]' \cdot qout[1]' \cdot qout[0])'$$

意即若 $qout[3]$ 與 $qout[0]$ 都為 1，而且 $qout[2]$ 與 $qout[1]$ 都為 0 時，*cout_n* 為 0。

一段呈現 4 數字 BCD 計數器的 RTL 模擬之 *cout_n_*1 輸出快照，如圖 5.3-1 所示。由圖可知，每一個 BCD 計數器的 *cout_n* 輸出都呈現它應該呈現的。因此，該 4 數字 BCD 計數器在 RTL 模擬下，如同期待的，能正確工作。

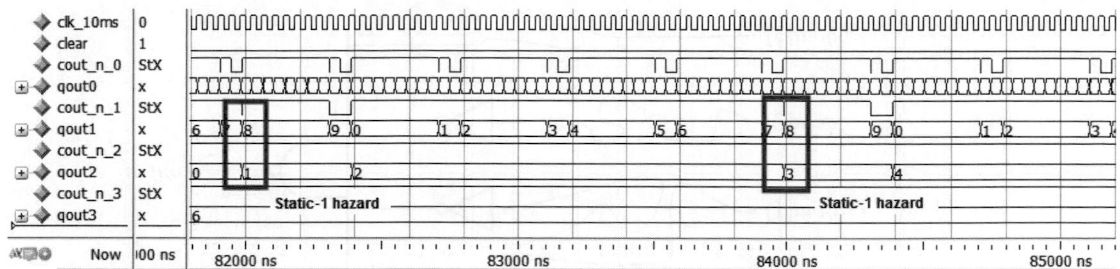

圖 5.3-2: 一段呈現 4 數字 BCD 計數器的邏輯閘層次模擬之 *cout_n_*1 輸出快照

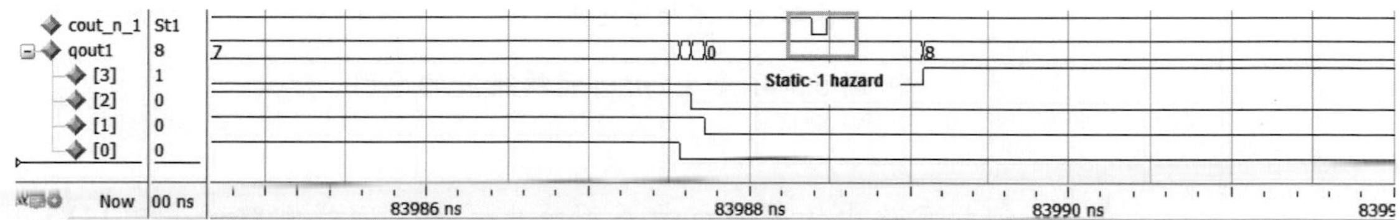

圖 5.3-3: *cnt_n_*1 邏輯突波的詳細時序

然而，在邏輯閘層次的模擬時，由於邏輯閘的延遲時間的介入，其情形就不同。如圖 5.3-2 所顯示，在 *cout_n_*1 輸出信號上，出現靜態邏輯 1 突波 (static logic-1 hazard)，它使用長方形標示。這一個突波促使其次一級 *qout*2，在 *qout*1 除了正常的由 9 到 0 之外，在由 7 變化到 8 時，也改變狀態。因而，產生計數錯誤。注意 *cout_n_*0 輸出信號也有相同的情形。

☞ 值得注意的是縱然 RTL(功能) 驗證是正確無誤的，邏輯閘層次 (時序) 驗證依然有可能是錯誤的。因此，欲確保設計能正確地操作，一個要點是功能與時序都必須驗證。

為探討圖 5.3-2 中的邏輯突波發生的原因，可以將該時序圖在突波附近展開，得到圖 5.3-3 所示的時序圖。觀察時序波形，可以得知，在 *qout*1 由 7 變化到 8 的瞬間，有四個輸出信號需要同時改變狀態。這些信號經由四個不同實體連接路徑，抵達 *count_n_*1 的 NAND 閘輸入端，導致靜態邏輯 1 突波，如圖 5.3-4 所示。由於此突波的脈波寬度足夠，因而促使其下一級 *qout*2 改變狀態。

☞ **結論：**

1. 邏輯突波由邏輯閘與連接線的延遲時間造成。
2. 並非每一個邏輯突波都會造成錯誤的輸出；只有當突波的脈波寬度夠大時，才可能造成錯誤的輸出。

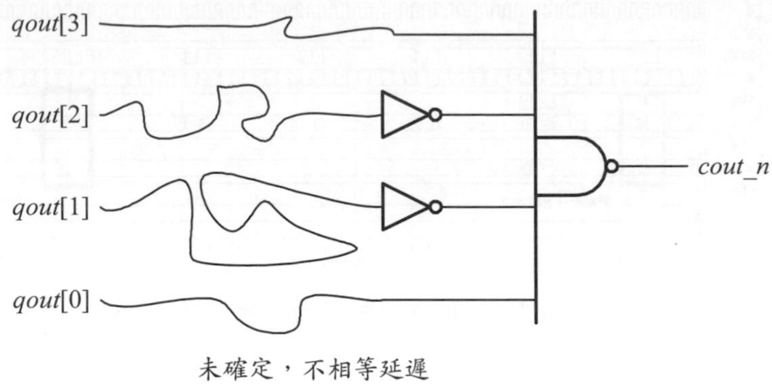

圖 5.3-4: 產生 *cnt_n* 邏輯突波的原因

> 3. 邏輯電路中的邏輯突波是否發生，與該邏輯電路的實現 [3]，因而與 CAD 工具及 FPGA 元件息息相關，意即邏輯突波是否發生，端視 CAD 工具如何將設計嵌入 FPGA 元件中。

5.3.1.2 邏輯突波效應的避免 觀察圖 5.2-8 的時序圖，除了計數器的進位輸出 (carry-out) 可以當作其下一級的時脈信號之外，*qout*[3] 也是適當的選擇。因此，當多個這種計數器串接在一起時，較好的方式為使用反相的 *qout*[3] 信號，取代計數器的進位輸出，當做時脈輸出信號 *cout_n*。更精確地說，如圖 5.3-5 所示，在電路圖輸入方法中，使用圖 5.3-5(a) 的方式，而在 HDL 輸入方法中，使用圖 5.3-5(b) 的方式。

5.3.2 阻隔式與非阻隔式指定

在 Verilog HDL 中，有兩種程序指定可以使用在 **initial** 與 **always** 區塊中：阻隔式指定與非阻隔式指定。初學者甚至部分資深 IC 設計者，常常混

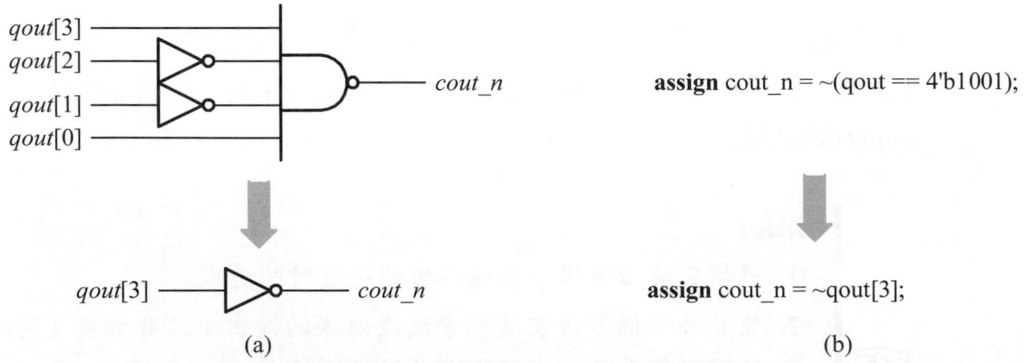

圖 5.3-5: 移除 4 數字 BCD 計數器 *cnt_n* 邏輯突波效應的方法：(a) 電路圖輸入方法；(b) HDL 輸入方法

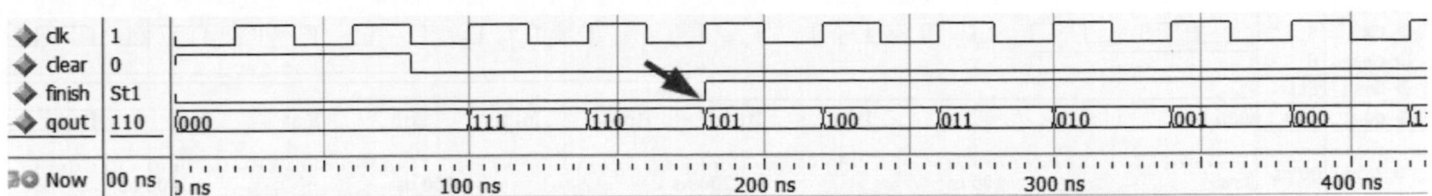

圖 5.3-6: 使用阻隔式指定的計數器之 RTL 模擬的一段樣本

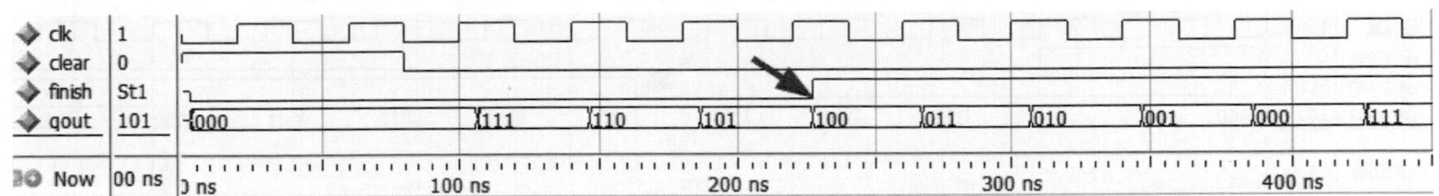

圖 5.3-7: 使用阻隔式指定的計數器之邏輯閘層次模擬的一段樣本

淆這兩種程序指定的使用。因此，在這一小節中，我們使用實例 [2, 3, 6]，探討它們之間的差異。為此，考慮下列兩個例題，並觀察其在 RTL 與邏輯閘層次的模擬結果。

■ 例題 5.3-1: 阻隔式指定的行為

本例題描述一個 3 位元二進制倒數計數器，它在計數器輸出 *qout* 的值為 5 時，設定 *finish* 信號為 1。在兩個 **always** 區塊內，使用阻隔式指定描述計數器的行為與 *finish* 信號。RTL 與邏輯閘層次的模擬結果分別顯示於圖 5.3-6 與 5.3-7 中。由模擬結果可知：在 RTL 模擬時，當計數器輸出為 5 (101) 時，*finish* 信號上升為 1；在邏輯閘層次模擬時，當計數器輸出為 4 (100) 時，*finish* 信號上升為 1。顯然地，它們的結果不同。為什麼兩種模擬會產生不同的結果？

```
// a counter with blocking assignments
module counter_blocking(
       input  clk, clear,
       output reg [2:0] qout,
       output reg finish);

// the body of the 4-bit counter
always @(posedge clk or posedge clear) begin
   if (clear) qout = 3'd0;
   else       qout = qout - 3'd1;
end
always @(posedge clk or posedge clear) begin
   if (clear) finish = 0;
   else if (qout == 5) finish = 1;
end
endmodule
```

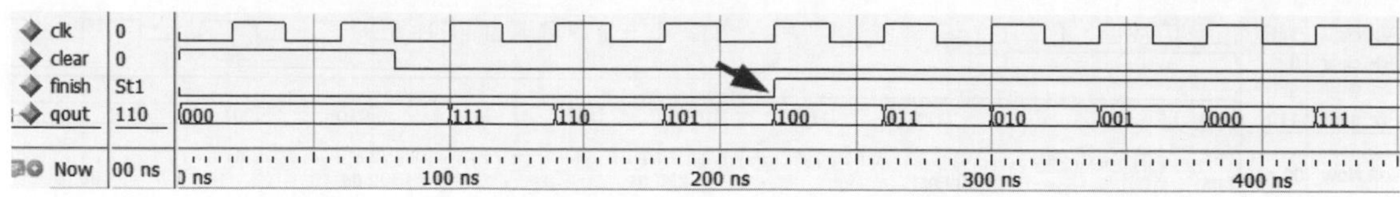

圖 5.3-8: 使用非阻隔式指定的計數器之 RTL 模擬的一段樣本

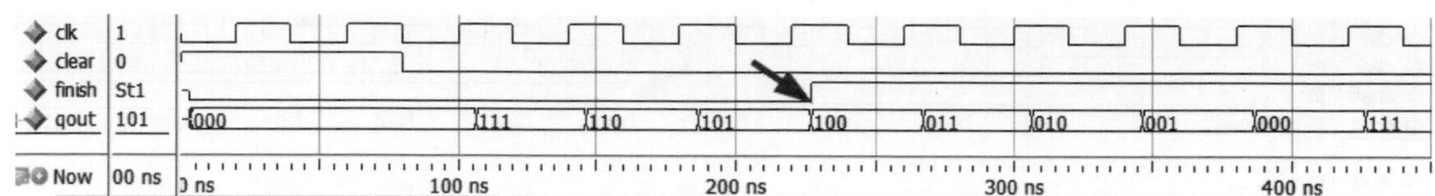

圖 5.3-9: 使用非阻隔式指定的計數器之邏輯閘層次模擬的一段樣本

■ 例題 5.3-2: 非阻隔式指定的行為

本例題描述一個 3 位元二進制倒數計數器，它在計數器輸出 *qout* 的值為 5 時，設定 *finish* 信號為 1。在兩個 **always** 區塊內，使用非阻隔式指定描述計數器的行為與 *finish* 信號。RTL 與邏輯閘層次的模擬結果分別顯示於圖 5.3-8 與 5.3-9 中。由模擬結果可知：在 RTL 與邏輯閘層次模擬時，當計數器輸出為 4 (100) 時，*finish* 信號上升為 1。因此，在這種情形下，兩種模擬產生相同的結果。

```
// a counter with nonblocking assignments
module counter_nonblocking(
       input  clk, clear,
       output reg [2:0] qout,
       output reg finish);
// the body of the 3-bit counter
always @(posedge clk or posedge clear) begin
   if (clear) qout <= 3'd0;
   else       qout <= qout - 3'd1;
end
always @(posedge clk or posedge clear) begin
   if (clear) finish <= 0;
   else if (qout == 5) finish <= 1;
end
endmodule
```

☞ 由上述兩個例題可以得知：邏輯閘層次的模擬都得到相同的結果，它們也是硬體模組的實際行為，因為它們都在實際的 FPGA 元件的邏輯閘層次的網絡列表 (netlist) 下執行。

5.3.2.1 阻隔式與非阻隔式指定 阻隔式指定如同其名所隱示，當它執行時，將阻擋其次的程序指述之執行。因此，一組阻隔式指定將依其出現的次序一個接著一個執行。阻隔式指定的執行可以視為一個單一步驟程序，意即它計算其右手邊 (right-hand side，RHS) 表式的值，然後更新其左手邊 (left-hand side，RHS) 變數的值，而不被其它指述中斷。

相反地，非阻隔式指定如同其名所隱示，當它執行時，並不阻擋其次的程序指述之執行。因此，一組非阻隔式指定可能不會依據其出現的次序執行，它們的執行順序會受其附屬的時序控制影響。非阻隔式指定的執行 [3, 6] 可以視為一個如下所示的三步驟程序：

1. 讀取 (read)：讀取非阻隔式指定所有右手邊 (RHS) 的 net 與變數值。
2. 計值與排程 (evaluation and schedule)：計算右手邊表式的值，並儲存其值於臨時變數中。臨時變數中的值，在適當排程後，指定予左手邊 (LHS) 變數。
3. 指定 (assignment)：指定臨時變數中的值予左手邊變數。

因此，在計算 RHS 表式與更新 LHS 表式時，其它 Verilog HDL 程序指述 (當然，包括非阻隔式指定) 也可能被計值與更新。

5.3.2.2 組合邏輯對循序邏輯電路 在解釋阻隔式指定與非阻隔式指定的區別後，現在探討它們如何描述組合邏輯與循序邏輯電路。為此，考慮圖 5.3-10 所示的組合邏輯與循序邏輯電路。在圖 5.3-10(a) 中，兩個函數 g 與 f 依其先後順序計算其值，即先 g，然後 f。在圖 5.3-10(b) 中，執行一個 RTL 運算：

$$B \longleftarrow f(A, C, \ldots, H)$$

如圖所說明，此運算可以分解成三個小步驟，它們恰與非阻隔式指定的動作相符合。事實上，非阻隔式指定是特別為描述循序邏輯設計的指述。

> ☞ 值得注意的是 Verilog HDL 為硬體描述語言 (hardware description language，HDL)。因此，在原理上，它具有準確地描述任何硬體動作的能力。

依據以上的討論，可以得到下列程式碼撰寫方針 (coding guideline) [2]：

> ☞ **Coding guidelines**
>
> 1. 當 **always** 區塊描述循序邏輯電路時，應該使用非阻隔式指定 (<=)。
> 2. 當 **always** 區塊描述組合邏輯電路時，應該使用阻隔式指定 (=)。

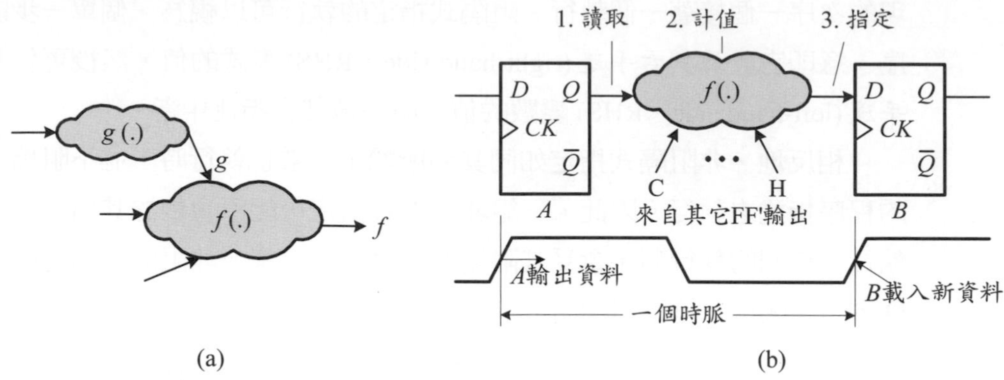

圖 5.3-10: 在實際硬體中 (a) 組合邏輯與 (b) 循序邏輯電路 (RTL 運算：$B \longleftarrow f(A,C,\cdots,H)$) 的動作

> 3. 在相同的 **always** 區塊內，阻隔式與非阻隔式指定不能混合使用。
>
> ☞ 4. 不能在不同的 **always** 區塊內，指定值予相同的變數。

參考資料

1. Ming-Bo Lin, *Digital System Designs and Practices: Using Verilog HDL and FPGAs,* Singapore: John Wiley & Sons, 2008. (ISBN: 9780470823231)
2. Ming-Bo Lin, *Digital System Designs and Practices: Using Verilog HDL and FPGAs,* 2nd ed., CreateSpace Independent Publishing Platform, 2015. (ISBN: 978-1514313305)
3. Ming-Bo Lin, *An Introduction to Verilog HDL,* CreateSpace Independent Publishing Platform, 2016. (ISBN: 978-1523320974)
4. Ming-Bo Lin, *Digital Logic Design: With An Introduction to Verilog HDL*, CreateSpace Independent Publishing Platform, 2016. (ISBN: 978-1537158365)
5. Ming-Bo Lin, *Digital System Design: Principles, Practices, and Applications,* 5th ed., Taipei, Taiwan: Chuan Hwa Book Ltd., 2017. (ISBN: 9789864635955)
6. Ming-Bo Lin, *FPGA-Based Systems Design and Practice—Part I: RTL Design and Prototyping in Verilog HDL,* CreateSpace Independent Publishing Platform, 2018. (ISBN: 978-1721530199)

附錄A：Quartus CAD 系統簡介

本附錄簡介 Quartus CAD 系統。首先，介紹 Quartus CAD 系統的 CAD 流程概觀，然後以步進的方式，說明使用 Quartus CAD 系統，在 Intel (Altera) FPGA 元件上，實現一個簡單的電路的設計程序。在本附錄中，使用電路圖輸入方法與 HDL 輸入方法的設計程序，均詳細說明。

A.1 電路圖輸入方法

在本節中，我們首先介紹使用 Quartus CAD 系統的設計程序，然後說明如何輸入邏輯電路的設計於 Quartus CAD 系統中。其次，介紹使用模擬方式，驗證輸入的邏輯電路的功能與時序。最後，介紹如何執行接腳指定與設定實際元件的組態。

A.1.1 典型的 CAD 設計流程

使用 CAD 系統的目的，在於它能幫助我們，依據我們的設計，設定實際元件的組態，因而該元件可以操作於需要的功能。因此，植基於典型 CAD 系統的設計流程涉及設計輸入 (design entry)、合成 (synthesis) 、驗證 (verification) 等步驟。更詳細地說，植基於 Quartus CAD 系統的設計程序，可以使用圖 A.1.1 說明，其詳細步驟如下：

- **設計輸入** (design entry)：設計完成的電路可以使用電路圖或是硬體描述語言 (hardware description language，HDL) (例如 Verilog HDL 或 VHDL) 方式，輸入 CAD 系統中。
- **合成** (synthesis)：在輸入設計之後，使用標的 FPGA 元件提供的硬體物件 (hardware object)，包括邏輯元件 (logic elements，LEs)、正反器 (flip-

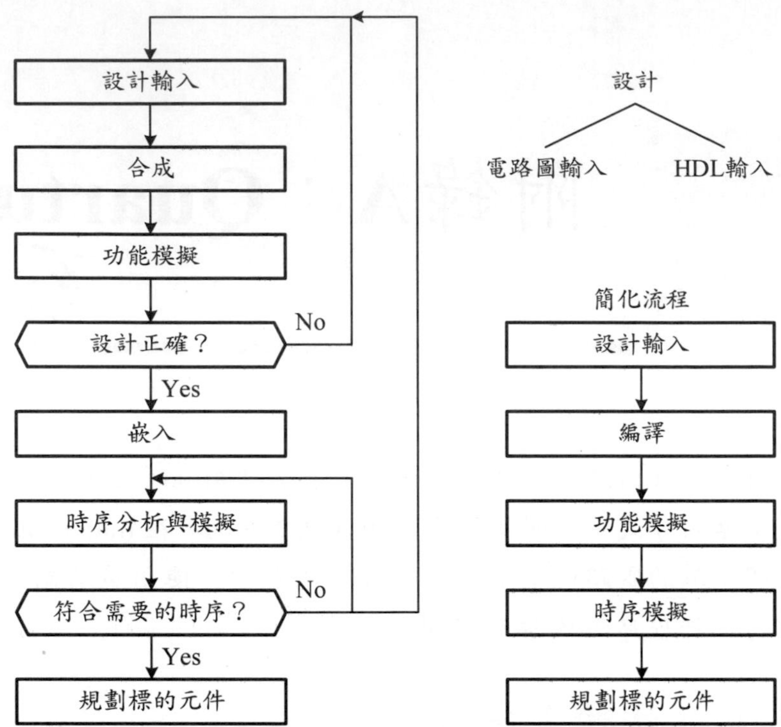

圖 A.1.1: 植基於 Quartus CAD 系統的設計程序

flop)、記憶器區塊 (memory block) 與其它邏輯模組，合成該設計為一個新的電路 (netlist)。

- **功能模擬** (functional simulation)：使用功能模擬，測試合成後的電路之功能是否正確。若否，必須重新檢查設計電路，以找出可能的錯誤。在移除錯誤之後，重新執行合成與功能模擬，直到結果正確為止。由於功能模擬並未考慮時序問題，它的執行速度較時序模擬快，因此，在進行下列三個步驟之前，通常先執行功能模擬，以確保設計的正確功能。
- **嵌入** (fitting)：在這步驟中，CAD 嵌入軟體 (Fitter) 決定 netlist 中，硬體物件在實際 FPGA 元件中硬體物件的位置，並選擇與設定元件中需要的繞線，以連接指定的硬體物件。
- **時序分析** (timing analysis)：在嵌入步驟之後，設計電路已經被指定為 FPGA 元件中的硬體物件，並且硬體物件之間的繞線也已經確定。因此，可以分析嵌入後的設計電路中，各種不同路徑的傳播延遲，以得知其性能是否如預期。

- **時序模擬** (timing simulation)：在此步驟中，使用時序模擬，驗證嵌入後的設計電路的功能與時序。在成功驗證之後，若有需要，則嵌入後的設計電路可以下載至選取的標的 FPGA 元件，執行實體測試 (real-world test)。
- **規劃標的元件** (programming target device)：藉由設定可規劃開關與硬體物件的組態，以及建立需要的繞線連接，嵌入後的設計電路可以由實體的 FPGA 元件實現。

A.1.2 開啟新專案

如同高階程式語言 (high-level programming language) 一樣，每一個輸入 Quartus CAD 系統的邏輯電路或是子電路，稱為一個專案 (project)。Quartus CAD 系統每次僅能工作於一個專案，並將該專案的所有資訊保持在一個單一的子目錄 (檔案夾，folder) 中。因此，欲輸入一個新設計於 Quartus CAD 系統中時，我們進行下列步驟：

1. 在 **Start Designing** 視窗中，雙擊 **New Project Wizard** 圖像或是在主視窗中選取 **File → New Project Wizard**，開啟一個新專案。
2. 產生一個目錄，儲存所有與專案相關的檔案。
3. 選取欲實現設計的標的元件。
4. 使用電路圖或 HDL 輸入方式，輸入設計於專案中。

在 Window 桌面或是 Window 啟動選單中的 “Altera” 檔案夾中，雙擊 Quartus CAD 系統圖像，開啟 Quartus CAD 系統。之後，一個類似圖 A.1.2 的對話窗開啟。這個主視窗由許多視窗組成，以提供存取 Quartus CAD 系統的所有特性。

欲開啟一個新專案，進行下列步驟：

1. 在 **Start Designing** 視窗中，選取 **New Project Wizard** 圖像，或在主選單欄中，選取 **File → New Project Wizard**。之後，彈出一個如圖 A.1.3 所示的視窗。選取 “Next>”。

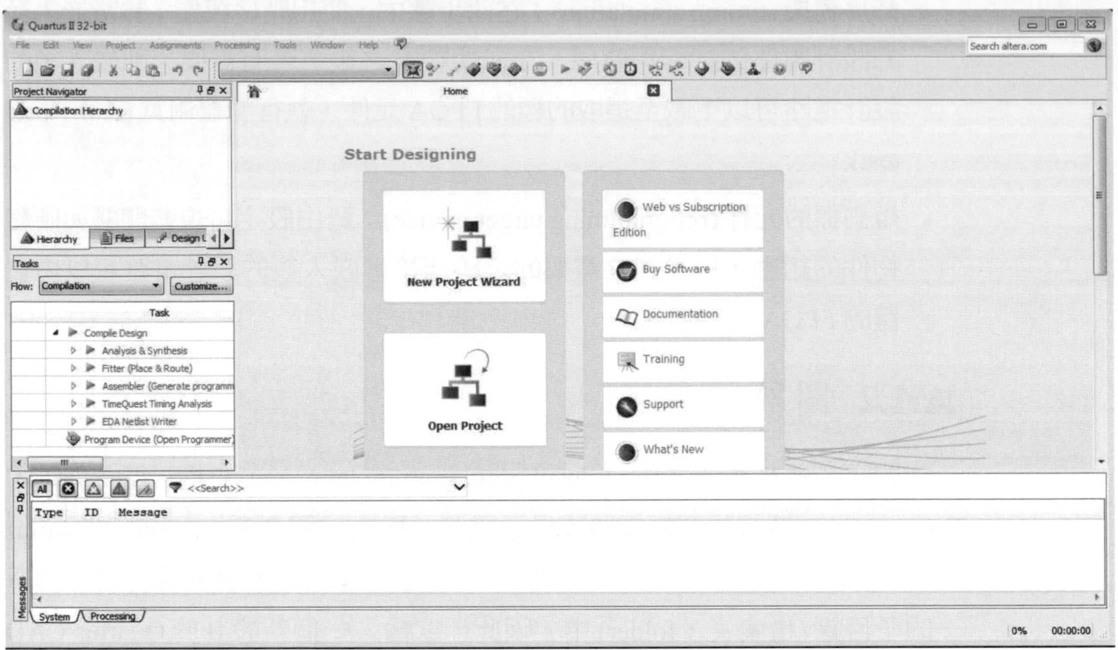

圖 A.1.2: Quartus CAD 系統的主視窗

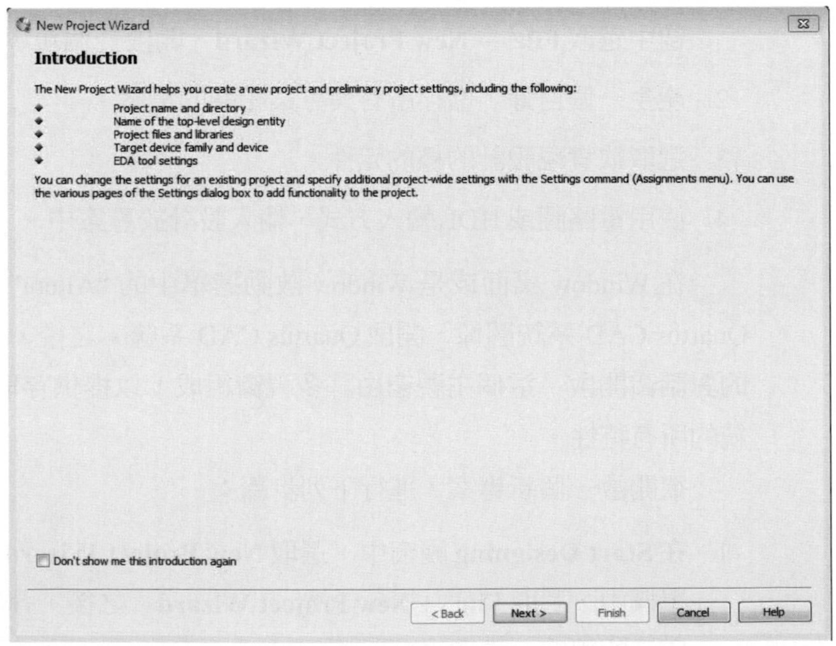

圖 A.1.3: 引介 New Project Wizard 功能的視窗

2. 在第一頁 ("Directory, Name, Top-Level Entity [page 1 of 5]") 中，選擇一個工作目錄 (working directory) ，並填入專案名稱 (project name) 與最上層設計實體 (top-level design entity) 的名稱，如圖 A.1.4 所示。然後，選取 "Next>"。若目錄不存在，則彈出一個如圖 A.1.5 所示的視窗。選取 "Yes"。

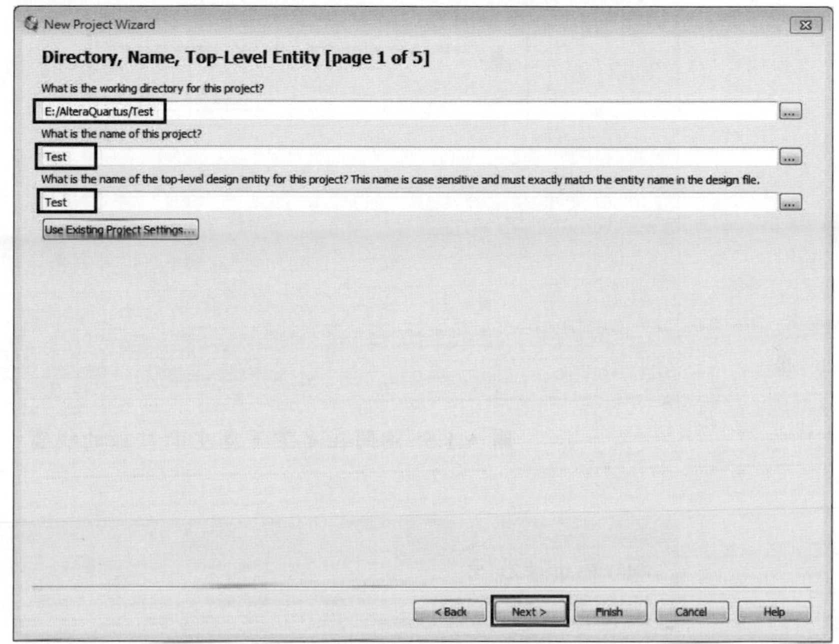

圖 A.1.4: 開啟新專案的第一頁

3. 在第二頁 ("Add Files [page 2 of 5]") 中，選取 "Next>" ，如圖 A.1.6 所示。在這一頁中，可以選取加入專案中的設計檔案。

4. 如圖 A.1.7 所示，在第三頁 ("Family and Device Settings [page 3 of 5]") 中，執行下列步驟：

   (a). 選取元件族系 (family)："Cyclone IV E" (或想用的元件族系)

   (b). 選擇可用元件："EP4CE115F29C7" (或想用的元件)

   然後，選取 "Next>"。

5. 在第四頁 ("EDA Tool Settings [page 4 of 5]") 中，選取 "Next >"，如圖 A.1.8 所示。

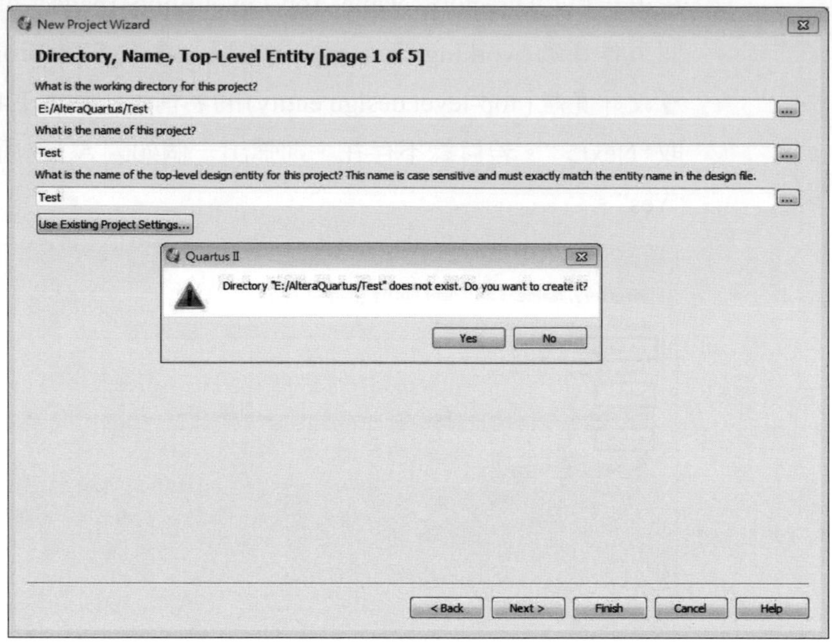

圖 A.1.5: 詢問在專案下產生新目錄的視窗

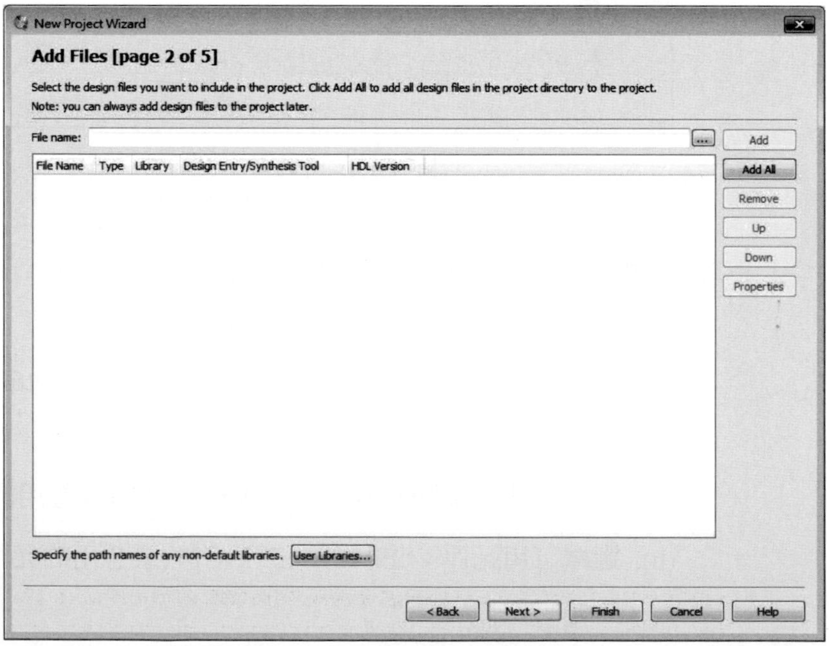

圖 A.1.6: 開啟新專案的第二頁

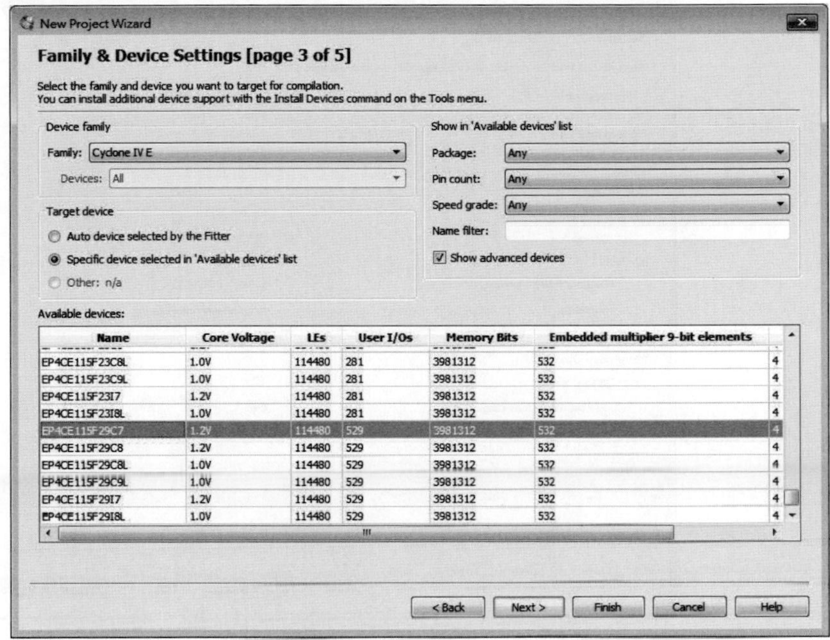

圖 A.1.7: 開啟新專案的第三頁

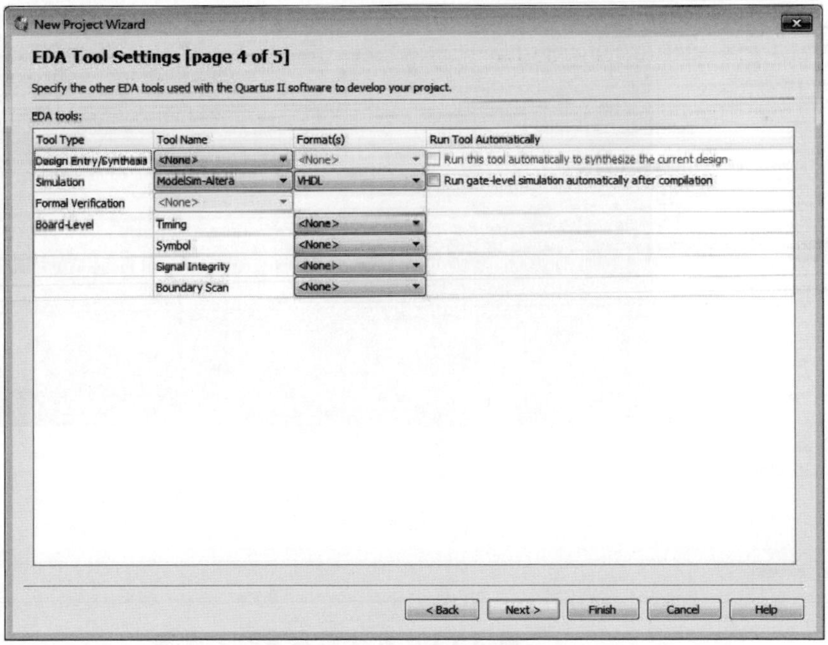

圖 A.1.8: 開啟新專案的第四頁

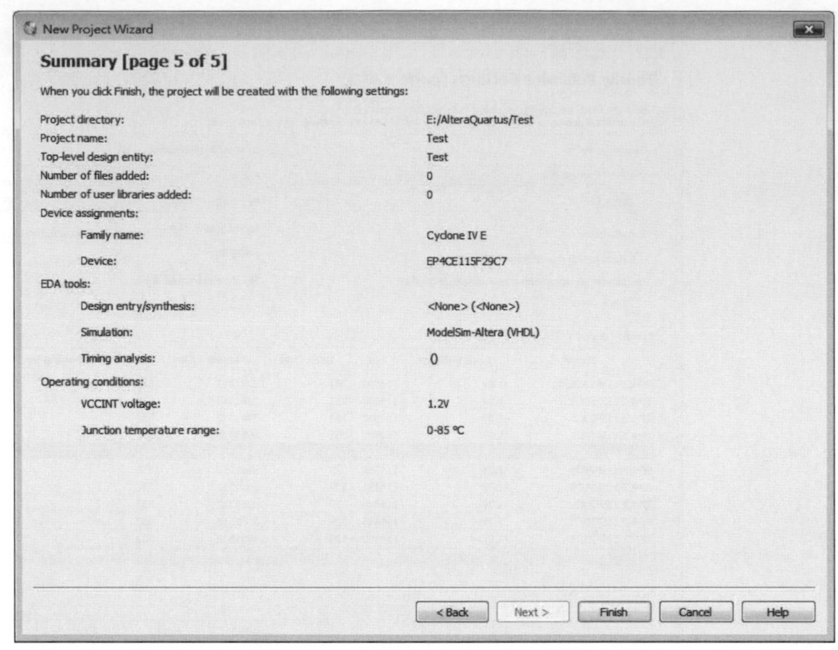

圖 A.1.9: 開啟新專案的第五頁

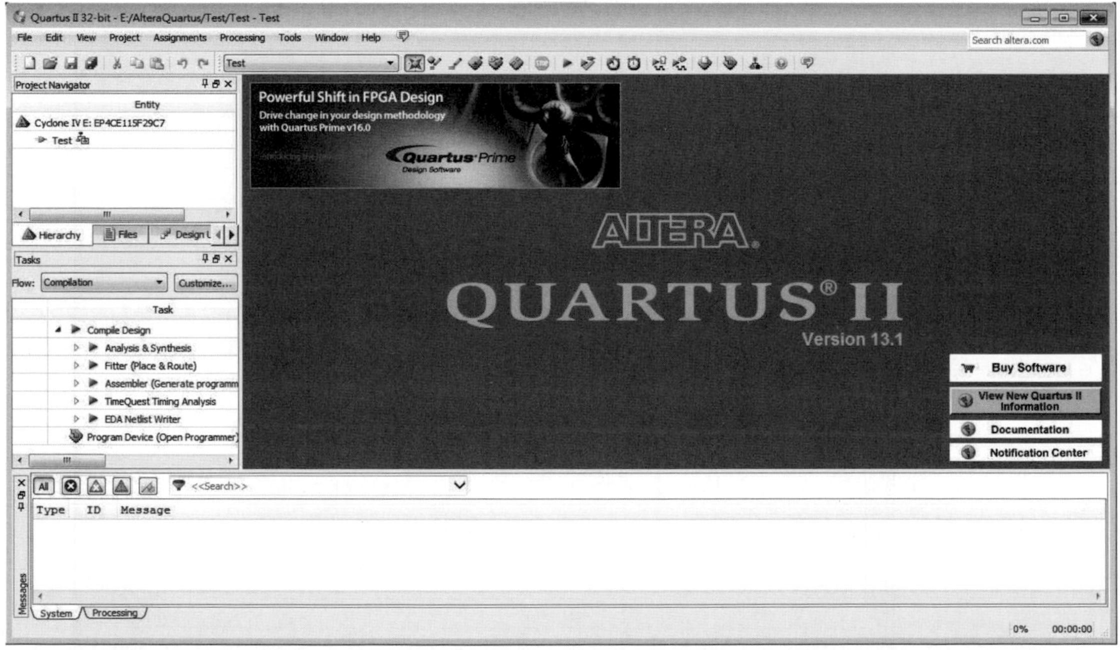

圖 A.1.10: 包含新專案的主視窗

6. 在第五頁 (“Summary [page 5 of 5]”) 中，選取 “Finish” ，如圖 A.1.9 所示。之後，Quartus CAD 系統的主視窗伴隨著新開啟的專案再度出現，如圖 A.1.10 所示。

A.1.2.1 專案中的檔案加入/移除 欲在專案中加入檔案，可以使用下列兩種方式之一，呼叫出圖 A.1.11 所示的 **Settings** 視窗：

1. 由主視窗中，選取 **Assignments → Settings...**。
2. 指到 **Project Navigator** 視窗中的 **Files** 檔案夾，按住滑鼠右鍵 ，選取 "Add/Remove Files in Project..."。

在 **Settings** 視窗中，選取 **Category → Files**。在使用 "..." 按鈕，瀏覽檔案後，選取 "OK"，然後按下 "Add"。被選取的檔案將出現在 **Project Navigator** 視窗中的 **Files** 檔案夾中。

欲在專案中移除檔案，可以使用下列兩種方式之一：

1. 在 **Project Navigator** 視窗中，指到欲刪除的檔案，按住滑鼠右鍵 ，選取 "Remove File From Project"。
2. 在 **Settings** 視窗中，選取欲刪除的檔案，然後選取 "Remove"。

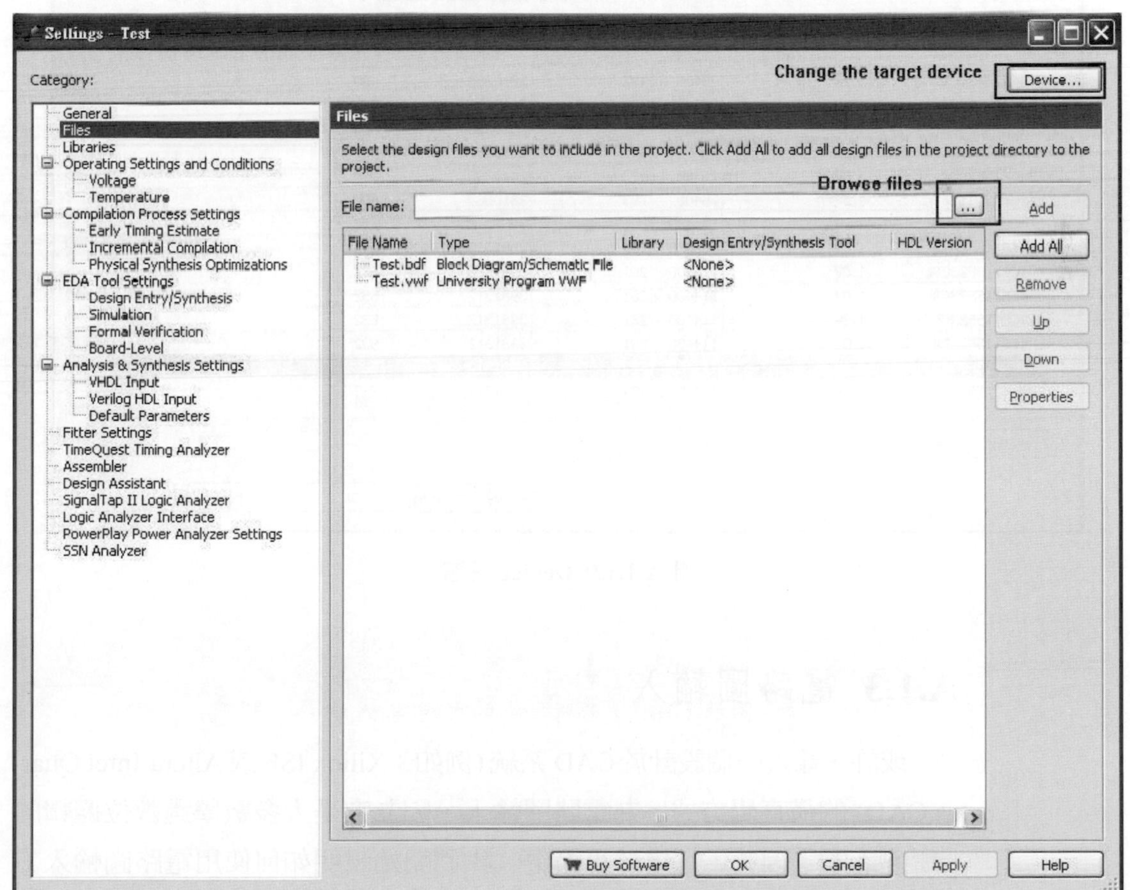

圖 A.1.11: Settings 視窗

A.1.2.2 元件重選 注意在任何時候可以使用 **Device** 視窗選取或是重新選取標的元件，如圖 A.1.12 所示。**Device** 視窗可以使用下列兩種方式之一呼叫出來：

1. 在主視窗中，選取 **Assignments** → **Device...**。
2. 在 **Settings** 視窗中，選取 "Device" 按鈕。

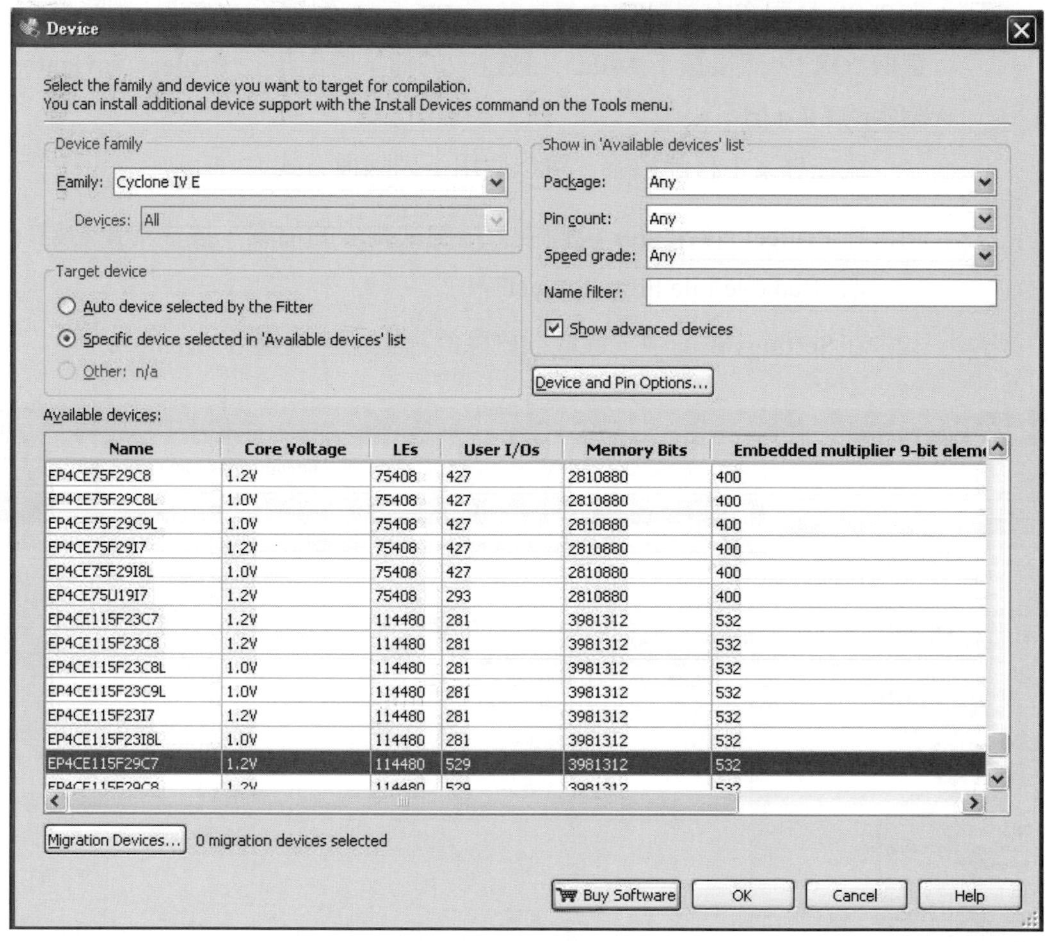

圖 A.1.12: Device 視窗

A.1.3 電路圖輸入

或許，輸入一個設計於 CAD 系統 (例如：Xilinx ISE 或 Altera/Intel Quartus CAD) 的最直覺方式，為電路圖輸入，因為它是大多數學過數位邏輯的人所熟悉的。因此，在這一小節中，我們開始說明如何使用電路圖輸入方式，輸入一個設計。欲完成此動作，進行下列步驟：

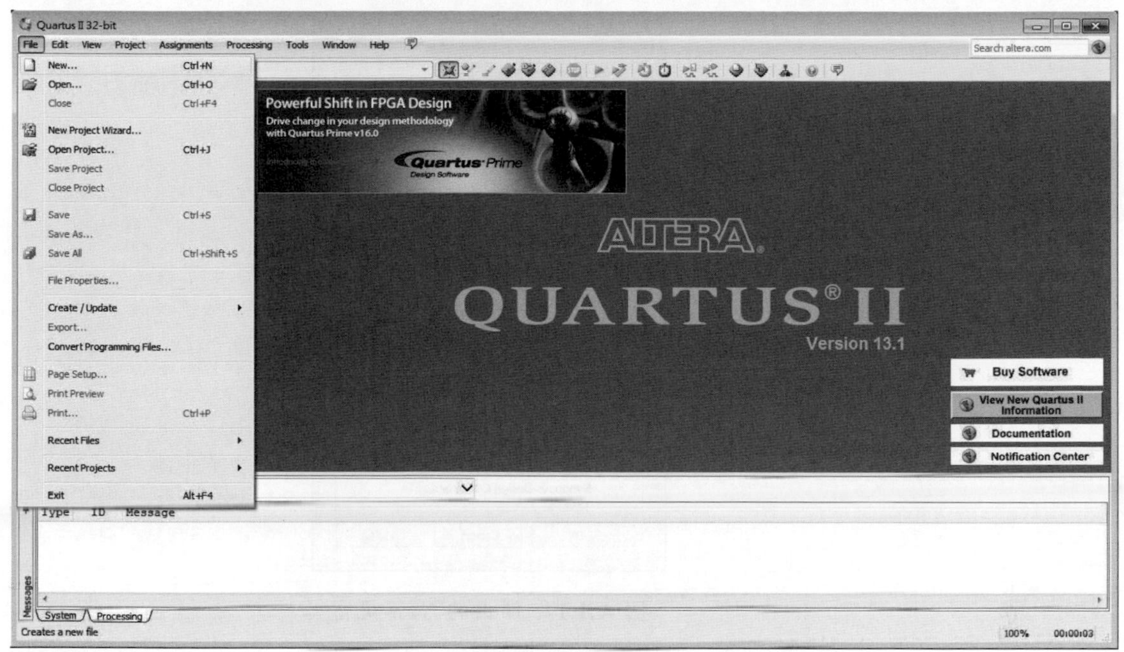

圖 A.1.13: 選單欄的 **File** 選單

1. 接續前一小節 (若從這裡開始時，若專案不存在，則開啟一個新專案，例如 *Test.qpf*；否則，若專案已存在，則開啟它。)
2. 開啟一個電路圖檔案，例如 *Test.bdf*。
3. 在繪圖編輯器 (Graphic Editor) 視窗中，輸入設計的電路圖。
4. 儲存電路圖於電路圖檔案中。

欲開啟一個電路圖輸入的檔案，進行下列步驟：

1. 由 Quartus CAD 主選單中，選取 **File**。引出 **File** 選單，如圖 A.1.13 所示。
2. 由 **File** 選單中，選取 “New...” 。彈出 **New** 選單視窗，如圖 A.1.14 所示。
3. 由 **New** 視窗中，選取 “Design Files → Block Diagram/Schematic File”。選取 “OK”，開啟繪圖編輯器視窗，如圖 A.1.15 所示。

A.1.3.1 加入元件

欲加入元件，進行下列程序：

1. 點擊 Symbol Tool 圖像 ( ) (在繪圖編輯器視窗上方)。彈出 **symbol** 視窗，如圖 A.1.16 所示。這個視窗列出可用的 Altera 函式庫。

圖 A.1.14: 彈出的 **New** 視窗

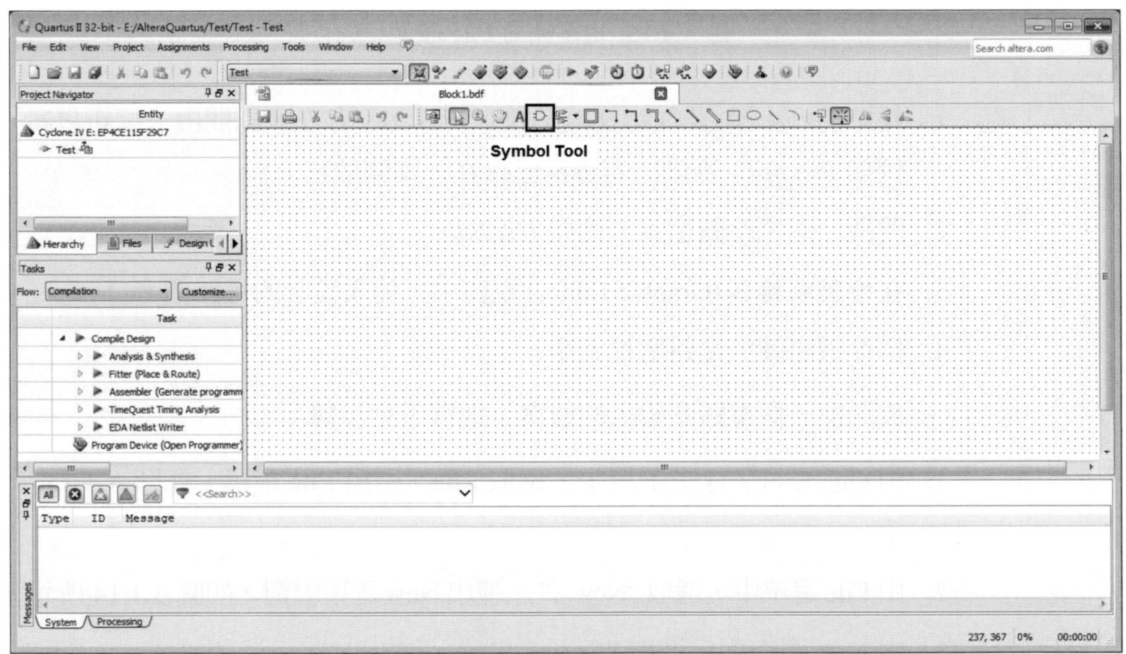

圖 A.1.15: Quartus CAD 系統的繪圖編輯器視窗

2. 展開 c:/altera/xxxx/**libraries** → **primitives** → **logic** 檔案夾，然後展開 **logic** 檔案夾。在 **logic** 檔案夾中，以雙擊方式 (或以單擊方式選取，然後選擇 “OK”)，選取需要的元件 (例如 and2)，如圖 A.1.17 所示。
3. 在繪圖編輯器視窗的適當位置，插入兩個 AND 閘，如圖 A.1.18 所示。欲加入的新元件或現存元件可以使用 “flip or rotate” 按鈕 ( )，做

水平翻轉 (flip horizontal)、垂直翻轉 (flip vertical) 或是向左旋轉 (rotate left) 90°。

4. 重複上述兩個步驟，加入一個 OR (or2) 閘與兩個 XOR (exclusive OR) 閘。

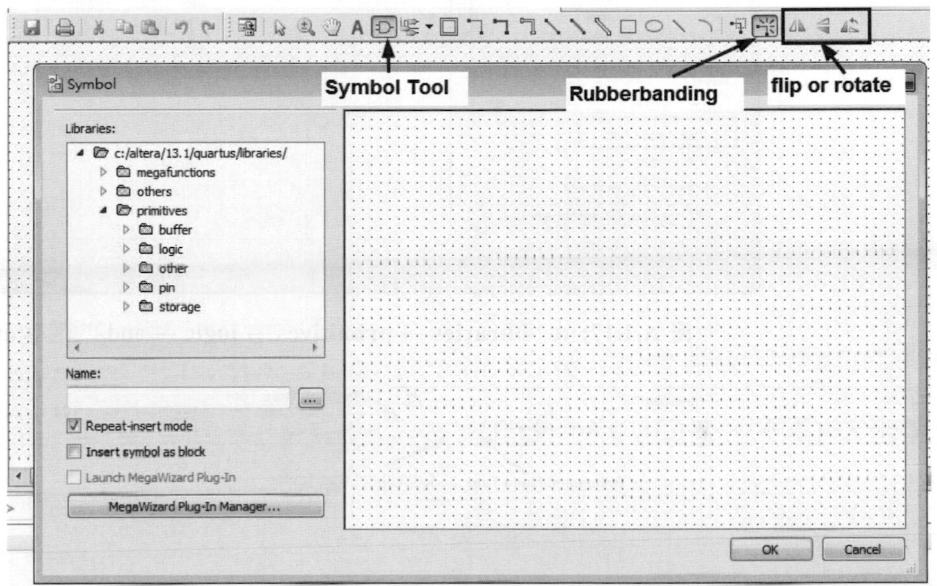

圖 A.1.16: Quartus CAD 系統的 **symbol** 視窗

若需要加入多個 AND (and2) 與 XOR (xor) 閘時，可以將在 **symbol** 視窗左下角的 "Repeat-insert mode" 方塊打勾 (√)。此外，元件可以重新安排在邏輯電路圖中的大概位置。再者，欲移動一個元件時，可以使用滑鼠選擇該元件，按住左鍵，然後將其拖拉到繪圖編輯器視窗中的另一個位置。

☞ 值得注意的是電路圖左上角的坐標應該大於 (0,0)，才能正確地使用 jpeg 格式，輸出邏輯電路。

A.1.3.2 組合元件 使用 "Orthogonal Node Tool" ( ) 與/或 "Diagonal Node Tool" ( ) 連接元件。欲加入連接線時，進行下列步驟：

1. 選取 "Orthogonal Node Tool"。
2. 在需要連接的地方，置放十字標線 (cross-hairs，+)，並按住滑鼠左鍵。
3. 拖拉十字標線 (+) 到需要連接的地方。每次釋放滑鼠左鍵時，該線即終止。若連接線未抵達正確位置，可以將滑鼠重疊在該線段的一個端點，使用滑鼠左鍵選取它，然後再次拖拉滑鼠到其它需要的位置。

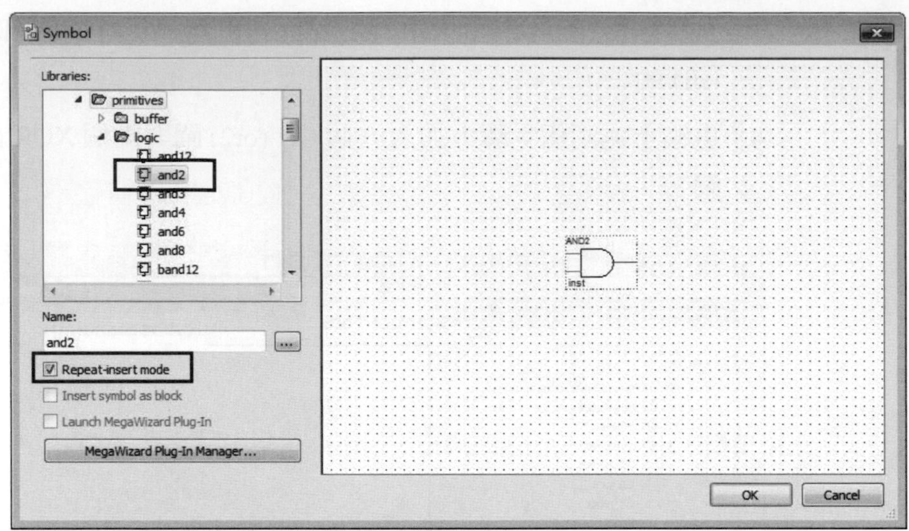

圖 A.1.17: 由 “**libraries → primitives → logic →** and2” 選取 and2 閘

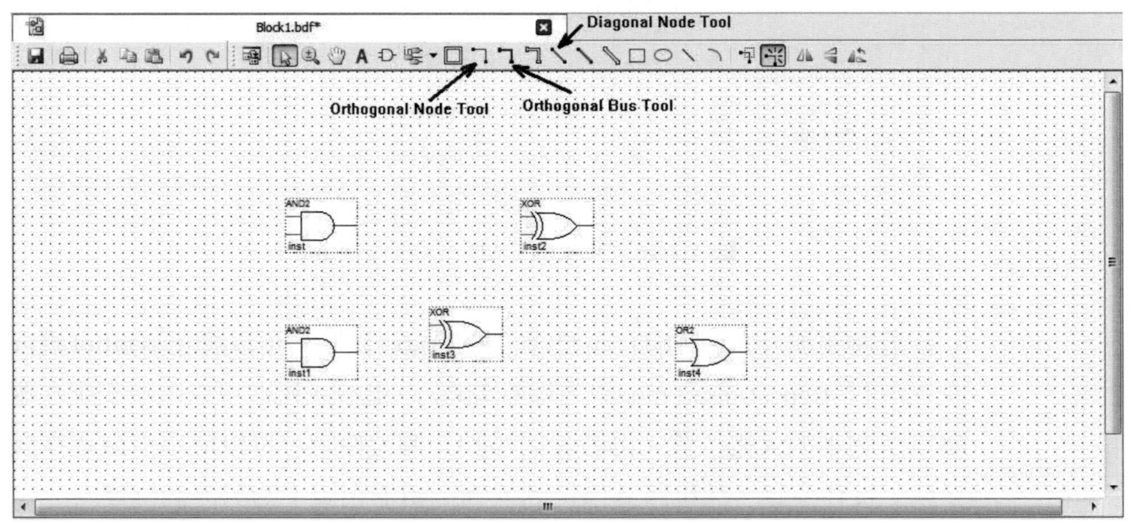

圖 A.1.18: 繪圖編輯器的快照

欲刪除一條線或是一條線的一部分，只需在其上面單擊它 (顏色應該會改變，指示已被選取)，然後按下刪除 (delete) 鍵。

☞ 注意在繪製連接線時，可以啟動 “rubberbanding” (在頂端選單欄中的 圖像) 的功能，以在移動元件時，依然可以保持連接線不變。

在繪製電路圖時，欲避免在執行模擬時，產生不必要的問題，必須遵循下列規則：

- 不要沿著元件的邊緣繪製連接線。

- 不要將輸入與輸出留在緊鄰元件邊界的地方，必須確定兩個元件邊界之間，至少可以看到幾條格線。

A.1.3.3 加入輸入/輸出埠 選取 "Pin Tool"，連接輸入與輸出接腳到全加器電路的輸入與輸出 (單擊與拖拉以加入連接線)，以完成設計電路的輸入，如圖 A.1.19 所示。結果的邏輯電路如圖 A.1.20 所示。

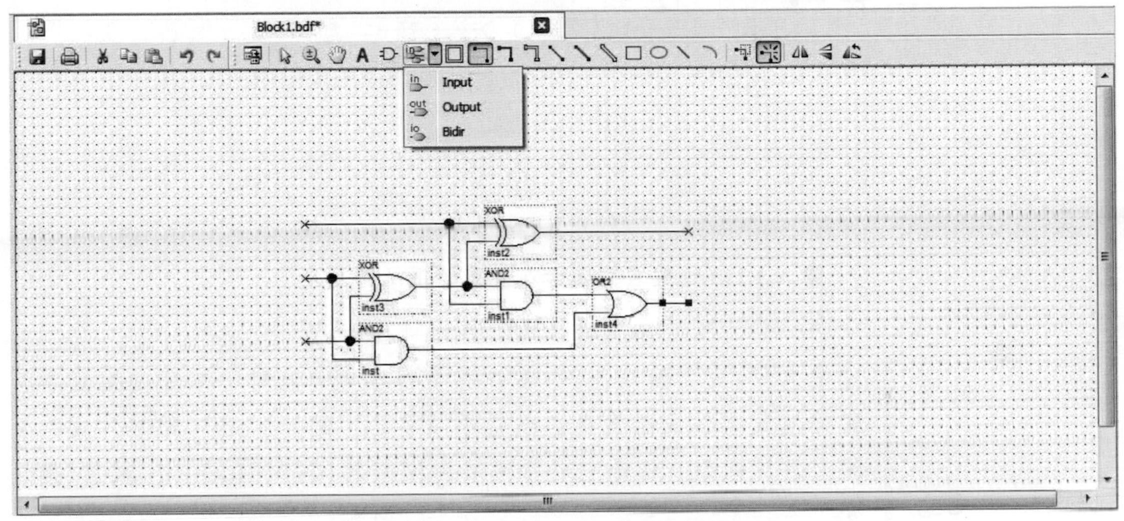

圖 A.1.19: 加入輸入腳與輸出腳的圖像

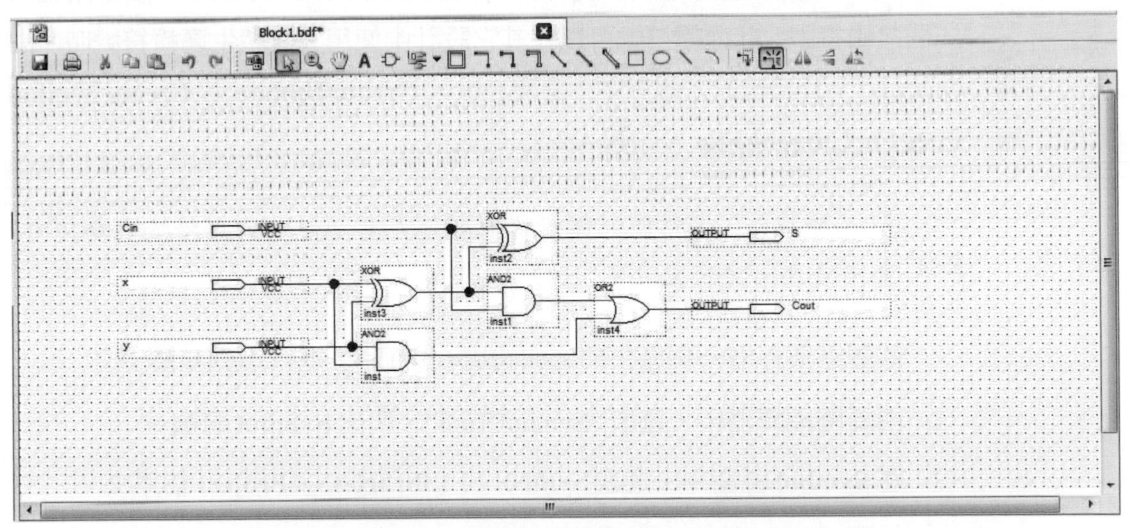

圖 A.1.20: 呈現加入輸入與輸出腳後的邏輯電路

選取 **File > Save**，儲存檔案。之後，檔案名稱將出現在繪圖編輯器主選單欄上，如圖 A.1.21 所示。一個好的習慣是常常儲存設計，以避免因為某些不可預測的原因，造成設計輸入的遺失。若該檔案是專案中唯一的檔案，使用專案名稱儲存該 bdf 檔。

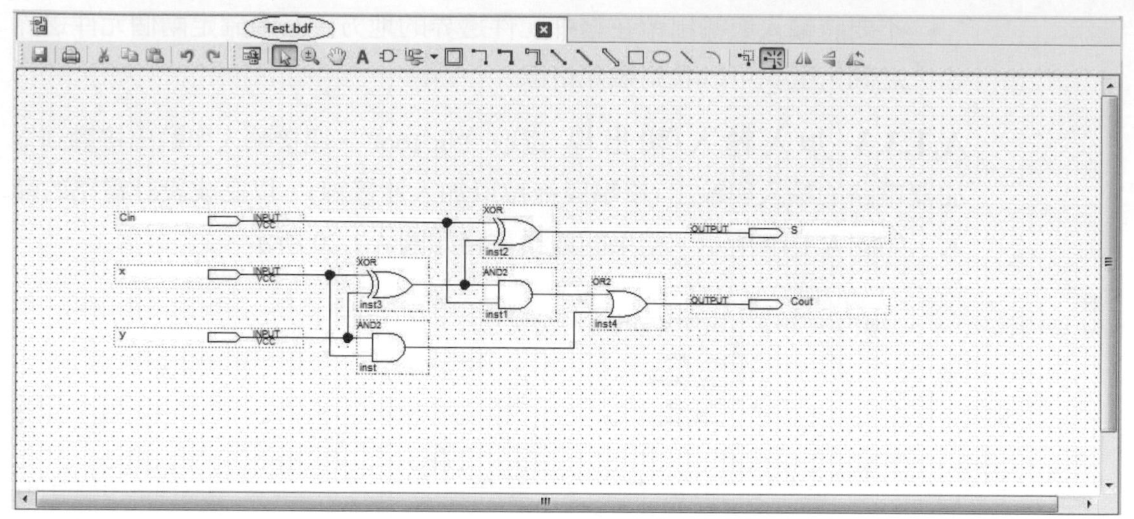

圖 A.1.21: 檔案名稱顯示在視窗的頂端選單上

> ☞ 檔案名稱(或目錄路徑)中不能有空白字元。此外，不能使用數字當作檔案名稱或檔案夾名稱的開頭字元，例如 1.bdf，雖然作業系統允許這樣做，但是它通常無法由模擬器(例如 Modelsim 軟體)接受。

A.1.3.4 產生電路圖符號 在完成電路圖輸入後，可以產生該電路圖的一個邏輯符號，此邏輯符號可以在其它設計中使用。欲產生邏輯符號時，由 Quartus CAD 系統的主視窗中，選取 **File → Create/Update → Create Symbol Files for Current File** ，如圖 A.1.22 的說明。

> ☞ 一般而言，電路圖的邏輯符號必須在其功能與時序驗證成功後，才產生，方有意義。

欲觀察與存取一個產生的邏輯符號 (.bsf) 時，進行下列步驟：

1. 由繪圖編輯器中，選取 “Symbol Tool”，叫出 **Symbol** 視窗。
2. 在 **Symbol** 視窗中，選取 **Symbol → Libraries → Project** 檔案夾。
3. 打開 **Project** 檔案夾取得符號。圖 A.1.23 為一個說明例。
4. 若電路圖檔 (包含產生的邏輯符號) 不是儲存在專案檔案夾，而是在其它檔案夾，例如 schematic，則遵循圖 A.1.24 所示方式，瀏覽檔案系統，尋找需要的符號。

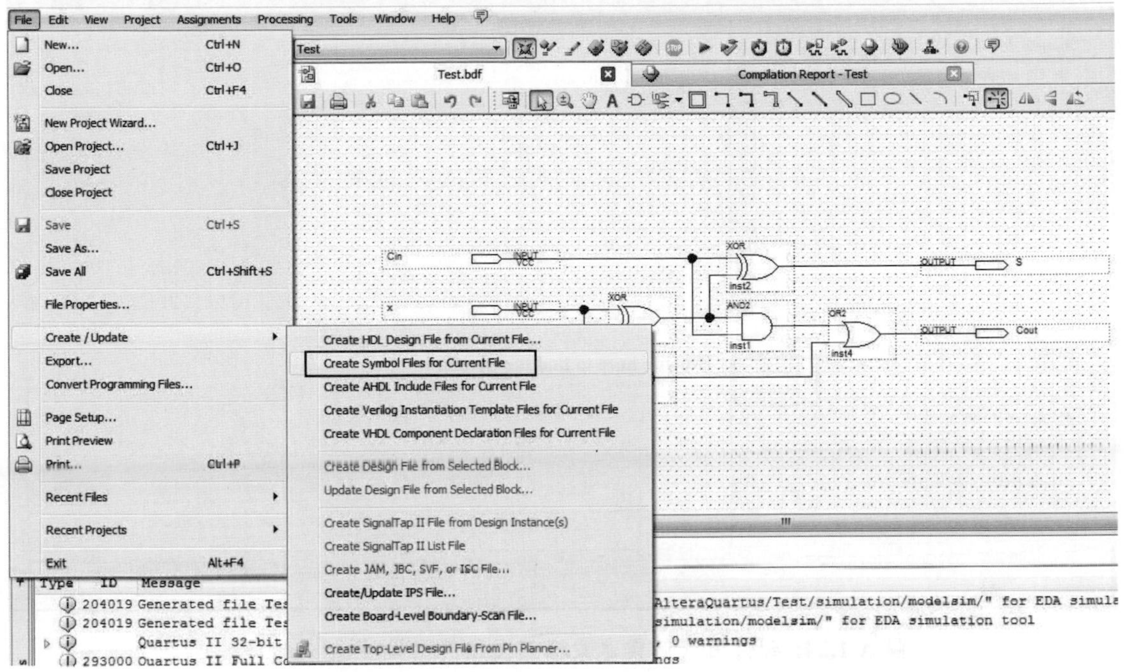

圖 A.1.22: 顯示產生目前檔案符號的視窗

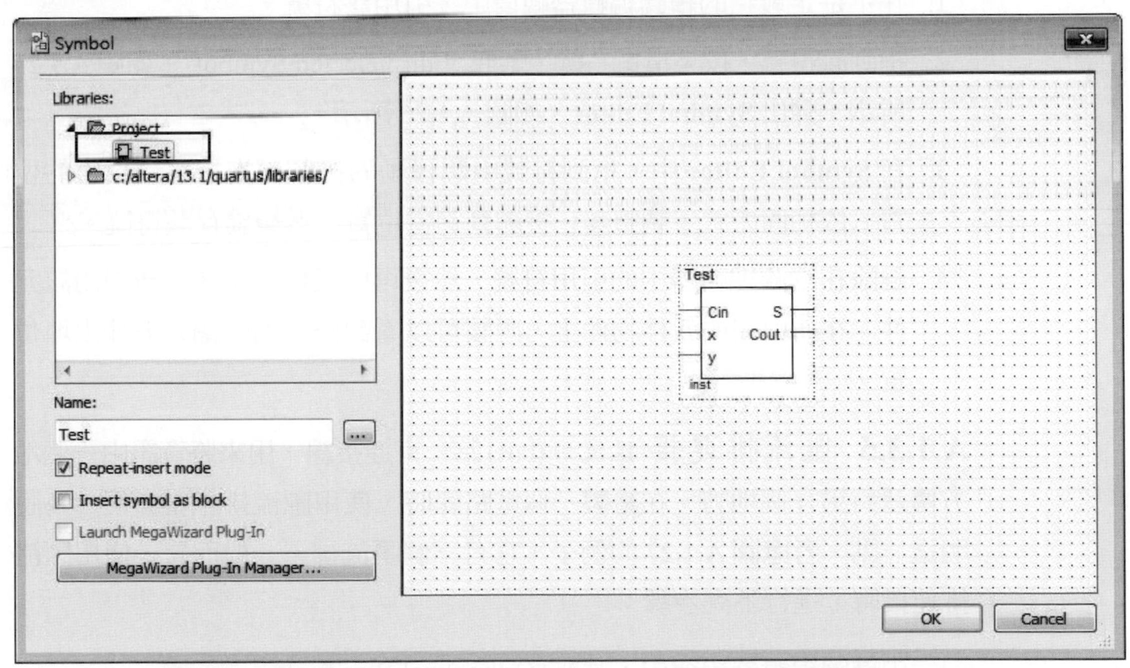

圖 A.1.23: 產生的符號可以在其它檔案 xxx.bdf 中被引用為一個元件

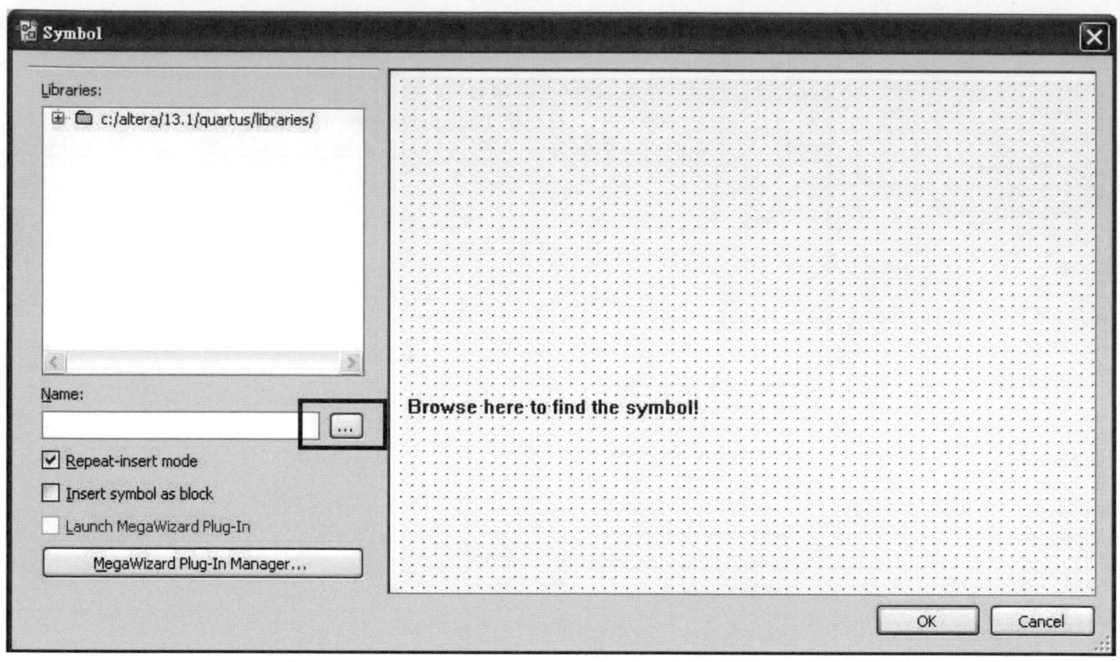

圖 A.1.24: 欲引用一個與專案檔案夾相異的檔案夾中的符號

產生的邏輯符號的輸入與輸出埠的位置可以調整，其進行步驟如下：

1. 在不是定義它的繪圖編輯器視窗中，引用該符號。
2. 指到該符號，按下滑鼠右鍵，選取 “Edit Selected Symbol”，如圖 A.1.25 所示。彈出 **Symbol Editor**，如圖 A.1.26 所示。
3. 在 **Symbol Editor** 中，指到符號中想移動的接腳，拖拉它到希望的位置。依相同方式，調整其它接腳到適當位置，然後儲存該符號。
4. 刪除在繪圖編輯器中的引用符號，然後再由元件庫中，重新引用該元件。在新引用的元件物件上，應該可以看到修改過的輸入與輸出埠位置。

A.1.3.5 匯流排連接 匯流排 (bus) 為一束連接線，用來將資訊由一個地方傳遞到另一個地方。在繪製一個電路圖時，使用匯流排相當方便。為說明這一點，考慮圖 A.1.27 的例子，它有三個匯流排。一般而言，使用匯流排連接時，進行下列步驟：

1. 由繪圖編輯器視窗中，選取 “Orthogonal Bus Tool”。
2. 在適當位置，繪製一個適當長度的匯流排。實際上，任何時候均可以藉著拖拉匯流排端點 (以 “×” 標示) 到其它位置，改變匯流排的長度。
3. 連接一個輸入埠或輸出埠到匯流排上。

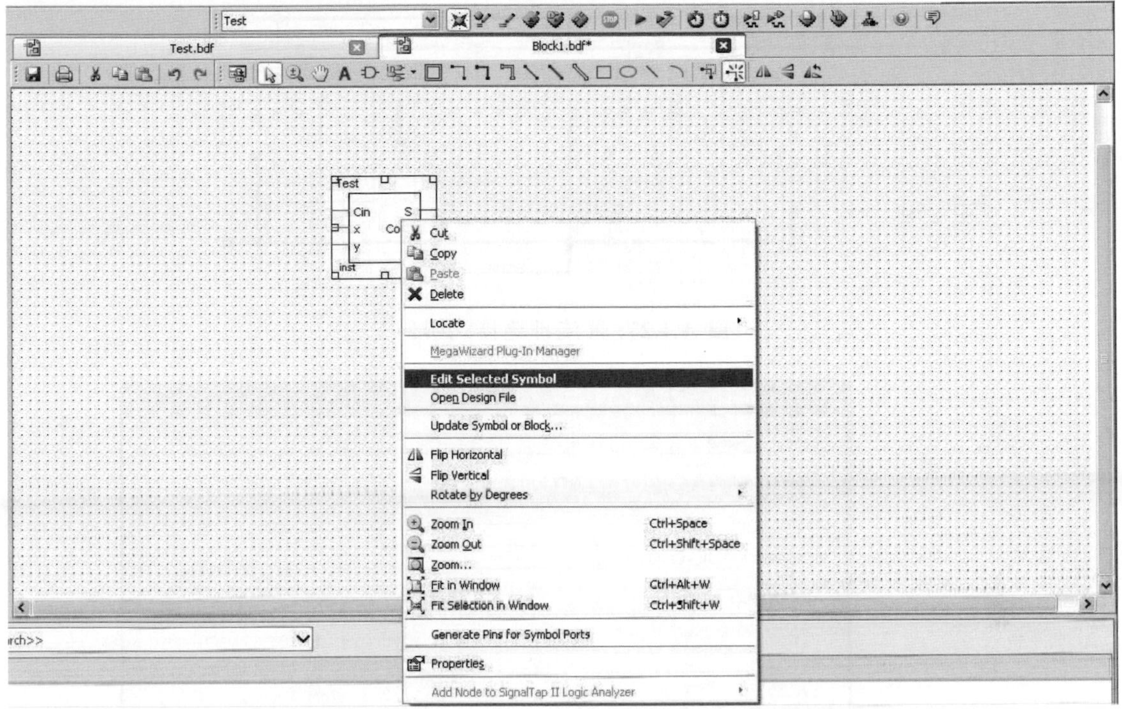

圖 A.1.25: 修改符號的輸入與輸出埠位置

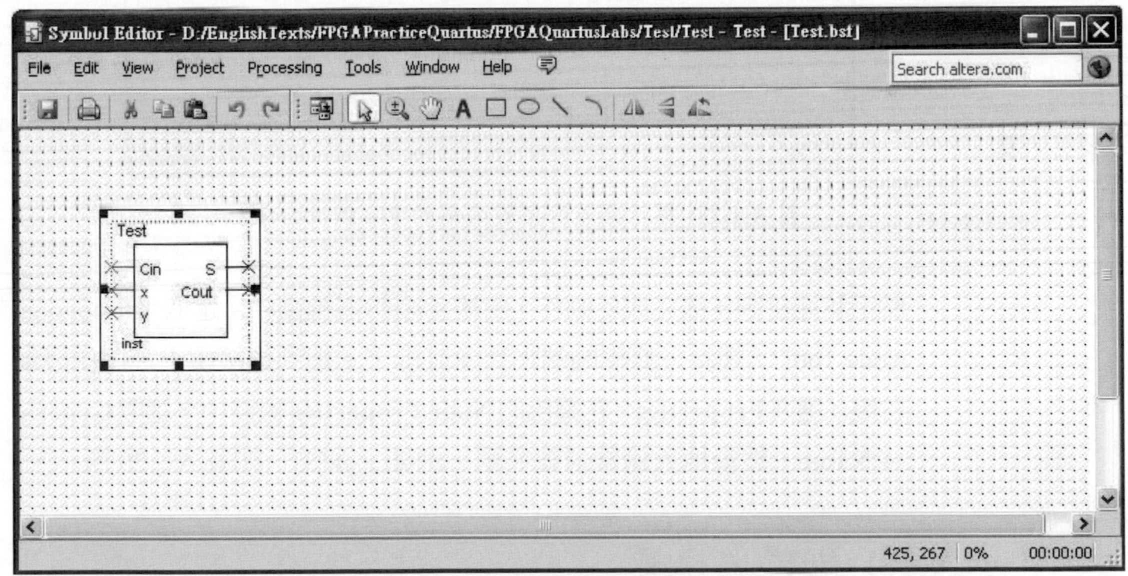

圖 A.1.26: Symbol Editor (符號編輯器)

4. 雙擊輸入埠或輸出埠的“pin_name”，然後選取 **Pin Properties** → **General** → **Pin name(s)**，使用 *signal_name*[msb..lsb]，例如 *x_in*[3..0]，標示匯流排的輸入埠或輸出埠，如圖 A.1.28 所示。
5. 連接每一個個別位元到匯流排上，使用 *signal_name*[bit]，例如 *x_in*[3]，

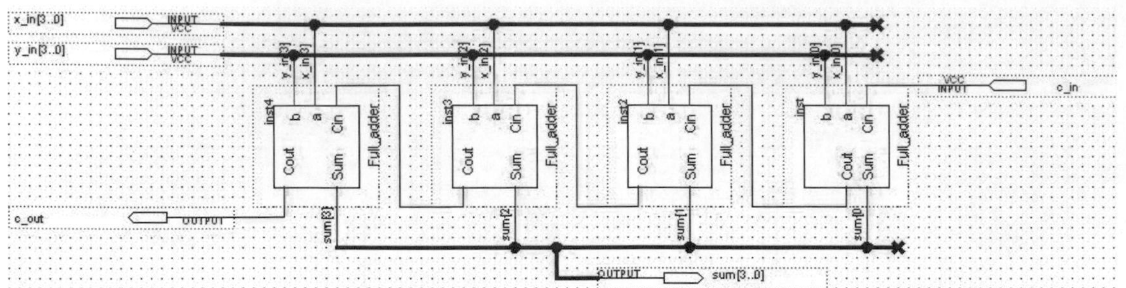

圖 A.1.27: 匯流排連接說明例

Pin Properties

General | Format

To create multiple pins, enter a name in AHDL bus notation
(For example: "name[3..0]"), or enter a comma-seperated list of names.

Pin name(s): x_in[3..0]

Default value: VCC

OK | Cancel | Help

圖 A.1.28: 標示匯流排信號名稱的 **Pin Properties** 視窗

標示該連接線。欲完成此動作，由繪圖編輯器視窗中，選取“Orthogonal Node Tool”，連接一條線的端點到匯流排上。指到連接線上，按住滑鼠右鍵，選取 **Properties**。在彈出的 **Node Properties** 視窗中，選取 **General** → **Name**，然後填入適當信號名稱，例如 *x_in*[3]，如圖 A.1.29 所示。

A.1.4 編譯與模擬

在使用電路圖輸入方式，輸入設計的電路圖後，其次的動作為編譯與驗證該設計的功能與時序是否正確。為了完成此動作，該設計由 Quartus CAD 系統中一連串的的軟體程式處理，包括分析電路、合成電路、產生標的元件的規劃檔。這一些軟體程式合為一個應用程式，稱為*編譯器* (compiler)。

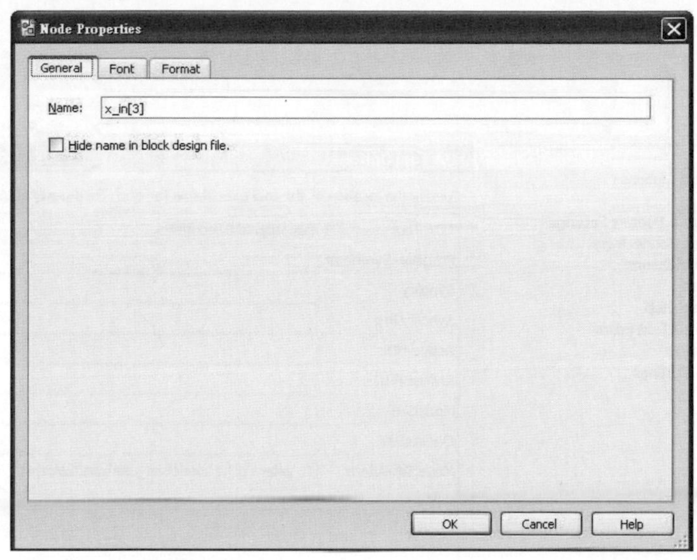

圖 A.1.29: 標示單一位元信號名稱的 **Node Properties** 視窗

然而，在進行編譯與模擬之前，必須先確保 ModelSim-Altera 的路徑設定是正確的。欲檢查這一點，進行下列程序：

1. 由主視窗中，選取 **Tools → Options...** ，以叫出 **Options** 視窗，如圖 A.1.30 所示。
2. 在 **Options** 視窗中，選取 **General → EDA Tool Options**。確定 ModelSim-Altera 的路徑是正確的，尤其是路徑結束時的 "\" 。

A.1.4.1 編譯 欲編譯目前的設計，由主視窗中選取 **Processing → Start Compilation**，或單擊工具欄中編譯器的圖像 (紫色三角形)，如圖 A.1.31 所示。

在設計的編譯期間，編譯器的訊息出現在 **Message** 視窗中，訊息包括警告與錯誤及其它，如圖 A.1.32 所示。

編譯動作需要一段期間，才能完成。編譯器在完成編譯之後，產生一個編譯報告視窗，如圖 A.1.33 所示。此視窗可以改變大小、最大化、或正常關閉。任何時候，它可以藉著由主視窗中，選取 **Processing → Compilation Report**，或單擊圖像打開。編譯報告包括許多小節，列於其視窗左邊。圖 A.1.34 顯示編譯器流程總結 (Compiler Flow Summary) 小節，它指示在選用的 FPGA 元件實現此全加器時，需要兩個邏輯元件 (logic element) 與五個接腳。

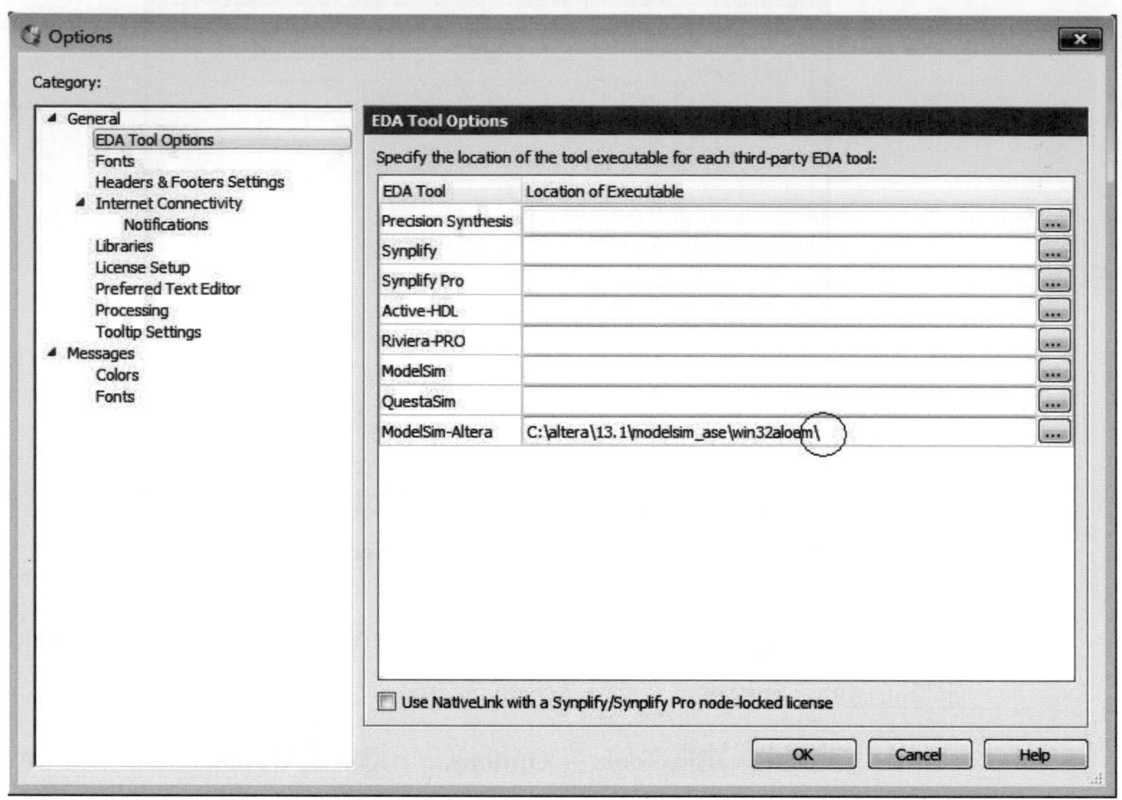

圖 **A.1.30:** “EDA Tool Options” 視窗

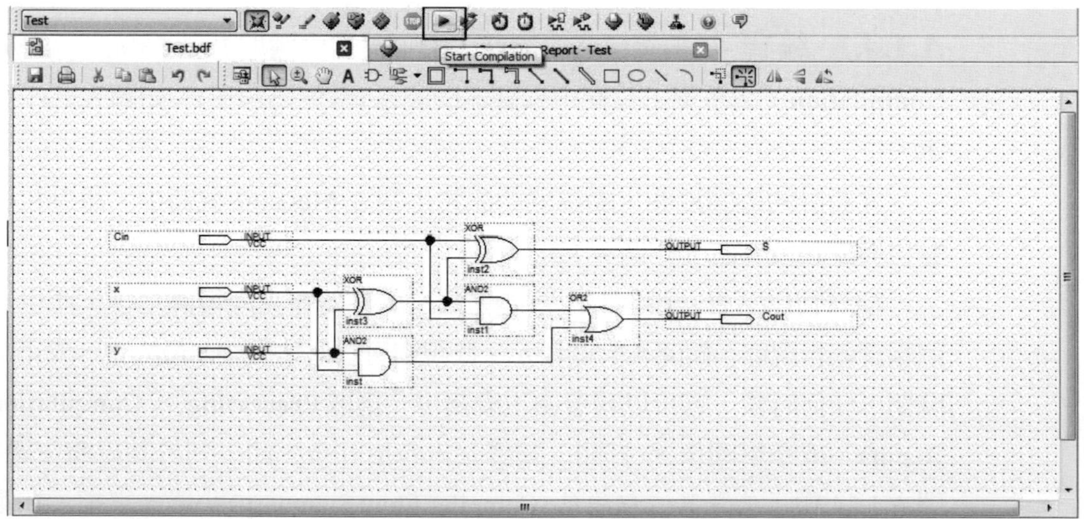

圖 **A.1.31:** “start compilation” 按鈕

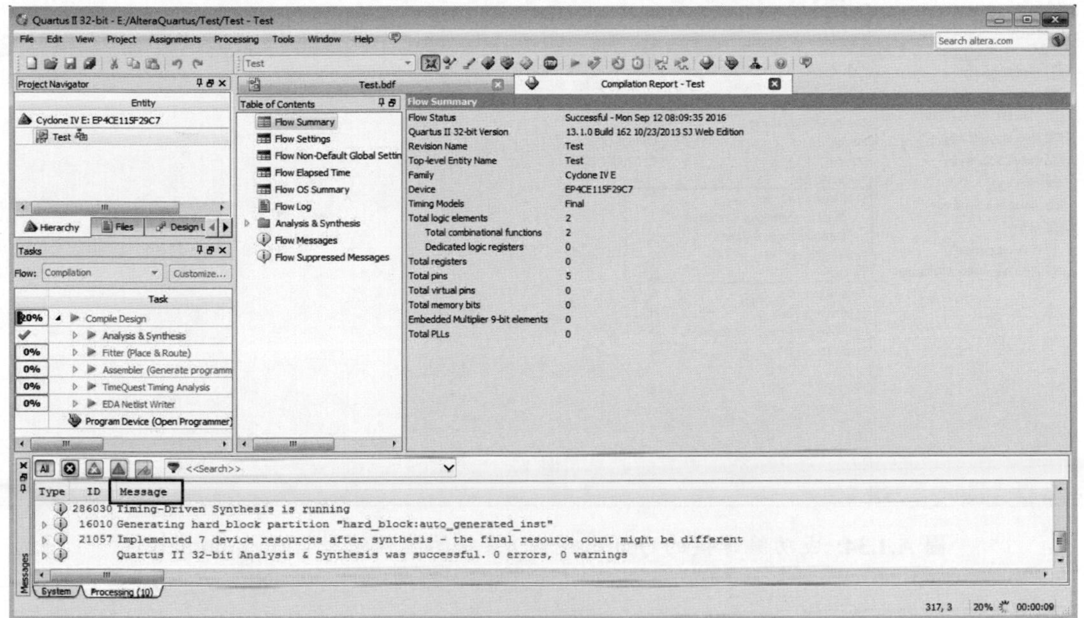

圖 A.1.32: 在設計的編譯期間，編譯器的訊息

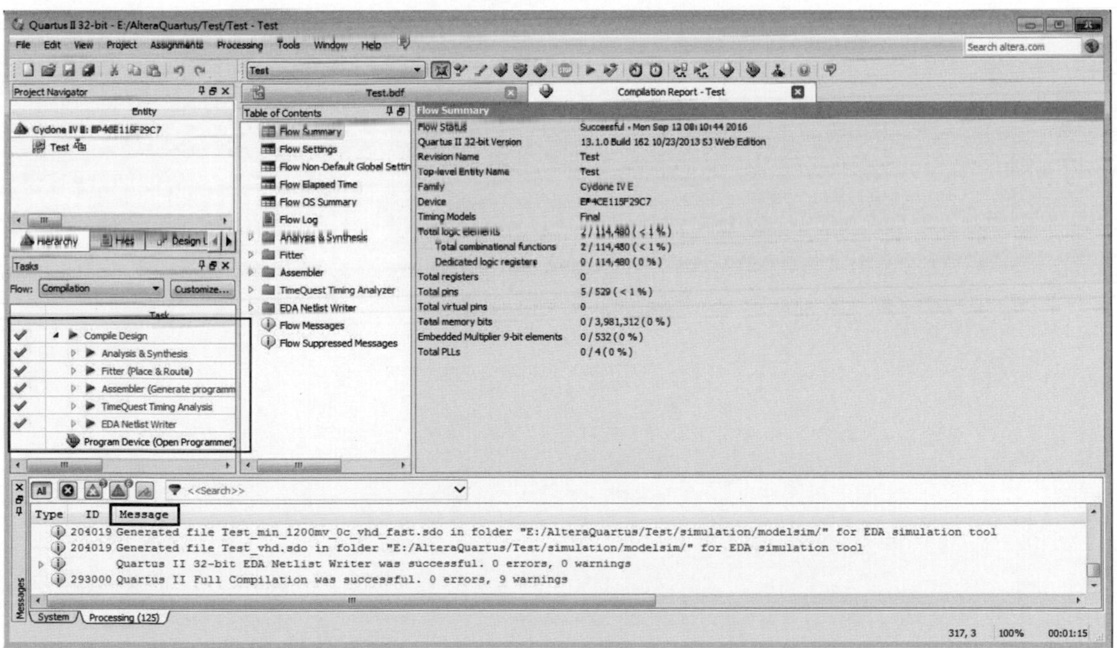

圖 A.1.33: 成功編譯後的 Quartus CAD 系統快照

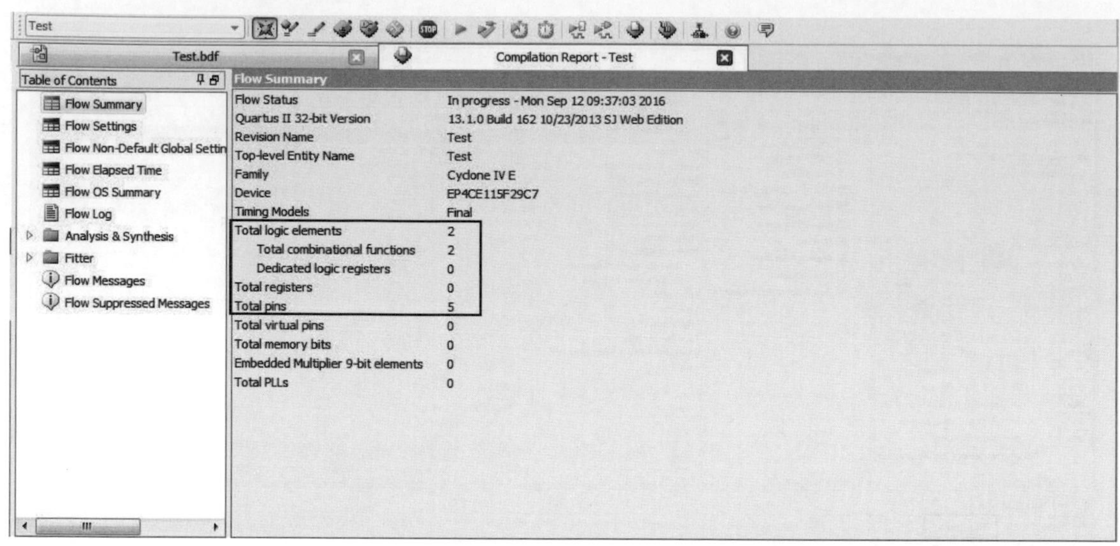

圖 A.1.34: 成功編譯後的 Quartus CAD 系統的流程總結 (flow summary)

A.1.4.2 模擬 編譯成功之後，其次的步驟為驗證設計的功能 (functionality) 與時序 (timing) 的正確性。值得注意的是驗證一個硬體模組時，該模組的功能與時序必須仔細地測試。為此，在電路圖輸入方式中，較方便的方法為使用 Quartus CAD 系統中的圖形界面的模擬波形編輯器 (Simulation Waveform Editor)。欲呼叫此編輯器時，可以由 Quartus CAD 系統的主視窗中，選取 **File → New...**，以彈出 **New** 視窗，如圖 A.1.35 所示。

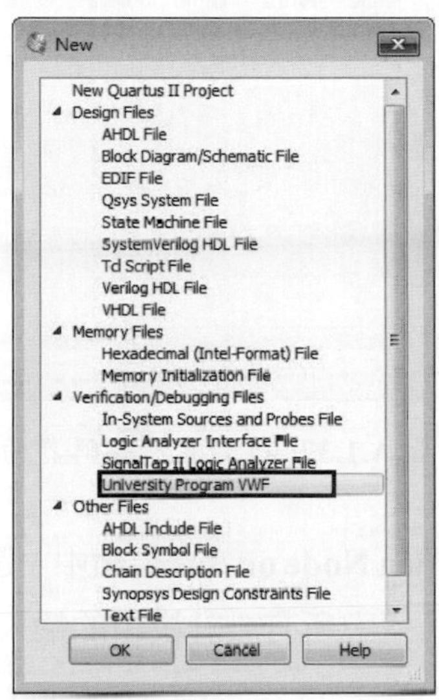

圖 A.1.35: 彈出的 **New** 視窗

在 **New** 視窗中，選取 **University Program VWF**，叫出模擬波形編輯器，如圖 A.1.36 所示。它可以自動搜尋設計的所有輸入與輸出埠，以各式各樣的方式，編輯輸入信號的波形，及執行設計的功能與時序模擬。

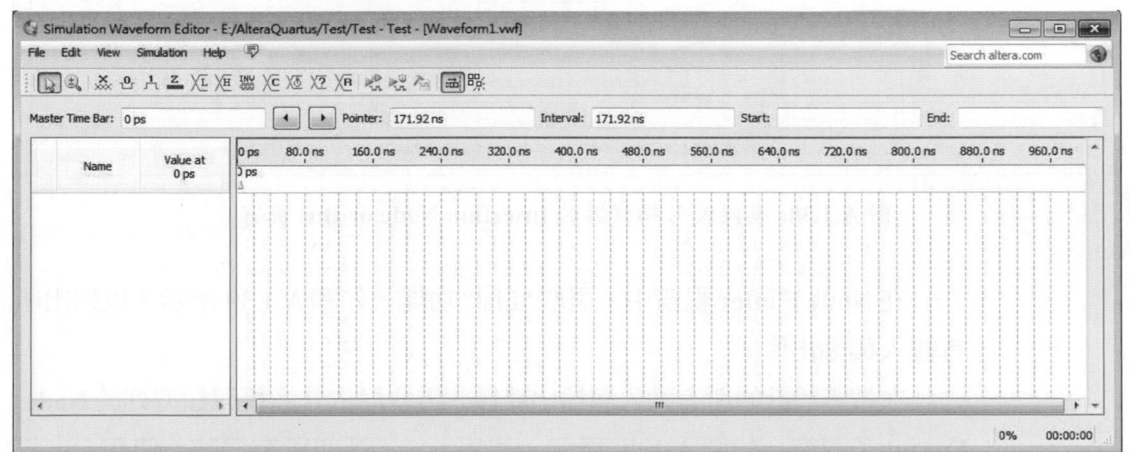

圖 A.1.36: Quartus CAD 系統的模擬波形編輯器視窗

欲探索設計模組的輸入與輸出埠，由模擬波形編輯器中，選取 **Edit → Insert → Insert Node or Bus...**，呼叫出 **Insert Node or Bus** 視窗，如圖 A.1.37 所示。

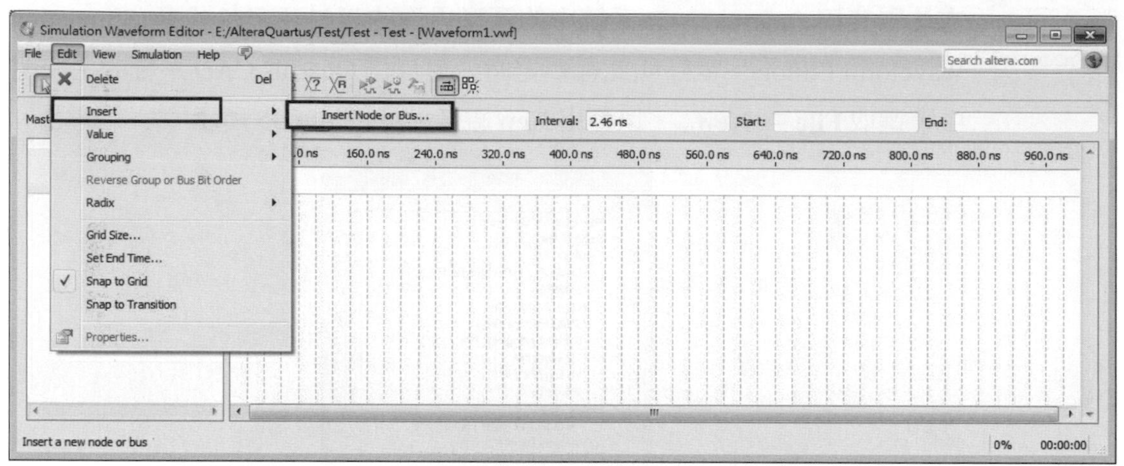

圖 A.1.37: 模擬波形編輯器的 **Editor** 選單

在 **Insertion Node or Bus** 視窗中，選取 **Node Finder** 功能，呼叫出 **Node Finder** 視窗，探索所有設計模組的輸入與輸出埠，如圖 A.1.38 所示。

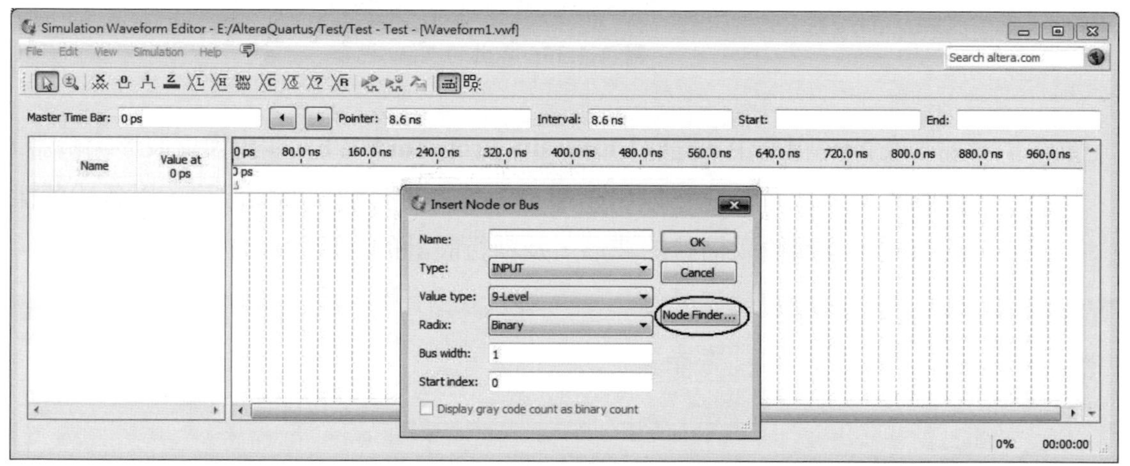

圖 A.1.38: 模擬波形編輯器的 **Insertion Node or Bus** 視窗

在 **Node Finder** 視窗中，選取 "List" 功能，如圖 A.1.39 所示，以列出所有輸入與輸出埠。

在搜尋設計的所有輸入與輸出埠後，這些埠依其名稱與類型列於 **Nodes Found** 子視窗，如圖 A.1.40 所示。使用 >>，選取所有信號；使用 << 排除所有信號。使用 > 或 < 加入或排除部分信號。選取的信號將出現在右手邊的 **Selected Nodes** 視窗中，如圖 A.1.41 所示。選取 "OK" 後，回到 **Insert**

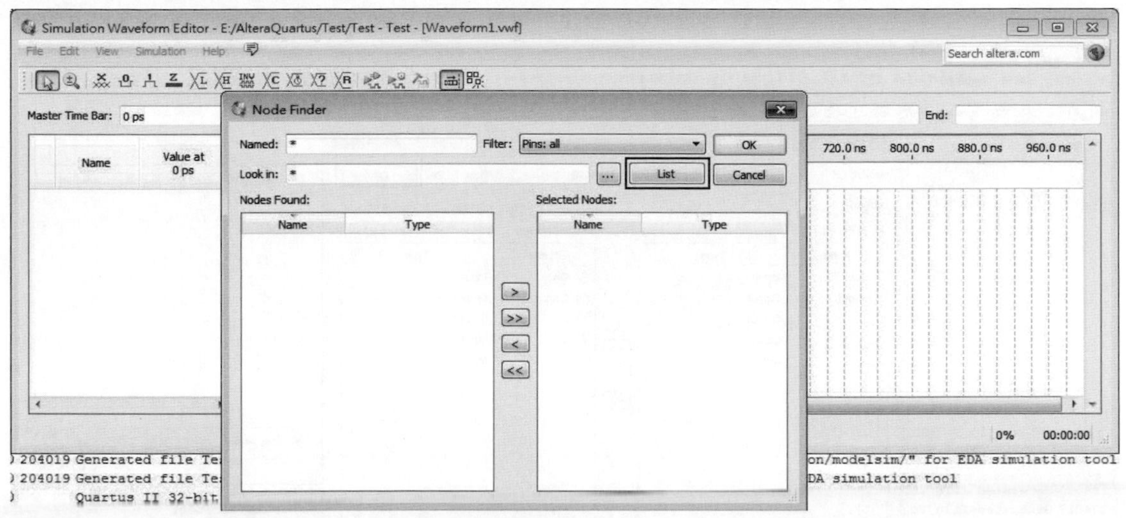

圖 A.1.39: 模擬波形編輯器的 **Node Finder** 視窗，呈現 **List** 功能。

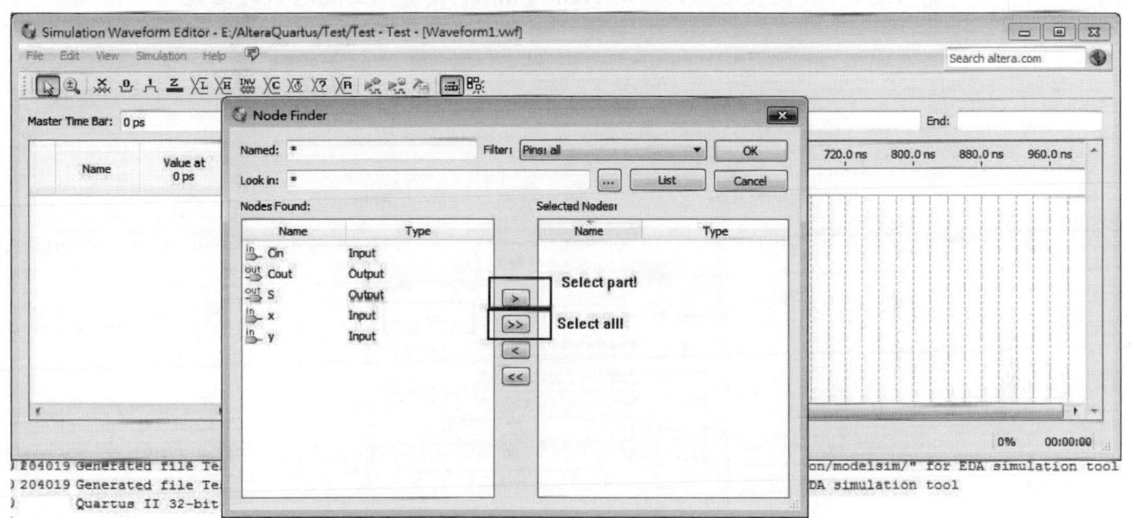

圖 A.1.40: 模擬波形編輯器的 **Node Finder** 視窗，呈現全選與部分選取功能

Node or Bus 視窗，如圖 A.1.42 所示。在 **Insert Node or Bus** 視窗中，選取 “OK”，回到模擬波形編輯器。

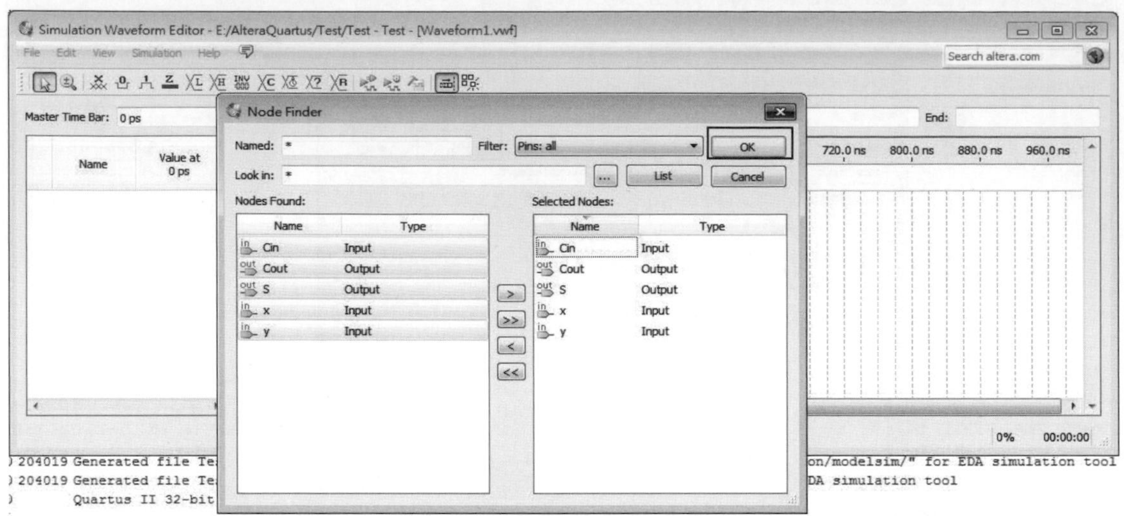

圖 A.1.41: 模擬波形編輯器的 **Node Finder** 視窗，呈現選取的信號

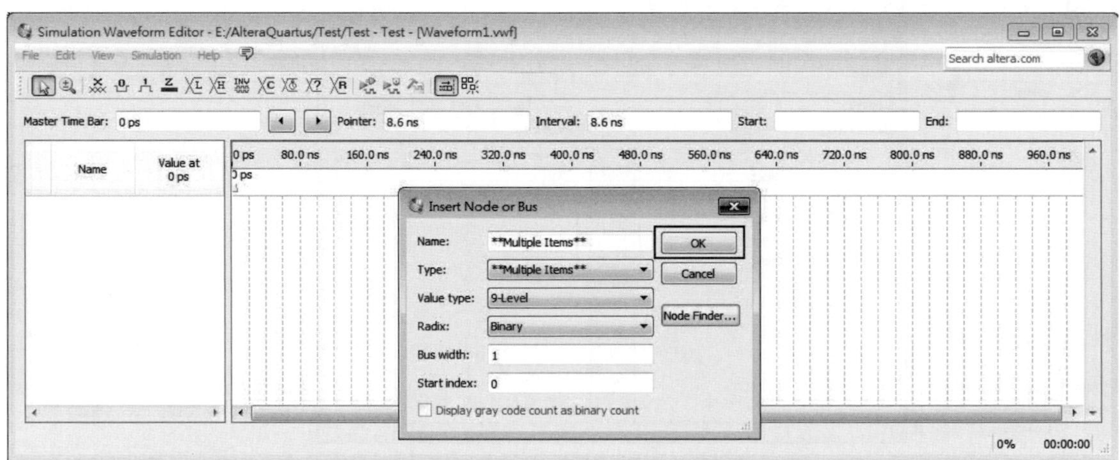

圖 A.1.42: 模擬波形編輯器的 **Insert Node or Bus** 視窗，呈現 "OK" 功能

現在，可以看到設計 (即全加器) 的所有輸入與輸出埠，出現在模擬波形編輯器視窗的左手邊，如圖 A.1.43 所示。雖然這些信號的順序有些雜亂，但是在任何時候，可以調整它們的順序，以方便觀察。

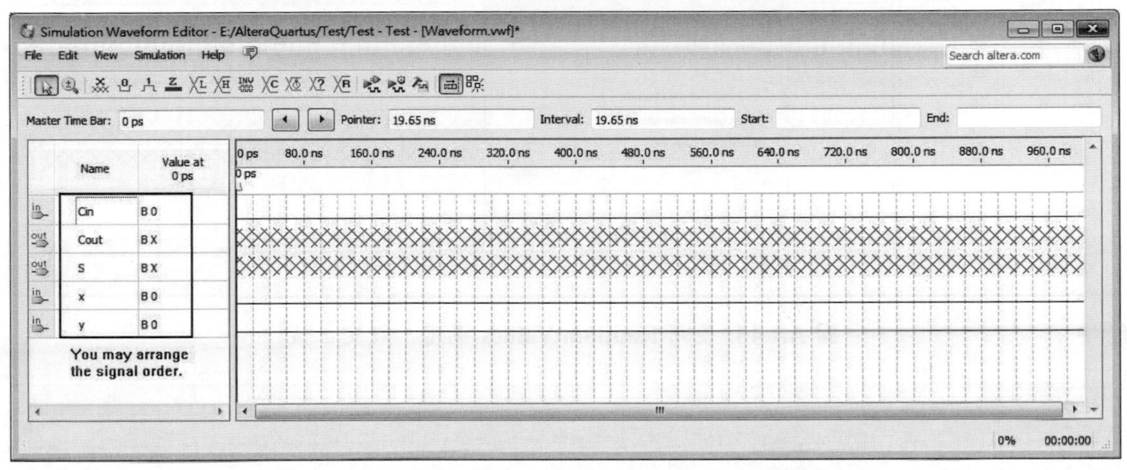

圖 A.1.43: 呈現設計輸入與輸出埠的模擬波形編輯器

欲驗證一個設計時，需要在輸入信號端，加入激勵信號 (stimuli)，並且監視 (monitor) 輸出信號。因此，在進行模擬之前，必須先指定每一個輸入信號的值。一個好習慣是隨時謹記在心：欲充分地驗證一個設計時，必需要盡可能加入越多的輸入信號越好。為此，模擬波形編輯器提供許多方式，以產生與設定輸入信號的值。由於它們相當容易瞭解，因此不再進一步地詳細解釋。其次，我們僅考慮一些與測試目前設計相關的輸入信號值的產生與設定方法。如圖 A.1.44 所示，Cin 使用計數值 (count value)，以每隔 10 ns 的方式，改變其值一次。

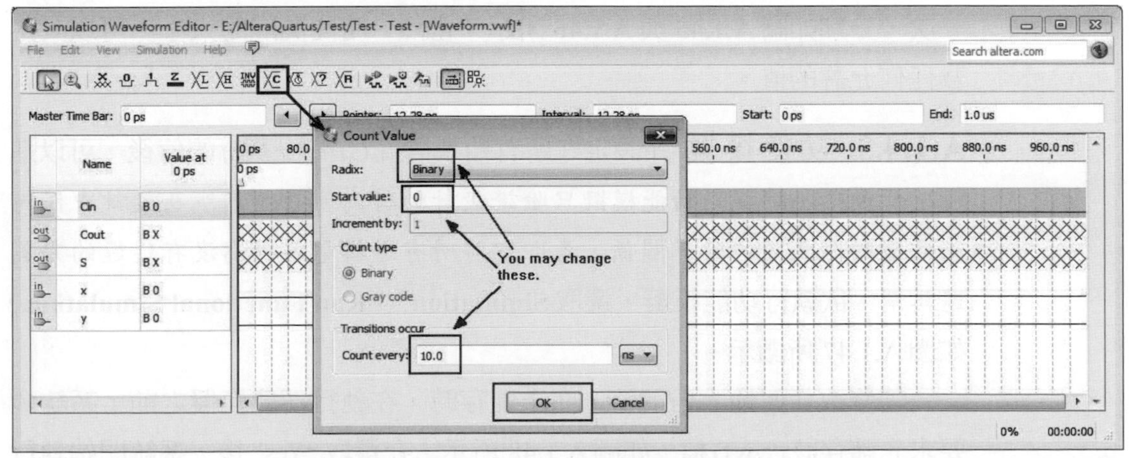

圖 A.1.44: 使用 **Count Value** 視窗，設定 Cin 值

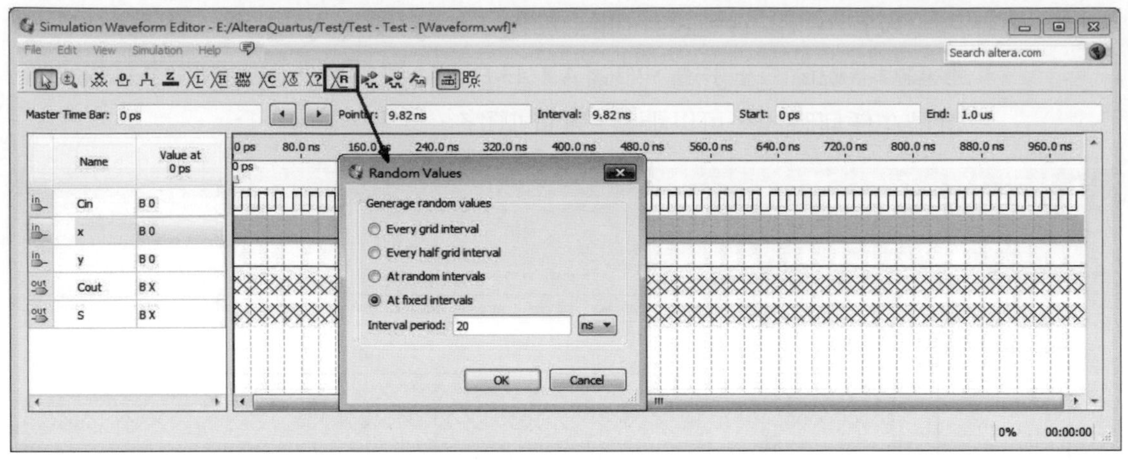

圖 **A.1.45:** 使用 **Random Values** 視窗，設定 x 值

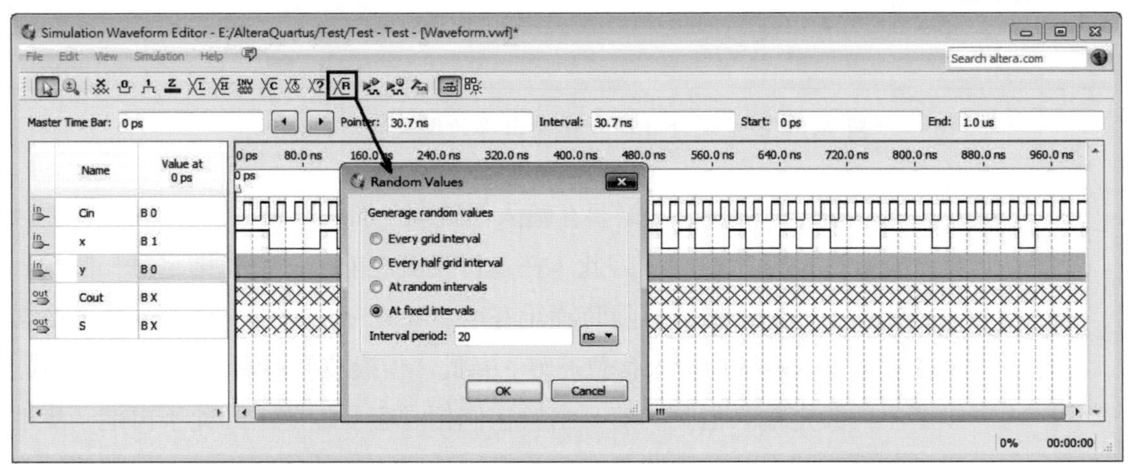

圖 **A.1.46:** 使用 **Random Values** 視窗，設定 y 值

輸入信號 x 與 y 使用亂數產生器，以每隔 20 ns 的時間間隔，改變其植一次，分別如圖 A.1.45 與 A.1.46 所示。當然，時間間隔的大小，可以設定為任何允許的值。

A.1.4.3 功能模擬 在設定好所有輸入信號 Cin、x 與 y 的值後，可以進行功能模擬。請記得功能模擬只驗證設計的行為。它並不涉及設計中任何兩個邏輯閘之間的時序關係，意即它將所有邏輯電路視為沒有延遲的完美邏輯閘。欲執行功能模擬，選取 **Simulation → Run Functional Simulation**，如圖 A.1.47 所顯示。

若修改任何輸入信號值，而未儲存時，在執行功能模擬之前，系統會要求先儲存該 (.vwf) 檔，如圖 A.1.48 所示。在選取 “Yes” 後，系統開始執行功能模擬。此時系統自動開啟一個 **Simulation Flow Program** 視窗，以呈現

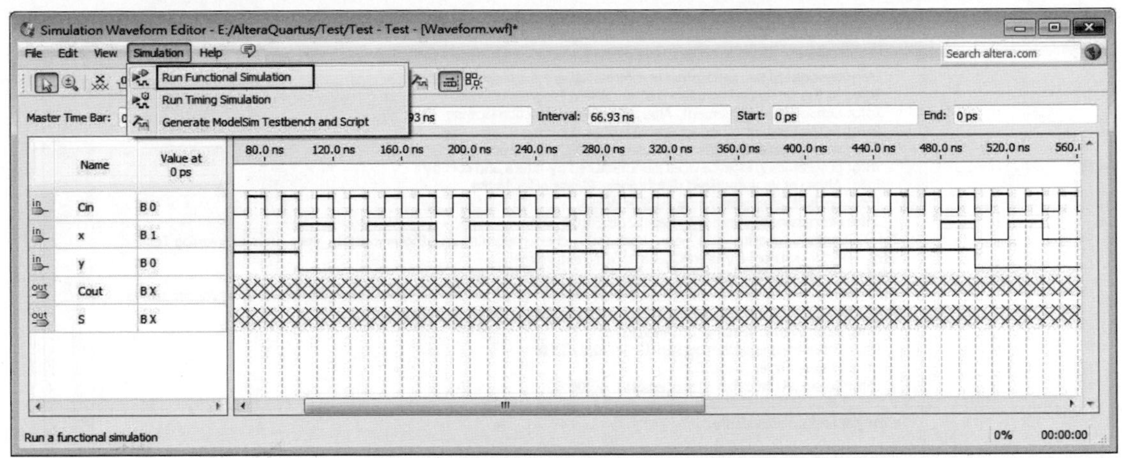

圖 A.1.47: 選取設計的功能模擬

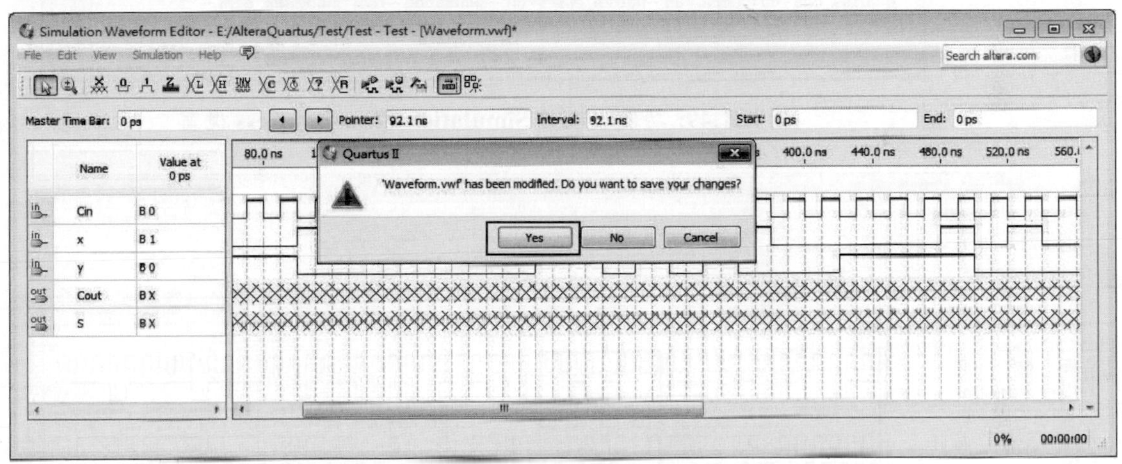

圖 A.1.48: 要求儲存修改的 waveform.vwf 的視窗

功能模擬進行中的相關資訊，如圖 A.1.49 所顯示。

若設計或輸入的激勵信號未發生錯誤，則系統產生一個有輸出值的波形圖，如圖 A.1.50 所示。若有錯誤發生，必須依據 **Simulation Flow Progress** 視窗呈現的錯誤訊息，更正錯誤，然後再執行功能模擬，直到成功為止。

A.1.4.4 時序模擬 時序模擬 (Timing simulation) 或稱邏輯閘層次模擬 (gate-level simulation) 為一種涉及邏輯閘的 (傳播) 延遲 (propagation delay) 與連接線延遲 (wire delay) 的模擬。它可以同時驗證設計的功能與時序。因此，當一個設計輸入成功的通過時序模擬驗證後，它的功能應該也是正確的。然而，對於一個大的設計而言，時序模擬通常需要花費較功能模擬為多的時間。因此，在進行費時的時序模擬之前，通常先執行功能模擬，確保設計的正確功能，以加速設計程序的完成。

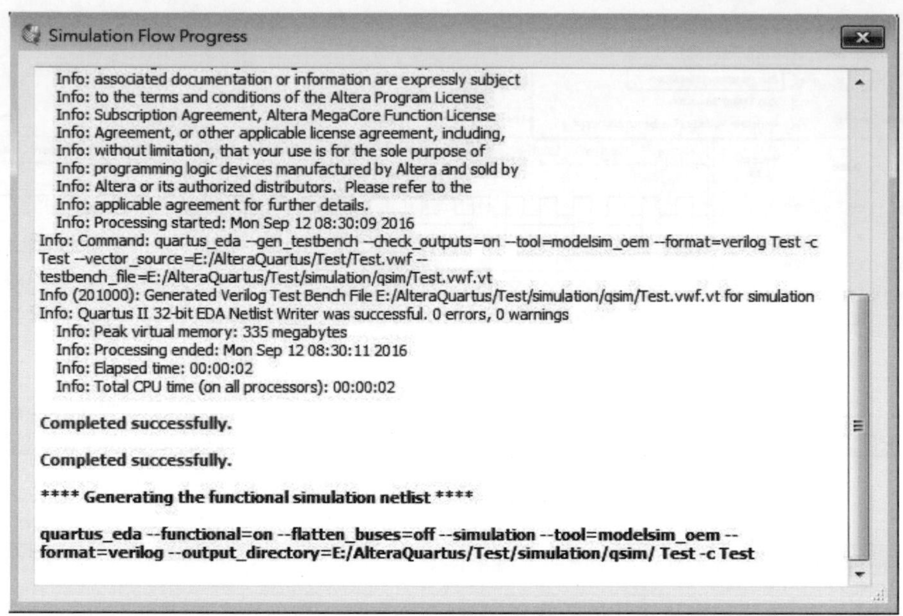

圖 **A.1.49:** 功能模擬的 **Simulation Flow Progress** 視窗

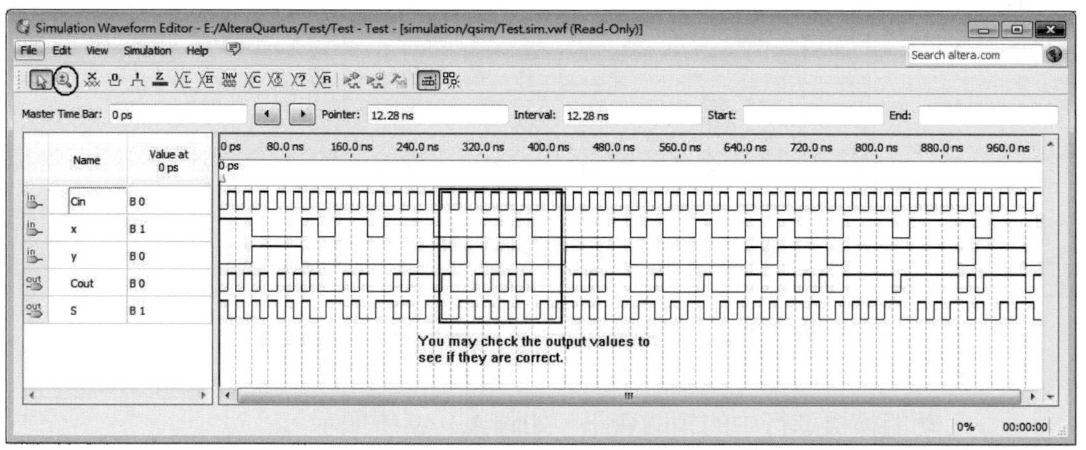

圖 **A.1.50:** 功能模擬後的結果波形

欲執行時序模擬，選取 **Simulation → Run Timing Simulation**，如圖 A.1.51 所示。應該注意的是在進行時序模擬之前，必須先關閉功能模擬的“結果模擬波形編輯器視窗”；否則，將依然得到功能模擬的結果。

☞ 模擬波形編輯器的模擬期間，預設值為 1 μs，但是可以由選取 **Edit → Set End Time...**，如圖 A.1.52 所示，設定為其它值或是最大的 100 μs。

在成功的時序模擬後，將得到具有延遲時間的輸出波形，如圖 A.1.53 所示。與圖 A.1.50 比較，可以看出功能與時序模擬兩者之間的差異。

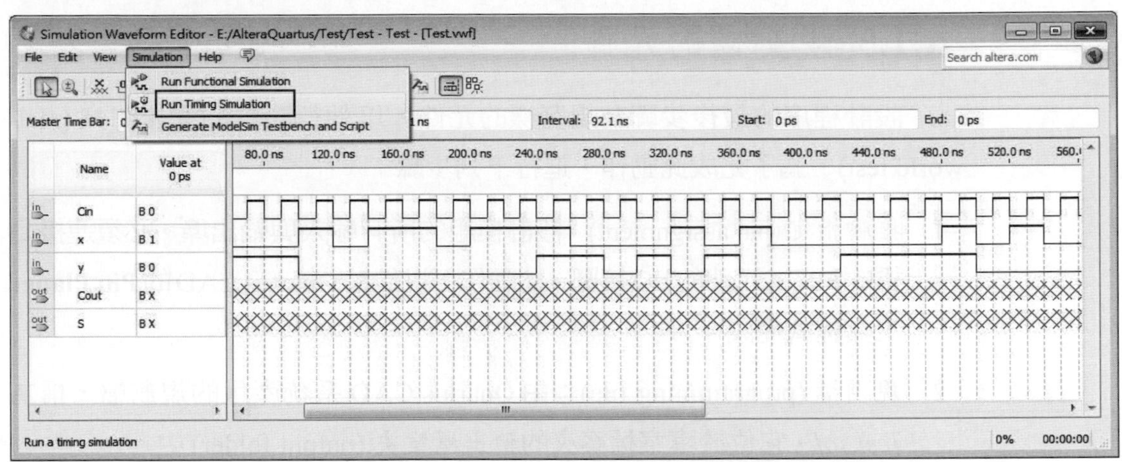

圖 **A.1.51:** 選擇設計的時序模擬

圖 **A.1.52: End Time** 視窗

> 在成功驗證一個設計之後，可以產生一個設計的電路圖符號(schematic symbol)或稱邏輯符號(logic symbol)，它可以在其它設計中使用。詳細情形請參考第A.1.3.4節。

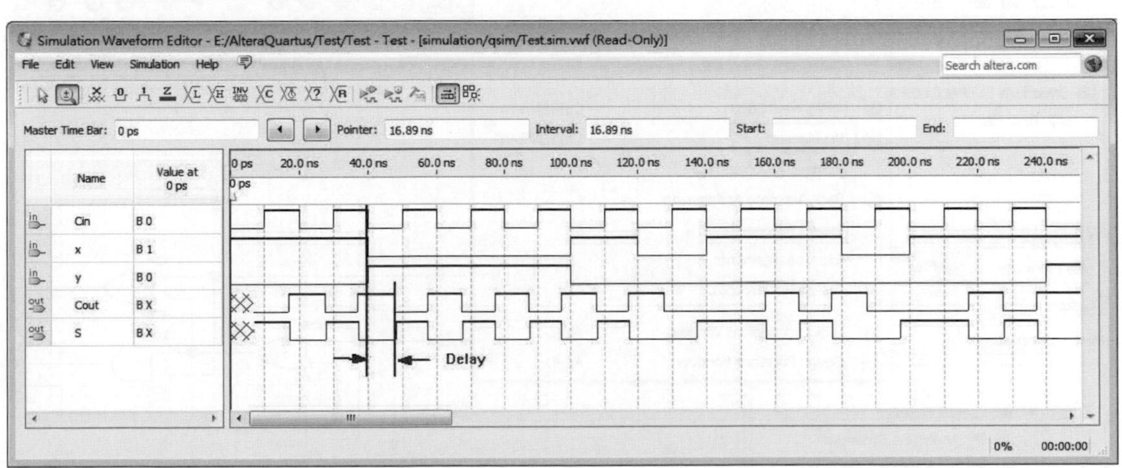

圖 **A.1.53:** 時序模擬後的結果波形

A.1.5 規劃標的元件

設計程序的最後步驟為規劃標的元件，以執行設計的實體測試 (real-world test)。為了完成此動作，進行下列步驟：

1. 接腳指定 (pin assignment)：設計模組的所有輸入與輸出埠，必須連接到標的FPGA元件的I/O接腳。此動作可以借助Quartus CAD的**Pin Planer**工具程式完成。
2. 規劃檔 (programming file)：由 Quartus CAD 系統產生的規劃檔，稱為 *Test.sof*，它位於專案檔案夾的輸出檔案夾 (output folder) 中。
3. 規劃驅動程式 (programming driver)：欲規劃標的元件，可以使用 USB Blaster (USB-0)。對於某些評估版 (evaluation board)，例如 DE2-115 教育板，USB Blaster (USB-0) 已經內建於板子上。

A.1.5.1 接腳指定 欲指定標的FPGA元件的I/O接腳到設計上，進行下列步驟：

1. 選取 **Processing → Start Compilation**，以備妥指定接腳位置。
2. 選取 **Assignments → Pin Planner**，叫出 **Pin Planner** 工具程式，如圖 A. 1.54 所示。**Pin Planner** 工具程式呈現設計的輸入與輸出節點，如圖 A. 1.55 的說明。

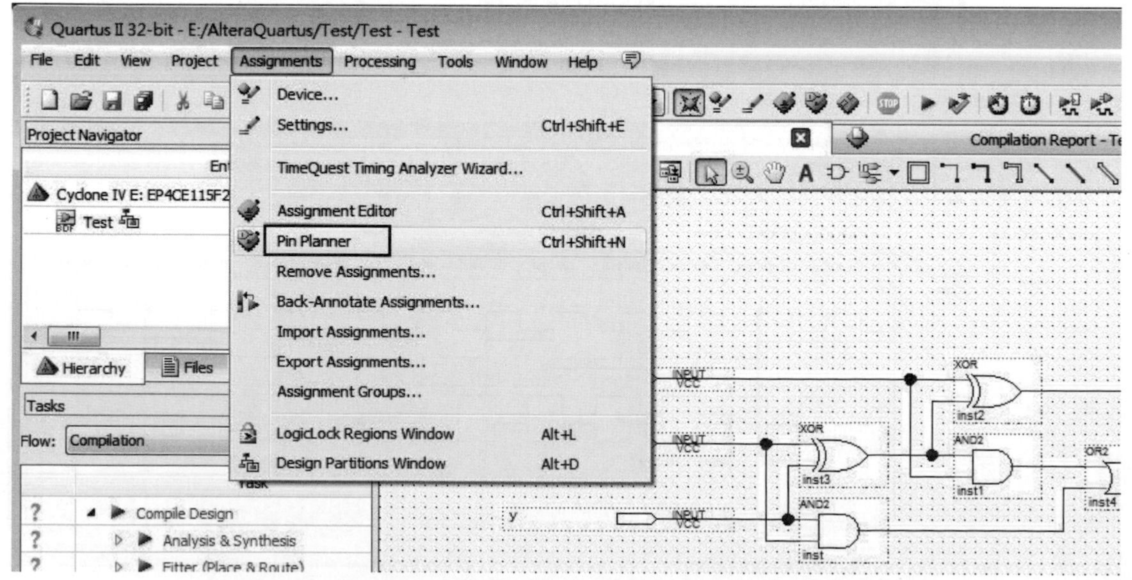

圖 A.1.54: 由 Quartus CAD 系統中，選取 **Pin Planner** 工具

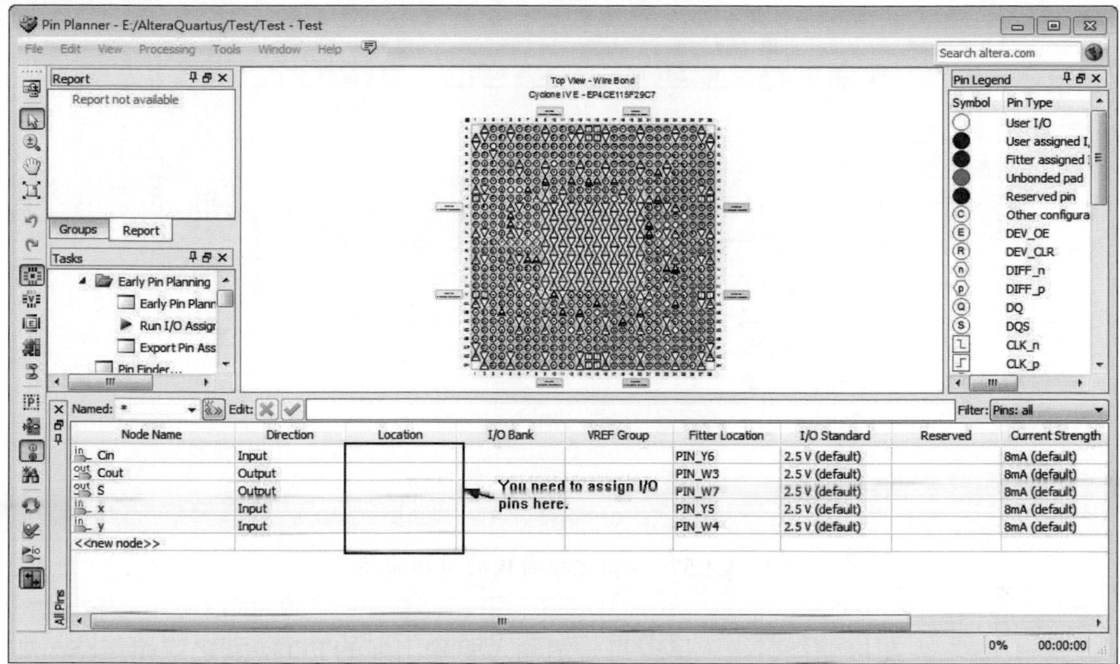

圖 A.1.55: Quartus CAD 系統的 **Pin Planner** 工具

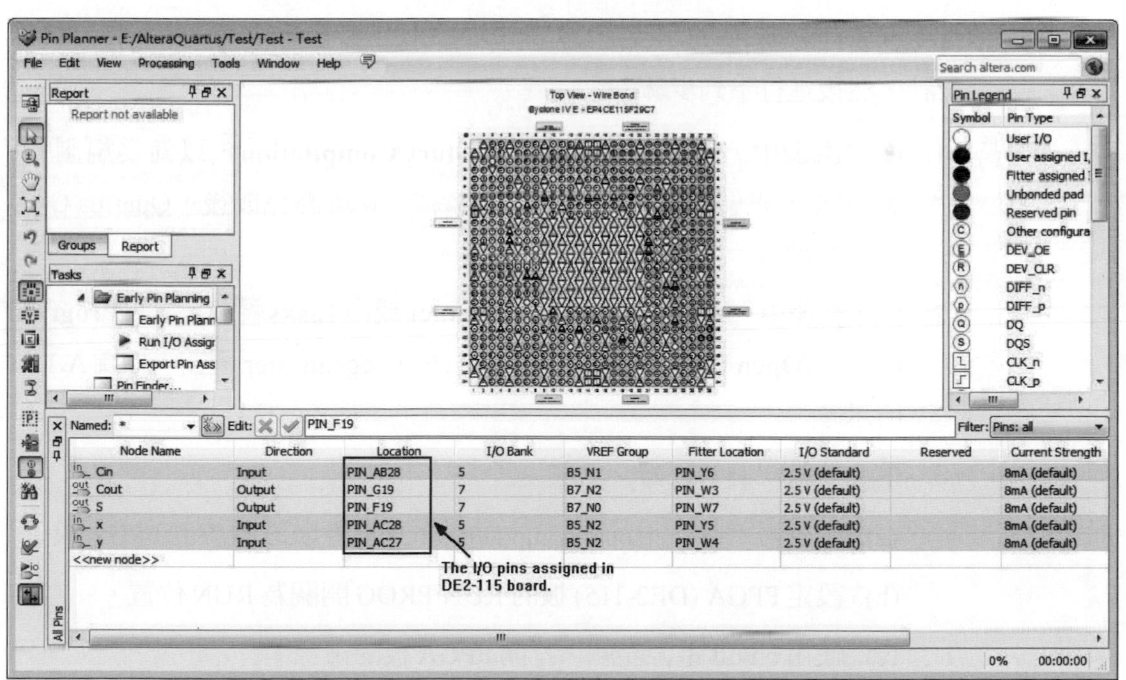

圖 A.1.56: 在 **Pin Planner** 工具中，指定 I/O 接腳

3. 在 **Pin Planner** 工具程式的“Location”一欄中，加入欲使用的實際坐標值 (接腳編號)。DE2-115 教育板中與本書實驗專題相關的接腳分佈，列於附錄 C 中。目前設計例 (*Test.bdf*) 的接腳指定，如圖 A.1.56 所示。

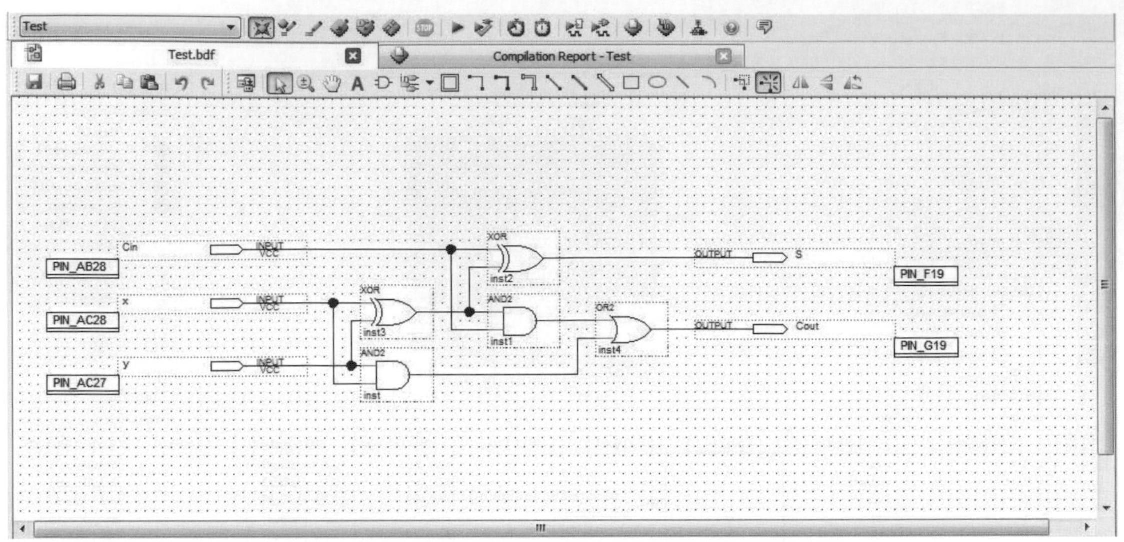

圖 **A.1.57:** 在指定接腳後的邏輯電路

在接腳指定後，呈現每一個輸入與輸出埠的 I/O 接腳之邏輯電路，如圖 A.1.57 所示。

A.1.5.2 規劃標的元件 欲規劃標的元件，需要重新編譯指定接腳後的設計，然後進行下列步驟：

1. 由主視窗中，選取 **Processing** → **Start Compilation**，以備妥規劃 (下載)。當要求儲存 bdf 檔時，選取 “Yes”。在編譯完成後，Quartus CAD 系統會顯示一個訊息，通知此事實。
2. 由主視窗中，選取 **Tools** → **Programmer** 或由 **Tasks** 視窗，選取 **Program Device (Open Programmer)** 工作，打開 **Programmer** 視窗，如圖 A.1.58 所示。
3. 準備欲被規劃的硬體
   (a). 由個人電腦 (personal computer，PC) 連接 USB 接線到 FPGA 板。
   (b). 設定 FPGA (DE2-115) 板的 RUN/PROG 開關為 RUN 位置。
   (c). 使用 on/off 電源開關，打開 FPGA 板的電源。
4. 在 **Programmer** 視窗中，單擊 “Hardware Setup...”，叫出 “Hardware Setup” 對話盒，如圖 A.1.59 所示。
5. 在 “Hardware Setup” 對話盒中，進行下列步驟：
   (a). 由 “Currently selected hardware” 下拉清單 (drop-down list) 中，選取 “USB-Blaster [USB-0]”。

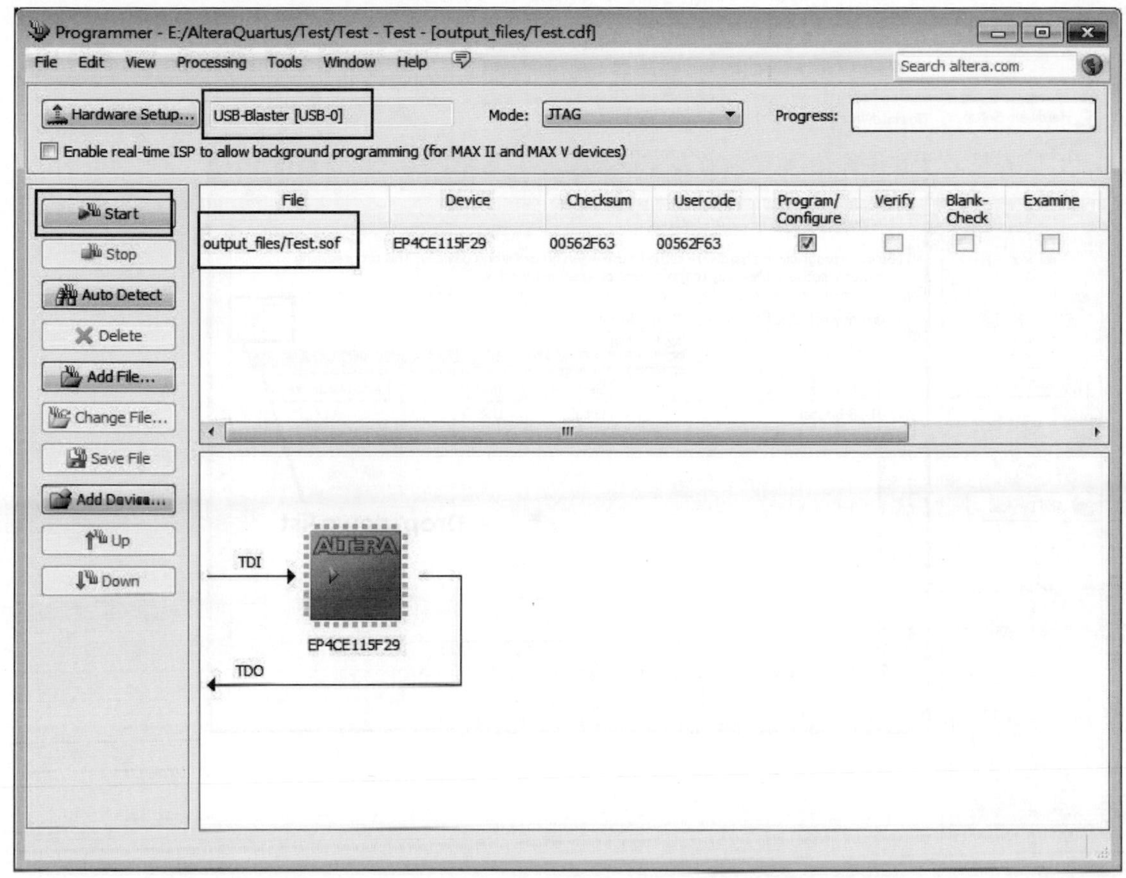

圖 **A.1.58:** Quartus CAD 系統的 **Programmer** 視窗

(b). 單擊 “Close”，關閉 “Hardware Setup” 對話盒。

6. 在 **Programmer** 視窗中，單擊 “Start”，下載規劃檔到 FPGA 板。

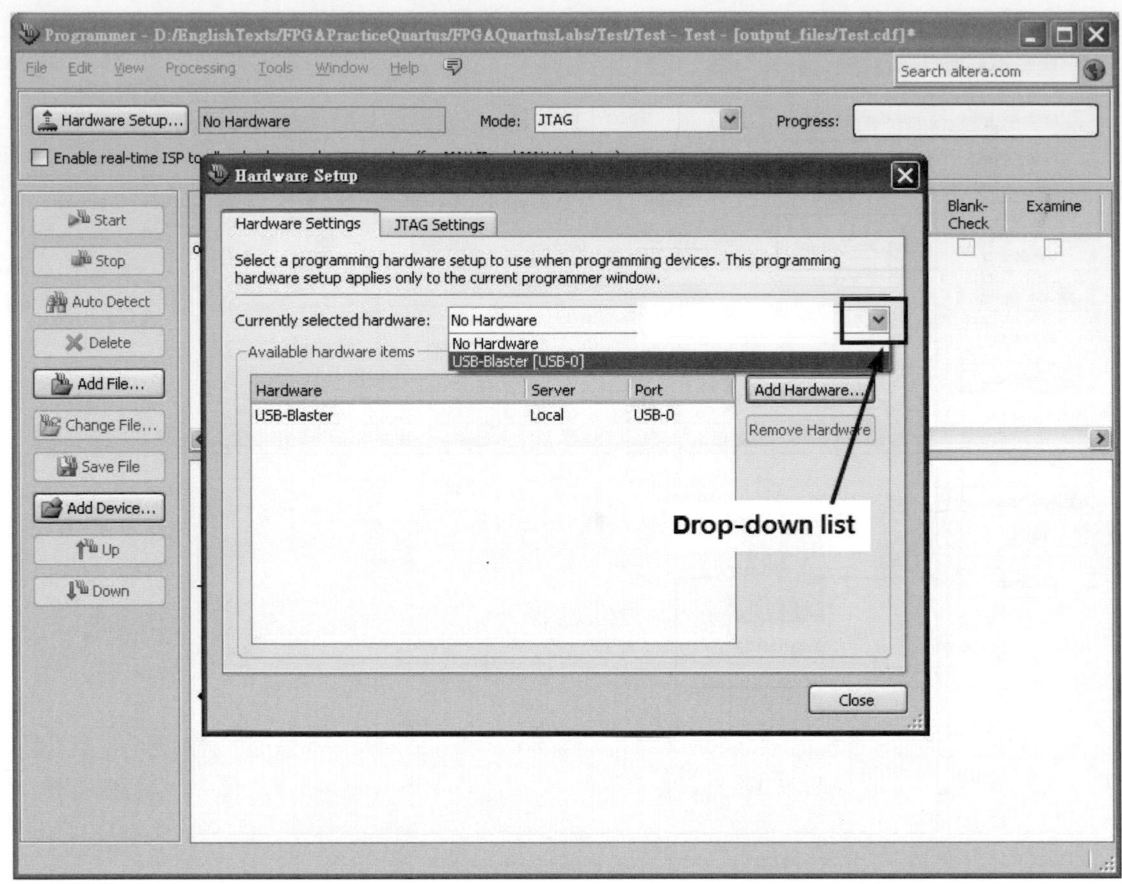

圖 A.1.59: “Hardware Setup” 對話盒

A.1.5.3 輸出接腳指定 在 **Pin Planner** 工具程式中，完成的接腳指定，可以輸出為一個文字檔，以供其它專案使用。欲完成此動作時，執行下列步驟：

1. 在 **Pin Planner** 工具程式中，選取 **File** → **Export...**，如圖 A.1.60 所呈現。
2. 依據 **Pin Planner** 工具程式的要求，儲存 “Comma Separated Values File” (*.csv) 到想要的檔案夾中。

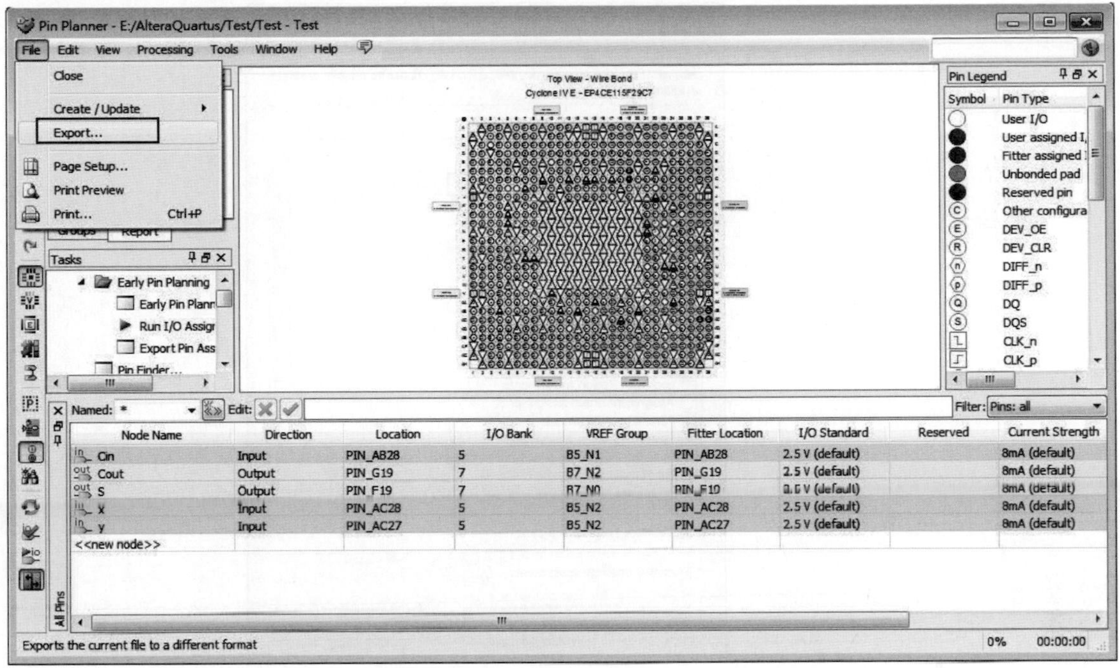

圖 A.1.60: **Pin Planner** 視窗的 "Export..." 功能

儲存的.csv 檔 (一個 Excel 檔)，即 *Test.csv*，如下：

```
# Copyright (C) 1991-2013 Altera Corporation
# ...
# Quartus II 32-bit Version 13.1.0 Build 162 10/23/2013 SJ Web Edition
# File: D:\EnglishTexts\...\Test\Test.csv
# Generated on: Thu Sep 15 07:09:23 2016

# Note: The column header names should not be changed if you wish to
# import this .csv file into the Quartus II software.

To,Direction,Location,I/O Bank,VREF Group,Fitter Location,I/O Standard,
Cin,Input,PIN_AB28,5,B5_N1,PIN_AB28,,,,,
Cout,Output,PIN_G19,7,B7_N2,PIN_G19,,,,,
S,Output,PIN_F19,7,B7_N0,PIN_F19,,,,,
x,Input,PIN_AC28,5,B5_N2,PIN_AC28,,,,,
y,Input,PIN_AC27,5,B5_N2,PIN_AC27,,,,,
```

A.1.5.4 移除接腳指定

欲在一個設計中，移除現有的接腳指定，可以進行下列程序：

1. 在 Quartus CAD 系統的主視窗中，選取 **Assignments** → **Remove Assignments...**，叫出 **Remove Assignments** 對話盒，如圖 A.1.61 所示。
2. 將 "Pin, Location and Routing Assignments" 項目打勾(√)，然後選取 "OK"。

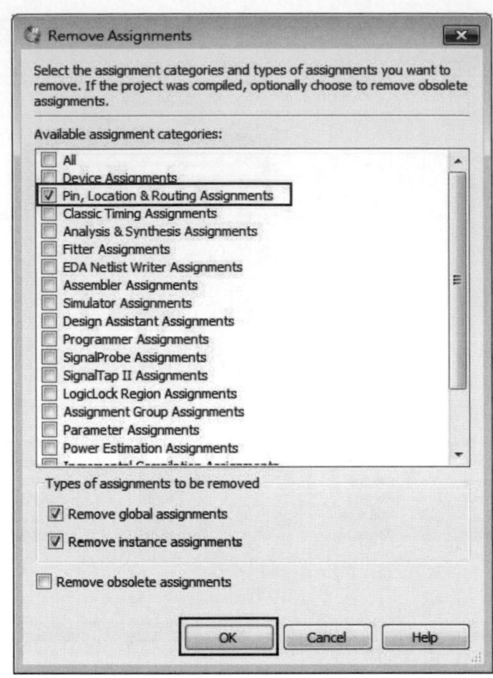

圖 A.1.61: Remove Assignments 對話盒，呈現如何移除接腳指定

☞ 在移除接腳指定後，接腳指定即自電路圖中的相關接腳移除。

A.1.5.5 輸入接腳指定 欲由一個現存的 (.csv) 檔，輸入接腳指定時，可以進行下列程序：

1. 在 Quartus CAD 系統的主視窗中，選取 **Assignments** → **Import Assignments...**，叫出 **Import Assignments** 對話盒，如圖 A.1.62 所示。
2. 瀏覽與指定欲輸入的.csv 檔，然後選取“OK”。

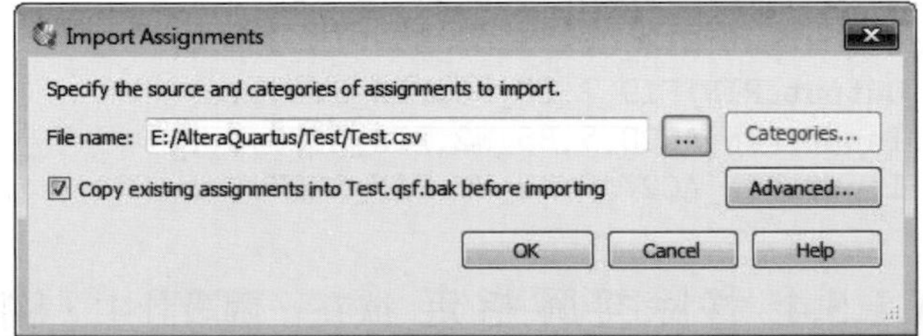

圖 A.1.62: Import Assignments 對話盒，呈現如何輸入接腳指定

☞ 輸入接腳指定後，接腳指定即呈現於電路圖中的相關接腳，如圖 A.1.57 所示。在 HDL 輸入方式中，可以叫出 **Pin Planner** 工具程式，檢查輸入的接腳指定是否正確。

A.2 HDL 輸入方法

除了電路圖輸入方法，另外一個普遍使用的方法為 HDL 輸入。在大的設計中，HDL 輸入方法為最廣泛使用的方法。在本節中，我們介紹如何使用 Verilog HDL，輸入一個設計，並且使用 Verilog HDL 撰寫的測試平台 (test bench)，在 Quartus CAD 系統中，驗證輸入的設計描述 (design description)。

A.2.1 HDL 輸入方法

欲在專案中，產生一個 Verilog HDL 檔，進行下列步驟：

1. 在 Quartus CAD 系統的主視窗中，選取 **File** → **New**，叫出 **New** 視窗，如圖 A.2.1 所示。
2. 由 **New** 視窗中，選取 "Design Files → Verilog HDL File"，如圖 A.2.1 所示。
3. 選取 "OK"，以打開 **Text Editor** 視窗，如圖 A.2.2 所示。

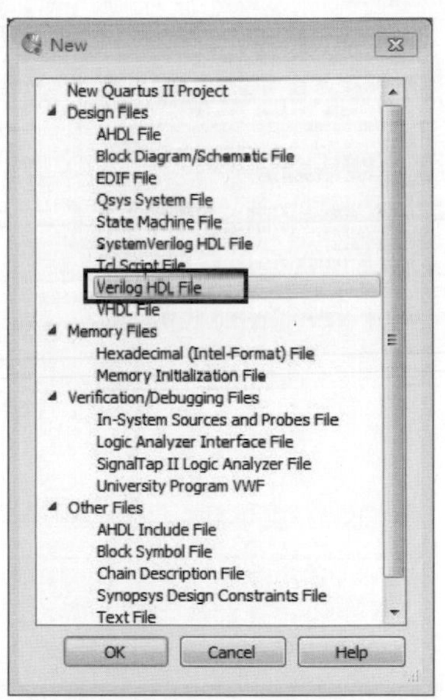

圖 A.2.1: 彈出的 **New** 視窗

☞ 使用 Quartus CAD 系統提供的 HDL 樣板 (template)，對於撰寫 Verilog HDL 程式，相當有幫助。欲使用此樣板時，在彈出 **Text Editor** 視窗後，選取 **Edit** → **Insert Template...**，如圖 A.2.3 所示。**Insert Templates** 視窗將出現，如圖 A.2.4 所呈現。

在此，可以輸入 Verilog HDL 程式碼。

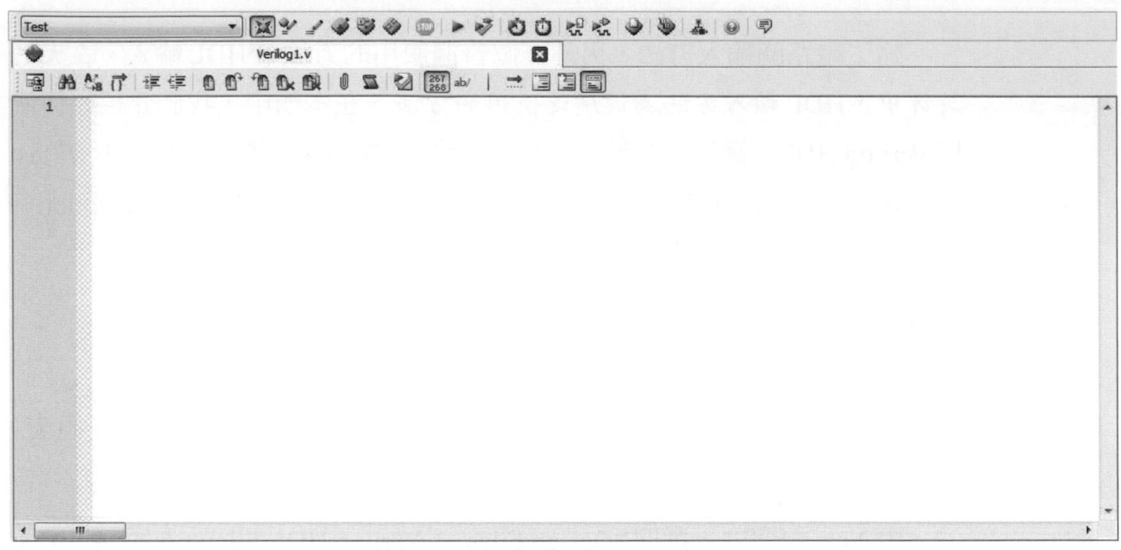

圖 A.2.2: Text Editor 視窗

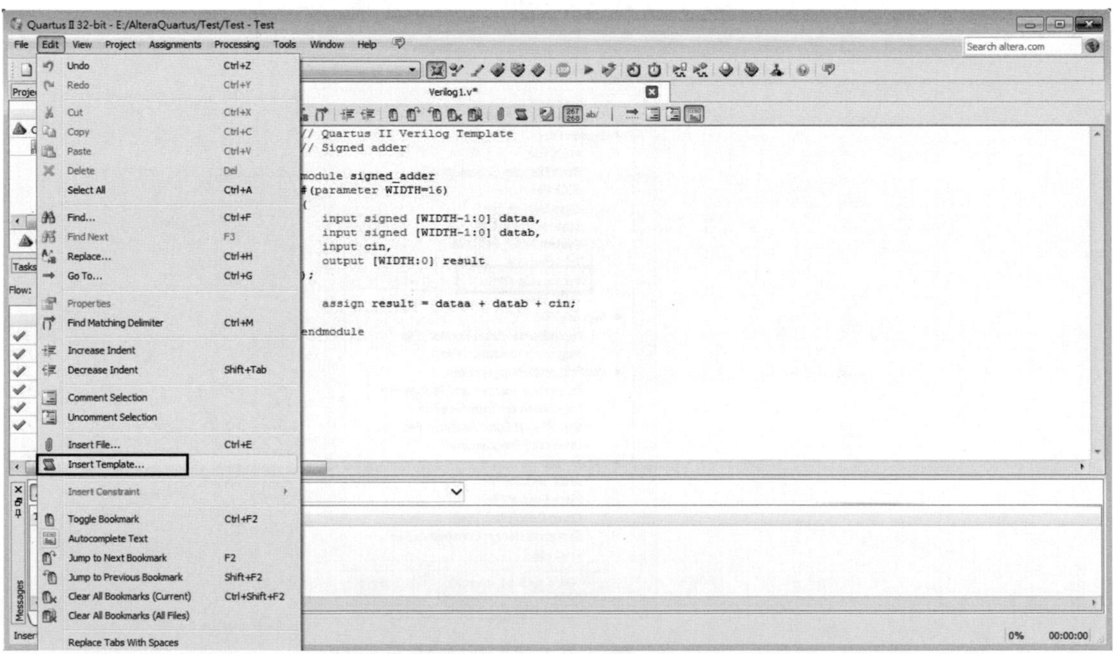

圖 A.2.3: Edit 選單，呈現 **Insert Template...** 功能選項

在**Insert Template**視窗中，在 Verilog HDL 選項下，可以選取適當的樣板，然後經由修改該樣板，使成為需要的模組。

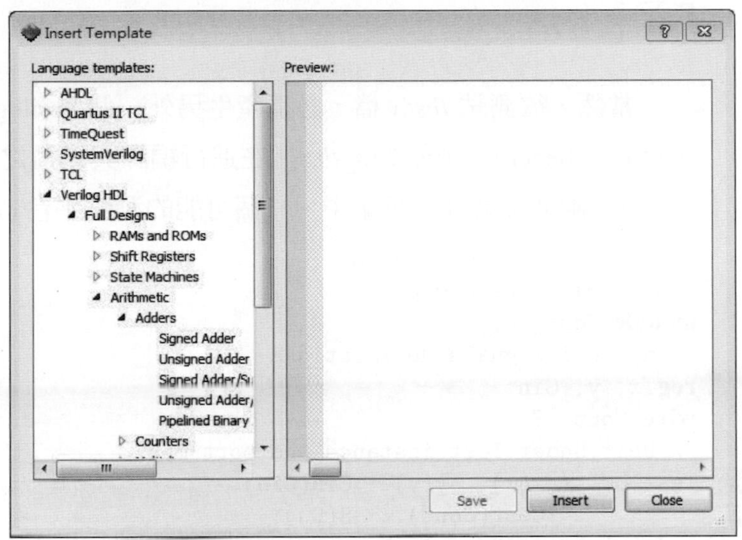

圖 A.2.4: Insert Template 視窗

在完成樣板的插入之後，儲存結果為一個檔案，例如，*Test.v*，如圖 A.2.5 所示。欲執行編譯時，必須設定 *Test.v* 為 Top-Level Entity。

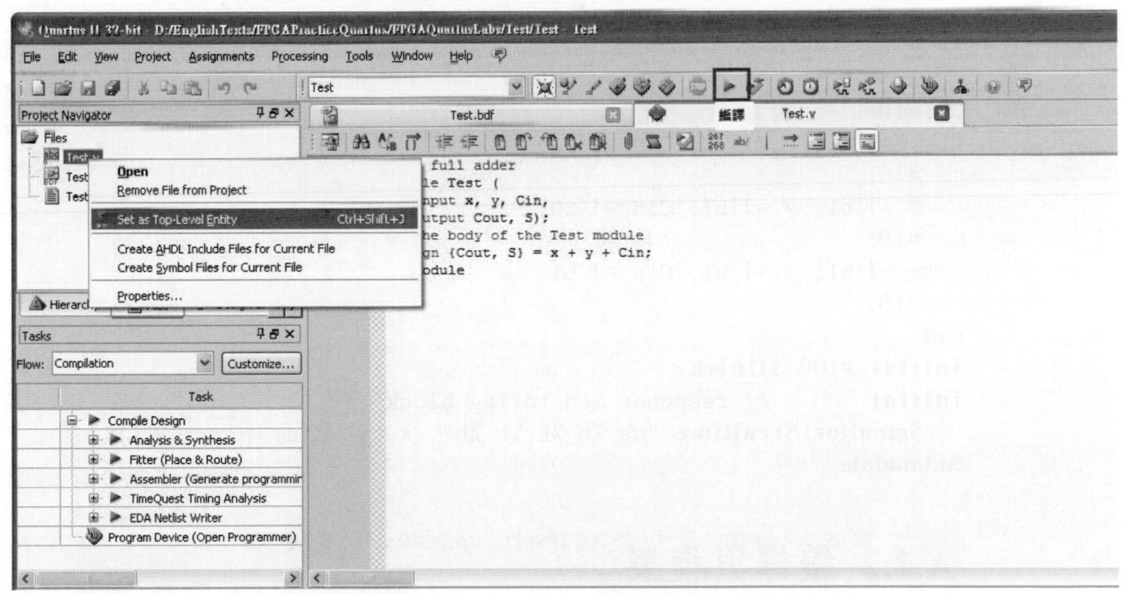

圖 A.2.5: 設定 *Test.v* 為 Top-Level Entity.

☞ 應該注意的是在Quartus CAD系統中，檔案名稱必須與最上層模組(top-level module)名稱相同。因此，上述模組的檔案名稱必須為*Test.v*。

當然，欲測試*Test.v*檔，必須產生另外一個Verilog HDL檔，稱為測試平台(test bench)，例如*Test_tb.v*。在進行編譯與模擬之前，必須將*Test.v*與*Test_tb.v*兩個檔案加入專案中。一個可能的測試平台(*Test_tb.v*)如下：

```
//a full_adder test bench
'timescale 1 ns/100 ps
module Test_tb;
//internal signals declarations
reg x, y, Cin;
wire Cout, S;
// Unit Under Test instance and port map
Test UUT (.x(x), .y(y), .Cin(Cin),
          .Cout(Cout),  .S(S));
initial begin // stimulus generation block
   x =1'b0; y =1'b0; Cin =1'b0;
   #10;
   x =1'b0; y =1'b0; Cin =1'b1;
   #10;
   x =1'b0; y =1'b1; Cin =1'b0;
   #10;
   x =1'b0; y =1'b1; Cin =1'b1;
   #10;
   x =1'b1; y =1'b0; Cin =1'b0;
   #10;
   x =1'b1; y =1'b0; Cin =1'b1;
   #10;
   x =1'b1; y =1'b1; Cin =1'b0;
   #10;
   x =1'b1; y =1'b1; Cin =1'b1;
   #10;
end
initial #100 $finish;
initial        // response monitoring block
   $monitor($realtime,"ns %h %h %h %h", x, y, Cin, {Cout, S});
endmodule
```

A.2.2 編譯與模擬

在完成一個設計的HDL輸入之後，其次的步驟為編譯該設計，與分別執行RTL (functional)與邏輯閘層次(時序)模擬(gate-level (timing) simulation)，驗證設計的功能與時序是否正確。欲執行此動作時，該設計必須經過一連串Quartus CAD系統的程式處理。這些程式分析設計的電路，合成該電路，

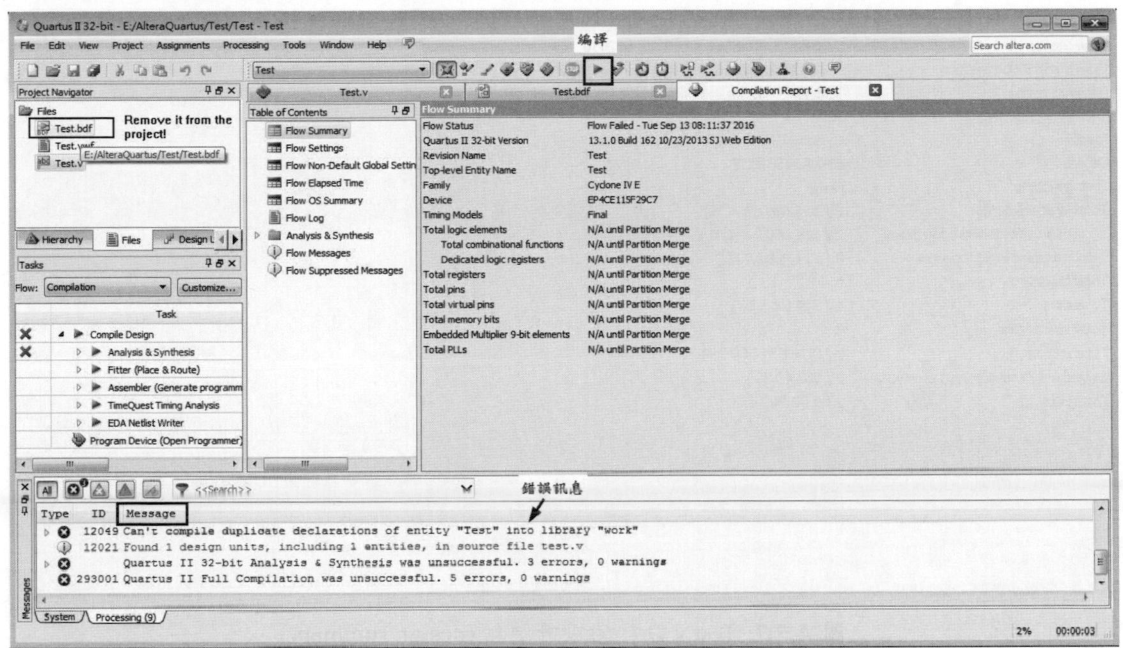

圖 A.2.6: 呈現編譯器錯誤與警告訊息的編譯視窗

與產生標的元件的執行資訊檔。這些程式集合成一個應用程式，稱為編譯器 (compiler)。

A.2.2.1　編譯　選取 **Processing → Start Compilation** 或是單擊工具欄上的紫色三角形圖樣，執行編譯，如圖 A.2.5 所示。

> ☞ 應該注意的是在一個專案中，不能同時存在兩個相同的設計實體 (design entity)。因此，相同檔案名稱的.bdf 與.v 檔，必須移除一個。在此，應該移除.bdf的檔案。

為說明上述小建議，考慮下列情形：

1. 圖 A.2.5 顯示在專案中兩個具有相同檔案名稱，但是不同檔案類型的設計實體 *Test* (*Test.bdf* 與 *Test.v*)。在編譯之後，編譯器產生一個錯誤訊息，列於圖 A.2.6 中。
2. 自專案中，移除 *Test.bdf* 檔案，然後編譯成功。結果的流程總結 (flow summary)，如圖 A.2.7 所示。

A.2.2.2　測試平台設定　在執行 RTL 與邏輯閘層次模擬之前，必須備妥某些工作。但是，對於同一個專案而言，這一些工作僅需做一次即可。它們的設定將儲存在專案中。

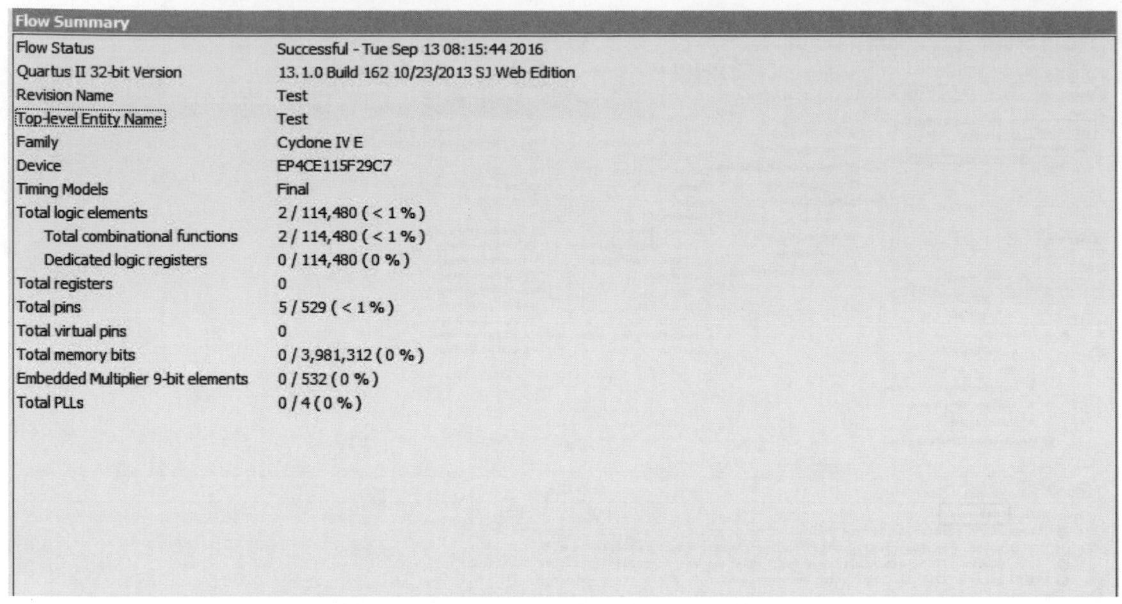

Flow Summary	
Flow Status	Successful - Tue Sep 13 08:15:44 2016
Quartus II 32-bit Version	13.1.0 Build 162 10/23/2013 SJ Web Edition
Revision Name	Test
Top-level Entity Name	Test
Family	Cyclone IV E
Device	EP4CE115F29C7
Timing Models	Final
Total logic elements	2 / 114,480 (< 1 %)
Total combinational functions	2 / 114,480 (< 1 %)
Dedicated logic registers	0 / 114,480 (0 %)
Total registers	0
Total pins	5 / 529 (< 1 %)
Total virtual pins	0
Total memory bits	0 / 3,981,312 (0 %)
Embedded Multiplier 9-bit elements	0 / 532 (0 %)
Total PLLs	0 / 4 (0 %)

圖 A.2.7: Test.v 設計的設計總結 (design summary)

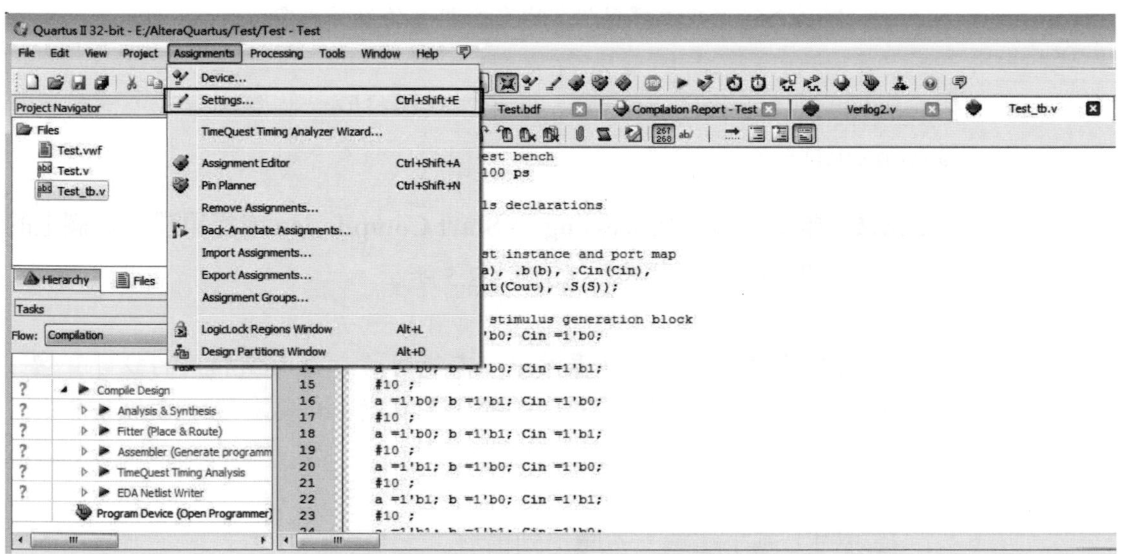

圖 A.2.8: Quartus CAD 系統中 **Settings** 視窗的選取

欲執行 RTL 與邏輯閘層次模擬，必須先完成 NativeLink 的設定，其進行步驟如下：

1. 選取 **Assignments** → **Settings**，如圖 A.2.8 所示，叫出 **Settings** 視窗，如圖 A.2.9 所示。

2. 在 “Category” 清單中，選取 **EDA Tool Settings** → **Simulation**，叫出 **Settings** 視窗中的 “Simulation” 頁，如圖 A.2.10 所示。

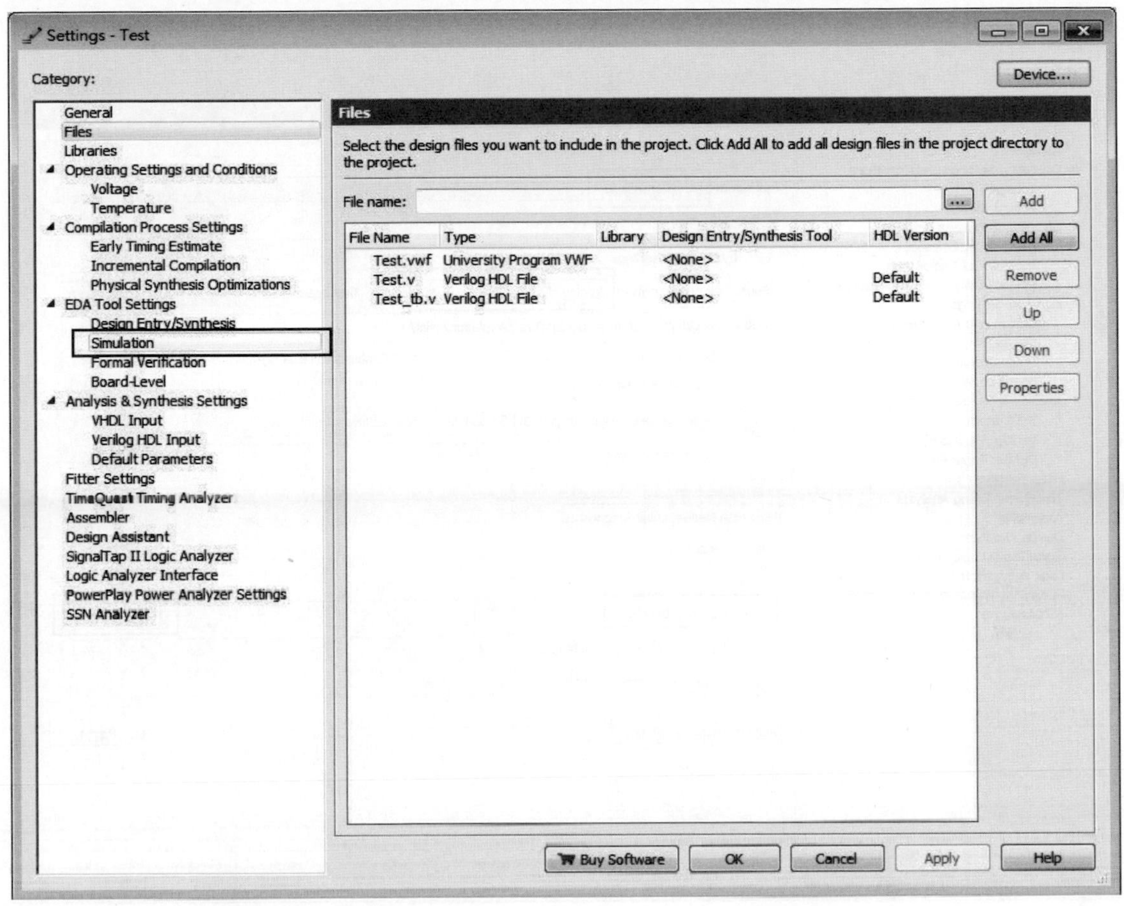

圖 A.2.9: Quartus CAD 系統的 **Settings** 視窗，呈現 “Simulation” 功能的選取

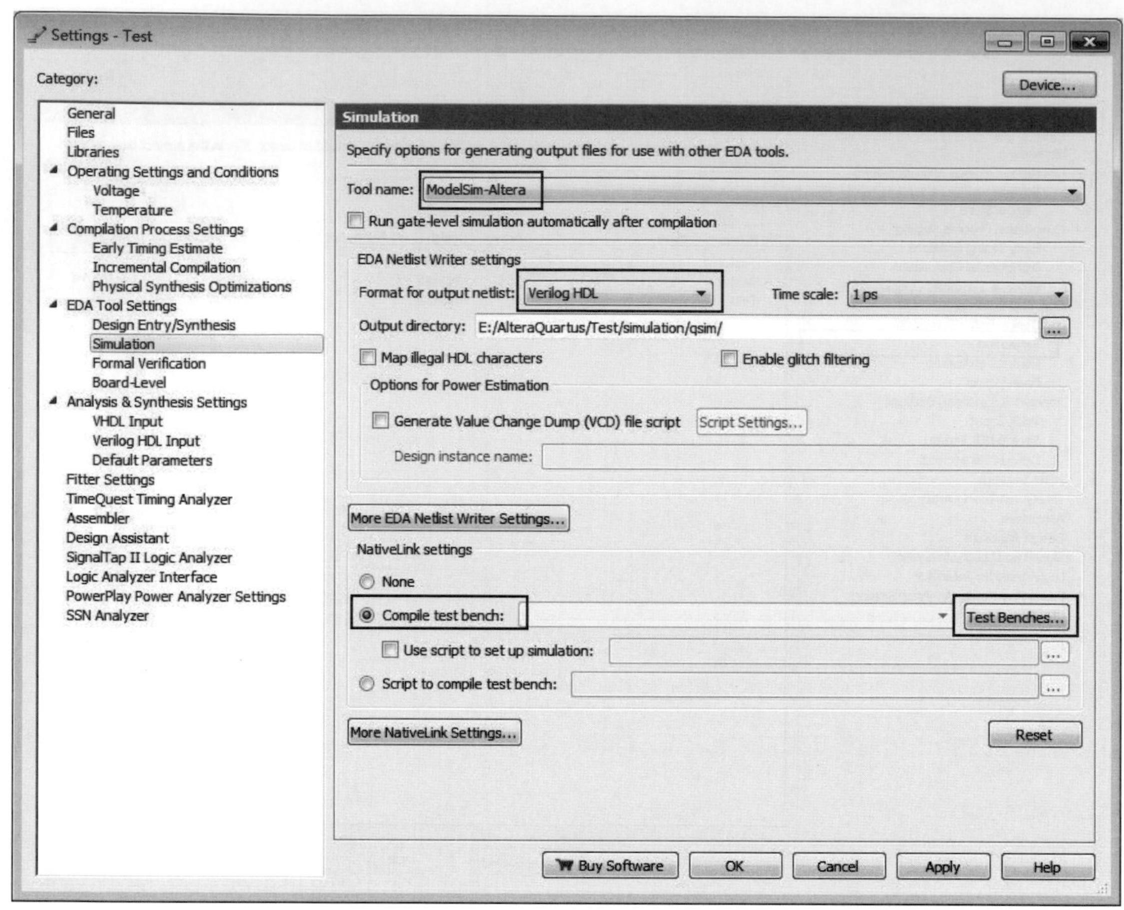

圖 A.2.10: Quartus CAD 系統的 “Simulation” 設定頁

3. 在 “Tool name” 一列中，選取 ModelSim-Altera。[“Run gate-level simulation automatically after compilation” 不需要打勾 (√)。]
4. “Format for output netlist” 應該設定為 Verilog HDL，並設定 “output directory” 為/Project/simulation/qsim [若需要，選擇/鍵入。]
5. 單擊 “Test Benches...” 按鈕，叫出 **Test Benches** 視窗，如圖 A.2.11 所示。
6. 由 **Test Benches** 視窗中，選取 “New ...”，呼叫出 **New Test Bench Settings** 視窗，如圖 A.2.12 所示。在 **New Test Bench Settings** 視窗中，進行下列步驟：

    (a). 選取檔案瀏覽 (即，“...” 按鈕)，搜尋需要的測試平台檔案。

    (b). 在 “Test bench name” 欄中，填入測試平台的檔案名稱，不需要檔案擴充 (.v) 的部分。

    (c). 選取 “Add”，加入選取的測試平台，並回到 **Test Benches** 視窗。

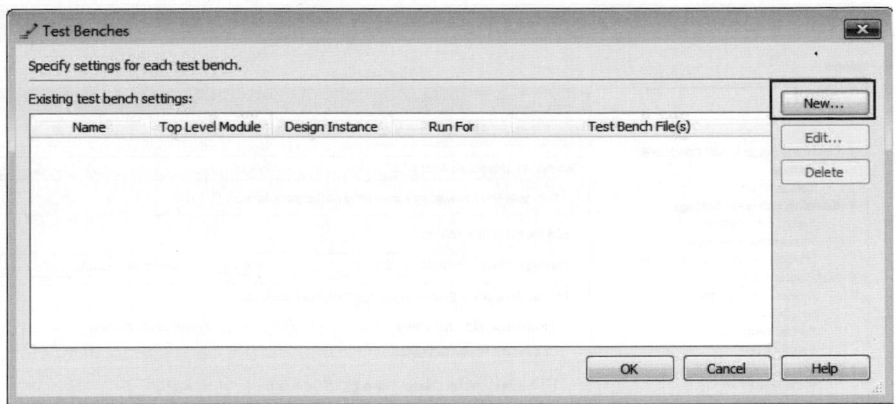

圖 A.2.11: Quartus CAD 系統的 **Test Benches** 視窗

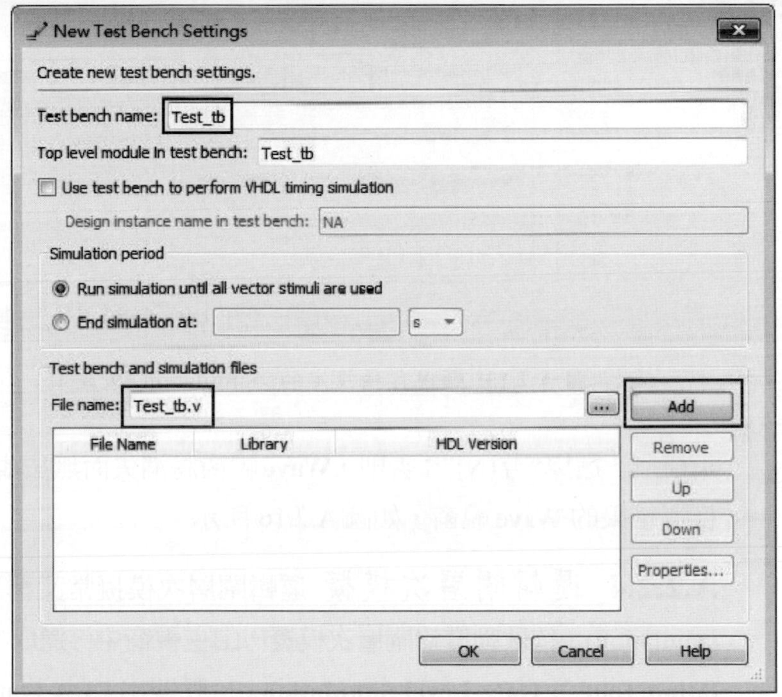

圖 A.2.12: Quartus CAD 系統的 **New Test Bench Settings** 視窗

(d). 在 **Test Benches** 視窗中，選取 “OK”，回到 “Simulation” 設定頁，如圖 A.2.13 所示。

7. 在 “Simulation” 設定頁中，選取 “OK”，完成 NativeLink 的設定。

A.2.2.3 RTL 模擬 自 Quartus CAD 系統的主視窗中，選取 **Tools** → **Run Simulation Tool** → **RTL Simulation**，啟動 RTL (功能或行為) 模擬，如圖 A.2.14 所示。在模擬成功後，出現一個如圖 A.2.15 所示的視窗，詢問是否結

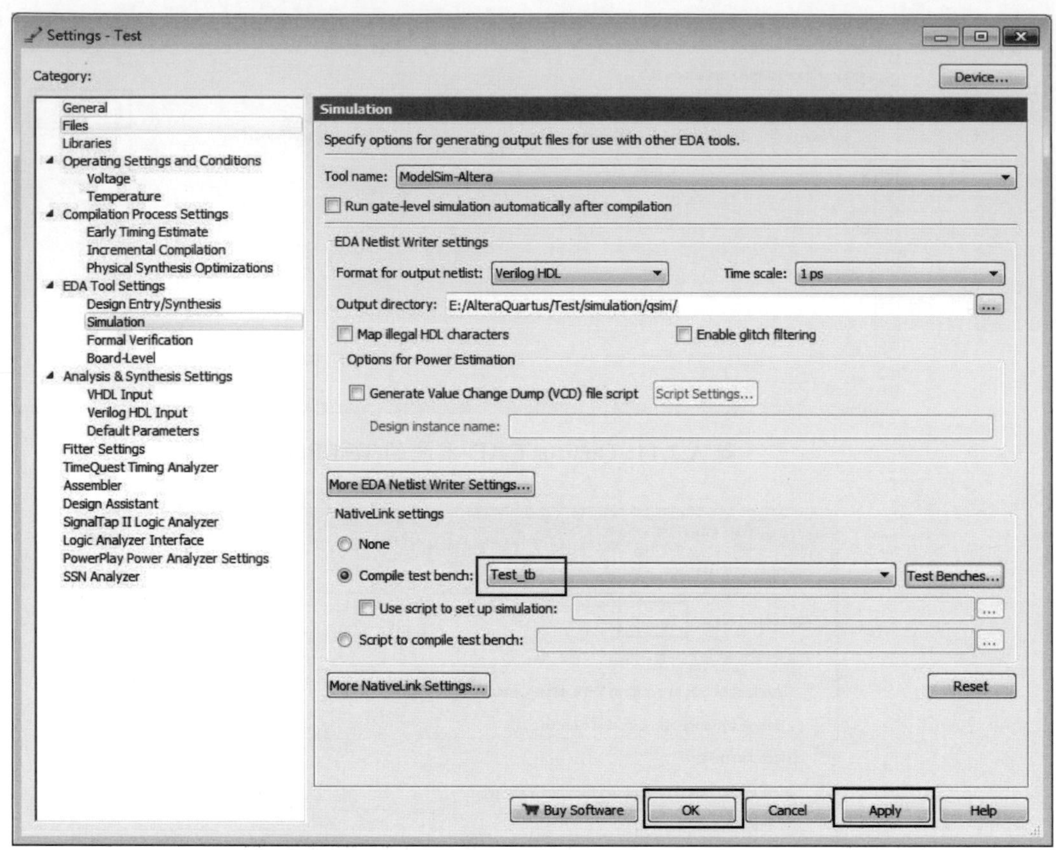

圖 A.2.13: 顯現各種設定的 “Simulation” 設定頁

束模擬，選擇“否(N)”；否則，**Wave** 視窗將消失而無法觀察結果。顯示 RTL 模擬結果的 **Wave** 視窗，如圖 A.2.16 所示。

A.2.2.4 邏輯閘層次模擬 邏輯閘層次模擬常又稱為時序模擬 (timing simulation)。欲啟動邏輯閘層次模擬，由主視窗中，選取 **Tools → Run Simulation Tool → Gate-Level Simulation...**，呼叫出 **EDA Gate Level Simulation** 對話視窗，如圖 A.2.17 所示。選取 “Run”。

一小段時間之後，出現一個 ModelSim-Altera 的 **Wave** 視窗，顯示邏輯閘層次模擬的結果，如圖 A.2.18 所呈現。由輸入與輸出信號的時序關係，可以輕易地指出設計的延遲時間。與圖 A.2.16 的結果比較，可以清楚地得知 RTL 與邏輯閘層次模擬的差異。

☞ 注意在啟動邏輯閘層次模擬之前，必須先終止 RTL 模擬，否則將產生 “Nativelink error”，如圖 A.2.19 所示。

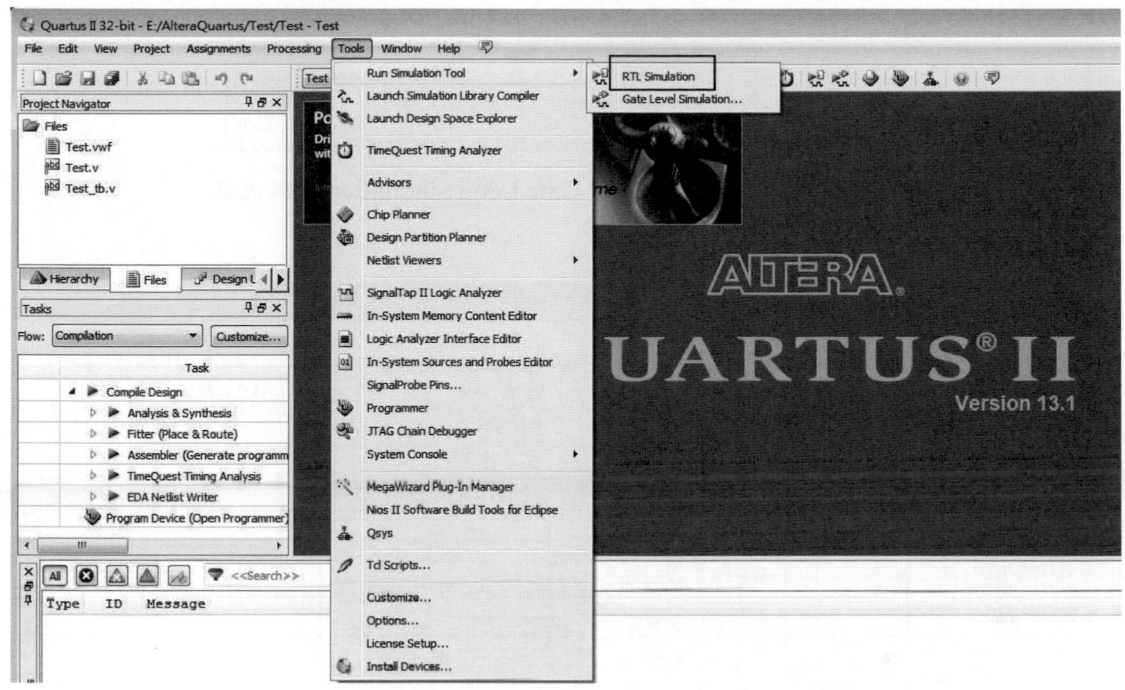

圖 A.2.14: Quartus CAD 系統中，選取 “RTL simulation” 功能

圖 A.2.15: 呈現 “RTL 模擬” 結果的 **Wave** 視窗

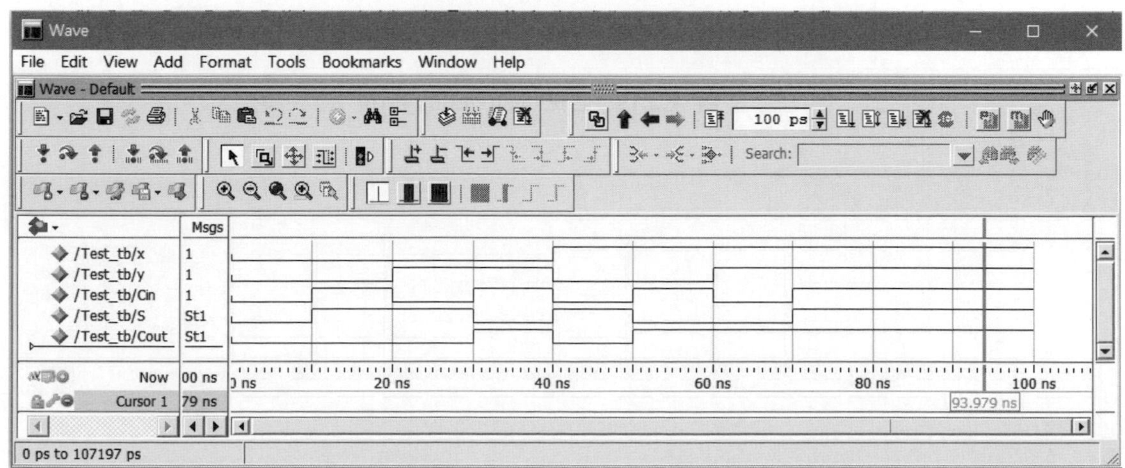

圖 A.2.16: 呈現 “RTL 模擬” 結果的 **Wave** 視窗

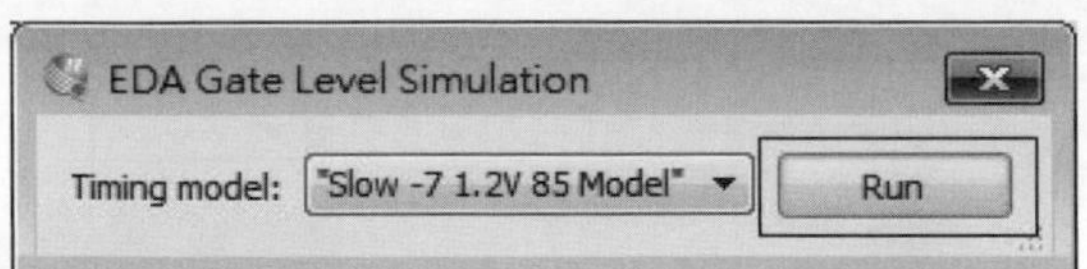

圖 **A.2.17: EDA Gate Level Simulation** 對話視窗

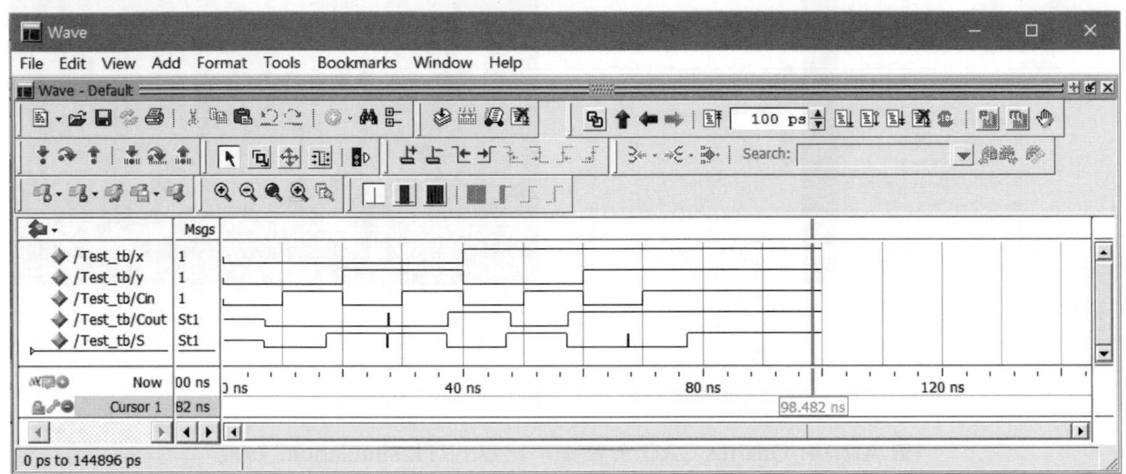

圖 **A.2.18:** 呈現“邏輯閘層次模擬”結果的 **Wave** 視窗

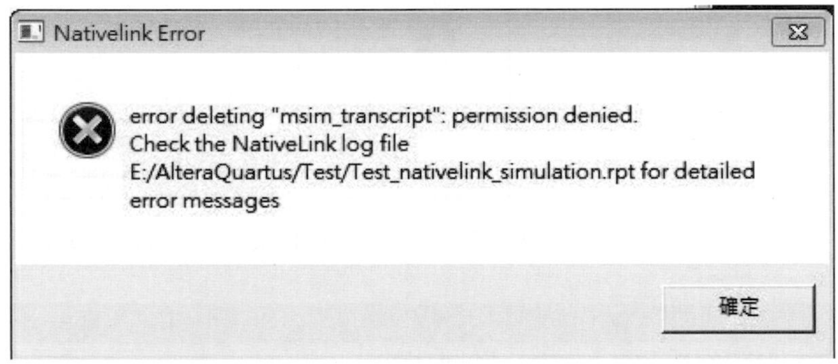

圖 **A.2.19:** 呈現 “Nativelink error” 的視窗

附錄B：Quartus CAD 系統深入主題

在這附錄中，我們論述Quartus CAD系統的一些重要的深入主題，包括：

- 使用HDL測試平台，模擬bdf檔案。
- 使用模擬波形編輯器(Simulation Waveform Editor)，模擬HDL檔案。
- 使用獨立的ModelSim-Altera，執行設計的功能模擬。
- 使用**MegaWizard Plug-In Manager**軟體工具，產生一個巨型函數(megafucntion)或參數化模組庫(library of parameterized modules，LPM)函數模組。

B.1 模擬

如前所述，在Quartus CAD系統中，有兩個普遍使用的設計輸入方法：電路圖與HDL。大致上，使用電路圖輸入方法的設計描述，使用模擬波形編輯器模擬；使用HDL輸入方法的設計描述，則使用測試平台模擬。然而，為了方便，Quartus CAD系統亦允許下列兩種變通方式：

- 使用模擬波形編輯器，執行HDL (輸入) 檔的模擬
- 使用測試平台，執行電路圖(輸入)檔的模擬

B.1.1 使用模擬波形編輯器模擬HDL輸入檔

在Quartus CAD系統中，模擬波形編輯器不僅可以模擬驗證電路(方塊)圖(block-diagram file，bdf)檔案，亦可以模擬與驗證HDL檔。欲使用模擬波形編輯器，模擬與驗證一個HDL檔時，進行下列步驟：

1. 打開一個專案，加入欲模擬的HDL檔。
2. 設定HDL檔為Top-Level Entity，並執行編譯。

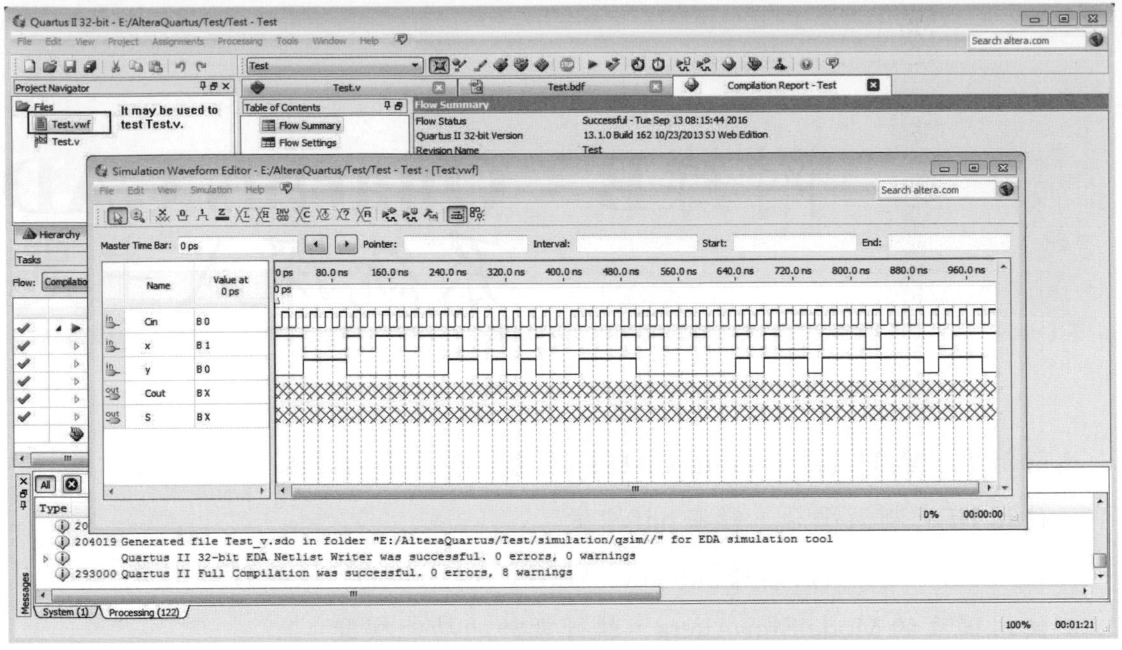

圖 B.1.1: Quartus CAD 系統的模擬波形編輯器

3. 由 Quartus CAD 系統的主視窗中，選取 **File → New**，呼叫模擬波形編輯器，以彈出 **New** 視窗，然後選取 **University Program VWF** (請參考第 A.1.4.2 節)，如圖 B.1.1 所示。
4. 搜尋與加入輸入與輸出信號。適當地設定輸入信號的值。
5. 執行功能與時序模擬。觀察與驗證其結果是否正確。

B.1.2 使用測試平台模擬電路圖 (BDF) 輸入檔

與其它 CAD 系統一樣，Quartus CAD 系統亦提供使用 HDL 測試平台，執行電路圖 (bdf) (輸入) 檔的模擬方法。欲執行此功能，電路圖 (bdf) 檔必須先轉換為等效的 HDL 檔，然後使用與 HDL 輸入方法相同的程序，執行模擬。更詳細地說，進行下列程序：

1. 打開一個專案，並加入欲模擬的電路圖 (bdf) 檔。
2. 由主視窗中，選取 **File → Create/Update → Create HDL Design File from Current File...**，轉換 bdf 檔為 HDL 檔，如圖 B.1.2 所示。
3. 將產生的 HDL (.v) 檔加入專案中。
4. 自專案中，移除原來的 bdf 檔 (在一個專案中，不能同時存在兩個模組名稱相同的設計實體)。

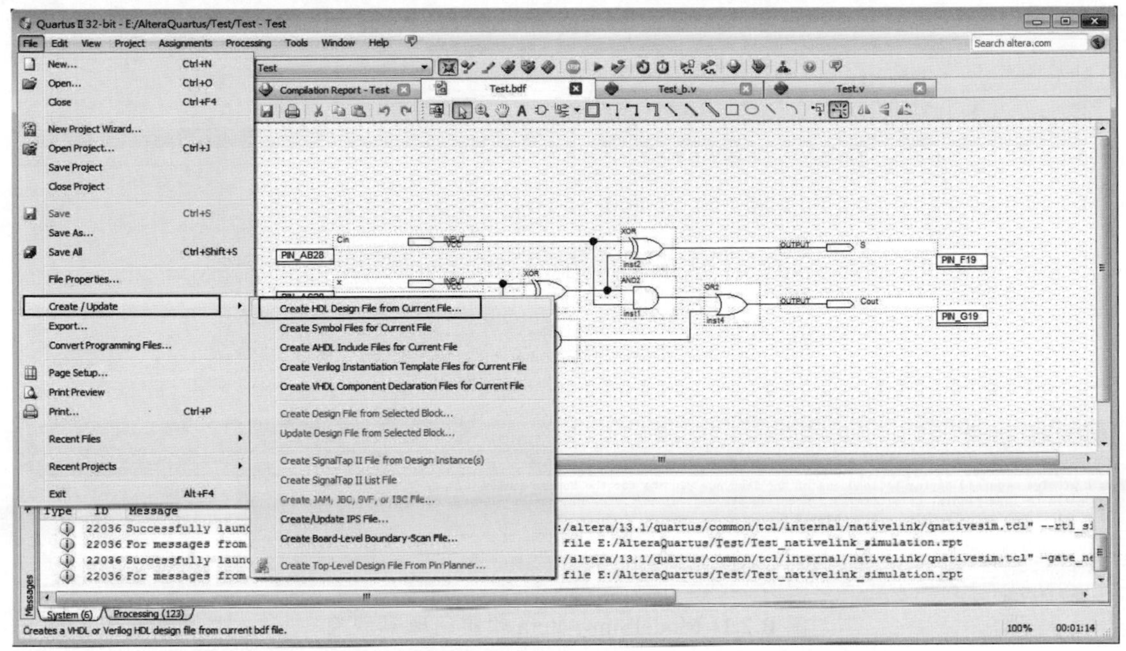

圖 B.1.2: 呈現轉換 bdf 檔為 HDL 設計檔的視窗

5. 適當地設定 "Simulation" 設定頁 (參考第 A.2.2.2 節)。
6. 編譯產生的 HDL 檔。
7. 執行 RTL 與邏輯閘層次模擬。觀察與驗證其結果是否正確。

B.2 ModelSim-Altera 設計模擬

在本節中，我們說明如何在獨立的 ModelSim-Altera (或 ModelSim) 軟體中，使用 HDL 輸入方法，模擬與驗證輸入的設計之功能與時序。欲完成此動作，進行下列程序：

1. 產生一個新專案。
2. 產生一個新來源檔 (source file)，或加入一個現存檔案。
3. 編譯來源檔。
4. 模擬編譯後的檔案。

B.2.1 開啟新專案

欲開啟一個新專案，進行下列步驟：

1. 由安裝的檔案夾中，啟動 ModelSim-Altera (或 ModelSim) 軟體，開啟一個新視窗，如圖 B.2.1 所示。

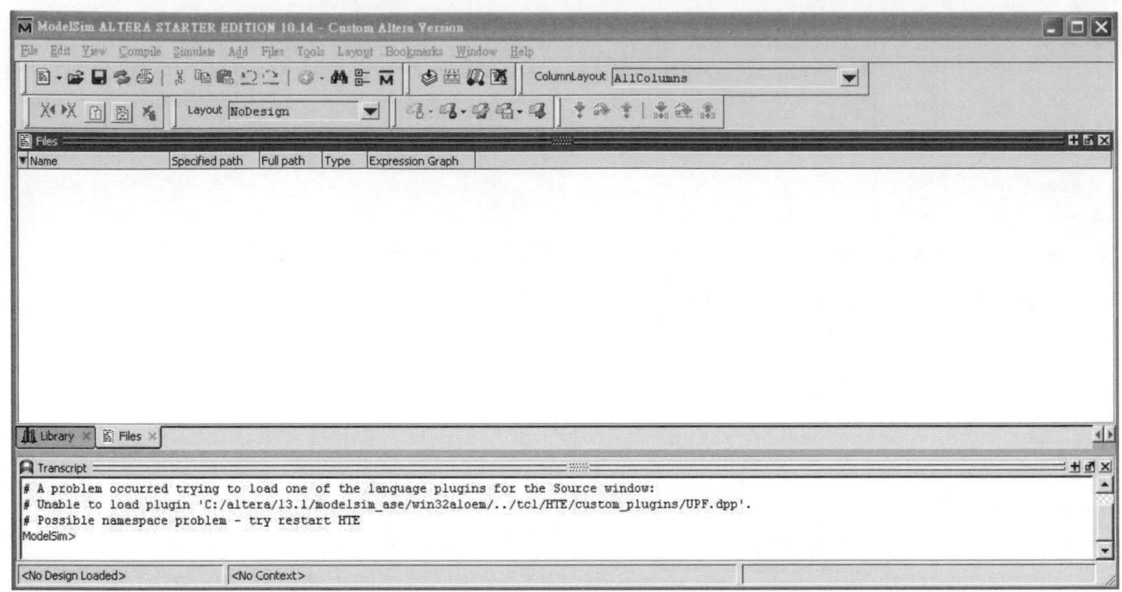

圖 B.2.1: ModelSim-Altera 軟體的啟始視窗

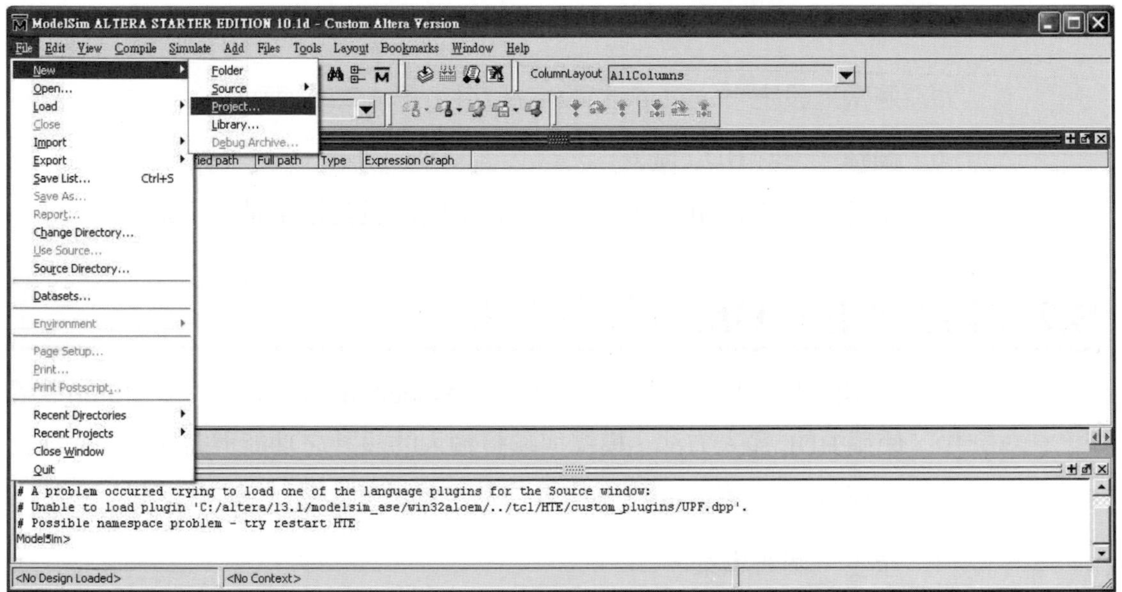

圖 B.2.2: 顯示產生新專案的視窗

2. 選取 **File → New → Project**，產生一個新專案 (*Test.mpf*)，如圖 B.2.2 的說明。之後，彈出一個 **Create Project** 視窗，如圖 B.2.3 所示。
3. 在 **Create Project** 視窗中，填入專案名稱與位置，然後選取 "OK"，關閉視窗。

B.2.1.1 開啟新來源檔 欲開啟一個新來源檔，進行下列程序：

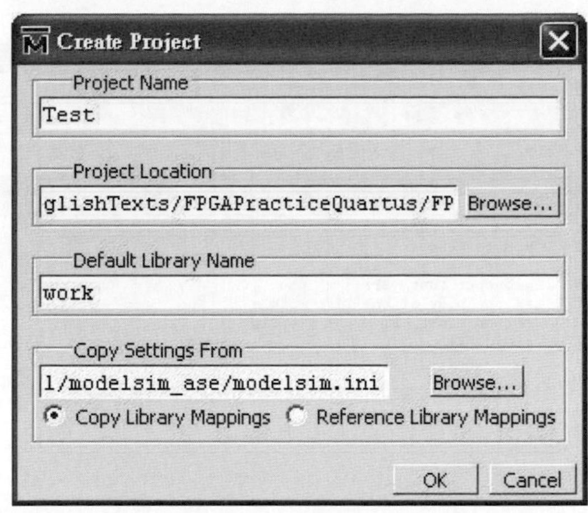

圖 **B.2.3: Create Project** 視窗

1. 選取 **File** → **New** → **Source** → **Verilog**，產生一個新的 Verilog HDL 檔，如圖 B.2.4 所示。
2. 使用文自編輯器，編輯來源檔。文字編輯器的一瞥如圖 B.2.5 所示。
3. 儲存來源檔，如圖 B.2.6 所示。最好能時常儲存在編輯中的檔案，以防止不可預測的異常事件發生，造成編輯中檔案的資料遺失。

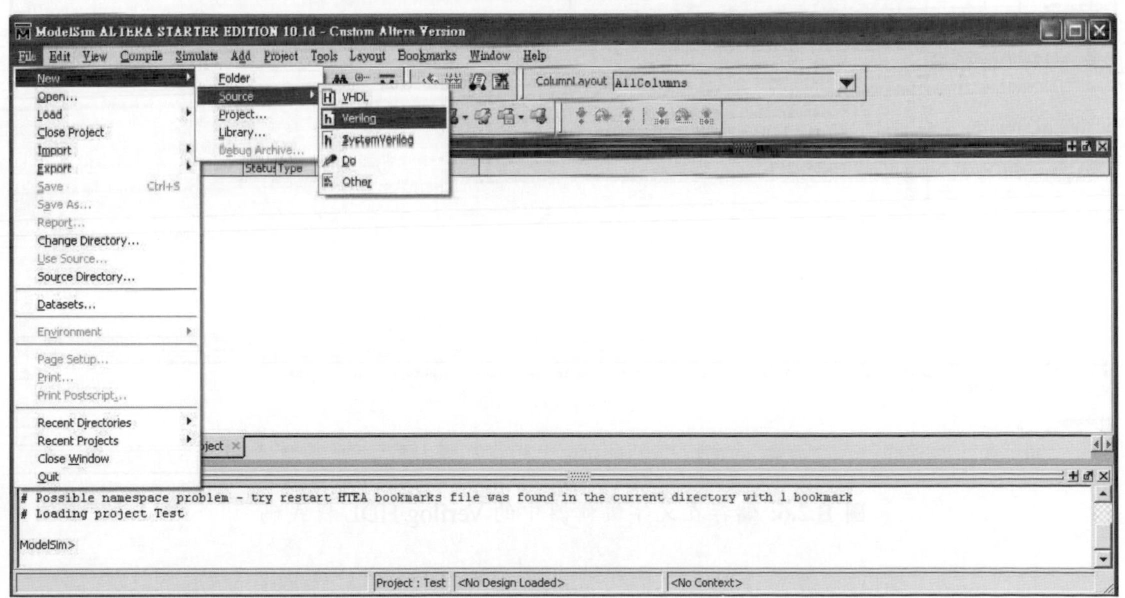

圖 B.2.4: 呈現如何產生新的 Verilog HDL 檔的視窗

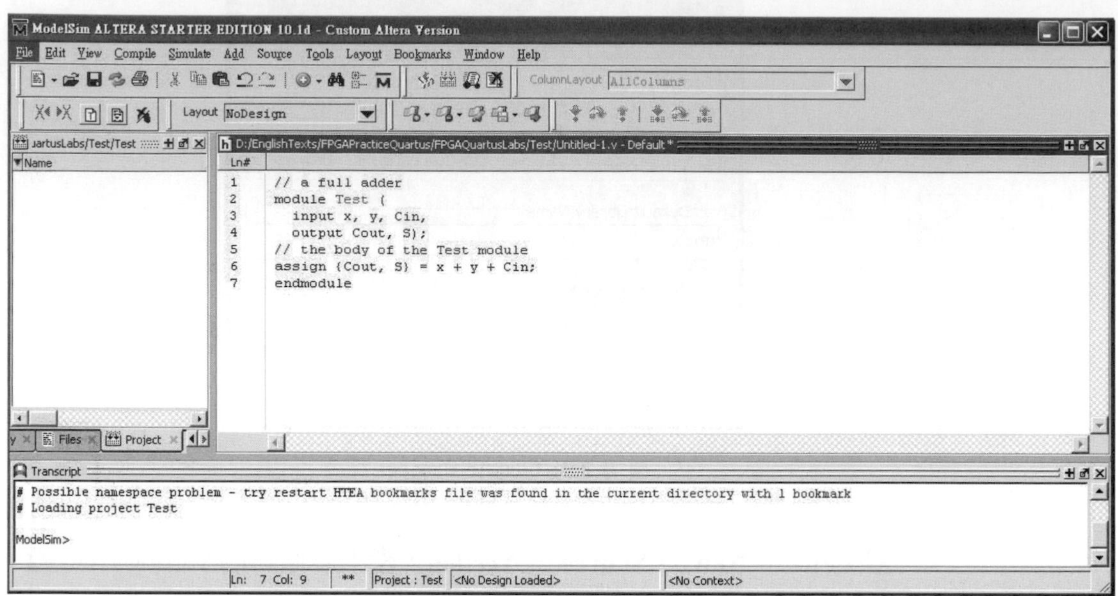

圖 **B.2.5:** 輸入 Verilog HDL 程式碼於文字編輯器中

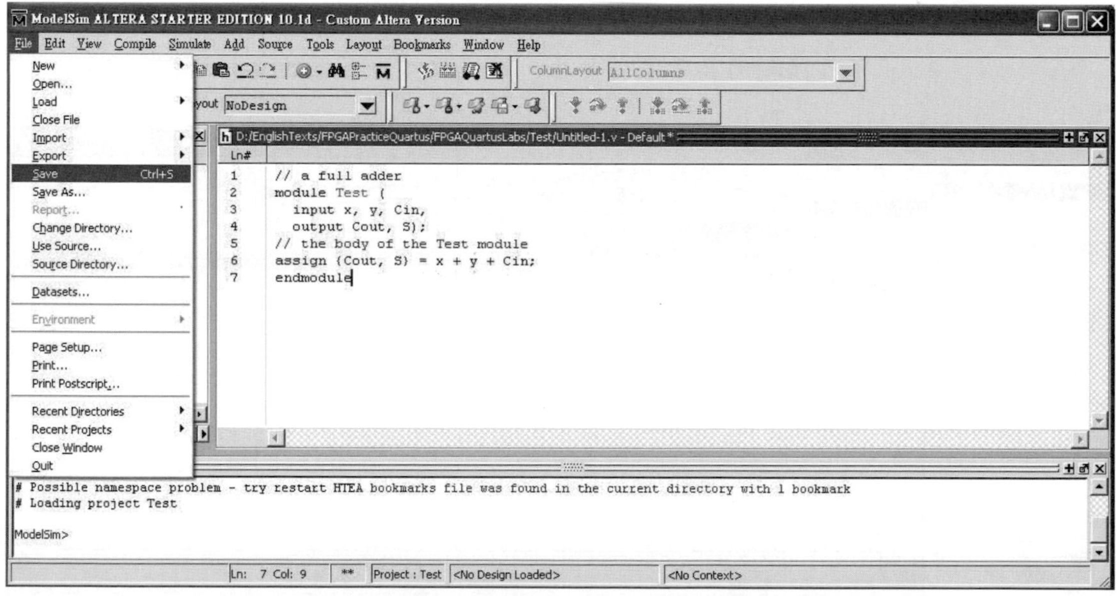

圖 **B.2.6:** 儲存在文字編輯器中的 Verilog HDL 程式碼

B.2.1.2 加入現存檔 專案的來源檔亦可以由其它文字編輯器輸入後，再加到專案中。欲加入一個來源檔到專案中，將滑鼠游標指到專案工作區，按下滑鼠右鍵，選取 **Add to Project → Existing File...**，如圖 B.2.7 所示。

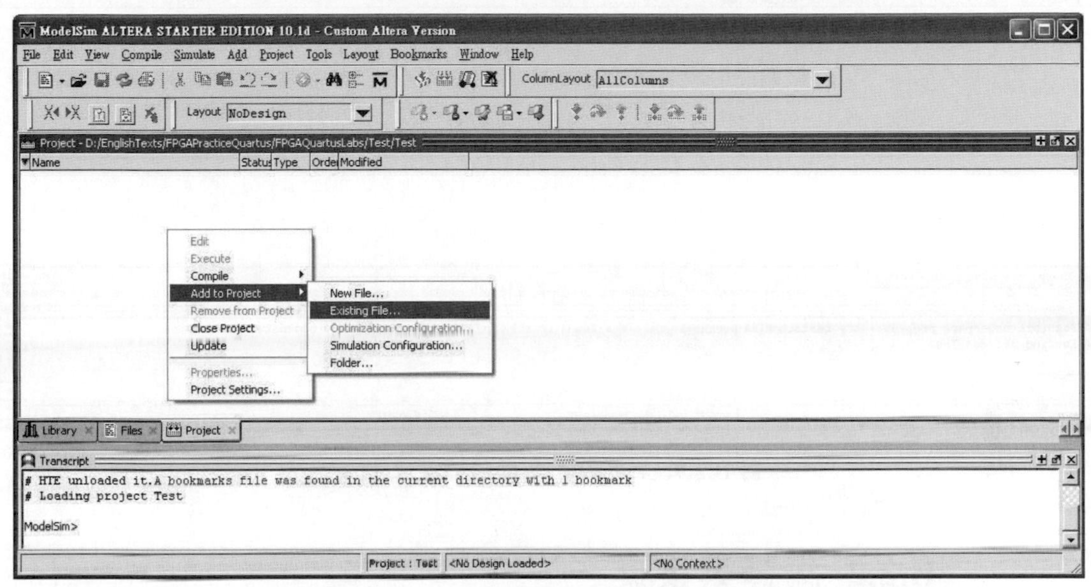

圖 B.2.7: 在目前專案中，加入現存檔案

在彈出的 **Add file to Project** 視窗，如圖 B.2.8 所示，瀏覽檔案系統，找到希望加入的檔案，然後選取“OK”。關閉該視窗。

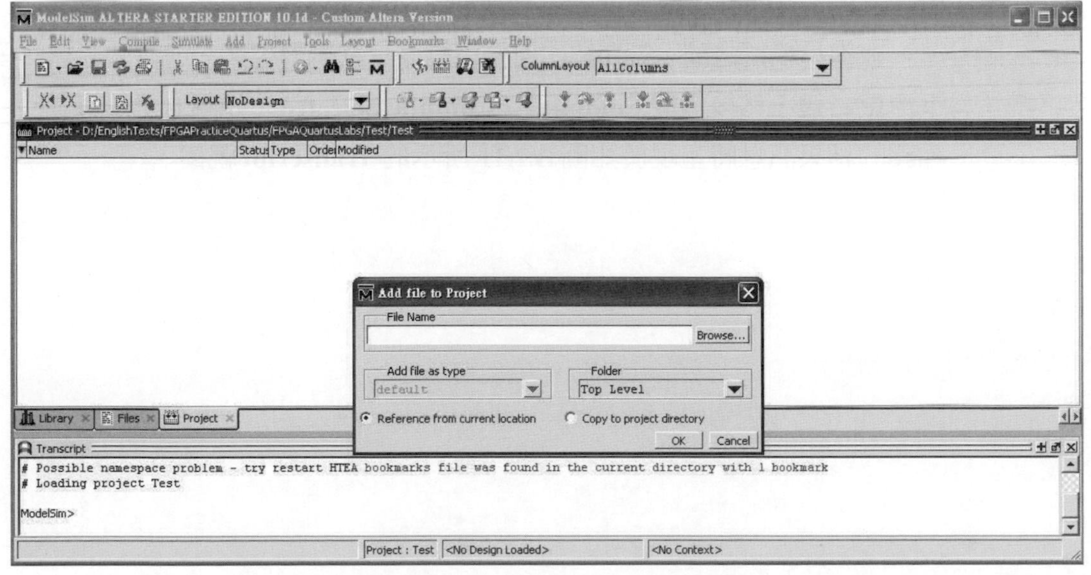

圖 B.2.8: Add file to Project 視窗

加入專案的現存檔案將顯示在專案視窗中，如圖 B.2.9 所呈現。

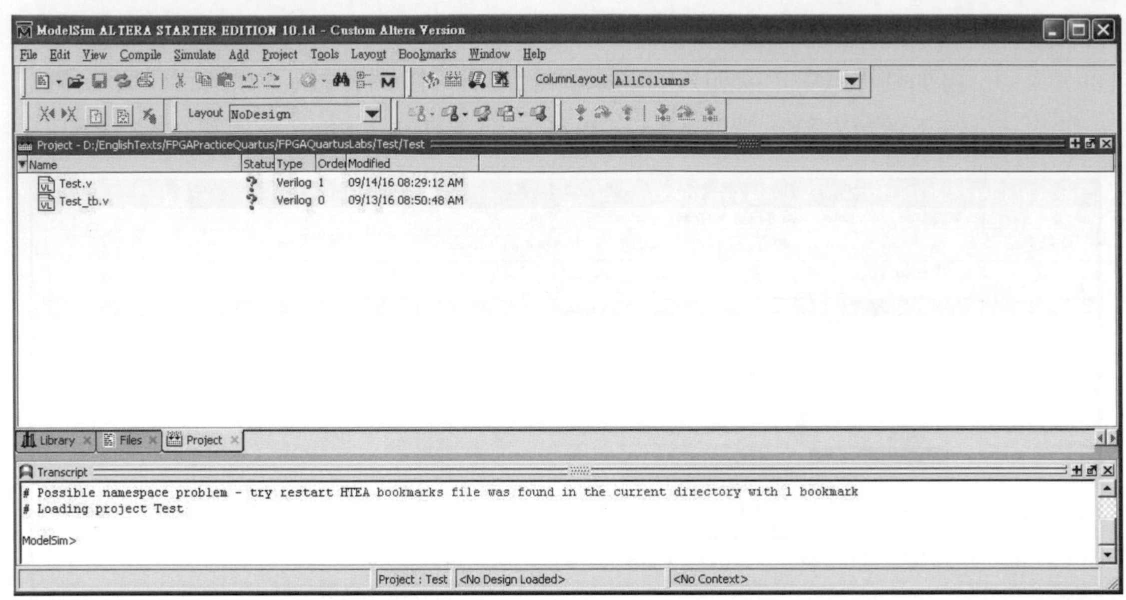

圖 B.2.9: 呈現加入專案的檔案之視窗

B.2.2 編譯與模擬

在使用 HDL 輸入方式，輸入一個設計 (描述) 之後，其次的步驟為編譯輸入的設計，然後執行 RTL (功能) 與邏輯閘層次 (時序) 模擬，以驗證設計的功能 (functionality) 與時序 (timing) 的正確性。在本節中，我們分成兩部分處理：RTL (功能) 模擬與邏輯閘層次 (時序) 模擬。

在進行模擬之前，先介紹如何編譯檔案。欲編譯檔案，選取來源檔，按下滑鼠右鍵，然後選取 **Compile → Compile Selected**，如圖 B.2.10 所說明。編譯的結果訊息將呈現於如圖 B.2.11 所示的 **Transcript** 視窗。

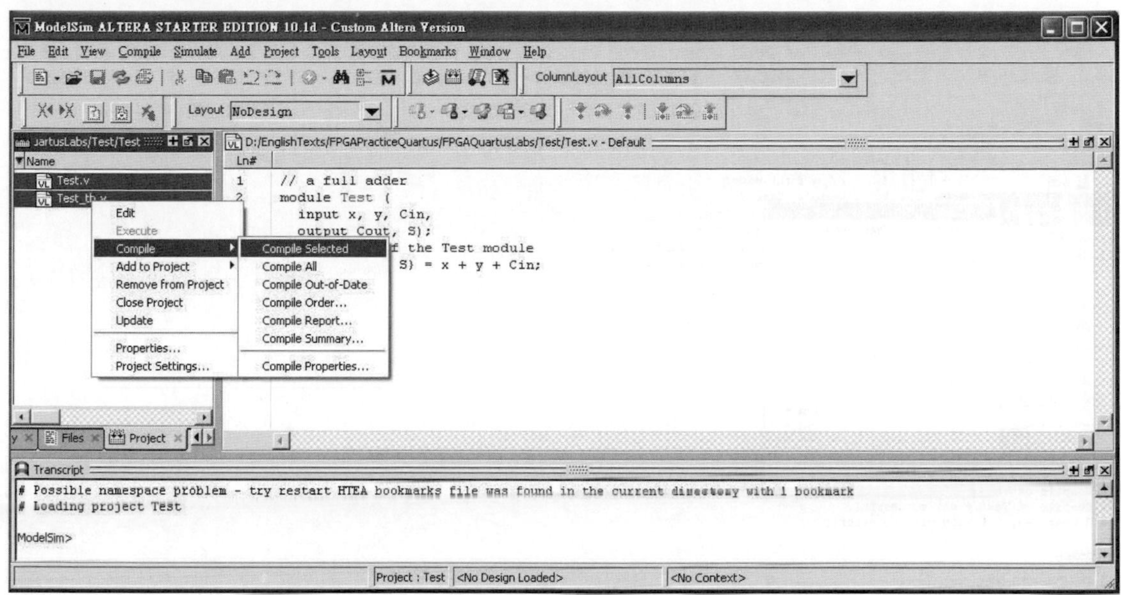

圖 B.2.10: 呈現如何編譯選取檔案的視窗

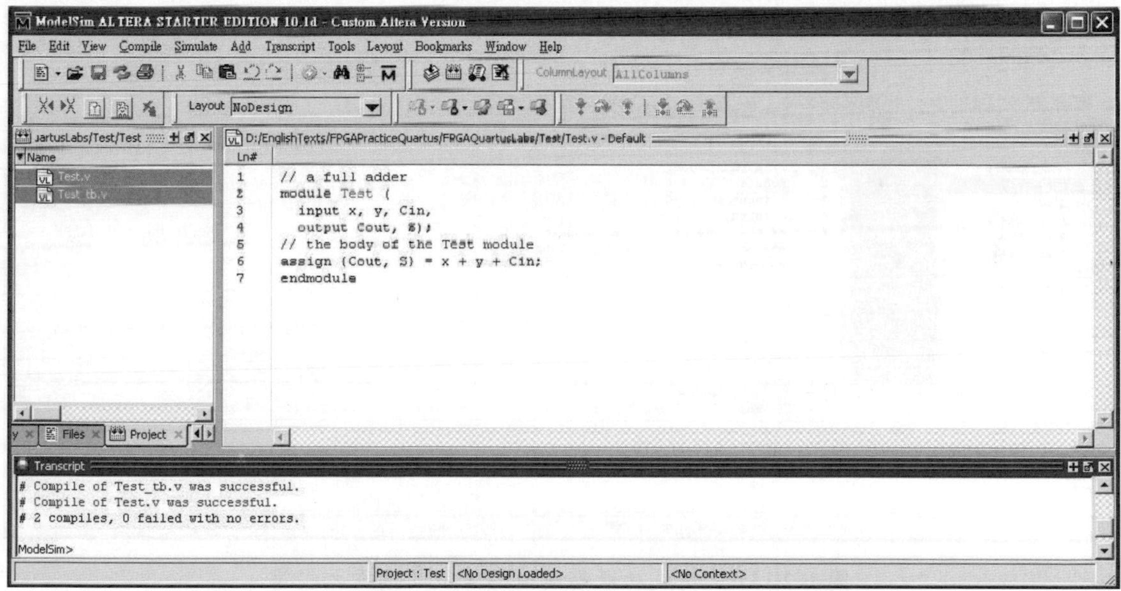

圖 B.2.11: 呈現編譯結果訊息的視窗

B.2.2.1 RTL 模擬 使用獨立的 Modelsim-Altera，執行 RTL 模擬時，需要下列檔案：

1. 測試平台 (*Test_tb.v*)：可以放置在任何檔案夾中，但是需要加入專案中。
2. 設計描述檔（*Test.v*)：可以放置在任何檔案夾中，但是需要加入專案中。

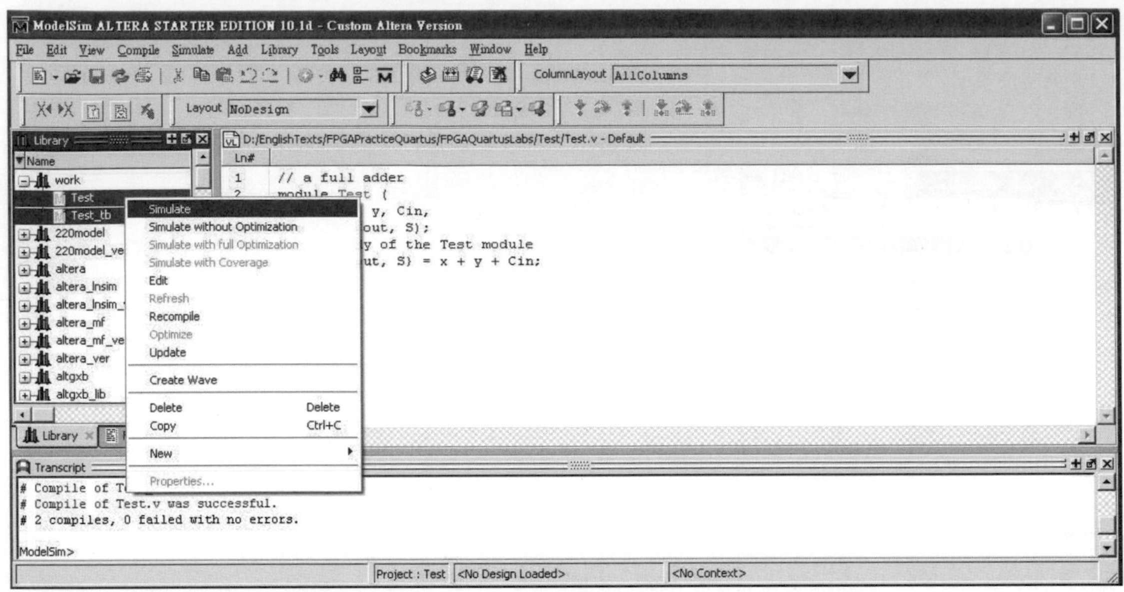

圖 B.2.12: 呈現如何啟動模擬編譯後的檔案之視窗

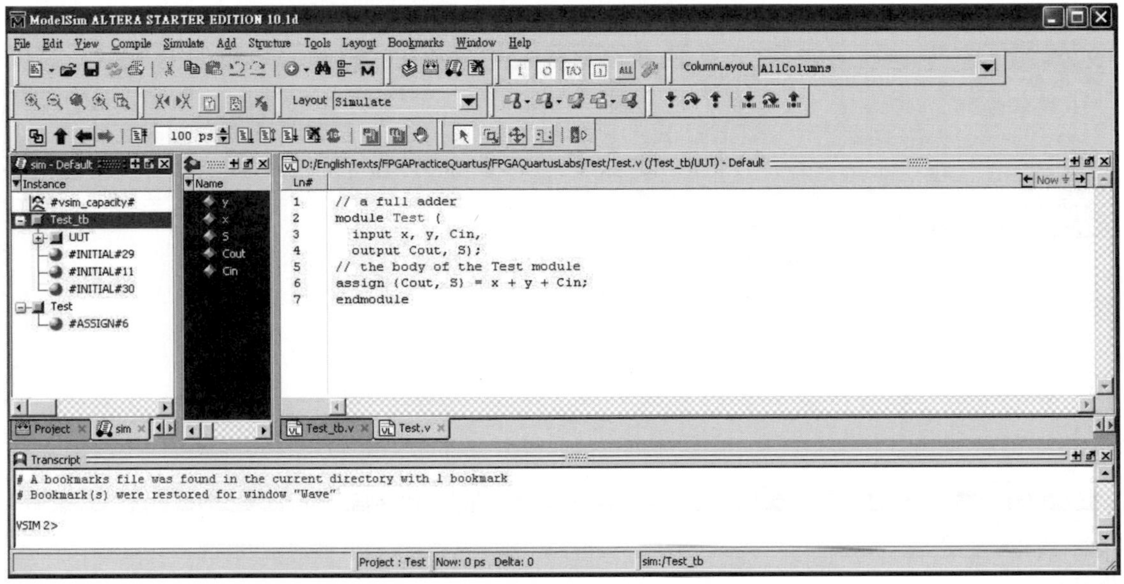

圖 B.2.13: 呈現成功啟動模擬編譯後的檔案之視窗

欲執行 RTL 模擬時，進行下列步驟：

1. 編譯 *Test_tb.v* 與 *Test.v* 兩個檔案。
2. 開啟 **Library** → **Work** 目錄，選取編譯後，產生的模組 *Test_tb* 與 *Test*，並按下滑鼠右鍵，選取 **Simulate**，如圖 B.2.12 所示。在成功啟動模擬之後，一個類似圖 B.2.13 的視窗將出現。
3. 標示欲選取的信號，指到選取的信號，並按下滑鼠右鍵，選取 **Add to**

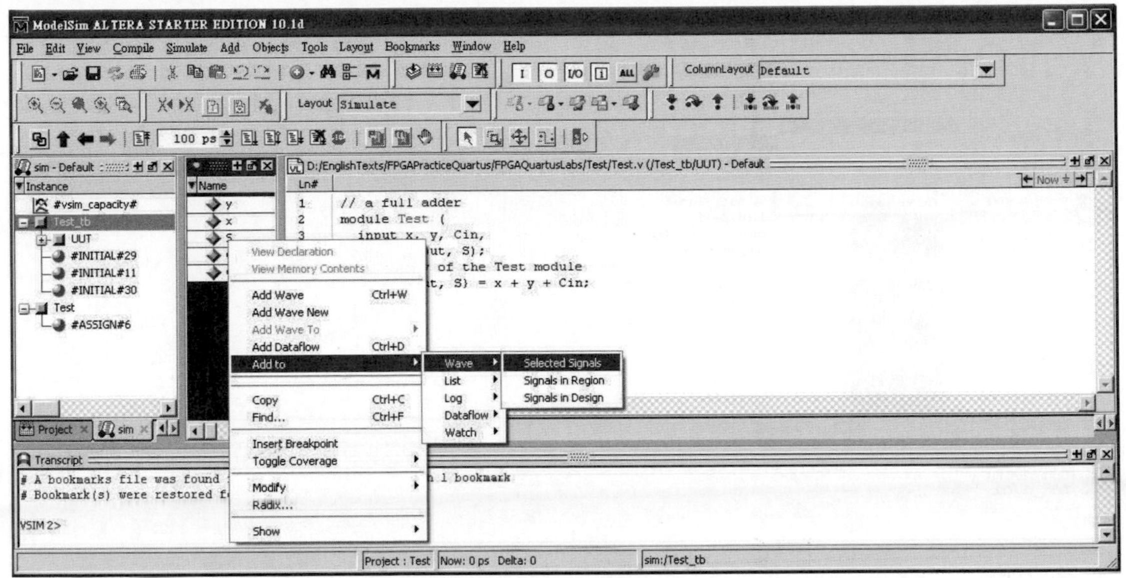

圖 B.2.14: 呈現如何在 **Wave** 視窗中，加入信號的視窗

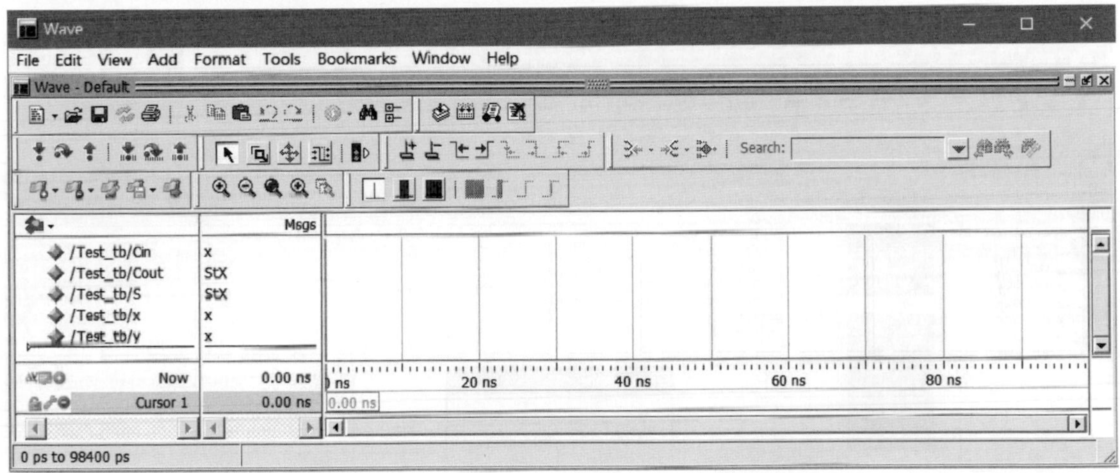

圖 B.2.15: 包含欲觀察信號的 **Wave** 視窗

→ **Wave** → **Selected Signals**，如圖 B.2.14 所示。圖 B.2.15 的 **Wave** 視窗，顯示欲觀察的信號。

4. 選取 **Simulate** → **Run** → **Run -all**，執行模擬，如圖 B.2.16 所示。在模擬完成後，會彈出一個如圖 B.2.17 所示的視窗，尋問是否"希望完成"，選取"NO"；否則，**Wave** 視窗將離開而消失，而無法觀測模擬的結果。

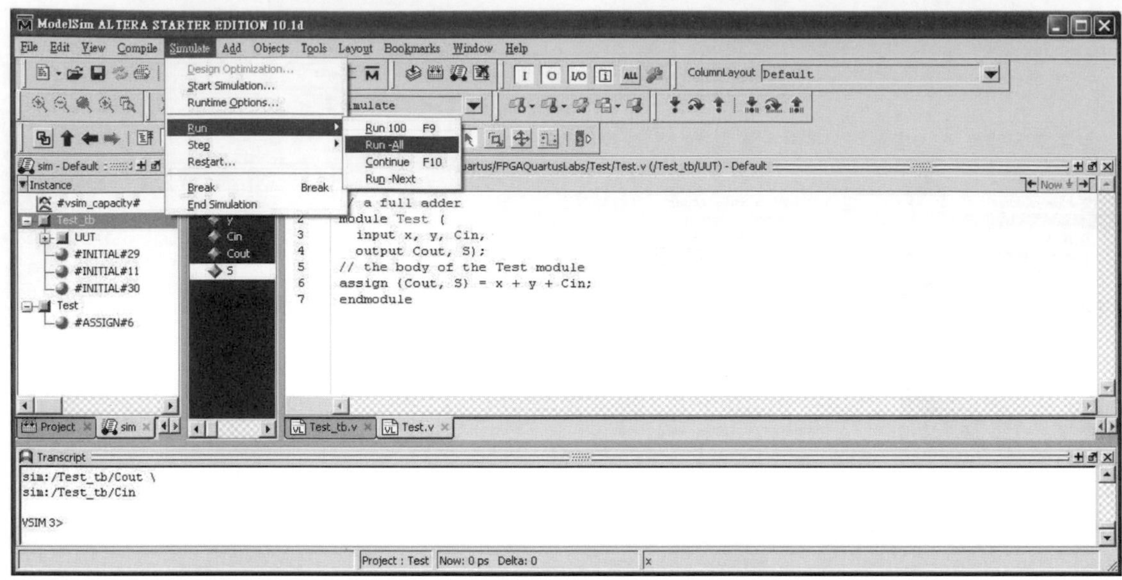

圖 B.2.16: 顯示如何啟動模擬的視窗

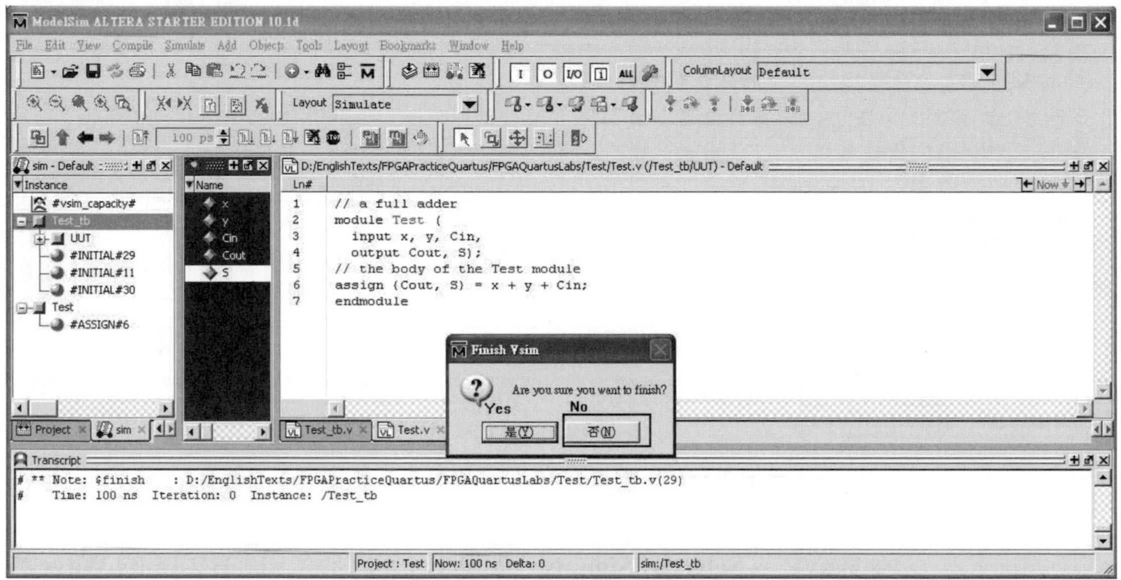

圖 B.2.17: 顯示成功模擬的視窗

圖 B.2.18 的 **Wave** 視窗，顯示模擬結果。欲觀測信號之間的正確關係，可以將信號縮小 (zoom out 或 shrink)。適當縮小後，可以看到的波形，呈現於圖 B.2.19 中。

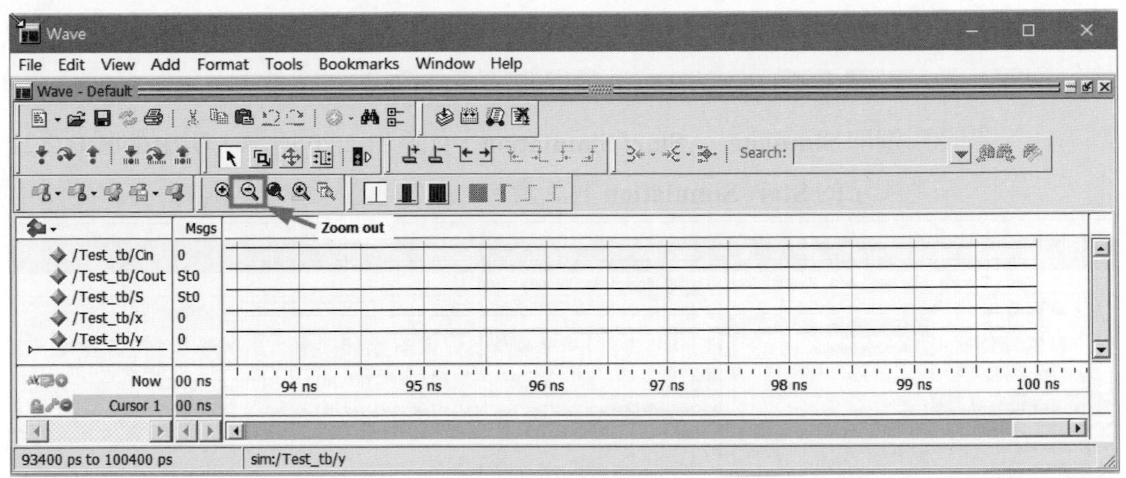

圖 **B.2.18:** 模擬結果的波形

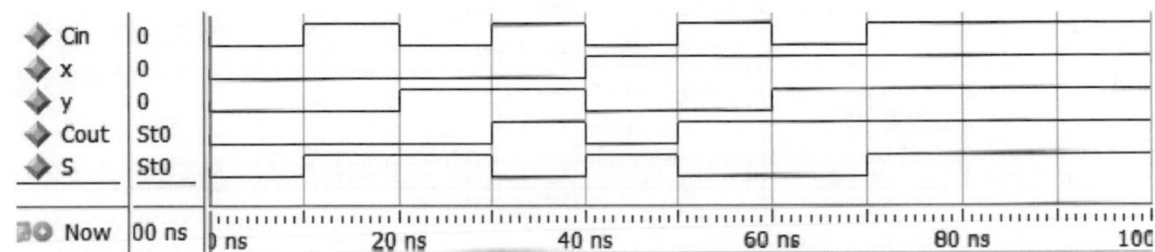

圖 **B.2.19:** 縮小的 RTL 模擬結果的波形

B.2.2.2　邏輯閘層次(時序)模擬　使用獨立的Modelsim-Altera，執行邏輯閘層次 (時序) 模擬時，需要下列檔案：

1. 測試平台 (*Test_tb.v*)：可以放置在任何檔案夾中。
2. 合成後的 netlist 檔（*Test_HDL.vo*)：因為 Quartus CAD 系統中的專案名稱為 *Test_HDL*，所以產生的檔案名稱冠以 Test_HDL。
3. 標準延遲檔 (*Test_HDL_v.sdo*)：必須置放於 Modelsim-Altera 的專案檔案夾中。此檔將在載入編譯後的 *Test_HDL.vo* 檔時，自動載入模擬環境中。
4. 元件族系的模擬函數庫：因為使用 Cyclone IV E 元件族系，所以選擇 *cycloneive* 函數庫。

其中合成後的 netlist 檔（*Test_HDL.vo*) 與標準延遲檔 (*Test_HDL_v.sdo*)，係由 Quartus CAD 系統，對 *Test.v* (全加器) 合成後，自動產生的兩個與時序模擬相關的輸出。

欲執行時序模擬時，進行下列步驟：

1. 將 *Test_HDL.vo* 加入 Modelsim-Altera 的專案中。

2. 編譯來源 (*Test_HDL.vo*) 檔與測試平台 (*Test_tb.v*) 檔。

3. 選取 **Simulate → Start Simulation**，如圖 B.2.20 所示，叫出如圖 B.2.21 所示的 **Start Simulation** 對話盒。

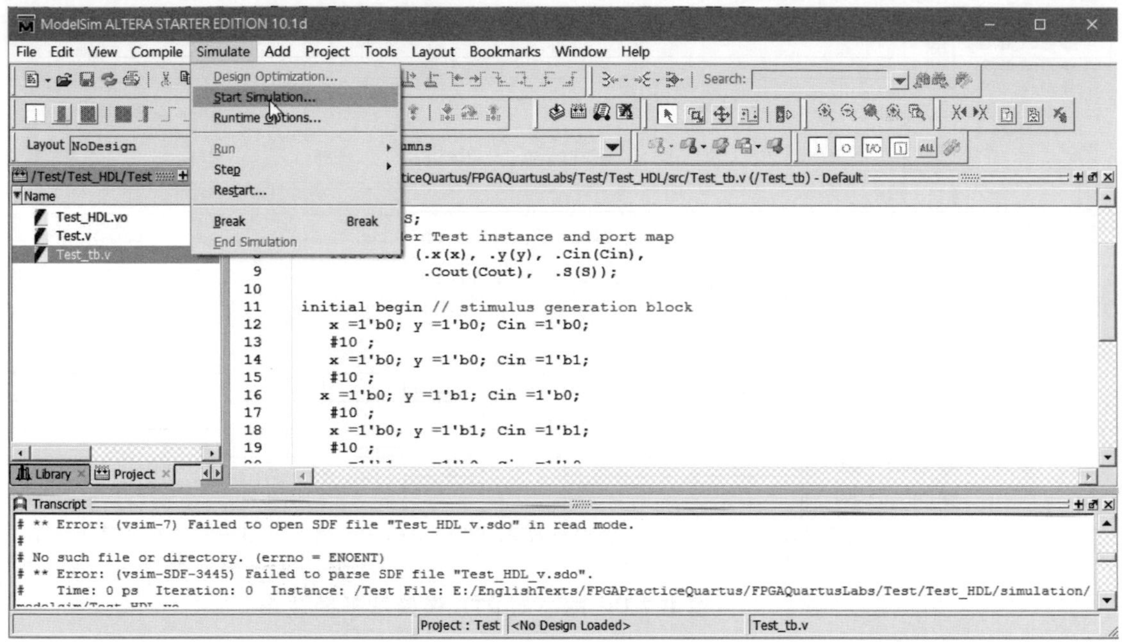

圖 B.2.20: 使用獨立的 Modelsim-Altera 模擬器，執行時序模擬

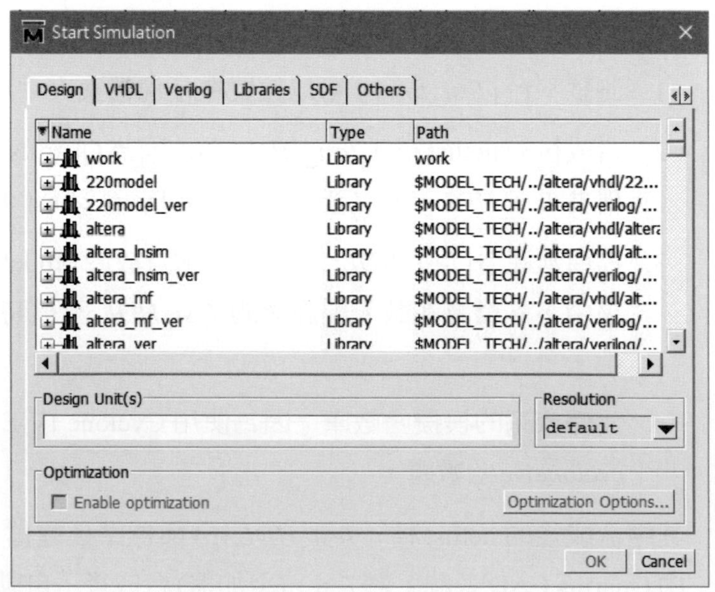

圖 B.2.21: Start Simulation 對話盒

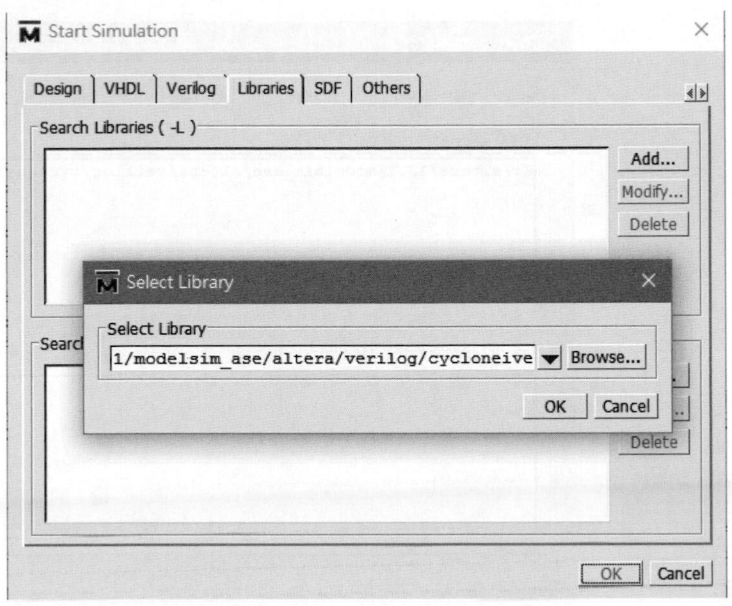

圖 **B.2.22:** 瀏覽 “cycloneive” 函數庫

4. 由 **Start Simulation** 對話盒中，選取 “Libraries”，然後單擊 “Add” 按鈕。彈出 **Select Library** 對話盒中，如圖 B.2.22 所示。
5. 選取 “Browse”，瀏覽 *cycloneive* 函數庫的檔案夾位置，位於 Quartus CAD 系統安裝檔案夾內，即 C:/altera/13.1/modelsim_ase/altera/verilog/cycloneive 檔案夾，如圖 B.2.22 所示。選取 “OK”。結果的視窗顯示 *cycloneive* 函數庫已經加入，如圖 B.2.23 所示。
6. 由 **Start Simulation** 視窗中，選取 “Design” 功能，然後選取 **work** → *Test_tb*。按下 “OK”，如圖 B.2.24 所示。
7. 標示欲加入的信號，選取 **Add to** → **Wave** → **Selected Signals**，如圖 B.2.14 所示。
8. 選取 **Simulate** → **Run** → **Run -all**，如圖 B.2.16 所示。

圖 B.2.25 顯示時序模擬的結果。比較圖 B.2.19 與圖 B.2.25 的波形，可以得知兩者之差異。

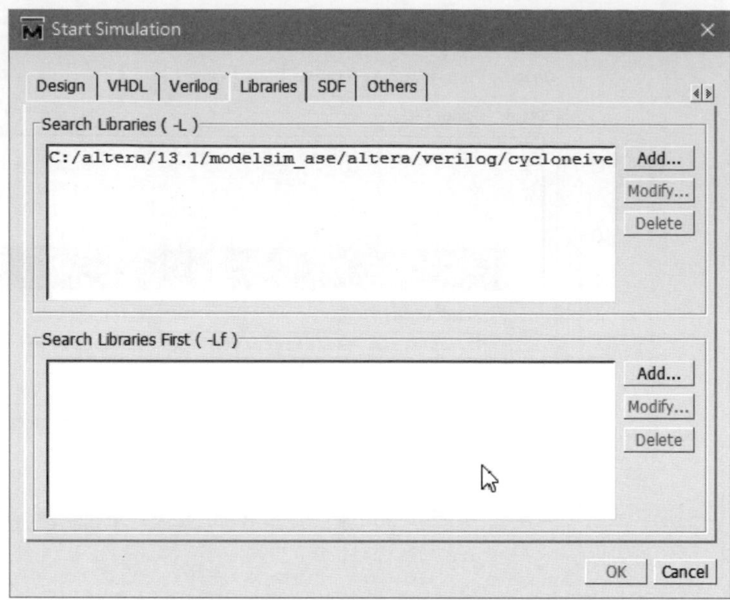

圖 B.2.23: 加入 “cycloneive” 函數庫

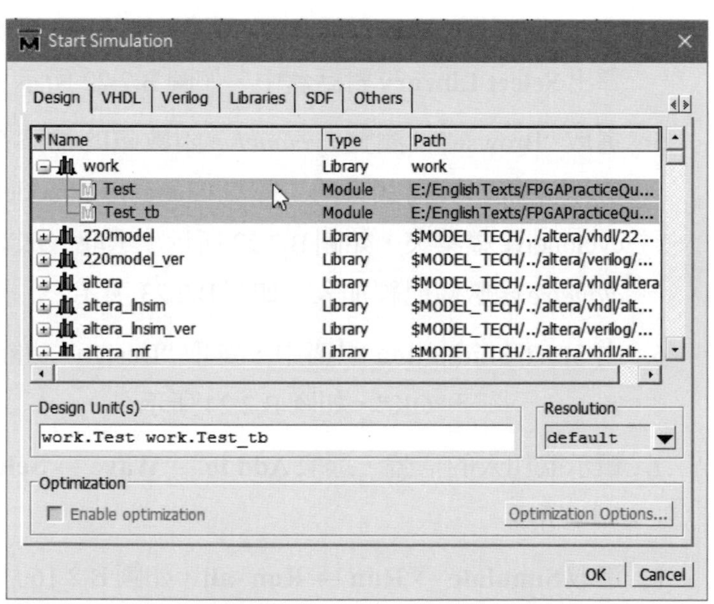

圖 B.2.24: 選啟測試平台，啟動時序模擬

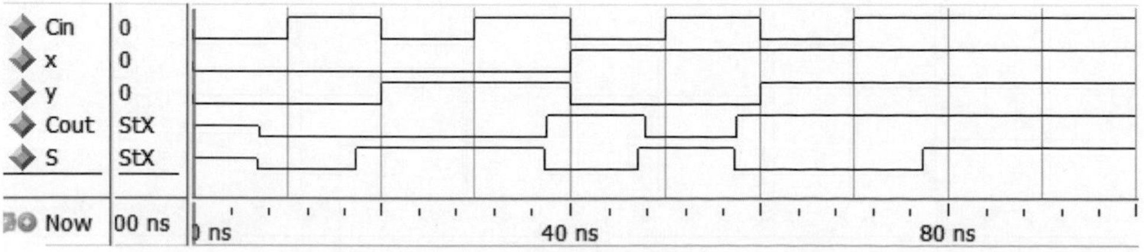

圖 B.2.25: 縮小的時序模擬結果的波形

B.3 開啟巨型函數或 LPM

Quartus CAD 系統提供各式各樣的巨型函數 (megafunction)，包含參數化模組庫 (library of parameterized modules，LPM) 函數與其它參數化函數模組。其中，LPM 為一個與技術無關的邏輯函數庫，以達到可擴展性 (scalability) 與適應性 (adaptability)。Quartus CAD 系統的編譯器包含使用在電路圖、AHDL、VHDL、Verilog HDL 與 EDIF 輸入檔的內建支援。

Quartus CAD 系統的巨型函數可以分成下列類別：

- 算數巨型函數 (arithmetic megafunctions)
- 通信巨型函數 (communication megafunctions)
- DSP 巨型函數 (DSP megafunctions)
- 邏輯閘巨型函數 (gates megafunctions)
- I/O 巨型函數 (I/O megafunctions)
- 界面巨型函數 (Interface megafunctions)
- JTAG-存取擴充巨型函數 (JTAG-accesible extensions megafunctions)
- 記憶器巨型函數 (memory megafunctions)
- PLL 巨型函數 (PLL megafunctions)

其次，我們以 RAM 模組為例，說明如何在一個設計描述中，引用巨型函數。

B.3.1 開啟巨型函數

欲在一個設計描述中，產生、編輯與複製一個現存的巨型函數，可以使用 **MegaWizard© Plug-In Manager** 工具。為了說明此工具的功能與使用方法，下列考慮如何引用一個 2 埠 RAM 模組。

B.3.1.1 產生 2 埠 RAM 欲引用一個 32 位元組的 2 埠 RAM 模組，進行下列程序：

1. 開啟 **MegaWizard Plug-In Manager** 工具
2. 確認想使用 **MegaWizard** 做什麼
3. 指定使用哪一個的 **MegaWizard**
4. 設定欲產生模組的參數

5. 指示模擬時涉及的巨型函數庫 (例如 *altera_mf*)

6. 產生選取的檔案

步驟 1：開啟 MegaWizard Plug-In Manager 自主視窗中，選取 **Tools → MegaWizard Plug-In Manager**，如圖 B.3.1 所示。

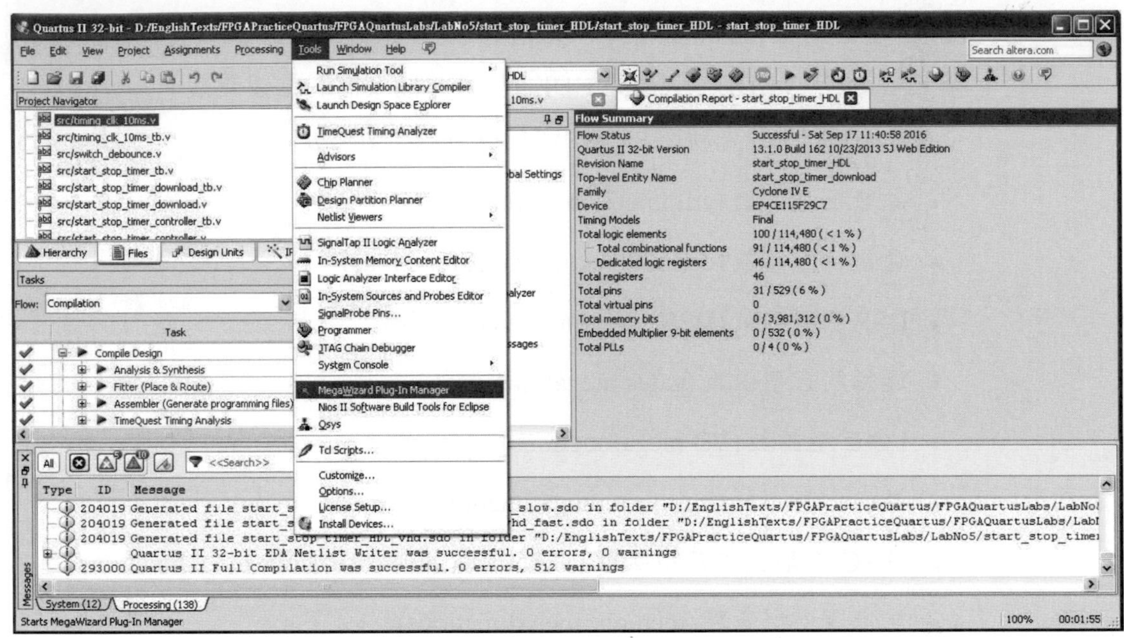

圖 B.3.1: 呼叫 MegaWizard Plug-In Manager 工具

步驟 2：確認想使用 MegaWizard 做什麼　圖 B.3.2 呈現 **MegaWizard Plug-In Manager** 的第一頁，它確認想使用 **MegaWizard** 做什麼：

- 產生一個客制化巨型函數
- 編輯一個客制化巨型函數
- 複製一個客制化巨型函數

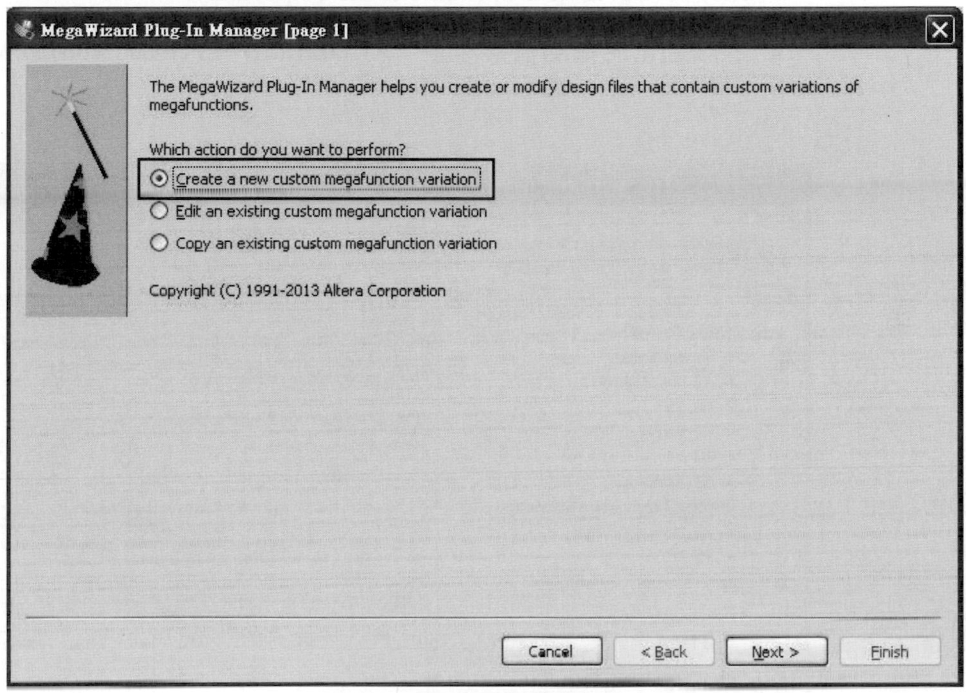

圖 B.3.2: 確認想使用 **MegaWizard** 做什麼

步驟 3：指定使用哪一個 MegaWizard 在此步驟中，如圖 B.3.3 所示，需要

- 指定使用哪一個 **MegaWizard**。在目前的例子中，選取 **Memory Compiler**。
- 指定使用的元件族系 (device family)、產生的輸出檔案類型 (type of output file) 與輸出檔案名稱 (name of the output file)。
- 選取適當的輸出檔案類型：AHDL (.tdf)、VHDL (.vhd) 或 Verilog HDL (.v)。

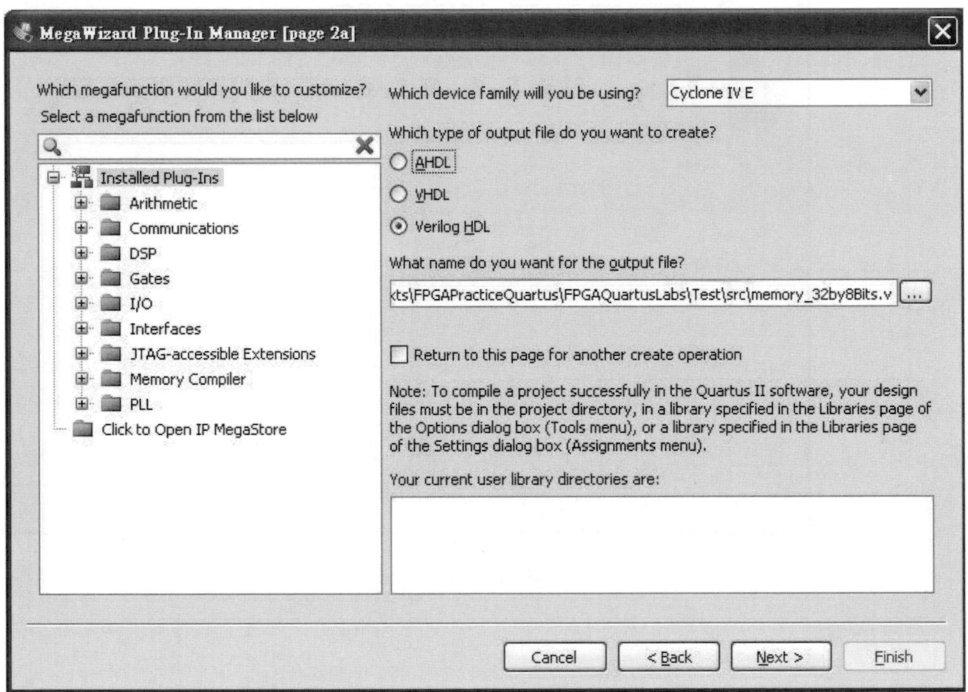

圖 B.3.3: 指定使用哪一個 **MegaWizard**

☞ 記憶器編譯器 (Memory Compiler) 可以產生：RAM: 1-PORT、RAM: 2-PORT、RAM: 3-PORT 與其它。

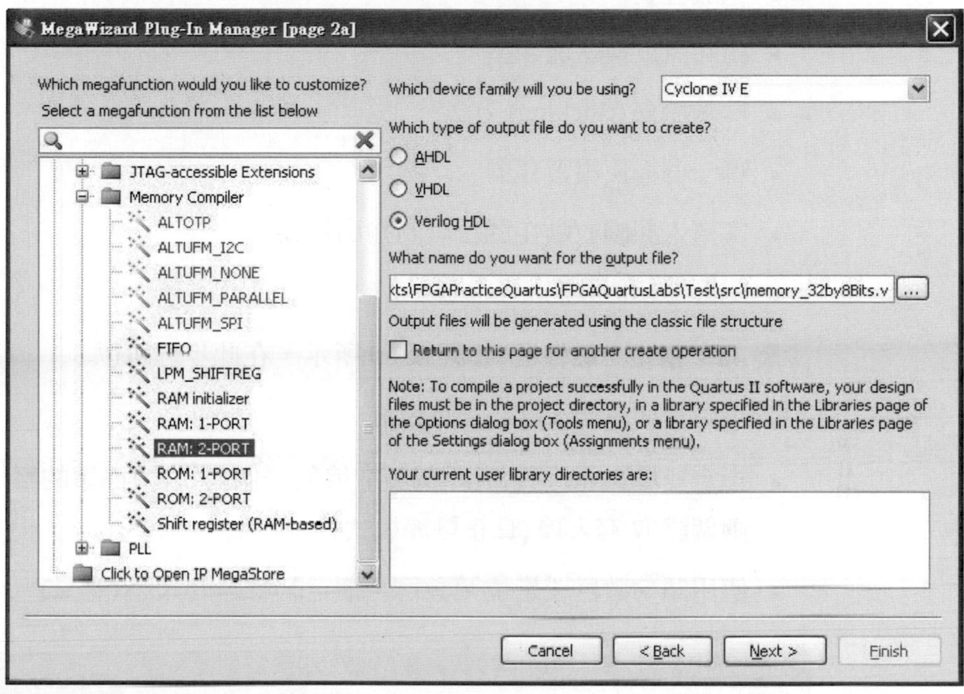

圖 B.3.4: 選取適當的記憶器類型 (RAM: 2-port)

步驟 4：設定參數 在此步驟中，設定欲產生的記憶器模組的參數。這些參數指定

- 一般性質
- 語句寬度與區塊類型
- 時脈驅動 (clocking) 方法
- 哪一個埠使用暫存器
- 當寫入與讀取動作混合時的輸出行為
- 記憶器初值設定

步驟 4a：指定一般性質 如圖 B.3.5 所示，在此步驟可以

- 指定欲使用的 Altera 元件族系。
- 指定雙埠 RAM 是否有一個讀取埠與一個寫入埠 (簡單的雙埠模式)，或兩個讀取/寫入埠 (真正雙埠模式)。
- 使用語句數目或是位元數目，指定記憶器的大小 (容量)。

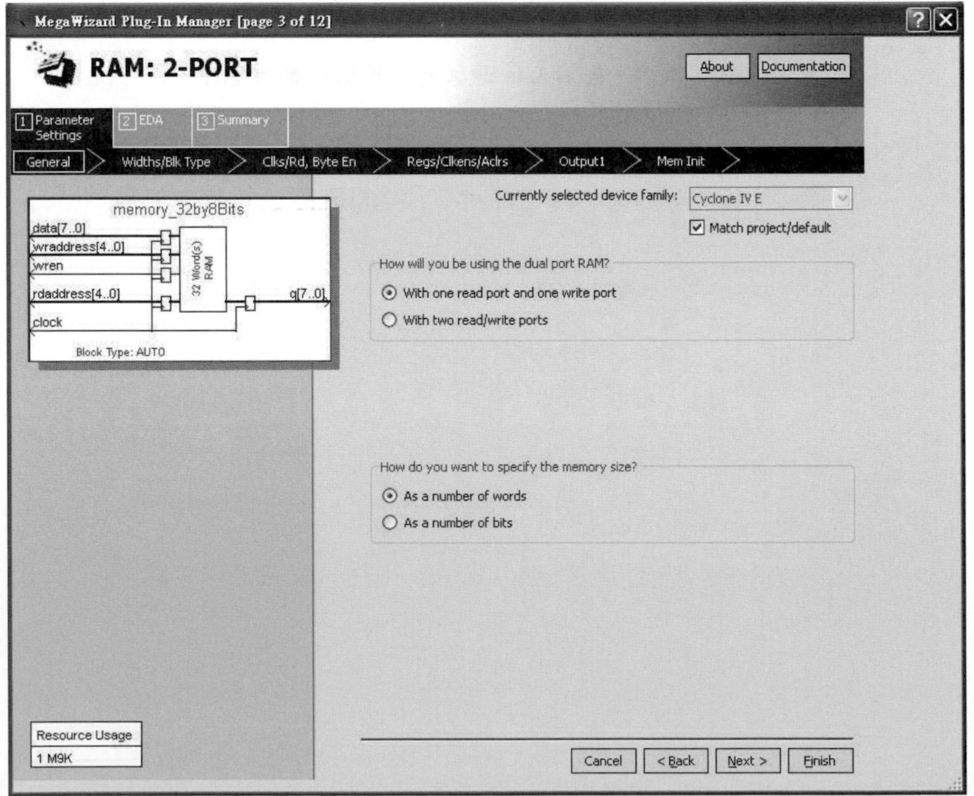

圖 B.3.5: 指定雙埠記憶器的一般性質

步驟 4b：指定語句寬度與區塊類型 如圖 B.3.6 所示，在此步驟，可以

- 指定 8 位元語句的數目。注意未列於拉下清單 (drop-down list) 中的數目，可以使用手動方式輸入。
- 指定資料輸入與輸出匯流排的寬度
- 指定 RAM 區塊類型

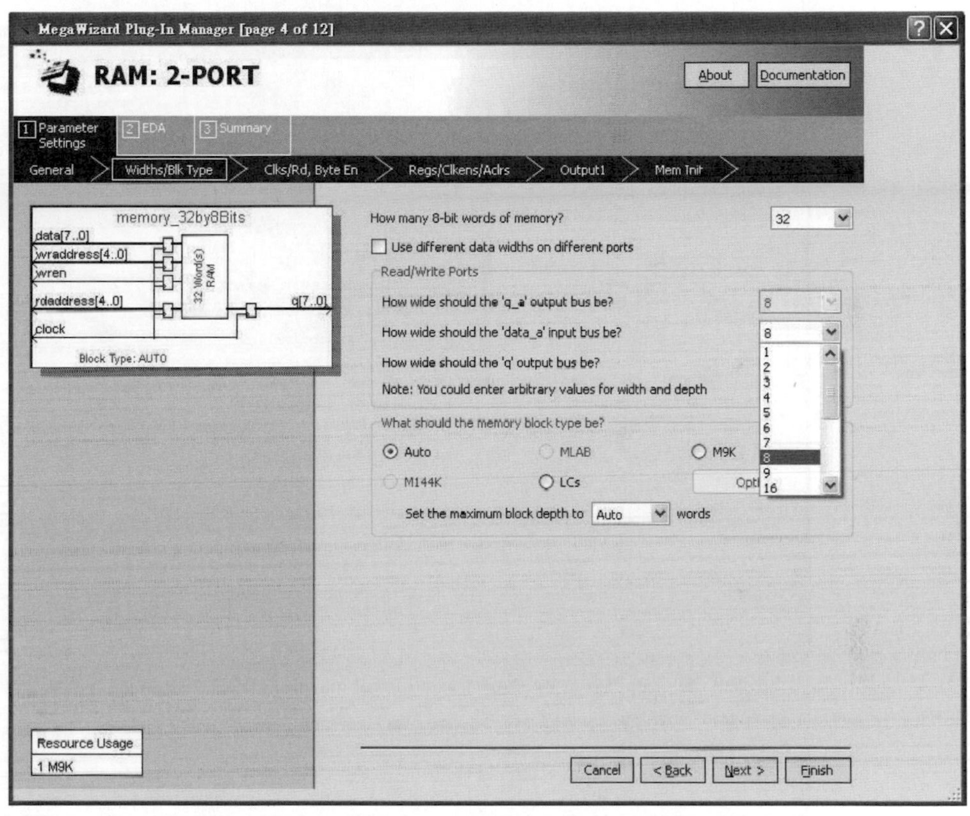

圖 B.3.6: 指定雙埠 RAM 的語句寬度與區塊類型

步驟 4c：指定時脈驅動方法 在此步驟，如圖 B.3.7 所示，可以

- 指定時脈驅動方法
- 產生讀取致能埠
- 產生位元組致能埠
- 致能錯誤檢查與更正特性

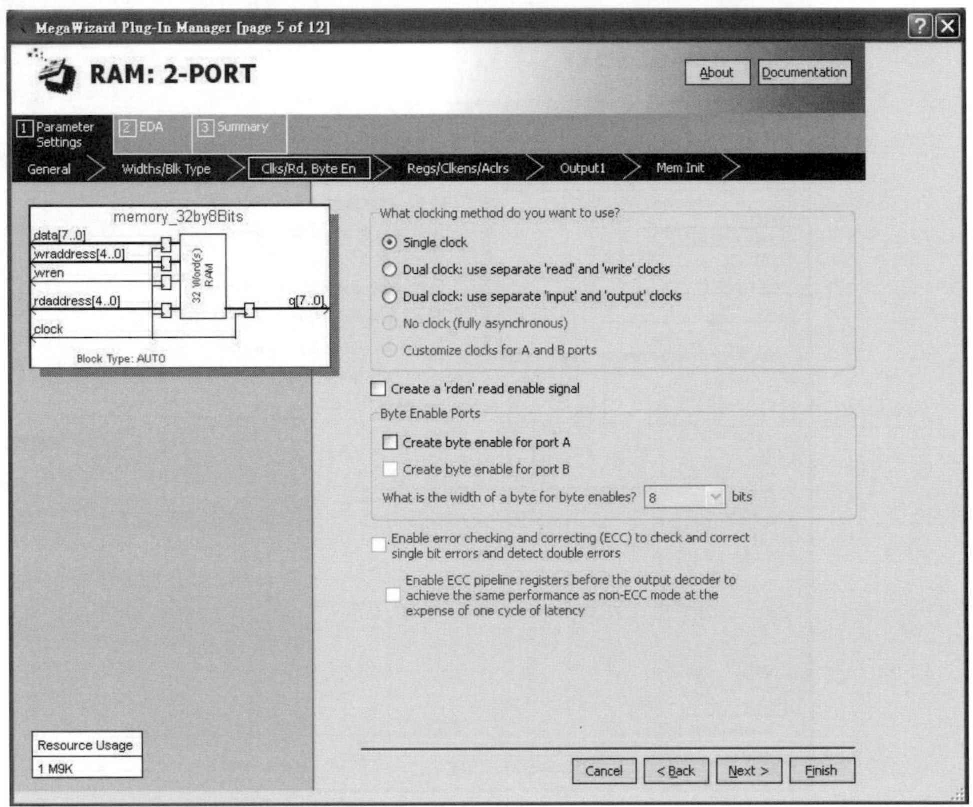

圖 B.3.7: 指定雙埠 RAM 的時脈驅動方法

步驟 4d：指定哪一個埠使用暫存器 在此步驟中，如圖 B.3.8所示，可以

- 指定輸入與輸出埠，使用暫存器
- 對每一個時脈信號，產生一個時脈致能信號
- 對於暫存器埠，產生一個非同步清除信號

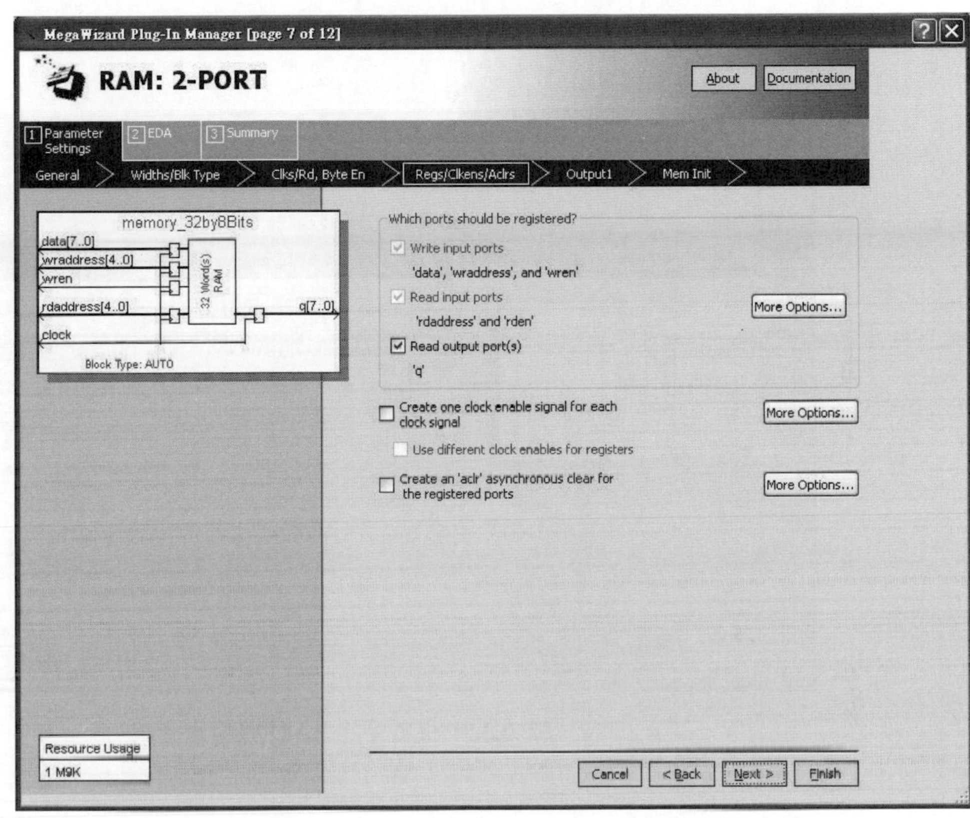

圖 B.3.8: 指定雙埠 RAM 中使用暫存器的埠

步驟 4e：指定當寫入與讀取動作混合時的輸出行為 如圖 B.3.9 所示，此步驟指定當對於同一個記憶器位置混合讀取與寫入時，對於不同埠的 q 輸出類型。可用的選項為

- 新資料
- 就資料
- 未定義 (不理睬)

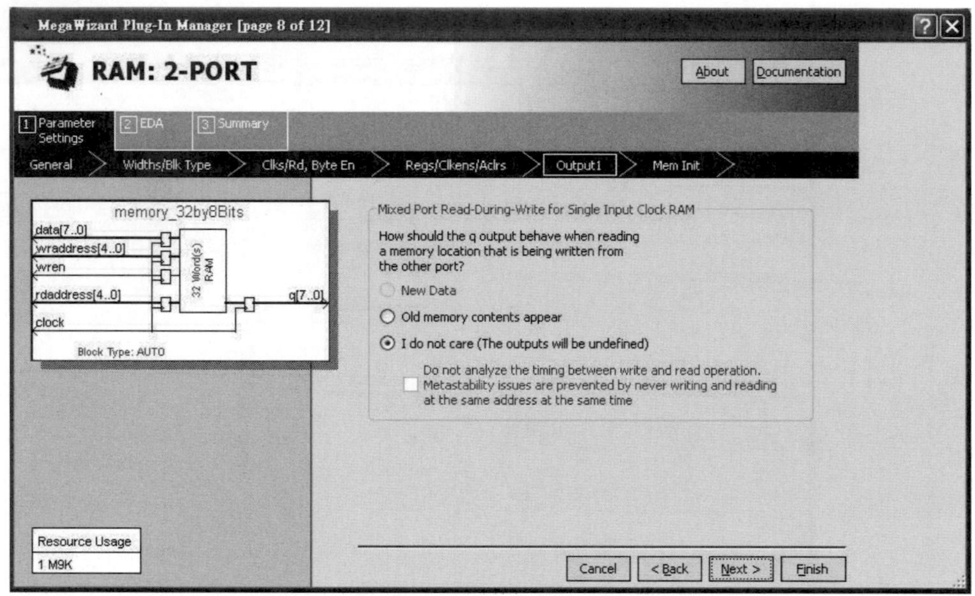

圖 B.3.9: 指定雙埠 RAM 的輸出行為

步驟 4f：指定記憶器的初值設定 產生的記憶器模組，可以使用一個指定的檔案設定其初值，或是留為空白。如圖 B.3.10 所示，該檔案可以是十六進制檔 (hexadecimal file，.hex) 或記憶器初值設定檔 (memory initialization file，.mif)。

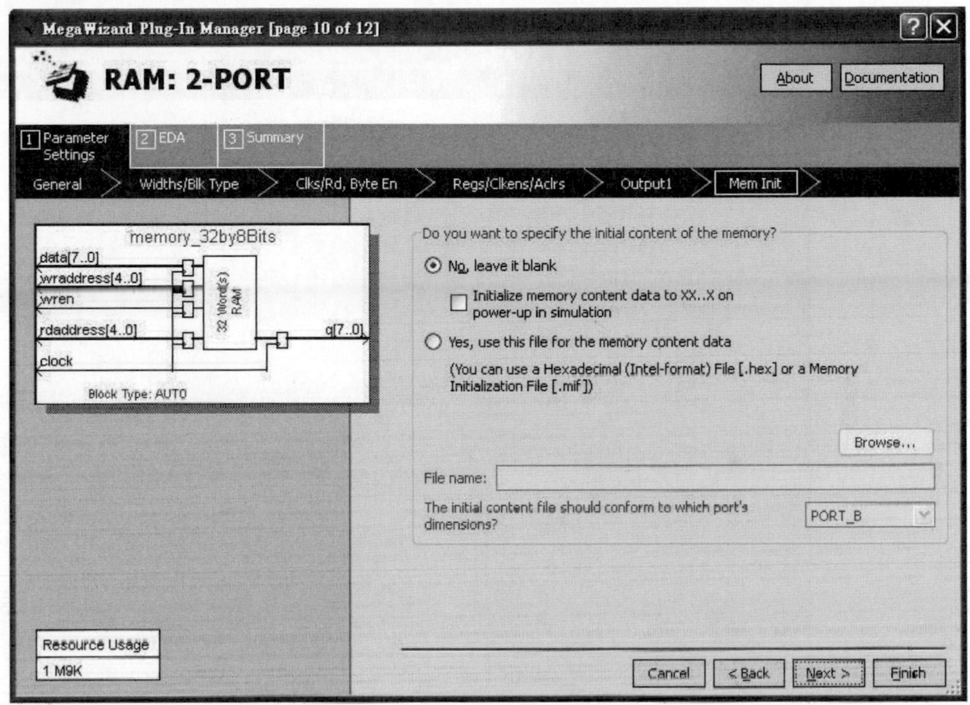

圖 B.3.10: 指定雙埠記憶器的初值設定

步驟5：指示EDA函數庫 指示在目前的例子中，使用*altera_mf*(Altera mega-function simulation library)的模擬函數庫。

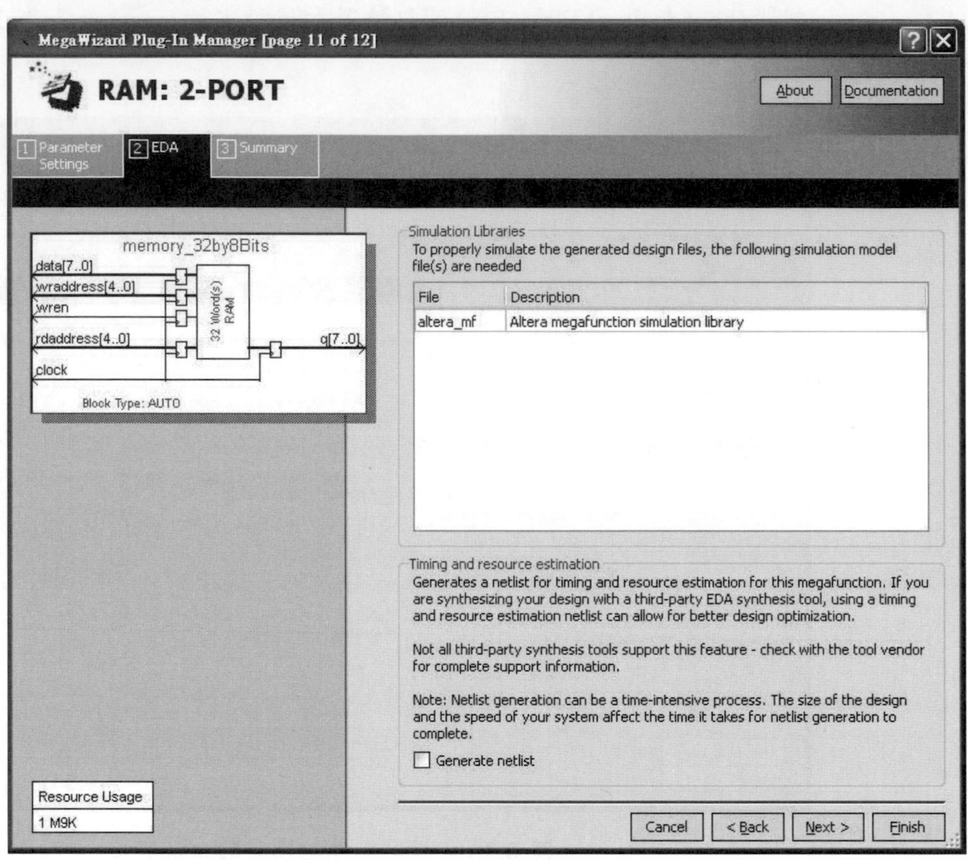

圖 B.3.11: 指示使用在產生模組的模擬函數庫

步驟 6：產生選取的檔案 此步驟指定欲產生的檔案類型。這些檔案包括：

- 定義檔 (variation file)：*memory_32by8bits.v*
- AHDL 包含擋 (include file)：*memory_32by8bits.inc*
- VHDL 元件宣告檔：*memory_32by8bits.cmp*
- Quartus II 符號檔：*memory_32by8bits.bsf*
- 初值樣本檔：*memory_32by8bits_inst.v*
- Verilog HDL 黑盒檔 (black-box file)：*memory_32by8bits_bb.v*

將想要使用的檔案打勾 (√) 即可。

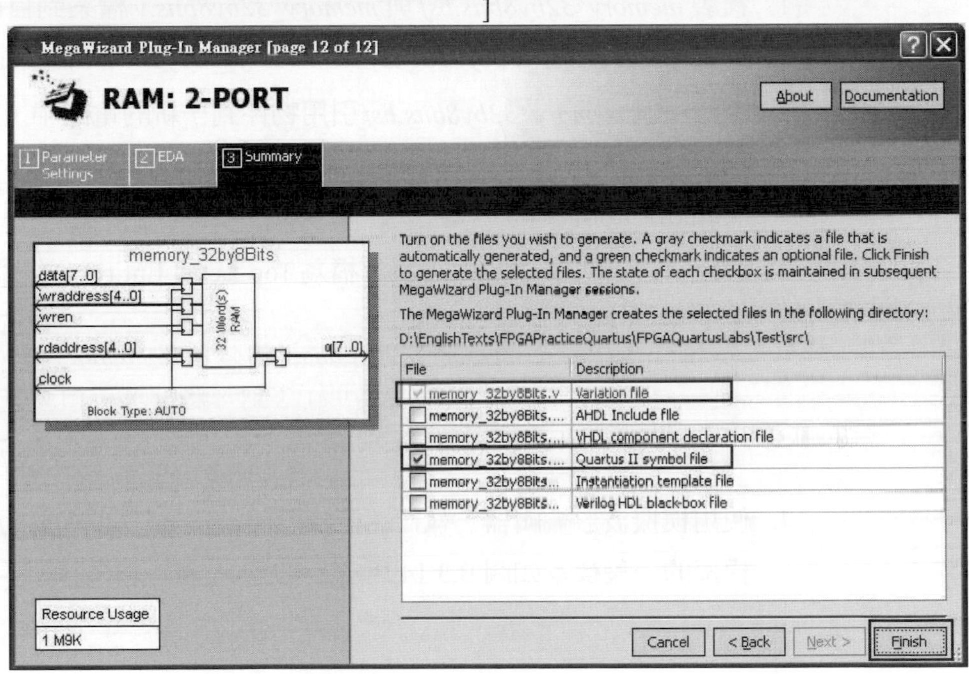

圖 B.3.12: 欲產生的檔案總結

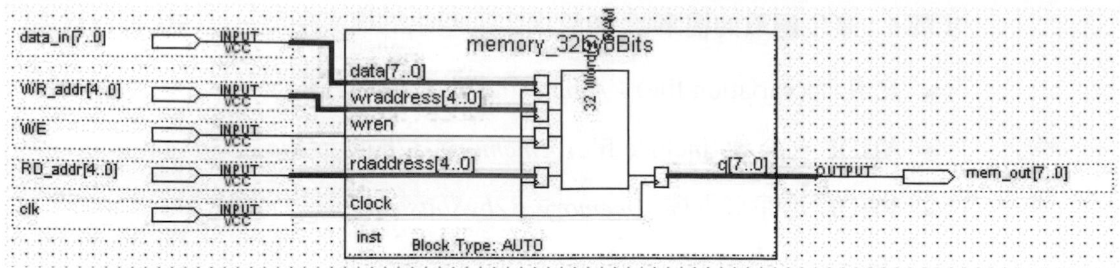

圖 B.3.13: *memory_32by8bits_test.bdf* 的電路

B.3.1.2 使用模擬波形編輯器模擬巨型函數

欲使用與模擬 *memory_32by8bits* 的巨型函數時，進行下列步驟：

1. 複製 *memory_32by8bits.bsf* 與 *memory_32by8bits.v* 檔案到目前的專案檔案夾中。*memory_32by8bits.bsf* 由 *memory_32by8bits.v* 檔所定義。
2. 引用一個 *memory_32by8bits.bsf* 引用物件到一新的電路中。加入輸入與輸出埠。然後，儲存為 *memory_32by8bits_test.bdf*。結果的電路圖類似於圖 B.3.13 所示。
3. 設定 *memory_32by8bits_test.bdf* 檔為 Top-Level Entity，並編譯它。

> ☞ 值得注意的是 *memory_32by8bits.v* 檔必須與 *memory_32by8bits.bsf* 一起加入目前專案的檔案夾中；否則，將出現一個編譯器錯誤訊息，指示 *memory_32by8bits.bsf* 未定義。

4. 使用模擬波形編輯器，執行功能模擬。*memory_32by8bits_test.bdf* 功能模擬的一段樣本如圖 B.3.14 所示。

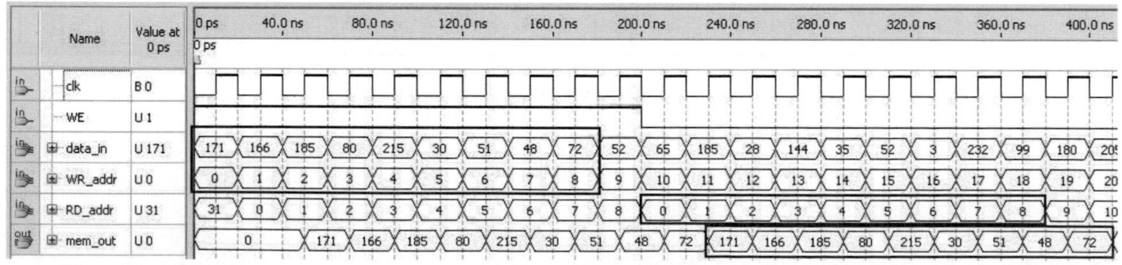

圖 B.3.14: *memory_32by8bits_test.bdf* 功能模擬的一段樣本

5. 使用模擬波形編輯器，執行時序模擬。*memory_32by8bits_test.bdf* 時序模擬的一段樣本如圖 B.3.15 所示。

B.3.1.3 使用測試平台模擬巨型函數

欲使用測試平台，驗證 *memory_32by8bits.v* 時，需要包括：

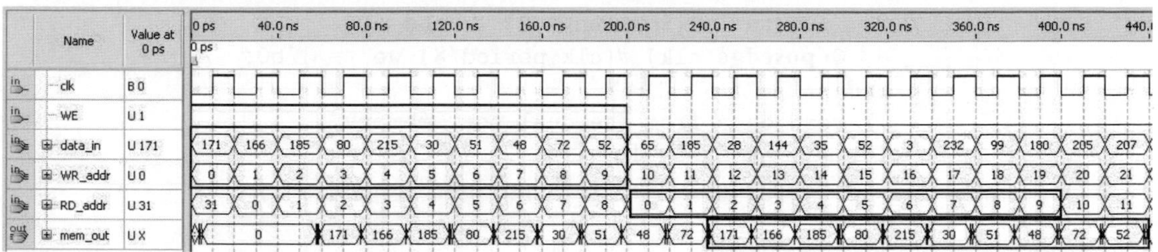

圖 B.3.15: *memory_32by8bits_test.bdf* 時序模擬的一段樣本

- 來源檔：在此，為 *memory_32by8bits.v*。
- 測試平台：在此，為 *memory_32by8bits_tb.v*。
- Altera 巨型函數庫：在此，為 *altera_mf*。若在 Quartus CAD 系統內執行模擬，則此函數庫將由系統自動加入模擬程序中，使用者不必處理。

使用測試平台，驗證前述的記憶器巨型函數的程序如下：

1. 產生一個 ModelSim-Altera 專案，*memory_test.mpf*
2. 加入 *memory_32by8bits.v* 到專案中。
3. 產生一個新檔案 *memory_32by8bits_tb.v*，撰寫與輸入 *memory_32by8bits.v* 模組的測試平台。下列模組為一個可能的測試平台。

```
'timescale 1 ns / 100 ps
// a test bench for the synchronous FIFF
module memory_32by8bits_tb;
reg clk, we;
reg  [4:0] addr;
reg  [7:0] data;
wire [7:0] qout;
parameter clk_period = 20;

integer i, j;
// instantiate the synchronous FIFO
memory_32by8Bits UUT (
         .clock(clk),   .data(data), .rdaddress(addr),
         .wraddress(addr), .wren(we), .q(qout));

// generate a clock signal for the memory
initial begin clk <= 1'b0;
   forever  #(clk_period/2) clk <= ~clk;  end

// write data to the dual-port memory
initial begin
   we <= 1'b0;
   for (i = 0; i < 16; i = i + 1) begin
      @(negedge clk) #(clk_period/8) begin
         we <= 1'b1; addr <= i;
```

```
            data <= {$random}% 2**8; end
        @(posedge clk) #(clk_period/8) we <= 1'b0;
      end
      // read data from the dual-port memory
      for (j = 0; j <= 16; j = j + 1)
         @(negedge clk) #(clk_period/8) addr <= j;
   end

   initial #2800 $finish;

   initial
      $monitor($realtime, "ns %h %h %h %h %h\n", clk, we,
            addr, data, qout);
   endmodule
```

4. 設定 *memory_32by8bits.v* 為 Top-Level Entity，並做編譯。

> ☞ 在執行 RTL 與邏輯閘層次 (時序) 模擬前，必須先完成 NativeLink 的設定。詳細的設定程序，請參閱第 A.2.2.2 節。

5. 自 Quartus CAD 系統的主視窗中，選取 **Tools** → **Run Simulation Tool** → **RTL Simulation**，啟動 RTL (功能或行為) 模擬，如圖 A.2.14 所示。在模擬成功後，出現一個 **Wave** 視窗，顯示 *memory_32by8bits.v* RTL 模擬的一段樣本，如圖 B.3.16 所示。

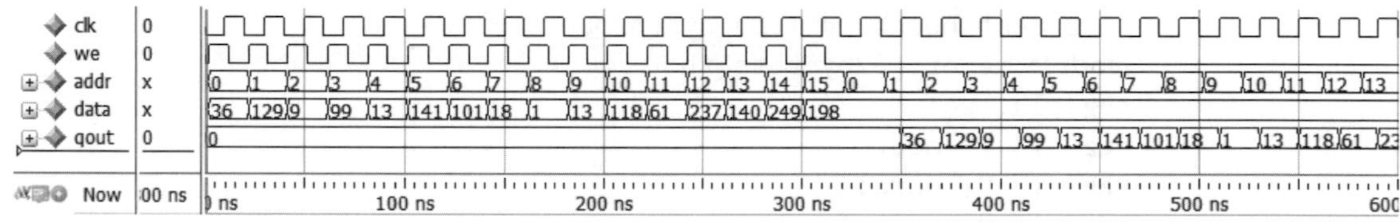

圖 B.3.16: *memory_32by8bits.v* RTL 模擬的一段樣本

6. 自 Quartus CAD 系統的主視窗中，選取 **Tools** → **Run Simulation Tool** → **Gate Level Simulation ...**，啟動邏輯閘層次 (時序) 模擬。在模擬成功後，出現一個 **Wave** 視窗，顯示邏輯閘層次模擬的一段樣本，如圖 B. 3.17 所示。

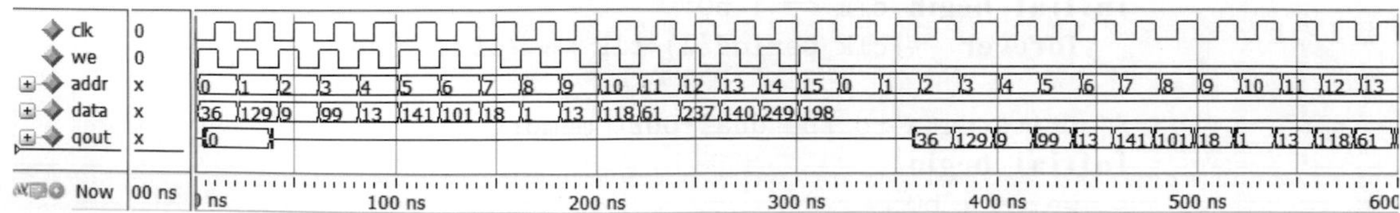

圖 B.3.17: *memory_32by8bits.v* 邏輯閘層次模擬的一段樣本

附錄C：DE2-115教育板部分接腳指定

本附錄簡介與歸納DE2-115教育板的開關與LED接腳指定，以方便實現本書中相關的實驗專題。

C.1 開關接腳指定

一般而言，在任何數位系統中，開關均占有重要的地位，因為它們允許外界輸入需要的值到數位系統中。因此，在這一小節中，我們簡介相關的按鈕開關 (push-button switch) 與滑動開關 (slide switch) 及其接腳指定。

C.1.1 按鈕開關接腳指定

DE2-115教育板提供四個按鈕開關，其中每一個按鈕開關均附屬一個樞密特觸發電路 (Schmitt trigger circuit)，如圖C.1.1所示。樞密特觸發電路直接連接到FPGA元件的I/O接腳。每一個按鈕開關，當其釋放時，輸出一個高電位電壓；壓下時，輸出一個低電位電壓。因為每一個按鈕開關均有防彈電路 (debounce circuit)，它們適宜當作電路的時脈或重置輸入。四個按鈕開關分別稱為KEY[0]、KEY[1]、KEY[2]與KEY[3]。

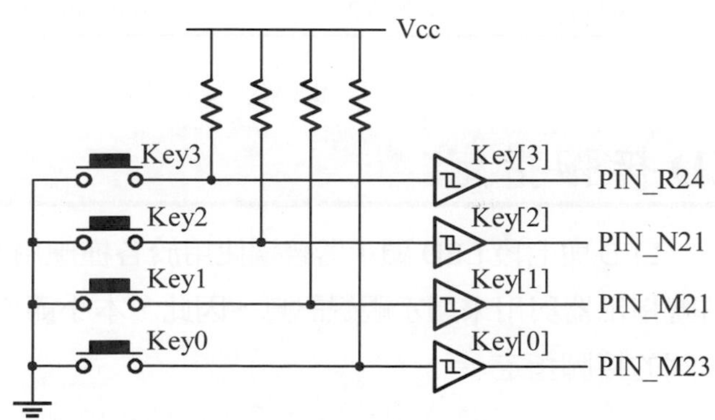

圖 C.1.1: 按鈕開關的電路組態

按鈕開關的接腳指定歸納於表 C.1.1 中。

表 C.1.1: 按鈕開關接腳指定

信號名稱	FPGA 接腳編號	說明	I/O 標準
KEY[0]	PIN_M23	Push-button[0]	依 JP7 而定
KEY[1]	PIN_M21	Push-button[1]	依 JP7 而定
KEY[2]	PIN_N21	Push-button[2]	依 JP7 而定
KEY[3]	PIN_R24	Push-button[3]	依 JP7 而定

C.1.2 滑動開關接腳指定

除了四個按鈕開關之外，DE2-115 教育板亦提供 18 個滑動開關，它們也直接連接到 FPGA 元件的 I/O 接腳。若開關跳彈效應 (switch-bounce effect) 在應用系統中很重要時，則在使用這一些開關，必須加上開關防彈電路 (switch-debounce circuit) 。滑動開關的接腳指定歸納於表 C.1.2 中。

表 C.1.2: 滑動開關接腳指定

信號名稱	FPGA 接腳編號	說明	I/O 標準
SW[0]	PIN_AB28	Slide Switch[0]	依 JP7 而定
SW[1]	PIN_AC28	Slide Switch[1]	依 JP7 而定
SW[2]	PIN_AC27	Slide Switch[2]	依 JP7 而定
SW[3]	PIN_AD27	Slide Switch[3]	依 JP7 而定
SW[4]	PIN_AB27	Slide Switch[4]	依 JP7 而定
SW[5]	PIN_AC26	Slide Switch[5]	依 JP7 而定
SW[6]	PIN_AD26	Slide Switch[6]	依 JP7 而定
SW[7]	PIN_AB26	Slide Switch[7]	依 JP7 而定
SW[8]	PIN_AC25	Slide Switch[8]	依 JP7 而定
SW[9]	PIN_AB25	Slide Switch[9]	依 JP7 而定
SW[10]	PIN_AC24	Slide Switch[10]	依 JP7 而定
SW[11]	PIN_AB24	Slide Switch[11]	依 JP7 而定
SW[12]	PIN_AB23	Slide Switch[12]	依 JP7 而定
SW[13]	PIN_AA24	Slide Switch[13]	依 JP7 而定
SW[14]	PIN_AA23	Slide Switch[14]	依 JP7 而定
SW[15]	PIN_AA22	Slide Switch[15]	依 JP7 而定
SW[16]	PIN_Y24	Slide Switch[16]	依 JP7 而定
SW[17]	PIN_Y23	Slide Switch[17]	依 JP7 而定

C.2 LED 接腳指定

LED 與七段 LED 顯示器普遍使用於各種應用系統中。它們使用為輸出信號指示器與用來顯示視覺訊息。因此，本小節簡介這一些 LED 裝置與其相關的接腳指定。

C.2.1 LED 接腳指定

DE2-115 教育板有 27 指示用的 LED 裝置，包含 18 個紅色 LED 與 9 個綠色 LED。每一個 LED 直接由一個 FPGA 接腳驅動。欲打開一個指示用的 LED 裝置時，需要加一個高位準電壓到該接腳上。這一些指示用的 LED 裝置的接腳指定列於表 C.2.1 中。

表 C.2.1: 紅色與綠色 LED 接腳指定

信號名稱	FPGA 接腳編號	說明	I/O 標準
LEDR[0]	PIN_G19	LED Red[0]	2.5V
LEDR[1]	PIN_F19	LED Red[1]	2.5V
LEDR[2]	PIN_E19	LED Red[2]	2.5V
LEDR[3]	PIN_F21	LED Red[3]	2.5V
LEDR[4]	PIN_F18	LED Red[4]	2.5V
LEDR[5]	PIN_E18	LED Red[5]	2.5V
LEDR[6]	PIN_J19	LED Red[6]	2.5V
LEDR[7]	PIN_H19	LED Red[7]	2.5V
LEDR[8]	PIN_J17	LED Red[8]	2.5V
LEDR[9]	PIN_G17	LED Red[9]	2.5V
LEDR[10]	PIN_J15	LED Red[10]	2.5V
LEDR[11]	PIN_H16	LED Red[11]	2.5V
LEDR[12]	PIN_J16	LED Red[12]	2.5V
LEDR[13]	PIN_H17	LED Red[13]	2.5V
LEDR[14]	PIN_F15	LED Red[14]	2.5V
LEDR[15]	PIN_G15	LED Red[15]	2.5V
LEDR[16]	PIN_G16	LED Red[16]	2.5V
LEDR[17]	PIN_H15	LED Red[17]	2.5V
LEDG[0]	PIN_E21	LED Green[0]	2.5V
LEDG[1]	PIN_E22	LED Green[1]	2.5V
LEDG[2]	PIN_E25	LED Green[2]	2.5V
LEDG[3]	PIN_E24	LED Green[3]	2.5V
LEDG[4]	PIN_H21	LED Green[4]	2.5V
LEDG[5]	PIN_G20	LED Green[5]	2.5V
LEDG[6]	PIN_G22	LED Green[6]	2.5V
LEDG[7]	PIN_G21	LED Green[7]	2.5V
LEDG[8]	PIN_F17	LED Green[8]	2.5V

C.2.2 七段 LED 顯示器接腳指定

DE2-115 教育板有八個七段 LED 顯示器，它們均分為兩組，每一組四個。這一些七段 LED 顯示器都為共陽極類型，每一段 LED 均直接連接到一個 FPGA 元件的接腳。加上低位準電壓將打開 LED，而加上高位準電壓將關閉 LED。在同一個七段 LED 顯示器中的每一段依序使用數字 0 到 6 取代傳統的 a 到 g 來表示。表 C.2.2 列出這一些七段 LED 顯示器的接腳指定。

表 C.2.2: 七段LED顯示器接腳指定

信號名稱	FPGA接腳編號	說明	I/O標準
HEX0[0]	PIN_G18	Seven Segment Digit 0[0]	2.5V
HEX0[1]	PIN_F22	Seven Segment Digit 0[1]	2.5V
HEX0[2]	PIN_E17	Seven Segment Digit 0[2]	2.5V
HEX0[3]	PIN_L26	Seven Segment Digit 0[3]	依JP7而定
HEX0[4]	PIN_L25	Seven Segment Digit 0[4]	依JP7而定
HEX0[5]	PIN_J22	Seven Segment Digit 0[5]	依JP7而定
HEX0[6]	PIN_H22	Seven Segment Digit 0[6]	依JP7而定
HEX1[0]	PIN_M24	Seven Segment Digit 1[0]	依JP7而定
HEX1[1]	PIN_Y22	Seven Segment Digit 1[1]	依JP7而定
HEX1[2]	PIN_W21	Seven Segment Digit 1[2]	依JP7而定
HEX1[3]	PIN_W22	Seven Segment Digit 1[3]	依JP7而定
HEX1[4]	PIN_W25	Seven Segment Digit 1[4]	依JP7而定
HEX1[5]	PIN_U23	Seven Segment Digit 1[5]	依JP7而定
HEX1[6]	PIN_U24	Seven Segment Digit 1[6]	依JP7而定
HEX2[0]	PIN_AA25	Seven Segment Digit 2[0]	依JP7而定
HEX2[1]	PIN_AA26	Seven Segment Digit 2[1]	依JP7而定
HEX2[2]	PIN_Y25	Seven Segment Digit 2[2]	依JP7而定
HEX2[3]	PIN_W26	Seven Segment Digit 2[3]	依JP7而定
HEX2[4]	PIN_Y26	Seven Segment Digit 2[4]	依JP7而定
HEX2[5]	PIN_W27	Seven Segment Digit 2[5]	依JP7而定
HEX2[6]	PIN_W28	Seven Segment Digit 2[6]	依JP7而定
HEX3[0]	PIN_V21	Seven Segment Digit 3[0]	依JP7而定
HEX3[1]	PIN_U21	Seven Segment Digit 3[1]	依JP7而定
HEX3[2]	PIN_AB20	Seven Segment Digit 3[2]	依JP6而定
HEX3[3]	PIN_AA21	Seven Segment Digit 3[3]	依JP6而定
HEX3[4]	PIN_AD24	Seven Segment Digit 3[4]	依JP6而定
HEX3[5]	PIN_AF23	Seven Segment Digit 3[5]	依JP6而定
HEX3[6]	PIN_Y19	Seven Segment Digit 3[6]	依JP6而定
HEX4[0]	PIN_AB19	Seven Segment Digit 4[0]	依JP6而定
HEX4[1]	PIN_AA19	Seven Segment Digit 4[1]	依JP6而定
HEX4[2]	PIN_AG21	Seven Segment Digit 4[2]	依JP6而定
HEX4[3]	PIN_AH21	Seven Segment Digit 4[3]	依JP6而定
HEX4[4]	PIN_AE19	Seven Segment Digit 4[4]	依JP6而定
HEX4[5]	PIN_AF19	Seven Segment Digit 4[5]	依JP6而定
HEX4[6]	PIN_AE18	Seven Segment Digit 4[6]	依JP6而定
HEX5[0]	PIN_AD18	Seven Segment Digit 5[0]	依JP6而定
HEX5[1]	PIN_AC18	Seven Segment Digit 5[1]	依JP6而定
HEX5[2]	PIN_AB18	Seven Segment Digit 5[2]	依JP6而定
HEX5[3]	PIN_AH19	Seven Segment Digit 5[3]	依JP6而定
HEX5[4]	PIN_AG19	Seven Segment Digit 5[4]	依JP6而定
HEX5[5]	PIN_AF18	Seven Segment Digit 5[5]	依JP6而定
HEX5[6]	PIN_AH18	Seven Segment Digit 5[6]	依JP6而定
HEX6[0]	PIN_AA17	Seven Segment Digit 6[0]	依JP6而定
HEX6[1]	PIN_AB16	Seven Segment Digit 6[1]	依JP6而定
HEX6[2]	PIN_AA16	Seven Segment Digit 6[2]	依JP6而定
HEX6[3]	PIN_AB17	Seven Segment Digit 6[3]	依JP6而定
HEX6[4]	PIN_AB15	Seven Segment Digit 6[4]	依JP6而定
HEX6[5]	PIN_AA15	Seven Segment Digit 6[5]	依JP6而定
HEX6[6]	PIN_AC17	Seven Segment Digit 6[6]	依JP6而定

表 C.2.2: 七段 LED 顯示器接腳指定 (續)

信號名稱	FPGA 接腳編號	說明	I/O 標準
HEX7[0]	PIN_AD17	Seven Segment Digit 7[0]	依 JP6 而定
HEX7[1]	PIN_AE17	Seven Segment Digit 7[1]	依 JP6 而定
HEX7[2]	PIN_AG17	Seven Segment Digit 7[2]	依 JP6 而定
HEX7[3]	PIN_AH17	Seven Segment Digit 7[3]	依 JP6 而定
HEX7[4]	PIN_AF17	Seven Segment Digit 7[4]	依 JP6 而定
HEX7[5]	PIN_AG18	Seven Segment Digit 7[5]	依 JP6 而定
HEX7[6]	PIN_AA14	Seven Segment Digit 7[6]	3.3V

C.3 時脈電路

DE2-115 教育板包含一個產生 50-MHz 時脈信號的振盪器電路。它使用一個時脈緩衝器 (clock buffer)，經由三個 I/O 接腳，將低抖動的 50-MHz 時脈信號，注入 FPGA 裝置中，以推動使用者邏輯電路。此外，它亦提供兩個 SMA (subminiature version A) 連接器，以引導外部時脈源到板子上，或是引導內部時脈信號到板子外的電路。這一些時脈輸入與輸出的接腳指定歸納於表 C.3.1 中。

表 C.3.1: 時脈輸入接腳指定

信號名稱	FPGA 接腳編號	說明	I/O 標準
CLOCK_50	PIN_Y2	50 MHz 時脈輸入	3.3V
CLOCK2_50	PIN_AG14	50 MHz 時脈輸入	3.3V
CLOCK3_50	PIN_AG15	50 MHz 時脈輸入	依 JP6 而定
SMA_CLKOUT	PIN_AE23	外部 (SMA) 時脈輸出	依 JP6 而定
SMA_CLKIN	PIN_AH14	外部 (SMA) 時脈輸入	3.3V

索引—中英名詞對照

國家圖書館出版品預行編目資料

FPGA 系統設計實務入門 / 林銘波編著. -- 初版.
-- 新北市 : 全華圖書, 2018.08
面 ; 公分
ISBN 978-986-463-890-1(平裝)

1.積體電路 2.設計

448.62 107011858

FPGA 系統設計實務入門

作者 / 林銘波
發行人 / 陳本源
執行編輯 / 張繼元
封面設計 / 曾霈宗
出版者 / 全華圖書股份有限公司
郵政帳號 / 0100836-1 號
印刷者 / 宏懋打字印刷股份有限公司
圖書編號 / 06395
初版一刷 / 2018 年 09 月
定價 / 新台幣 380 元
ISBN / 978-986-463-890-1(平裝)
全華圖書 / www.chwa.com.tw
全華網路書店 Open Tech / www.opentech.com.tw
若您對書籍內容、排版印刷有任何問題，歡迎來信指導 book@chwa.com.tw

臺北總公司(北區營業處)
地址：23671 新北市土城區忠義路 21 號
電話：(02) 2262-5666
傳真：(02) 6637-3695、6637-3696

南區營業處
地址：80769 高雄市三民區應安街 12 號
電話：(07) 381-1377
傳真：(07) 862-5562

中區營業處
地址：40256 臺中市南區樹義一巷 26 號
電話：(04) 2261-8485
傳真：(04) 3600-9806

歡迎加入 全華會員

● 會員獨享

會員享購書折扣、紅利積點、生日禮金、不定期優惠活動…等。

● 如何加入會員

填妥讀者回函卡直接傳真（02）2262-0900 或寄回，將由專人協助登入會員資料，待收到 E-MAIL 通知後即可成為會員。

如何購買 全華書籍

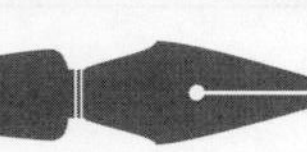

1. 網路購書

全華網路書店「http://www.opentech.com.tw」，加入會員購書更便利，並享有紅利積點回饋等各式優惠。

2. 全華門市、全省書局

歡迎至全華門市（新北市土城區忠義路 21 號）或全省各大書局、連鎖書店選購。

3. 來電訂購

(1) 訂購專線：(02) 2262-5666 轉 321-324
(2) 傳真專線：(02) 6637-3696
(3) 郵局劃撥（帳號：0100836-1　戶名：全華圖書股份有限公司）
※ 購書未滿一千元者，酌收運費 70 元。

全華網路書店 www.opentech.com.tw
E-mail: service@chwa.com.tw

※ 本會員制如有變更則以最新修訂制度為準，造成不便請見諒。

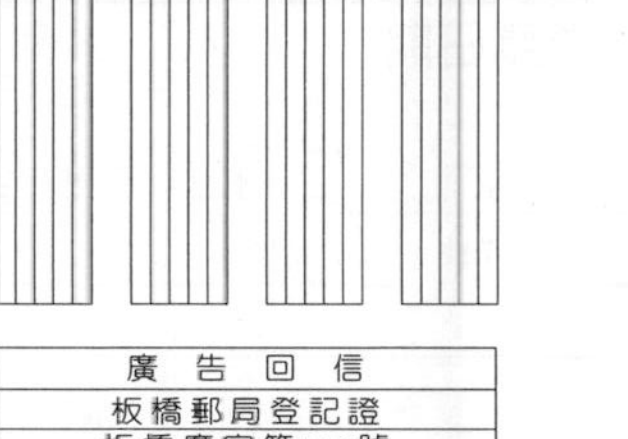

廣 告 回 信
板橋郵局登記證
板橋廣字第540號

行銷企劃部　收

23671 新北市土城區忠義路 21 號
全華圖書股份有限公司

讀者回函卡

填寫日期：　/　/

姓名：＿＿＿＿ 生日：西元＿＿年＿＿月＿＿日 性別：□男 □女

電話：（ ）＿＿＿＿ 傳真：（ ）＿＿＿＿ 手機：＿＿＿＿

e-mail：（必填）＿＿＿＿

註：數字零，請用 Φ 表示，數字 1 與英文 L 請另註明並書寫端正，謝謝。

通訊處：□□□□□

學歷：□博士 □碩士 □大學 □專科 □高中・職

職業：□工程師 □教師 □學生 □軍・公 □其他

學校／公司：＿＿＿＿ 科系／部門：＿＿＿＿

・需求書類：

□ A. 電子 □ B. 電機 □ C. 計算機工程 □ D. 資訊 □ E. 機械 □ F. 汽車 □ I. 工管 □ J. 土木

□ K. 化工 □ L. 設計 □ M. 商管 □ N. 日文 □ O. 美容 □ P. 休閒 □ Q. 餐飲 □ B. 其他

・本次購買圖書為：＿＿＿＿ 書號：＿＿＿＿

・您對本書的評價：

封面設計：□非常滿意 □滿意 □尚可 □需改善，請說明＿＿＿＿

內容表達：□非常滿意 □滿意 □尚可 □需改善，請說明＿＿＿＿

版面編排：□非常滿意 □滿意 □尚可 □需改善，請說明＿＿＿＿

印刷品質：□非常滿意 □滿意 □尚可 □需改善，請說明＿＿＿＿

書籍定價：□非常滿意 □滿意 □尚可 □需改善，請說明＿＿＿＿

整體評價：請說明＿＿＿＿

・您在何處購買本書？

□書局 □網路書店 □書展 □團購 □其他＿＿＿＿

・您購買本書的原因？（可複選）

□個人需要 □幫公司採購 □親友推薦 □老師指定之課本 □其他＿＿＿＿

・您希望全華以何種方式提供出版訊息及特惠活動？

□電子報 □ DM □廣告（媒體名稱＿＿＿＿）

・您是否上過全華網路書店？（www.opentech.com.tw）

□是 □否 您的建議＿＿＿＿

・您希望全華出版那方面書籍？＿＿＿＿

・您希望全華加強那些服務？＿＿＿＿

～感謝您提供寶貴意見，全華將秉持服務的熱忱，出版更多好書，以饗讀者。

全華網路書店 http://www.opentech.com.tw　　客服信箱 service@chwa.com.tw

2011.03 修訂

親愛的讀者：

感謝您對全華圖書的支持與愛護，雖然我們很慎重的處理每一本書，但恐仍有疏漏之處，若您發現本書有任何錯誤，請填寫於勘誤表內寄回，我們將於再版時修正，您的批評與指教是我們進步的原動力，謝謝！

全華圖書　敬上

勘誤表

書號		書名	作者
頁數	行數	錯誤或不當之詞句	建議修改之詞句

我有話要說：（其它之批評與建議，如封面、編排、內容、印刷品質等・・・）